深圳市太阳能光热利用典型建筑工程案例汇编

深圳市建设科技促进中心　主编

中国建筑工业出版社

图书在版编目(CIP)数据

深圳市太阳能光热利用典型建筑工程案例汇编 / 深圳市建设科技促进中心主编. —北京：中国建筑工业出版社，2013
ISBN 978-7-112-15009-0

Ⅰ.①深… Ⅱ.①深… Ⅲ.①太阳能建筑－建筑工程－案例－深圳市 Ⅳ. ①TU18

中国版本图书馆CIP数据核字(2013)第014119号

本书是在南方夏热冬暖地区上百个太阳能建筑光热利用项目的基础上，通过专家组严格筛选出48个代表性的典型工程案例，分别从民用建筑、公共建筑、工业建筑太阳能光热应用等方面，以图文并茂的方式对太阳能热水系统的项目概况、设计概况、设计参数、主要技术特点、运行维护方案等方面进行了详细的介绍。本书适用于建筑设计、施工、验收等相关专业人士。

* * *

责任编辑：常　燕

深圳市太阳能光热利用典型建筑工程案例汇编
深圳市建设科技促进中心　主编

*

中国建筑工业出版社出版、发行(北京西郊百万庄)
各地新华书店、建筑书店经销
广州市友间文化传播有限公司制版
广州市东盛彩印有限公司印刷

*

开本：787×1092毫米　1/16　印张：22⅞　字数：557千字
2013年6月第一版　2013年6月第一次印刷

定价：**62.00**元

ISBN 978-7-112-15009-0

(23134)

编委会：主　任：李廷忠
副主任：胡建文
委　员：朱于丛　谢　东　祖黎虹
林文阶　谢伟序　唐振忠

组织编写单位：深圳市住房和建设局

主编单位：深圳市建设科技促进中心

参编单位：深圳市鹏桑普太阳能股份有限公司
深圳市嘉普通太阳能有限公司
深圳市拓日新能源科技股份有限公司
深圳市嘉力达实业有限公司
深圳市华旭机电设备有限公司
深圳晴尔太阳能科技有限公司
深圳市昱百年机电设备有限公司
深圳市振恒太阳能工程有限公司
深圳市雄日太阳能有限公司
深圳市华业筑日科技有限公司
深圳市恩派能源有限公司
众望达太阳能技术开发有限公司

编审人员：主　编：谢伟序
副主编：易　超　何　锋　李　蕾

责任编辑：陈　凯　龚忠友

编写组人员：林金洲　周晓峰　姚　静
李岸彬　魏泽科

前　言

为更好地实施深圳市太阳能屋顶计划，根据深圳市太阳能屋顶计划工作方案的相关要求，深圳市建设科技促进中心邀请相关单位组成编制工作组，开展《深圳市建筑太阳能光热利用典型工程案例》的编写工作，面向社会征集案例文稿。

本书是在南方夏热冬暖地区上百个太阳能建筑光热利用项目的基础上，通过专家组严格筛选出来48个有代表性的典型工程案例，以图文并茂的方式对太阳能热水系统的项目概况、设计概况、设计参数、主要技术特点、运行维护方案、系统原理、主要设备的布置等方面进行了详细的介绍。

本书的出版将有助于提高深圳市新建或既有建筑的太阳能光热应用水平，同时对太阳能光热建筑应用的设计、施工、验收、运维与管理等方面提供了大量工程实例参考，对加快太阳能等可再生能源在我国建筑中的应用和推广有着十分重要的意义。

目　录

第一部分　民用建筑太阳能光热应用

第1章　12层以上住宅类建筑应用

1.1　深圳市侨香村住宅集中集、供热式太阳能热水系统

1.1.1　项目概况

侨香村经济适用房项目是由深圳市政府投资建设的大型安居工程，也是深圳市循环经济利用的示范性项目。该项目位于深圳福田区安托山东片区，总用地面积约 12.8 万 m^2，总建筑面积约 51 万 m^2，共建设 22 栋 32~35 层的高层住宅，每栋安装一套集中式太阳能热水系统。

该太阳能热水系统由深圳市鹏桑普太阳能有限公司设计施工，可以 24 小时恒温恒压为住宅供应热水，是全国最大的高层住宅太阳能热水系统项目，也是住房城乡建设部太阳能示范住宅项目。该工程每年能够节省标煤 2179t，减排二氧化碳 5482t，年节电量 540 万 kWh。

1.1.2　设计概况

根据经济适用房用水特点，采用集中集热、集中辅助、集中供热的太阳能为主，空气源热泵为辅的全天候热水供应系统。太阳能集热器采用平板太阳能集热器，集中放置在屋面花架上，储热水箱及热泵辅助设备均统一设置在屋面，系统设计太阳能集热器总面积 7028m^2；日供热水量 620m^3。

1.1.3　设计参数

1．深圳地区年平均太阳辐射强度：5225MJ/m^2。

2．住宅人均热水定额：80L/人·d。

3．住宅热水供水温度：60℃。

4．深圳地区年均冷水计算温度：20℃。

1.1.4　主要技术亮点

该项目宿舍楼栋数多，太阳能热水设备多而分散，仅仅依靠传统的管理人员巡逻检查的维护保养模式已不能满足要求。因此，超大型太阳能热水系统的运行维护管理方式的创新选择是该项目重点需解决的问题。针对该项目对运行维护管理模式的要求，采用实时监控和远程监控结合的解决方案，即利用实时监控设备及远程监控技术，实现在办公室即可以对用热水时间、用热水温度、用热水量等参数的调控和故障的实时监控和处理。

1.1.5　运行维护方案

采用一体成型的平板型太阳能集热器，在确保高效的集热效率的前提下，有效地降低了集热系统的故障率，给运行维护管理大大降低了难度。

配置了远程监控系统，系统故障自动报警，故障位置一目了然，大大降低了维护管理成本。物业管理人员只需定期对平板集热器进行除尘、排污，水箱清洗等日常保养工作即可。并做好以下工作：

图1-1　侨香村效果图

1）整合各项资源，成立专门领导小组负责售后服务和技术支持工作，为本项目运营管理提供有力保障。在服务期间，本项目服务人员每天 24 小时不间断地分别对太阳能热水系统进行巡视及保养，做到提前发现系统运行中可能存在的任何问题，预防出现任何运行事故。

2）工程所在地设有固定售后服务点及专门的备品备件库（集热器、真空管、热泵、常用易损件等），在服务期内保证及时响应。

3）有应急服务预案，针对可能发生的不可预见的紧急事故进行演练，在服务期间，如发生不可预见的紧急事故，服务人员启动应急预案，启用备用设备，并调动备品备件库，保证在第一时间抢修完成。

图1-2　侨香村屋顶太阳能

图1-3　侨香村透视图

4）每月做以下维修：

（1）检查太阳能集热器、循环泵等的工作状况；（2）管道的检漏；（3）检查阀门状态；（4）检查控制系统元件及运行状态；（5）调校各元件控制装置；（6）测试电磁阀、水泵运行电压及电流；（7）检查电磁阀、水泵噪声及振动；（8）测试热泵运行电压及电流；（9）调校机组安全及控制装置；（10）检查机组噪声及振动；（11）检查水箱。

5）每年至少两次做以下全面检修：

（1）清洗太阳能管道、太阳能集热器；（2）清洗水箱；（3）风机盘管过滤器及风口；（4）控制系统维护；（5）电机检修。

1.1.6 系统原理图（图1–4）

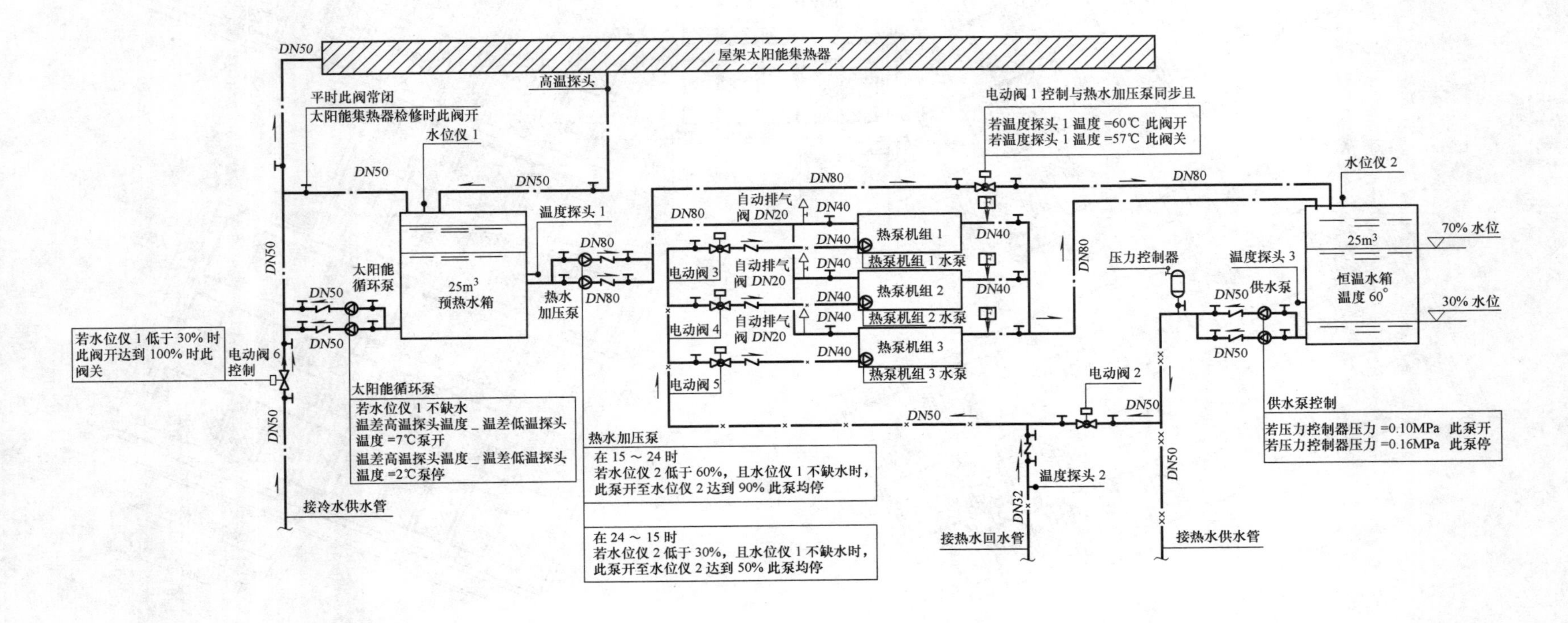

图1–4 1、4、5、6、11、12、13、14、15、16、17、18、19、20栋屋顶太阳能热水系统图

1.1.7 屋顶平面布置图（图1–5）

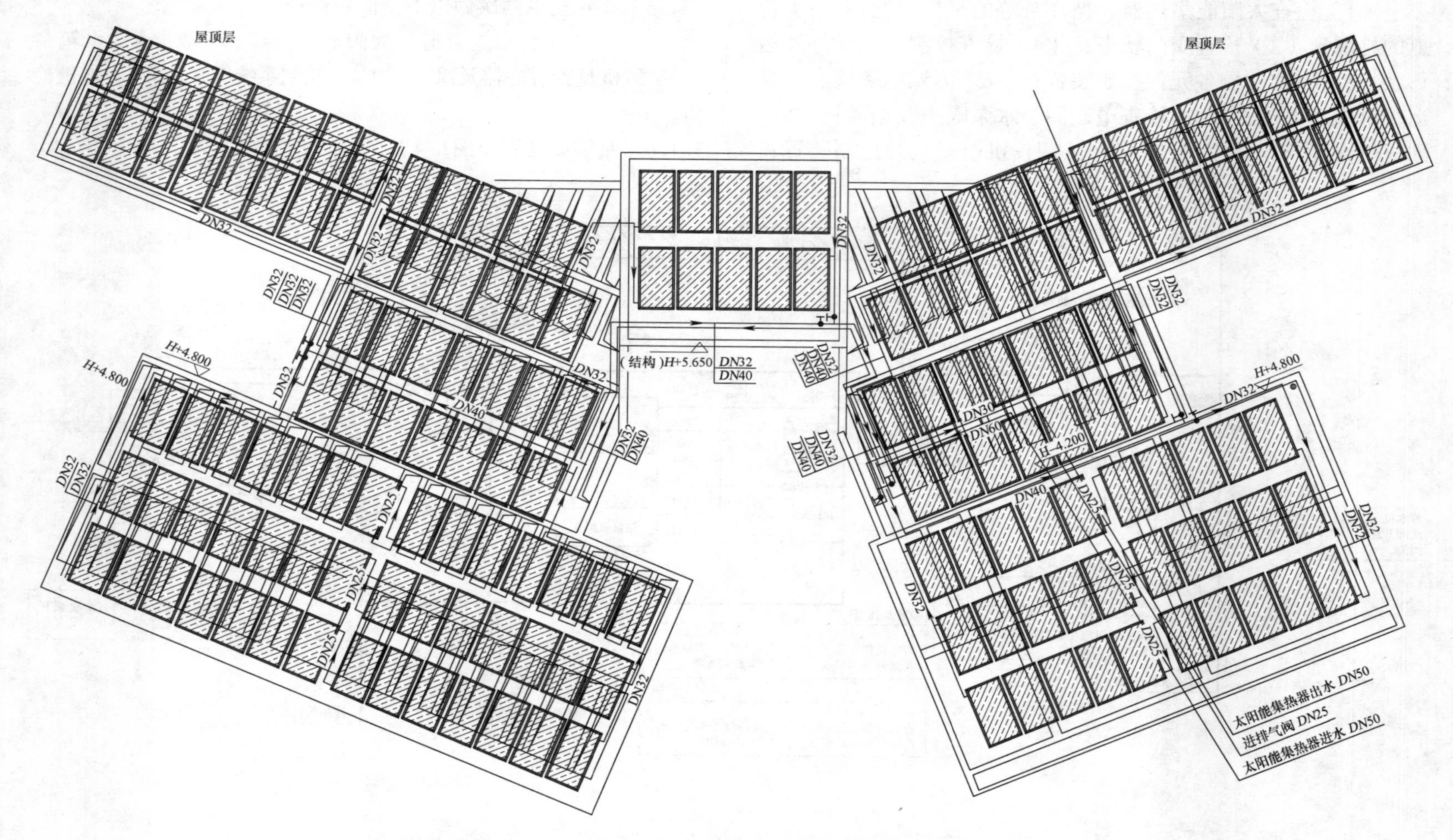

图1–5　14、16、18、20栋屋顶构架层太阳能热水平面图

1.2 深圳市葵花公寓住宅集中集、供热式太阳能热水系统

1.2.1 项目概况

葵花公寓（地址福田区石厦北一街）太阳能热水系统是全国第一栋36层高层太阳能热水系统，用水人数共1200人，每栋楼分别安装一套太阳能+热泵中央热水系统。该太阳能热水系统由深圳市鹏桑普太阳能有限公司设计施工，每年能够节省标煤210t，减排二氧化碳529t，年节电量52万kWh。

图1-6　葵花公寓屋顶

1.2.2 设计概况

根据公寓的热水使用要求，采用集中集热、集中辅助、集中供热的太阳能为主，空气源热泵为辅的全天候热水供应系统。太阳能集热器采用平板太阳能集热器，集中放置在屋面花架上，储热水箱及热泵辅助设备均统一设置在屋面，系统设计太阳能集热器总面积678m^2；空气源热泵总制热功率为280kW；日供热水量64m^2。

1.2.3 设计参数

1．深圳地区年平均太阳辐射强度：5225MJ/m^3。

2．公寓人均热水定额：53L/人·d。

3．公寓热水供水温度：55℃。

4．深圳地区年均冷水计算温度：20℃。

1.2.4 主要技术亮点

1．在屋面设置专门的太阳能屋面花架梁，平板太阳能集热器全部布置在花架上，水箱及热泵辅助设备则放置在花架下的屋面上，不占用屋面集热面积，形成真正的太阳能屋面，解决了高层建筑普遍存在的屋面面积有限、集热面积不足的难题。

2．为满足公寓全天候24小时的热水供应需求，系统设置了预热水箱及保温水箱的双水箱系统，使系统运行过程中实现了冷热水分离的目的，确保用户用热水温度的稳定。

3．通过采取与冷水系统的一致的分区措施，在立管设置统一减压阀、各区底部设置支管减压阀的方式，有效解决冷热水压力平衡问题，提高了用热水舒适度。

4．设计采用按钮式冷水自动回收系统，使36层中任何楼层

的住户打开热水阀门10秒内就有热水成为现实。

1.2.5　运行维护方案

采用一体成型的平板型太阳能集热器，在确保高效的集热效率的前提下，有效地降低了集热系统的故障率，给运行维护管理大大降低了难度。

配置了远程监控系统，系统故障自动报警，故障位置一目了然，大大降低了维护管理成本。物业管理人员只需定期对平板集热器进行除尘、排污、水箱清洗等日常保养工作即可。并做好以下工作：

1）整合各项资源，成立专门领导小组负责售后服务和技术支持工作，为本项目运营管理提供有力保障。在服务期间，本项目服务人员每天 24 小时不间断地分别对太阳能热水系统进行巡视及保养，做到提前发现系统运行中可能存在的任何问题，预防出现任何运行事故。

2）工程所在地设有固定售后服务点及专门的备品备件库（集热器、真空管、热泵、常用易损件等），在服务期内保证及时响应。

3）有应急服务预案，针对可能发生的不可预见的紧急事故进行演练，在服务期间，如发生不可预见的紧急事故，服务人员启动应急预案，启用备用设备，并调动备品备件库，保证在第一时间抢修完成。

4）每月做以下维修：

（1）检查太阳能集热器、循环泵等的工作状况；（2）管道的检漏；（3）检查阀门状态；（4）检查控制系统元件及运行状态；（5）调校各元件控制装置；（6）测试电磁阀、水泵运行电压及电流；（7）检查电磁阀、水泵噪声及振动；（8）测试热泵运行电压及电流；（9）调校机组安全及控制装置；（10）检查机组噪声及振动；（11）检查水箱。

5）每年至少两次做以下全面检修：

（1）清洗太阳能管道、太阳能集热器；（2）清洗水箱；（3）风机盘管过滤器及风口；（4）控制系统维护；（5）电机检修。

图1–7　葵花公寓

1.2.6 系统原理图（图1–8）

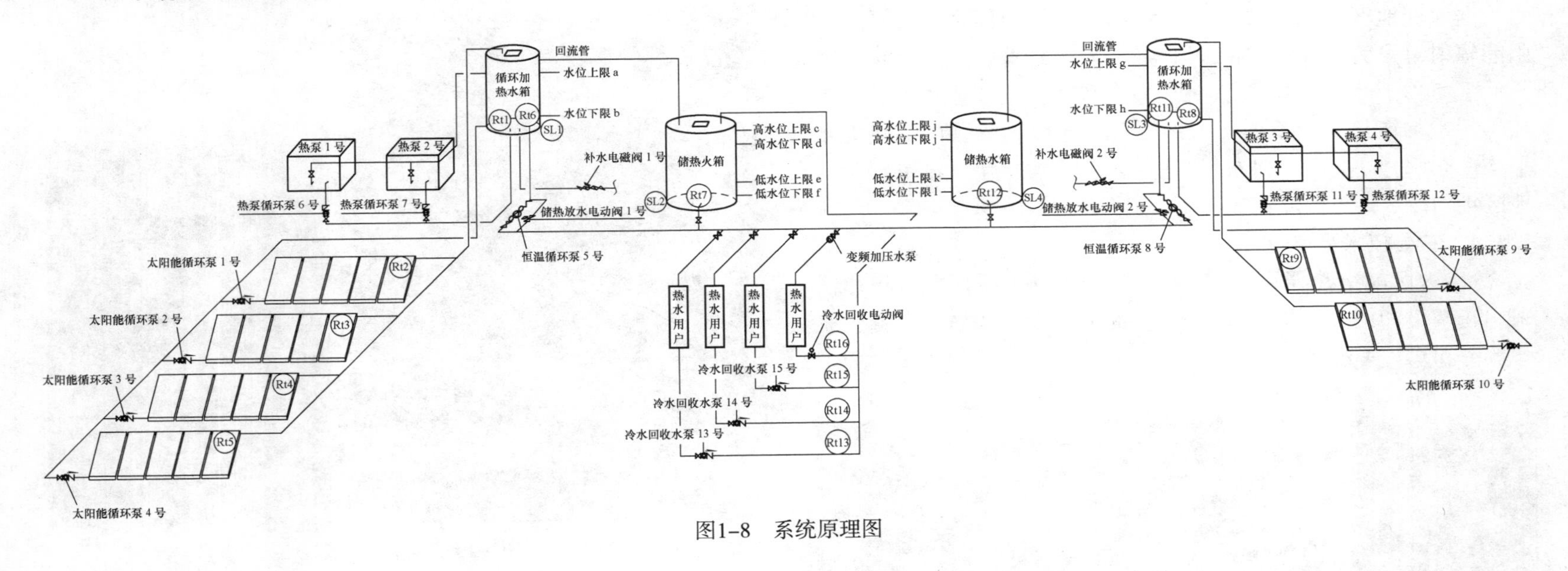

图1–8 系统原理图

1.3 深圳市体育新城安置小区集中集热、分户储热式太阳能热水系统

1.3.1 项目概况

深圳市龙岗区体育新城安置小区，占地约 10 万 m^2，总建筑面积达 41.3 万 m^2，由 21 栋 13 ~ 34 层高层住宅组成，共 2396 户。该太阳能项目为 2007 年全世界最大的全承压二次换热太阳能系统，获得中国企业新纪录奖，同时还被评为住房城乡建设部可再生能源建筑应用示范项目，在 2010 年被评为“太阳能推广应用广东之最”。该太阳能热水系统由深圳市嘉普通太阳能科技有限公司设计施工，年节电量 1068.3 万 kWh，年节省一次性能源量 4363t 标煤。

1.3.2 设计概况

采用集中集热、分户储热的太阳能为主干管循环，分户加热为辅的全承压分户式免计量太阳能热水系统。结合小区住宅的特点，采用屋面安装，外挂阳台，立面挂钢架的形式安装一体式平板集热器，部分楼型在阳台上采用壁挂式集热器。系统设计太阳能集热器总面积 11310m^2；共 2396 个分户储热水箱（300L/ 个）。

1.3.3 设计参数

据深圳地区实测气象资料，南向 30° 倾斜面全年日平均太阳能辐射总量为 14.45MJ/m^2，以温升 40 ℃计算，光热系统效率不低于 50%，太阳能保证率 50% 的条件下，对于屋顶安装的集热器年平均产热水量不低于 60L/m^2。对于立面安装的集热板年平均产热水量不低于 30L/m^2。公寓热水供水温度：55 ℃；深圳地区年均冷水计算温度：20 ℃。

1.3.4 主要技术亮点

1．太阳能集热器采用多种布置方式：1）屋顶平板集热器采用花架梁和钢架外挂布置；2）立面采用阳台壁挂式布置，兼顾效率和建筑美观。

图1–9 体育新城鸟瞰图

图1–10 体育新城透视图

2．整个系统为全承压系统，强制循环热效高，充分满足用户用水特点及投资经济性要求，符合用水卫生标准。

3．系统采用微电脑技术控制，实现系统智能化集成，可手动切换，运行稳定可靠，可操控性强。

1.3.5 运行维护方案

1．整合各项资源，成立专门领导小组负责售后服务和技术支持工作，为项目运营管理提供有力保障。服务人员每天 24 小时不间断地分别对太阳能热水系统进行巡视及保养，做到提前发现系统运行中可能存在的任何问题，预防出现任何运行事故。

2. 工程所在地设有固定售后服务点及专门的备品备件库（集热器、真空管、热泵、常用易损件等）。

3. 有应急服务预案，针对可能发生的不可预见的紧急事故进行演练，在服务期间，如发生不可预见的紧急事故，服务人员启动应急预案，启用备用设备，并调动备品备件库，第一时间抢修完成。

4. 每月做以下维修：

1）检查太阳能集热器、循环泵等的工作状况；2）管道的检漏；3）检查阀门状态；4）检查控制系统元件及运行状态；5）调校各元件控制装置；6）测试电磁阀、水泵运行电压及电流；7）检查电磁阀、水泵噪声及振动；8）测试热泵运行电压及电流；9）调校机组安全及控制装置；10）检查机组噪声及振动；11）检查水箱。

5. 每年至少两次做以下全面检修：

1）清洗太阳能管道、太阳能集热器；2）清洗水箱；3）风机盘管过滤器及风口；4）控制系统维护；5）电机检修。

1.3.6 系统原理图（图1-11）

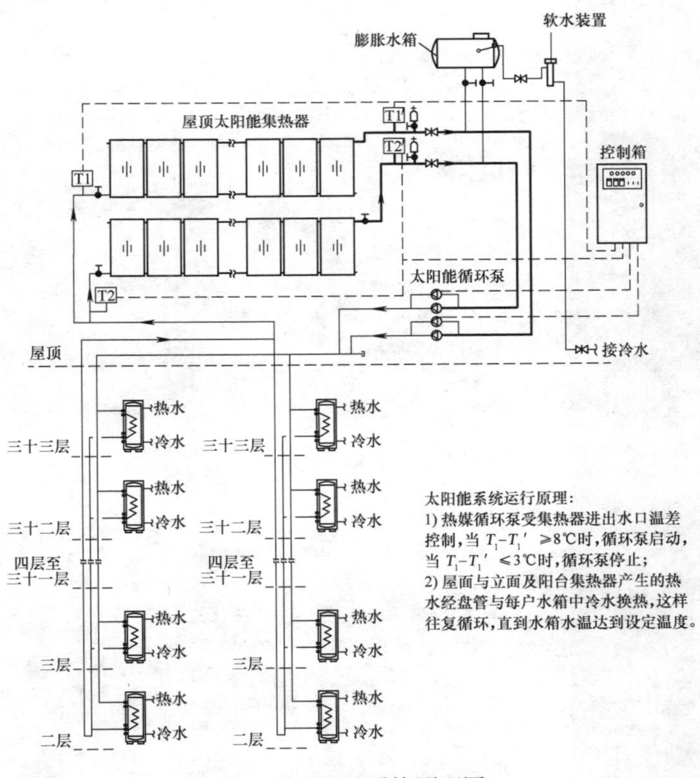

图1-11　系统原理图

图1-12　屋顶太阳能集热器

图1-13　阳台太阳能利用

1.4　厦门瑞景花园住宅集中集、供热式太阳能热水系统

1.4.1　项目概况

厦门瑞景花园太阳能集中供热水项目：厦门洪文小区占地面积9万m^2，共13栋高层住宅楼，楼高33层，总建筑面积达41.3万m^2。在2007年被建设部和财政部列为全国第三批可再生能源建筑应用示范项目。该太阳能热水系统由深圳市晴尔太阳能科技有限公司设计施工，年节电量153.34万kWh，年节省一次性能源量552t标煤。

图1-14　瑞景花园鸟瞰图

1.4.2 设计概况

采用集中集热、集中供热的太阳能为主，空气源热泵加热为辅的分户计量太阳能热水系统。结合小区建筑特点，在屋面花架上统一安装平板集热器，空气源热泵机组和储热水箱设备均统一设置在花架下方屋面上，系统设计太阳能集热器总面积 3680m^2；300 匹热泵，日产 300t 热水。

1.4.3 设计参数

1. 厦门地区年平均太阳辐射强度：5225 MJ/m^2。
2. 公寓人均热水定额：53 L/人 · d。

图1–16　屋顶太阳能热水系统

图1–15　瑞景花园透视图

图1–17　瑞景花园

3．公寓热水供水温度：55 ℃。

4．厦门地区年均冷水计算温度：20 ℃。

1.4.4 主要技术亮点

1．与建筑一体化设置。

2．热水主立管的水温智能控制。

3．与供水压力调整。

4．计量收费。

1.4.5 运行维护方案

1．整合各项资源，成立专门领导小组负责售后服务和技术支持工作，为本项目运营管理提供有力保障。项目服务人员每天24小时不间断地分别对太阳能热水系统进行巡视及保养，做到提前发现系统运行中可能存在的任何问题，预防出现任何运行事故。

2．工程所在地设有固定售后服务点及专门的备品备件库（集热器、真空管、热泵、常用易损件等）。

3．有应急服务预案，针对可能发生的不可预见的紧急事故进行演练。如发生不可预见的紧急事故，启动应急服务预案，启用备用设备，并调动备品备件库，第一时间抢修完成。

1.4.6 系统原理图（图1–18）

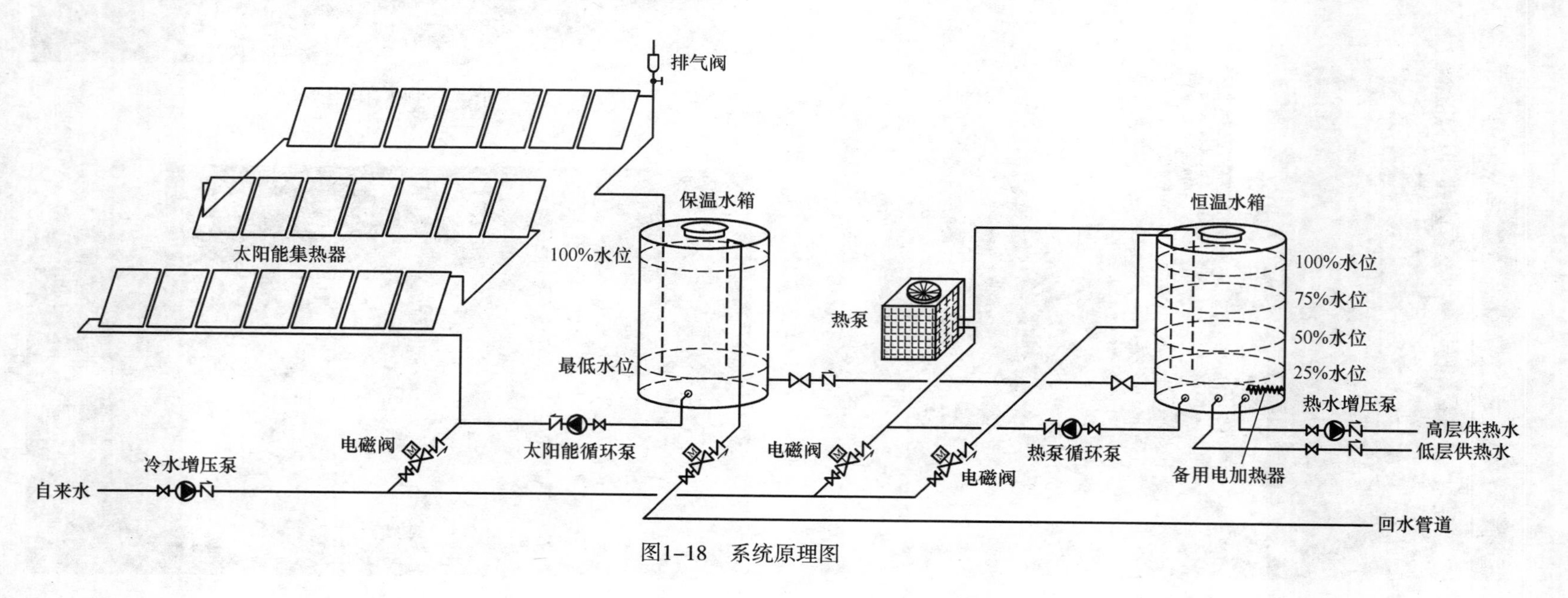

图1–18　系统原理图

1.4.7 平面布置图（图1-19）

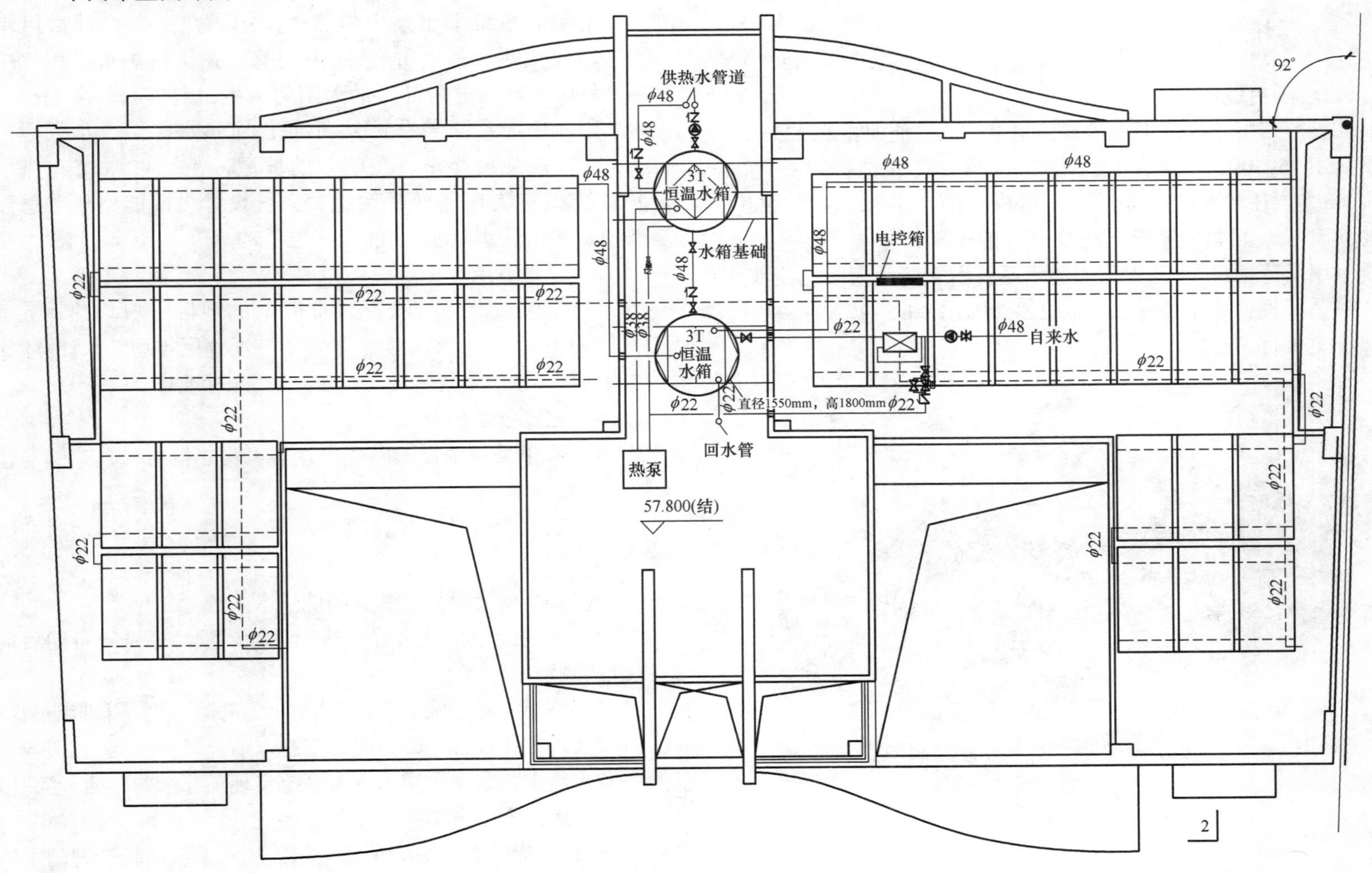

图1-19 太阳能平面布置图

1.5 日照东门小区住宅集中集、供热式太阳能热水系统

1.5.1 项目概况

日照东门小区位于福建省三明市，总占地面积62223m²，建筑面积169409m²，共有18层住宅11栋（其中东苑6栋，西苑5栋），多层住宅5栋（其中东苑4栋；西苑1栋），总共1250户。2008年该项目被财政部、住房城乡建设部评为“可再生能源建筑应用示范项目”。该太阳能热水系统由众望达太阳能技术开发有限公司设计施工，年节电量123.24万kWh，年节省一次性能源量492.94t标煤。

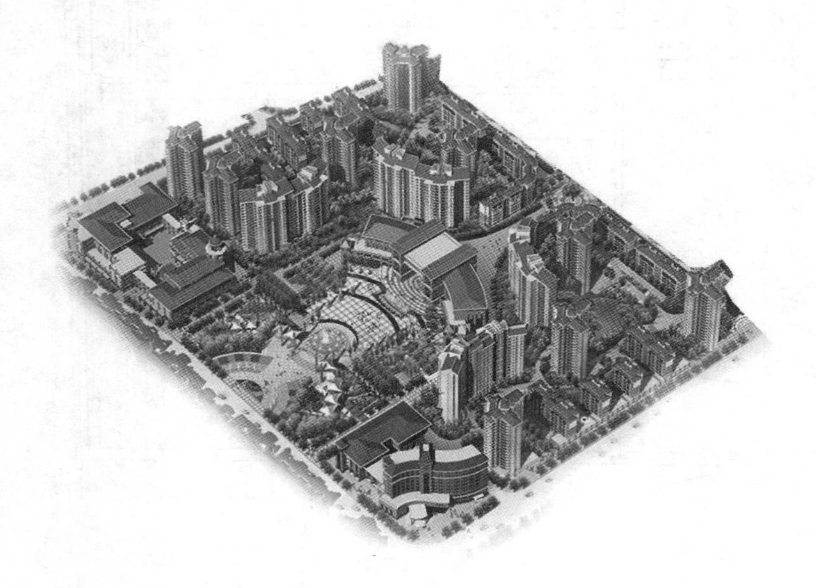

图1-20　效果图

1.5.2 设计概况

太阳能系统采用集中集热—集中贮热—分户计量供水系统（空气源热泵辅助）；系统采用落差式供应热水采用集中集热、集中供热、分户计量的太阳能为主，空气源热泵加热为辅的太阳能热水系统全天候24小时供应热水。结合小区楼的特点，太阳能集热器安装在朝阳的坡屋面上，贮水箱、热泵机组等设备安装在屋面平台上；系统设计太阳能集热器总面积2500m²；供热水量187.50t/d。

1.5.3 设计参数

三明地区属太阳能资源Ⅲ以上的地区；户均热水定额：150L/户·d；热水供水温度：55℃；三明地区年均冷水计算温度：15℃。全年系统常规能源消耗量：1860t标准煤。

1.5.4 主要技术亮点

1. 系统采用平板太阳能集热器，集热器替代瓦片，与建筑屋面融为一体。

2. 双水箱设计，多路温差循环，解决了入住率低时一次性能源的损耗。

3. 每个单元设计一套太阳能热水系统。

4. 阴雨天或系统水温未达到设计要求时，系统自动启动空气源热泵辅助。

5. 高层住宅采用减压供水，供水温度恒定，一开即出热水。

6. 人性化设计，GSM远程监控，维护简易。

7. 热水收费，采用水管家系统实现预存水费，插卡消费。

1.5.5 运行维护方案

管理、操作和维修人员是太阳能热水系统运行管理的主体，因此运行人员管理是太阳能热水系统节能运行的重要内容，由于

太阳能热水系统的专业综合型、复杂性，要求运行管理人员、操作和维修人员必须具有相应的资格认证才能上岗；并且在上岗之前，所有运行管理、操作、维修人员必须进行节能培训；太阳能热水系统的运行管理、操作和维修人员除了要满足各自岗位的基本职责外，还要达到节能运行管理的职责要求；在加强对技术人员节能管理的基础上，太阳能热水系统运行单位可通过制定一些激励制度进一步促进工作人员的节能工作，获得较好的节能效果。

太阳能热水系统所涉及的设备种类和数量较多，安装地点也比较分散，根据太阳能热水系统设备的特点和在节能运行中的重要程度，相应制定以下检查制度：开停机检查、巡回检查、周期性检查。太阳能热水系统和设备自身良好的工作状态是其安全经济运行、保证质量的基础，而有针对性地做好太阳能热水系统设备和系统的维护保养工作，又是太阳能热水系统保持良好工作状态、减少或避免发生故障和事故、延长使用寿命，降低能耗的重要条件之一。因此必须做好太阳能热水系统和设备的节能维护保养工作。制定相应的开机前维护保养、日常保养、定期保养及停机期间的维护保养规定。

图1-21　小区透视图

图1-22　坡屋面太阳能

图1-23　小区俯视图

1.5.6　系统原理图（图1-24）

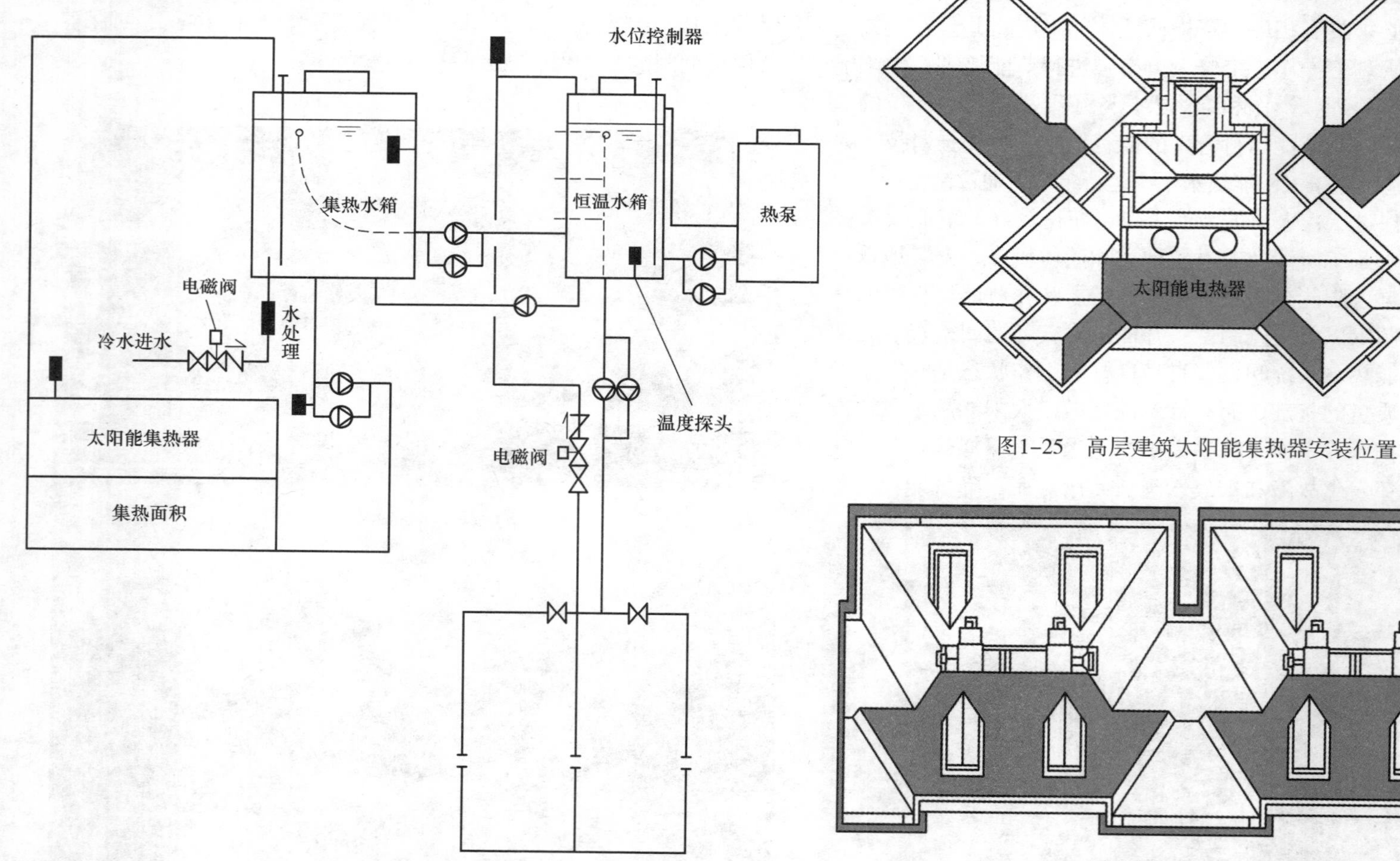

图1-24　系统原理图

图1-25　高层建筑太阳能集热器安装位置

图1-26　高层建筑太阳能集热器安装位置

1.6 深圳南山田厦国际中心集中集、供热式太阳能热水系统

1.6.1 工程基本概况

工程地点：南山区桃源路田厦国际中心

项目名称：田厦国际中心

表1-1

项 目 类 别	项 目 内 容
层数	30层
总房间数	996间
用水方式	花洒淋浴
每间用水（天）	200kg
合计热水需求量	约200t/d
用水时间	24小时供水

1.6.2 设计概况

热水系统采用以太阳能为主，空气能热泵为辅的 24 小时热水供应系统。太阳能集热器采用平板太阳能集热器，集中放置在屋面，储热水箱及热泵辅助设备均统一设置在屋面，实行集中集热、集中辅助、集中供热的供水方式。设计太阳能总集热面积 912m^2，空气源热泵总制热功率 1078kW，保温水箱容量 200m^3。

该太阳能热水系统由深圳市振恒太阳能工程有限公司设计安装，年节电量 219 万 kWh，年节省一次性能源量 73 万 t 标煤。

深圳市田厦国际中心位于南山区桃源路与南光路交叉口西北侧，桃源路以北，南光路西侧，总用地面积 15334.6m^2，总建筑面积 188105.31m^2，计容积率建筑面积 150586.68m^2，其中商业面积 16645.57m^2，办公面积 68235.04m^2，商务公寓面积 55285.89m^2，核增面积 10417.18m^2，地下车库建筑面积 32593.36m^2，项目包含一栋 165.7m 超高层办公，一栋 99.9m 商务公寓及 4 层商业裙房和与地铁相连的 4 层地下室。

图1-27 田厦国际

1.6.3 主要技术亮点

智能化可选择性太阳能出水控制器系统

1. 自动识别春夏季与冬秋季。

可选择性太阳能出水控制器系统在夏季可以24小时确保热水的供应量和供应温度。冬季受太阳能辐射及气温、自来水温度影响，太阳能很难将10℃的冷水加热至55℃，但可以在较短时间内将水加热到35~50℃。系统自动计算及判断冷水升温幅度，自动调整出水的温度，当达到设定的升温幅度后自动进水。日产水量可以达到设计水量的80%左右；如果热水温度达不到设定温度，则自动启动辅助加热系统，将保温水箱内的中温热水通过短时间的加热就可将水温加热至客户指定的温度。

2. 自动识别晴天、阴天，上半天阴天及下半天阴天。

采用可选择性太阳能出水控制器的中央供热系统是通过上午日照和下午日照的热能量产出的热水量的多少来判断上午是阴天还是下午是阴天的。并且可以确保无论是上午还是下午客户的热水供应。

检测时间和检测水位可由客户要求随意设定，设定水位检测段最大5级，检测时间最多5次。

3. 最大补水量控制。

客户在使用热水时，如果热水不够用，则热水水位会下降到设定的最低水位线（位置可调），此时辅助加热设备自动启动，往水箱补充热水，一直补充到设定的最大补水水位停止（一般设计为10~20cm高，可调节）加热。

4. 可将各种控制参数很直观显示在PLC控制屏上，增加可操作性。

1.6.4 系统原理图（图1-28）

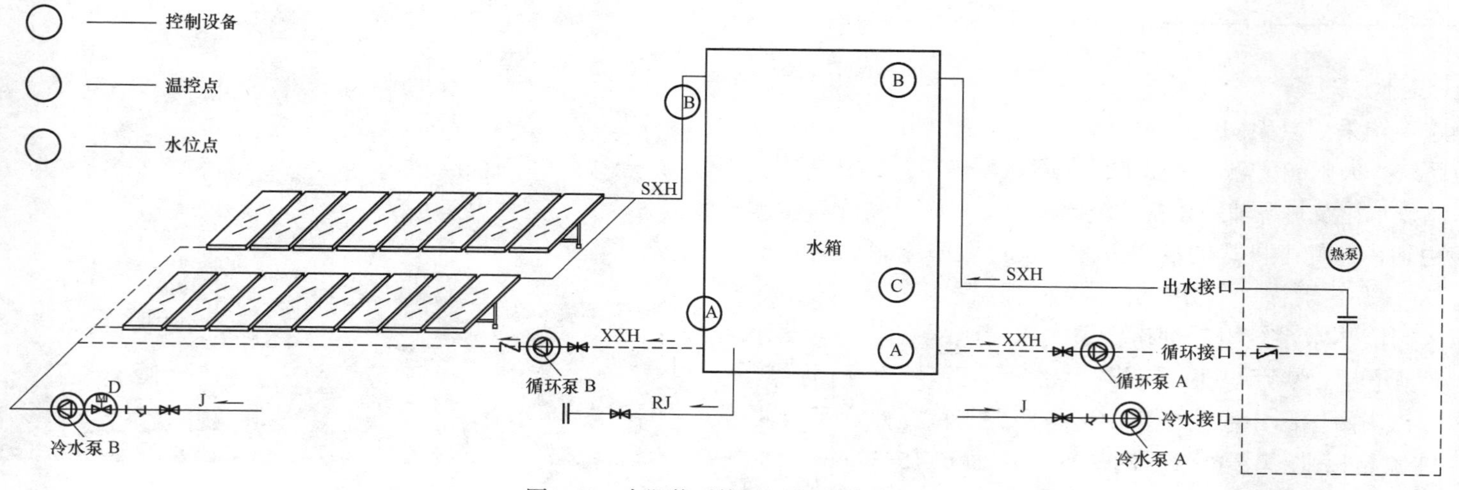

图1-28 太阳能系统平面布置图

1.6.5 系统布置图（图1–29）

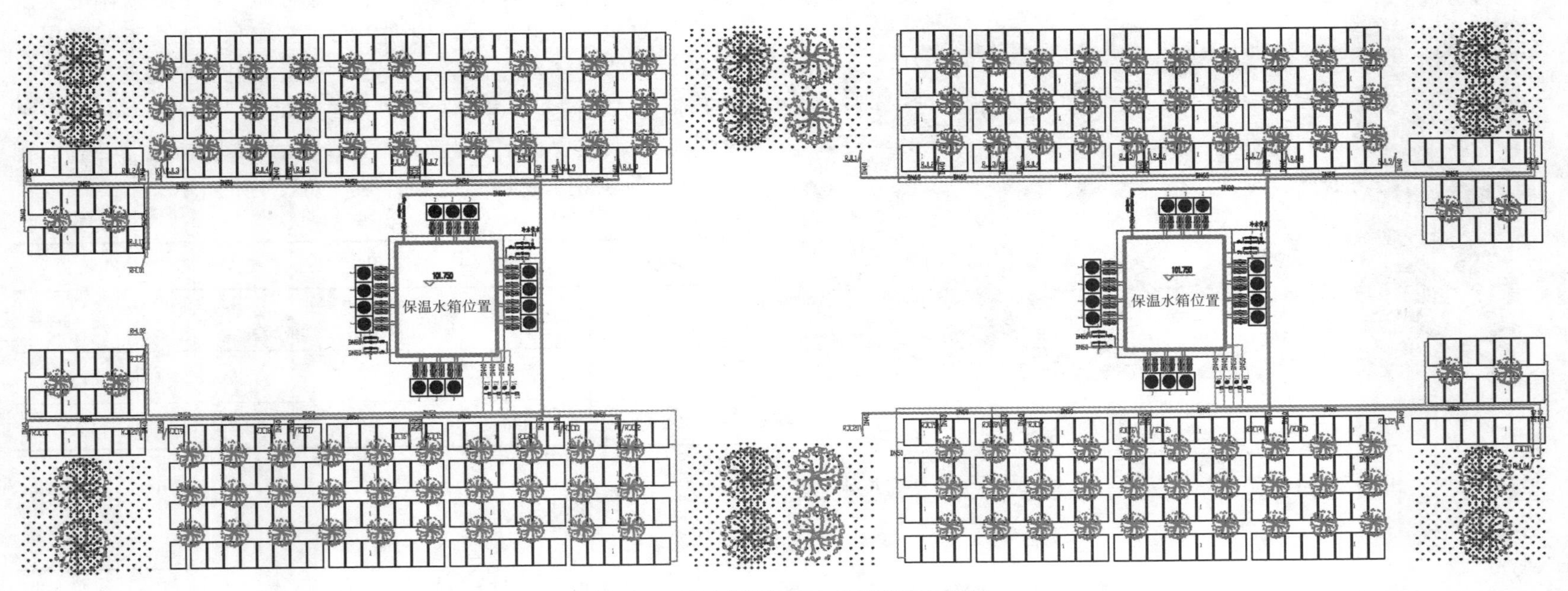

图1–29 顶层太阳能热水系统平面布置图

1.6.6 工程图片（图1–30）

图1–30 屋面集热器

1.7 深圳市梅山苑集中集、供热式太阳能热水系统

1.7.1 项目概况

本工程位于深圳市福田区，为一个能容纳 1565 户的住宅租赁区，占地面积约 2.5 万 m^2，总建筑面积约 10 万 m^2，其中：1 ～ 6 号楼均为二十八层，一层为架空层，二层至二十八层为住宅；7 号楼共 13 层，其中一层至三层为商业及办公，四层至十三层为住宅。该太阳能热水系统由深圳市嘉普通太阳能科技有限公司设计施工，年节电量 41.33 万 kWh，年节省一次性能源量 165.31t 标煤。

1.7.2 设计概况

热水系统采用全日制集中式热水供应系统，干管循环方式，辅助加热采用空气源热泵，所有设备均集中设置。太阳能集热板南向或与南向呈 30° 以内夹角布置，倾角 30° 。6 号楼屋顶平板集热器在楼顶花架梁上布置；立面采用全玻璃真空管内插 U 形铜管式集热板，集热器在外墙或女儿墙布置；7 号楼屋顶平板集热器在楼顶花架梁上布置。系统设计太阳能集热器总面积 782m^2；日供热水量 53m^2。设计结果如表 1–2 所示：

设计结果　表1–2

类别	太阳能集热器面积		贮热水箱	供热水箱
位置	屋顶花 架梁（m^2）	立面外墙或 女儿墙（m^2）	屋顶（m3）	屋顶（m3）
6号楼	210	392	3 × 10	1 × 10
7号楼	180	0	2 × 5	1 × 3

1.7.3 设计参数

设计参数　表1–3

住宅类别	户型	总户数（户）	总人数（人）	热水定额（L/人·d）	日热水量（L/d）
6号楼	一房	81	162	60	9720
	两房	108	324	60	19440
7号楼	一房	70	140	60	8400
	两房	10	30	60	1800

本工程热水器应用上兼顾冬季，因此，屋顶集热器安装角度宜为深圳地区的纬度加10°，即南向倾斜30° 安装；据深圳地

区实测气象资料，南向30° 倾斜面全年日平均太阳能辐射总量为14.45MJ/m^2，以温升40° C计算，光热系统效率不低于0.5，在太阳能保证率50%的条件下，则对于屋顶安装的集热板而言，1m^{2}集热器年平均产热水量不低于60L。对于立面安装的集热板，1m^{2}集热器年平均产热水量不低于30L。

图1–31　立面集热器

1.7.4　主要技术亮点

1. 6号楼太阳能集热器采用两种类型，两种规格：

平板集热器，规格分2m^{2}和1m^{2}两种；全玻璃真空管内插U形铜管式集热板，规格分2m^{2}和1m^{2}两种；采用两个太阳能循环系统。

2. 6号楼太阳能集热器采用两种布置方式：

屋顶平板集热器采用花架梁布置；立面采用全玻璃真空管内插U形铜管式集热板六屋至二十八层布置。

3. 系统设置为强制循环系统，其强制循环热效高。供水系统设置自控热回水循环，确保供水管路恒温，各用水终端一开就有热水，节约水资源，方便使用。

4. 系统采用微电脑技术控制，实现系统智能化集成，可自动手动切换，可操控性强。太阳能热水系统智能自控瞬时启动，日出1小时后即可产出一定数量的热水，满足定温即时热水供应需求。

1.7.5　运行维护方案

1. 成立专门领导小组负责售后服务和技术支持工作，为系统运营管理提供有力保障。

2. 工程所在地设有固定售后服务点及专门的备品备件库（集热器、真空管、热泵、常用易损件等）。

3. 维护服务人员将所有用户的相关情况整理归档，接待并整理好用户的报障记录。维护服务人员建立维修工作记录卡，从接到电话，到派出相关技术人员前往处理，以及处理过程，处理结果，用户意见均有完整记录。

4. 服务人员每天24小时不间断地分别对太阳能热水系统进行巡视及保养，做到提前发现系统运行中可能存在的任何问题，预防出现任何运行事故。

图1-32

5. 编制应急预案，针对可能发生的不可预见的紧急事故进行演练，如发生不可预见的紧急事故，服务人员启动应急预案，启用备用设备，并调动备品备件库，第一时间抢修完成。

6. 每月对太阳能热水设备做以下维修保养服务：

1）检查太阳能集热器、循环泵等的工作状况；2）管道的检漏；3）检查阀门状态；4）检查控制系统元件及运行状态；5）调校各元件控制装置；6）测试电磁阀、水泵运行电压及电流；7）检查电磁阀、水泵噪声及振动；8）测试热泵运行电压及电流；9）调校机组安全及控制装置；10）检查机组噪声及振动；11）检查水箱。

图1-33

7. 每年至少做两次全面检修，检修项目如下：

1）清洗太阳能管道、太阳能集热器；2）清洗水箱；3）风机盘管过滤器及风口；4）控制系统维护；5）电机检修。

1.7.6 系统原理图（图1–34）

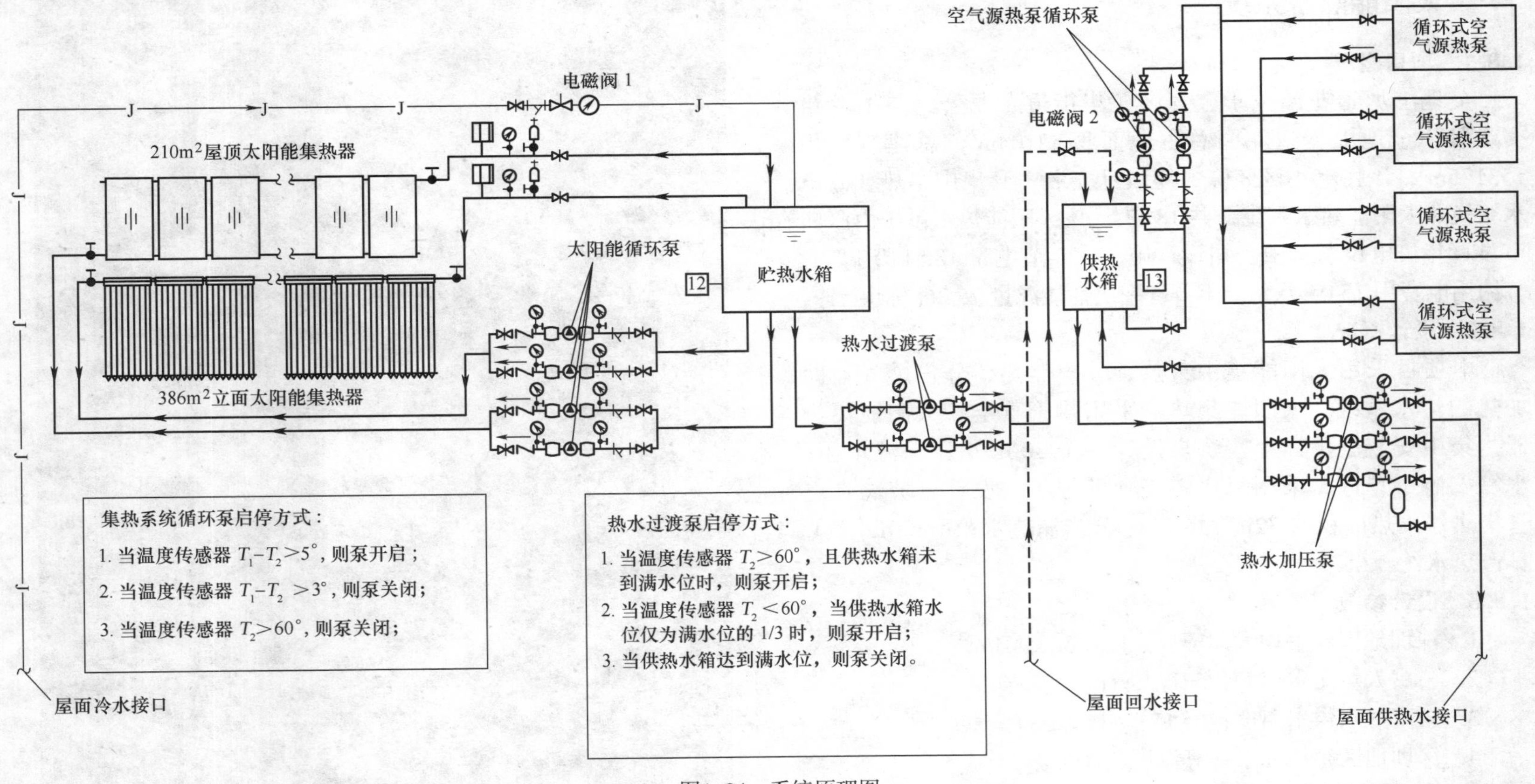

图1–34　系统原理图

1.8 深圳市金地上塘道花园集中集热、分户储热式太阳能热水系统

1.8.1 项目概况

金地上塘道花园位于宝安区龙华街道布龙公路与上塘路交会处，金地上塘道花园总占地面积53104m²，总建筑面积153175m²，该住宅小区8栋A座设计安装一套集中集热、分户水箱换热太阳能热水系统，共18户。该太阳能热水系统由深圳市昱百年机电设备有限公司设计施工，年节电量18.81万kWh、节约用电费用15.05万元，年节省一次性能源量75.26t标煤。

1.8.2 设计概况

本项目采用太阳能集中集热、分户储热、分户燃气辅助加热的热水系统。太阳能集热器采用热管真空管太阳能集热器，集中安装于屋面上。每户设计一个200L承压保温水箱，水箱安装于户内，采用每户燃气辅助加热。设计全玻璃真空管集热器集热面积共72m²,共18个分户储热水箱（200L/个），日产热水约3.6t。

1.8.3 设计参数

1. 深圳地区年平均太阳辐射强度：5225MJ/m²。
2. 公寓人均热水定额：53L/人·d。
3. 公寓热水供水温度：55℃。
4. 深圳地区年均冷水计算温度：20℃。

1.8.4 主要技术亮点

采用分户水箱换热系统，解决热水计量问题。

1. 屋面没有设置集中大水箱，减少对建筑立面及屋面荷载的影响；

图1-35 金地上塘道花园

2. 解决了冷热水水压平衡问题，因为分户水箱内的水直接从住户的冷水管引入，与住户的冷水压力平衡，热水使用质量高；

3. 辅助加热：采用每户的燃气热水器，住户可根据自己用热水需要灵活设定水温；

4. 控制器安装于每个住户内，方便住户根据各自需要设定各项参数，且不影响其他住户的系统参数；

5. 住户所用的水均从住户冷水管引进，不存在热水收费问题，方便日后的管理。

1.8.5 运行维护方案

1. 整合各项资源，成立专门领导小组负责售后服务和技术支持工作，为系统运营管理提供有力保障。

2. 工程所在地设有固定售后服务点及专门的备品备件库（集热器、真空管、热泵、常用易损件等）。

3. 有应急服务预案，针对可能发生的不可预见的紧急事故进行演练，在服务期间，如发生不可预见的紧急事故，服务人员启动应急预案，启用备用设备，并调动备品备件库，保证在第一时间抢修完成。

4. 物业管理人员定期不间断地分别对太阳能热水系统进行巡视及保养，做到提前发现系统运行中可能存在的任何问题，预防出现任何运行事故。

5. 工程技术人员每月做以下维修：

1）太阳能集热器：清洗太阳能集热器表面灰尘，确保集热器集热效果。

2）控制线路：检查电线、线管外表是否完整，室外部分是否防潮、防漏；确保运行良好。

3）电控系统：检查所有元器件状况，检查相关设定参数与原设定是否有变化，并进行修正，检查系统水位器所有探头，并清洗。

4）管路系统：检查管路相关阀门，是否处于正常状态，相关管道及配件有无损坏、漏水等。

5）水泵阀门：检查电机运行电流、阀门开启状况、油泵运行，并进行保养。

图1–36　屋面太阳能集热器

1.8.6 系统原理图（图1-37）

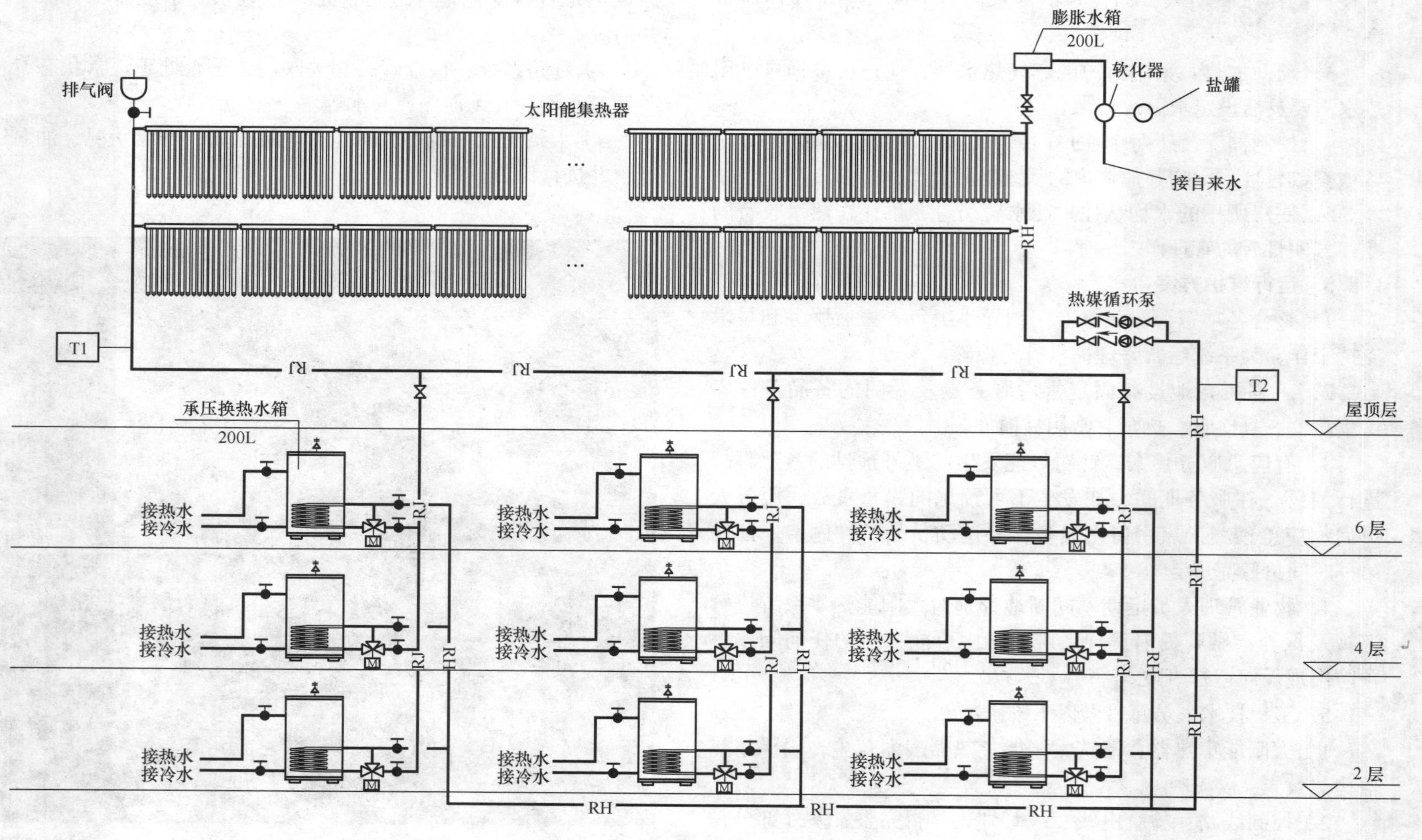

图1-37　系统原理图

1.9 深圳招商澜园公寓集中集热、分户储热式太阳能热水系统

1.9.1 项目概况

招商澜园公寓项目位于深圳市宝安区观澜大和路以西，竹园路以北环观南路交会处，地处观澜新中心区。主要建筑性质与形式：12层（招商澜园项目1A、6A、7A、8A、9A，共5栋），用热水人数：约134人/栋，共670人。该太阳能热水系统由深圳市恩派能源有限公司设计安装，年节电量43.68万kWh，年节省一次性能源量176.47t标煤。

1.9.2 设计概况

太阳能热水系统采用集中式中央热水系统，辅助热源由每户独立采用燃气热水器，确保24小时提供生活热水。集热器选用平板型太阳能集热器，集热面积490m^2（其中98m^2/栋，共5栋）。总热水量40.5t/d（8.5t/栋·d，共5栋）。

1.9.3 设计参数

1. 深圳地区年平均太阳辐射强度：5225MJ/m^2。
2. 公寓人均热水定额：53L/人·d。
3. 公寓热水供水温度：55℃。
4. 深圳地区年均冷水计算温度：20℃。

1.9.4 主要技术亮点

该工程采用集中式中央热水系统，具有全自动运行、维护简单、使用寿命长的特点。

屋面太阳能集热器采用全紫铜平板型集热器，使用年限达20年以上；储热水箱和恒温水箱采用不锈钢内胆，聚氨酯发泡工艺，外包0.5mm涂层烤漆彩钢板。

图1-38 招商澜园

辅助加热由每户独立采用燃气热水器，各栋每层楼顶设置太阳能热水系统集中供应预热水至各住户燃气热水器，结合建筑立面朝南合理设置，热水设分户水表计量，可有效解决辅助加热费用问题。

系统特点：分户使用，各户互不影响。冷水由用户室内进入水箱，不需另外计费，不增加物业管理难度。整个系统实现太阳能向用户提供廉价热水。集热器与建筑一体化设计，不影响建筑美观。

1.9.5 运行维护方案

1. 整合各项资源，成立专门领导小组负责售后服务和技术支持工作，为项目运营管理提供有力保障。

2．工程所在地设有固定售后服务点及专门的备品备件库（集热器、真空管、热泵、常用易损件等）。

3．技术培训：免费培训2~5名系统操作管理人员，完成对系统的日常维护保养。

4．在服务期间，可在接到维修电话24小时内排除故障，保证在第一时间抢修完成。

5．物业管理人员定期不间断地分别对太阳能热水系统进行巡视及保养，做到提前发现系统运行中可能存在的任何问题，预防出现任何运行事故。

6．工程技术人员定期做以下维修：

1）太阳能集热器：清除太阳能集热器表面灰尘，确保集热器集热效果。

2）控制线路：检查电线、线管外表是否完整，室外部分是否防潮、防漏；确保运行良好。

3）电控系统：检查所有元器件状况，检查相关设定参数与原设定是否有变化，并进行修正，检查系统水位器所有探头，并清洗。

4）管路系统：检查管路相关阀门，是否处于正常状态，相关管道及配件有无损坏、漏水等。

5）水泵阀门：检查电机运行电流、阀门开启状况、水泵运行，并进行保养。

图1-39　屋面太阳能

图1-40　储热水箱

1.9.6 系统原理图（图1–41）

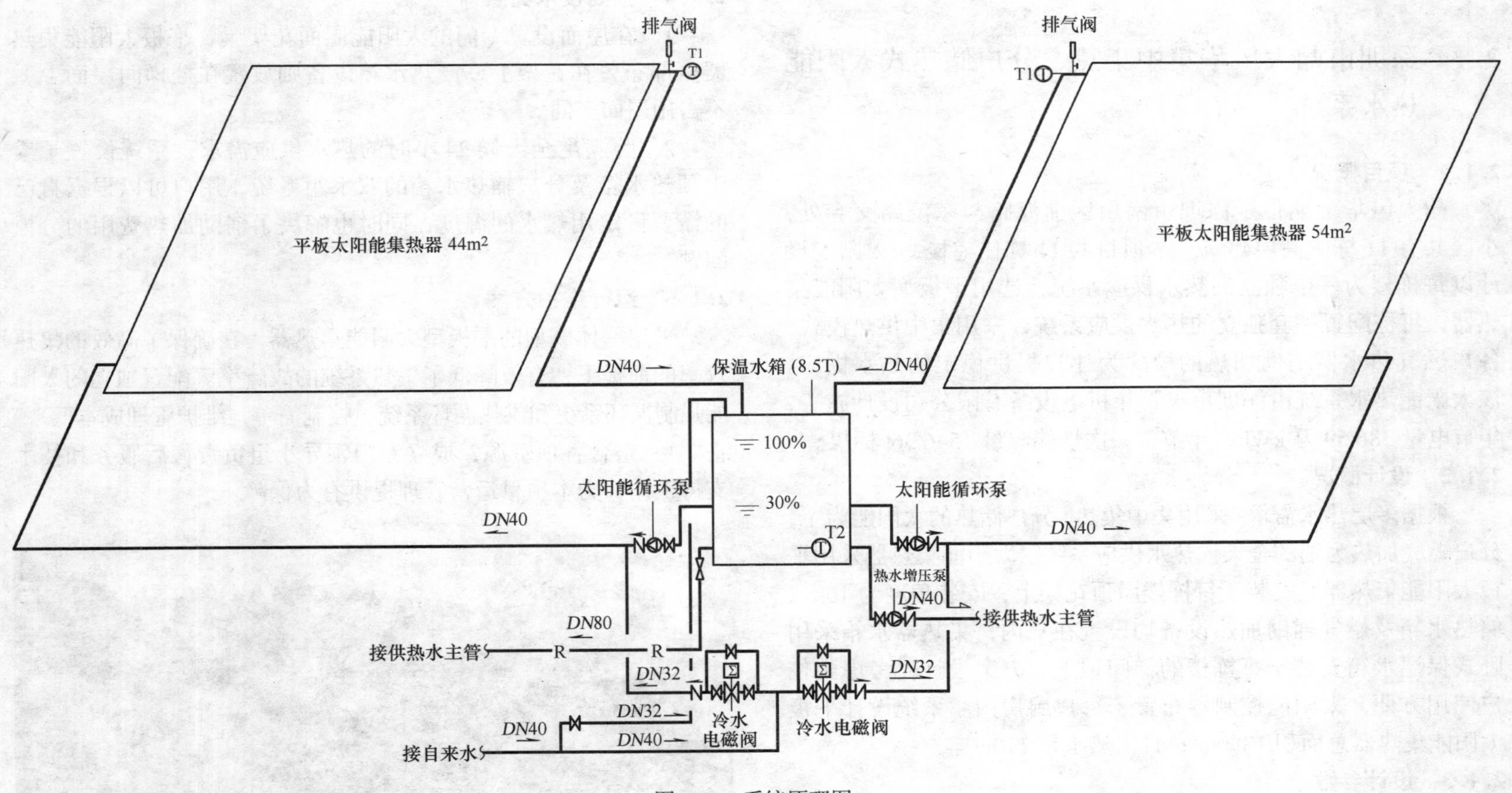

图1–41 系统原理图

第2章　12层及以下住宅类建筑应用

2.1　深圳市鼎太风华集中集热、分户储热式太阳能热水系统

2.1.1　项目概况

鼎太风华七期位于深圳市南山区前海路与东滨路交会处，小区共有11栋中高层建筑。本项目共11栋住宅楼， 太阳能设计以每栋楼为一个独立的热水供应系统，选用平板型太阳能集热器，每栋配置一套独立的热水供应系统，采用集中供热模式、各户燃气热水器辅助加热的模式为住户提供稳定的热水供应。该太阳能热水系统由深圳市昱百年机电设备有限公司设计施工，年节电量386.59万kWh，年节省一次性能源量1546.36t标煤。

2.1.2　设计概况

根据多层热水需求，采用集中集热、分户储热的太阳能为主，分户燃气加热为辅的全天候热水供应系统。太阳能集热器采用平板太阳能集热器，安装于每栋楼屋顶花架上，安装角度为15°。储热水箱及燃气辅助加热设备均设置在户内，集热器水箱采用卧式保温水箱安装于每栋楼的梯间顶上。方案设计时考虑到住户使用方便，太阳能控制器布置于每户厨房内。系统设计平板太阳能集热器总面积1390m^2；日供热水量110m^3。

2.1.3　设计参数

1．深圳地区年平均太阳辐射强度：5225MJ/m^2。

2．公寓人均热水定额：53L/人·d。

3．公寓热水供水温度：55℃。

4．深圳地区年均冷水计算温度：20℃。

2.1.4　主要技术亮点

1．在屋面设置专门的太阳能屋面花架梁，平板太阳能集热器全部布置在花架上，产热水箱设备则放置在楼梯间屋面上，不占用屋面空间。

2．为满足全天候24小时的热水供应需求，系统设置了集中预热水箱及分户辅热水箱的双水箱系统，用户可以根据自己的需要设定用热水的温度，同时也解决了辅助加热费用的分摊问题。

2.1.5　运行维护方案

采用一体成型的平板型太阳能集热器，在确保了高效的集热效率的前提下，有效降低了集热系统的故障率。配置独立的太阳能强制循环系统和供热循环系统，控制简单，维护管理成本低。

1．整合各项资源，成立专门领导小组负责售后服务和技术支持工作，为本项目运营管理提供有力保障。

图2-1　鼎太风华

图2-2　屋面太阳能集热器1

图2-3　屋面太阳能集热器2

2．工程所在地设有固定售后服务点及专门的备品备件库（集热器、真空管、热泵、常用易损件等）。

3．有应急服务预案，针对可能发生的不可预见的紧急事故进行演练，如发生不可预见的紧急事故，服务人员启动应急预案，启用备用设备，并调动备品备件库，保证在第一时间抢修完成。

4．物业管理人员只需定期对平板集热器进行除尘、排污，水箱清洗等日常保养工作即可。并做好定期检修：

1）太阳能集热器：清洗太阳能集热器表面灰尘，确保集热器集热效果。

2）控制线路：检查电线、线管外表是否完整，室外部分是否防潮、防漏；确保运行良好。

3）电控系统：检查所有元器件状况，检查相关设定参数与原设定是否有变化，并进行修正，检查系统水位器所有探头，并清洗。

4）管路系统：检查管路相关阀门，是否处于正常状态，相关管道及配件有无损坏、漏水等。

5）水泵阀门：检查电机运行电流、阀门开启状况、油泵运行情况，并进行保养。

2.1.6 系统原理图（图2–4）

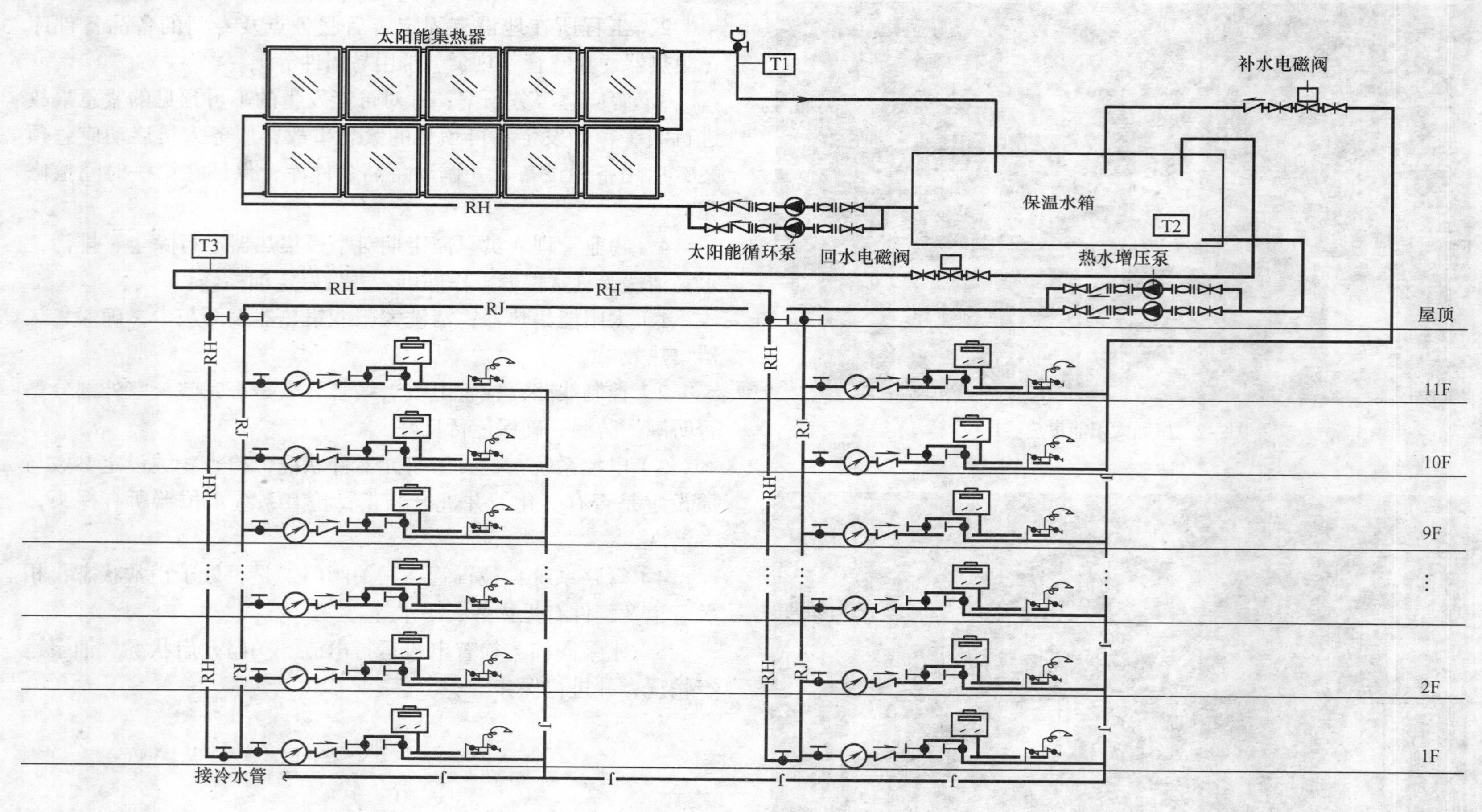

图2–4 系统原理图

2.2 深圳市中海半山溪谷集中集热、分户储热式太阳能热水系统

2.2.1 项目概况

中海半山溪谷位于深圳市盐田区梧桐山北麓，本项目建筑面积约 12.5 万 m^2，由 24 栋 8~11 层中高层住宅组成，共 48 个单元 1130 户。该太阳能热水系统由深圳市昱百年机电设备有限公司设计施工，年节电量 41.33 万 kWh，年节省一次性能源量 165.31t 标煤。

2.2.2 设计概况

本项目太阳能以每单元为一个独立的热水供应系统，采用集中集热、分户储热、分户燃气辅助加热的热水系统，共48套独立的供水系统。每单元集热器集中布置于屋面，水箱安装于楼梯间屋顶，每户安装热水表对住户使用的热水进行计量。

整个社区设计全玻璃真空管集热器集热面积共 1280m^2，共 2396 个分户储热水箱（300L/ 个），日产热水约 120t。方案设计时考虑到保证建筑美观，集热器布置于屋面，水箱放置于楼梯间屋顶。

2.2.3 设计参数

1. 深圳地区年平均太阳辐射强度：5225MJ/m^2。
2. 公寓人均热水定额：53L/人 · d。
3. 公寓热水供水温度：55℃。
4. 深圳地区年均冷水计算温度：20℃。

2.2.4 主要技术亮点

系统选择及设计，保证了小区建筑的美观又保证了住户日常的热水使用需求，达到了节能减排的效果。

图2-5 鸟敢图（效果图）

图2-6 效果图（沙盘）

在方案设计时，屋顶水箱放置于电梯机房屋顶，并提升梯间屋面女儿墙高度加以保护，使水箱隐藏于梯间屋面上，保证了

建筑的美观并解决了水箱集中荷载大的问题，降低了施工难度。

每户采用燃气辅助加热并配置一套两位三通电动阀门，保证了阴雨天等不利气候条件下太阳能热水系统的正常使用。

2.2.5　运行维护方案

1. 整合各项资源，成立专门领导小组负责售后服务和技术支持工作，为热水系统的运营管理提供有力保障。

2. 工程所在地设有固定售后服务点及专门的备品备件库（集热器、真空管、热泵、常用易损件等）。

3. 制定应急服务预案，针对可能发生的不可预见的紧急事故进行演练，如发生不可预见的紧急事故，服务人员启动应急预案，启用备用设备，并调动备品备件库，保证在第一时间抢修完成。

4. 物业管理人员定期不间断地分别对太阳能热水系统进行巡视及保养，做到提前发现系统运行中可能存在的任何问题，预防出现任何运行事故。

5. 工程技术人员每月做以下维修：

1）太阳能集热器：清洗太阳能集热器表面灰尘，确保集热器集热效果。

2）控制线路：检查电线、线管外表是否完整，室外部分是否防潮、防漏；确保运行良好。

3）电控系统：检查所有元器件状况，检查相关设定参数与原设定是否有变化，并进行修正，检查系统水位器所有探头，并清洗。

4）管路系统：检查管路相关阀门，是否处于正常状态，相关管道及配件有无损坏、漏水等。

5）水泵阀门：检查电机运行电流、阀门开启状况、水泵运行情况，并进行保养。

图2–7　屋面太阳能热水系统

2.2.6 系统原理图（图2-8）

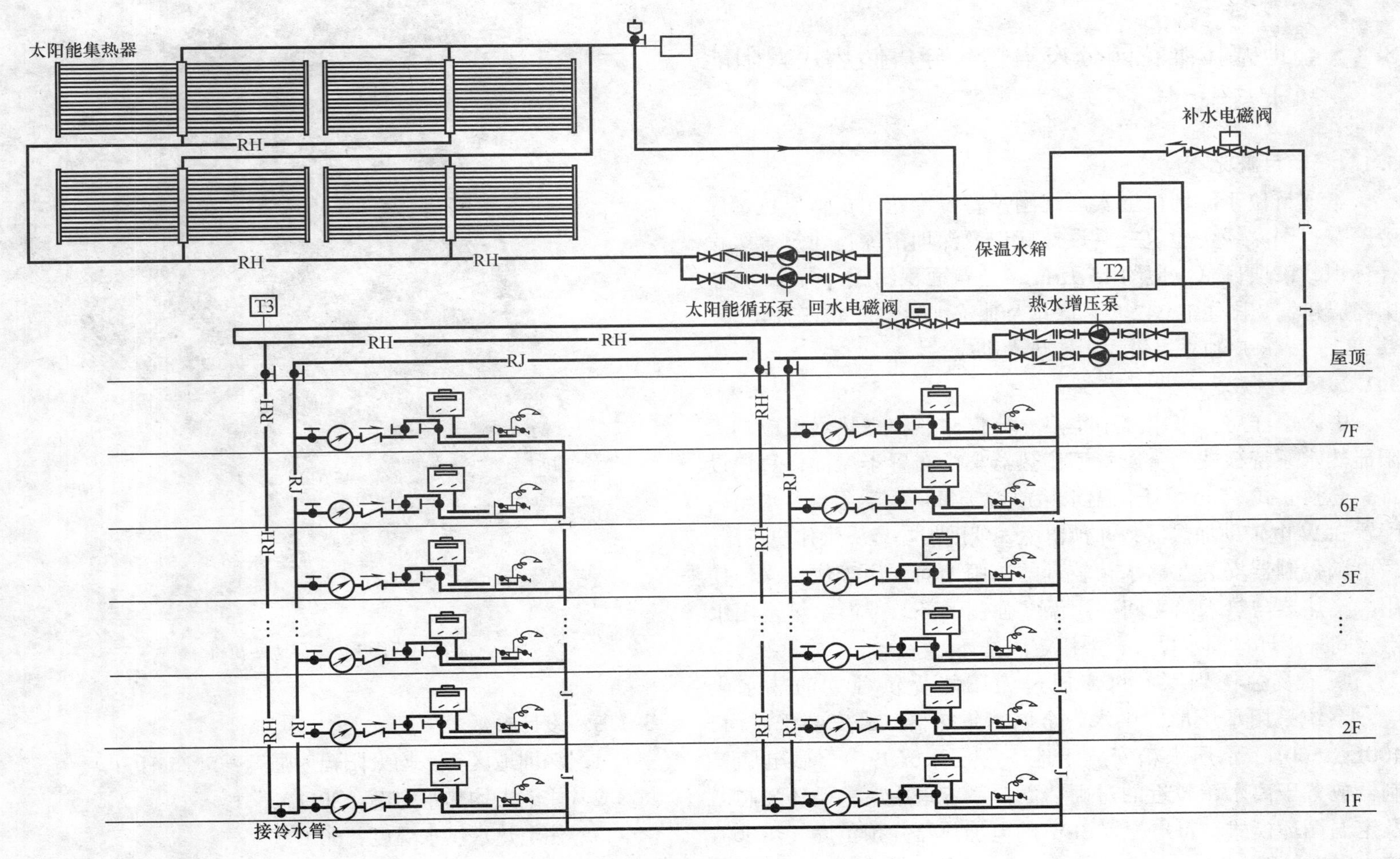

图2-8 系统原理图

第3章 别墅类建筑应用

3.1 金地塞拉维花园分户集热、分户储热式太阳能热水系统

3.1.1 项目概况

本项目位于深圳市宝安区观澜镇塞拉维花园街道横坑水库旁，获得国家绿色建筑三星设计标识及深圳市绿色建筑金级设计标识，该项目总占地约15万m^2，建筑面积约35万m^2，其中中高层建筑7栋住宅242户、联排及独栋别墅建筑17栋140户，共382户，每户独立提供太阳能热水供应。

3.1.2 设计概况

中高层洋房：采用集中集热、分户储热独立热水供应的太阳能热水系统模式，金属管型集热器集中布置于屋面，每户设置一套独立式250L承压保温水箱放置于每户生活阳台，水箱内配置3kW电辅助加热器，并预留燃气辅助加热接头供住户备用。微电脑控制器安装在离水箱较近的遮雨墙面，便于住户操作使用。集热器与热水箱之间采用温差强制循环，保温水箱至用水点之间采用环形回水设计，采用定温循环。

联排及独栋别墅：每户通过太阳能提供独立的热水供应，系统采用承压形式供水。金属管集热器6m^2安装于屋面，400L（500L）承压水箱安放于地下一层采光井内，微电脑控制器放置于离水箱较近的避雨墙面。系统采用温差循环强制循及定温循环模式，每户配置3kW的电加热器并预留燃气热水器接头作为备用。

图3-1 金地塞拉维

3.1.3 设计参数

1. 深圳地区年平均太阳辐射强度：5225MJ/m^2。
2. 住宅人均热水定额：80L/人·d。
3. 住宅热水供水温度：60℃。
4. 深圳地区年均冷水计算温度：20℃。

3.1.4 主要技术亮点

太阳能集热器采用热管真空管太阳能集热器，保温水箱采用不锈钢承压水箱。别墅集热器采用嵌入式安装，与建筑完美结合。中高层建筑采用分户水箱换热系统，解决热水计量问题。

1. 独栋及水排别墅的集热器与水箱分离，集热器崁入式安装及所有的管道暗敷，真空管及水箱颜色与屋面瓦协调搭配，保证了太阳能系统与建筑的完美结合。采用分体承压式太阳能热水系统，电辅助加热，燃气作备用辅助加热。

2. 中高层住户采用集中集热，分户水箱换热系统，电辅助加热、独立供水的系统形式，并采用二次换热模式，有效解决了水电费分摊的困难，对投入使用后的后期管理和维护创造了条件。

3. 全部太阳能系统采用承压式温差强制循环及回水定温循环模式，充分利用太阳能达到真正节能的效果，有效降低了碳排放并保证用户用水的及时性和舒适性。

4. 采用以电为、主燃气备用的一备一用辅助加热模式，符合高档住宅的定位，有效解决了在用水量陡增的情况下保证热水用户用水的连续性及热水品质，合理降低了一次性投入并达到节能的目的。

3.1.5 运行维护方案

1. 整合各项资源，成立专门领导小组负责售后服务和技术支持工作，为本项目运营管理提供有力保障。在服务期间，本项目服务人员每天 24 小时不间断地分别对太阳能热水系统进行巡视及保养，做到提前发现系统运行中可能存在的任何问题，预防出现任何运行事故。

2. 工程所在地设有固定售后服务点及专门的备品备件库（集热器、真空管、热泵、常用易损件等），在服务期内保证及时响应。

3. 有应急服务预案，针对可能发生的不可预见的紧急事故进行演练，如发生不可预见的紧急事故，服务人员启动应急预案，启用备用设备，并调动备品备件库，保证在第一时间抢修完成。

4. 定期检修内容：1）太阳能集热器：清洗太阳能集热器表面灰尘，确保集热器集热效果。2）控制线路：检查电线、线管外表是否完整，室外部分是否防潮、防漏；确保运行良好。3）电控系统：检查所有元器件状况，检查相关设定参数与原设定是否有变化，并进行修正，检查系统水位器所有探头，并清洗。4）管路系统：检查管路相关阀门，是否处于正常状态，相关管道及配件有无损坏、漏水等。5）水泵阀门：检查电机运行电流、阀门开启状况、水泵运行情况，并进行保养。

图3-2　效果图

3.1.6 别墅系统原理图（图3–3）

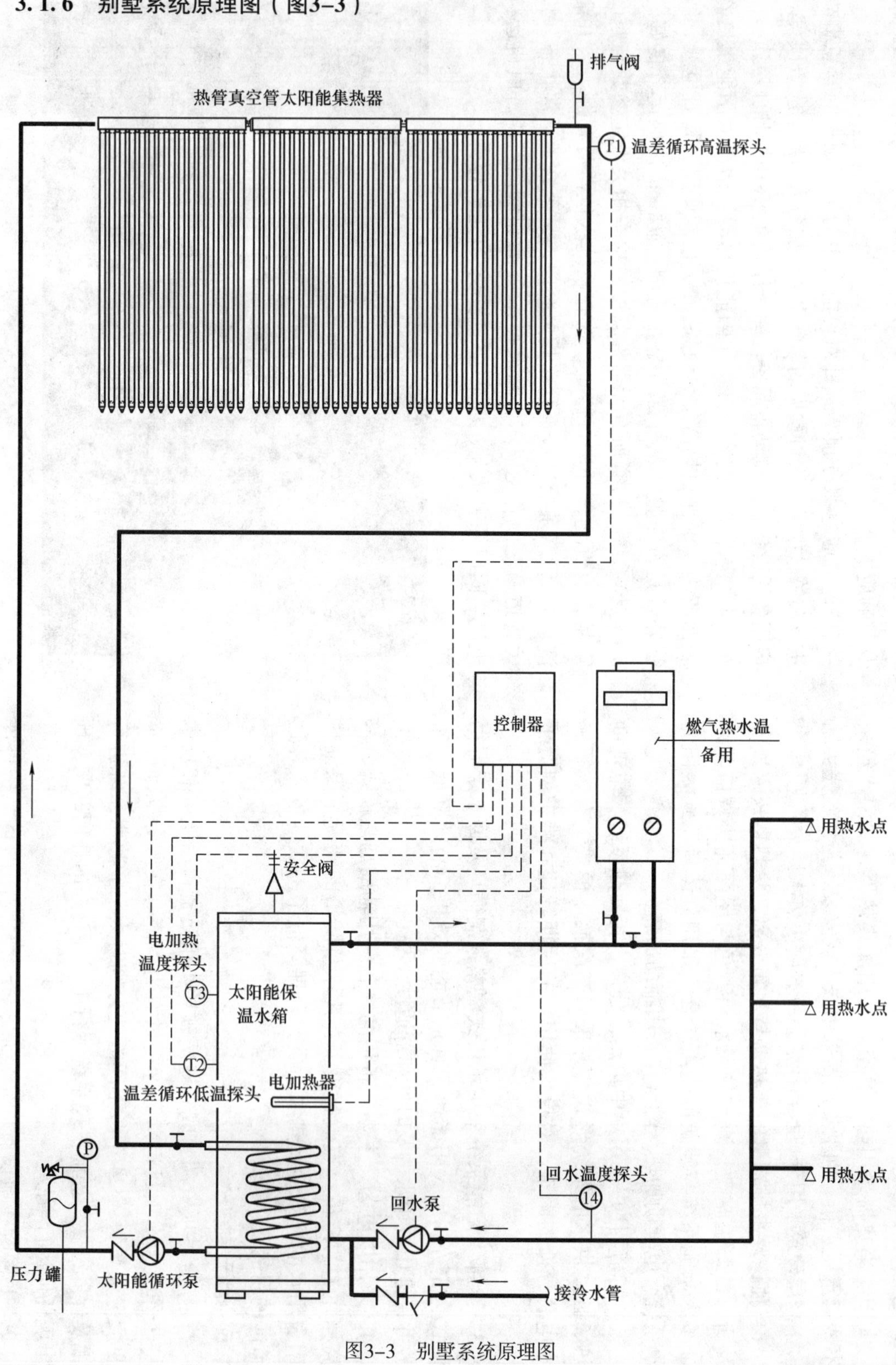

图3–3　别墅系统原理图

3.1.7 中高层系统原理图（图3-4）

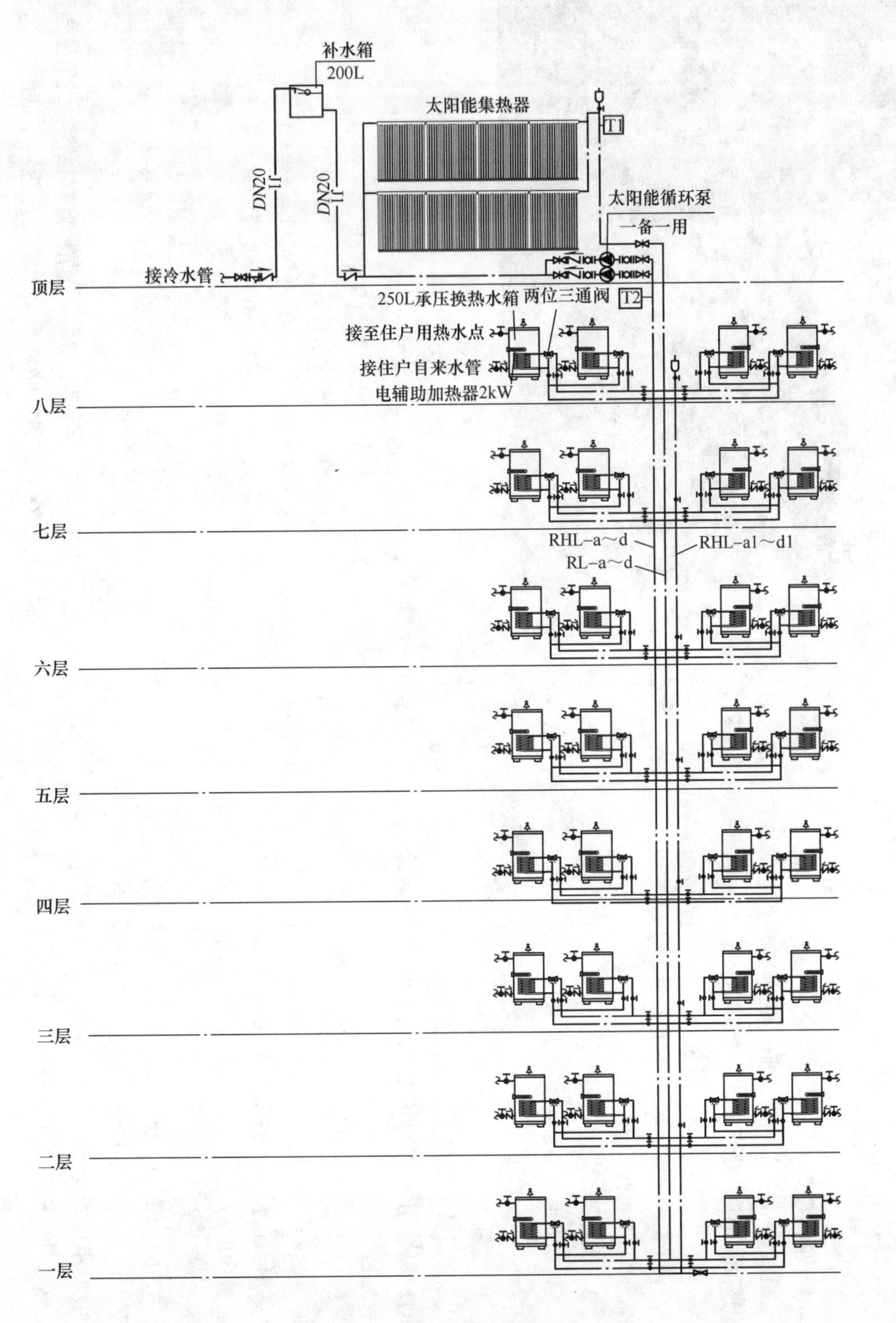

图3-4　中高层系统原理图

3.2 曦城商业中心别墅分体式太阳能热水系统（U形管集热器）

3.2.1 项目概况

曦城商业中心别墅太阳能热水工程位于深圳市宝安区新安街道广深高速公路东侧，主要建筑形式为独栋别墅，该工程共6栋8套别墅型太阳能热水系统。该太阳能热水系统由深圳市恩派能源有限公司设计安装，年节电量22.19万kWh，年节省一次性能源量89.65t标煤。

3.2.2 设计概况

曦城商业中心别墅热水系统太阳能集热总面积为 166.5m^2。其中：

1. 1 栋别墅太阳能热水系统，采用 U 形管真空管型太阳能集热器，设计太阳能集热面积为 18m^2，设置容积 4 个 300L 水箱，辅助热源采用 3 台 200L 容积式中央燃气热水器，并设有定温回水系统。

2. 2~5 栋太阳能热水系统共 4 套，采用 U 形管真空管型太阳能集热器，设计太阳能集热面积为 27m^2/ 栋，设置容积 2t/ 栋不锈钢保温水箱，辅助热源采用空气源热泵（1 台 / 栋，其中制热量 30kW/ 台 · 栋），系统采用恒压供水，并设有定温回水系统。

3. 6a、6b、6c 栋太阳能热水系统共 3 套，采用 U 形管真空管型太阳能集热器，设计太阳能集热面积为 13.5m^2/ 栋，设置容积 300L 承压式保温水箱 2 个 / 栋，辅助热源采用空气源热泵（1 台 / 栋，其中制热量 10kW/ 台 · 栋），并设有定温回水系统。

图3–5　坡屋面太阳能集热器铺设

3.2.3 设计参数

1. 住宅热水供水温度：60℃。
2. 深圳地区年均冷水计算温度：20℃。
3. 深圳地区年平均太阳辐射强度：5225MJ/m^2。
4. 住宅人均热水定额：60~80L/人 · d。

3.2.4 主要技术亮点

一次热源均采用U形真空管式太阳能热水系统，辅助热源采用空气源热泵或容积式中央燃气热水器热水系统，保证阴雨天气正常供应热水。

太阳能热水系统均采用温差循环方式运行。当集热器顶部的温度传感器 T_1、热水储热水箱内温度传感器 T_2 的温差达到一定

差值 $T_1-T_2 \geqslant 3\text{~}5$℃时，太阳能系统循环泵启动，当差值 $T_1-T_2 < 3\text{~}5$℃时，太阳能循环泵停止，如此反复运行，直到太阳能储热水箱温度达到设定温度。当保温水箱水温高于 80℃时循环系统自动保护，防止热水过热，造成烫伤。

3.2.5 运行维护方案

1. 整合各项资源，成立专门领导小组负责售后服务和技术支持工作，为项目运营管理提供有力保障。

2. 工程所在地设有固定售后服务点及专门的备品备件库（集热器、真空管、热泵、常用易损件等）。

3. 技术培训：免费培训2～5名系统操作管理人员，完成对系统的日常维护保养。

图3-6 屋面效果

图3-7 储热水箱

4. 在服务期间，可在接到维修电话 24 小时内排除故障，保证在第一时间抢修完成。

5. 物业管理人员定期不间断地分别对太阳能热水系统进行巡视及保养，做到提前发现系统运行中可能存在的任何问题，预防出现任何运行事故。

6. 工程技术人员定期做以下维修：

1）太阳能集热器：清除太阳能集热器表面灰尘，确保集热器集热效果。

2）控制线路：检查电线、线管外表是否完整，室外部分是否防潮、防漏；确保运行良好。

3）电控系统：检查所有元器件状况，检查相关设定参数与原设定是否有变化，并进行修正，检查系统水位器所有探头，并清洗。

4）管路系统：检查管路相关阀门，是否处于正常状态，相关管道及配件有无损坏、漏水等。

5）水泵阀门：检查电机运行电流、阀门开启状况、水泵运行情况，并进行保养。

3.2.6 系统原理图（图3-8）

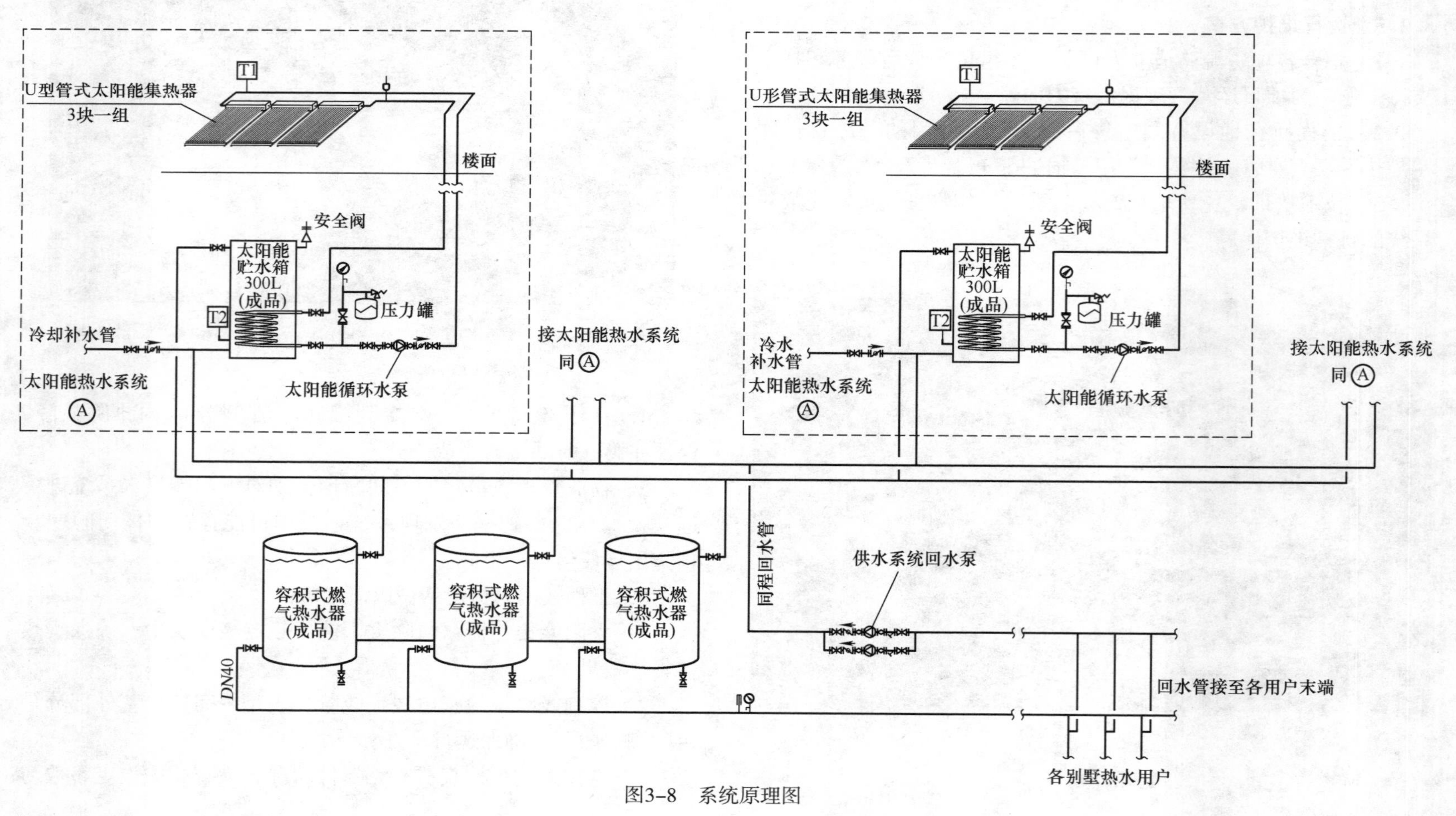

图3-8　系统原理图

3.3 曦城四期别墅分体式太阳能热水系统

3.3.1 项目概况

曦城四期太阳能热水工程位于深圳市宝安区新安街道广深高速公路东侧，主要建筑形式为独栋、联排3层别墅。设计用热水需求：300L户型66户，400L户型65户，共计131户。该太阳能热水系统由深圳市恩派能源有限公司设计安装，年节电量92.5万kWh，年节省一次性能源量373.70t标煤。

3.3.2 设计概况

系统设计太阳能集热器总面积687m^2。其中：

1. 300L户型集热面积4.5m^2/套，配150L容积式燃气中央热水器；

2. 400L户型集热面积6.0m^2/套，配200L容积式燃气中央热水器。

项目采用分体式太阳能热水系统，太阳能集热器安装在屋顶瓦面之上，水箱安装在设备阳台或隔板之上，集热器与水箱分离安装。系统太阳能循环采用强制温差循环方式运行，配备智能控制器，可实现全自动运行。集热器采用U形管真空管型太阳能集热器，配置容积式燃气中央热水器，确保24小时提供热水使用。

3.3.3 设计参数

1. 深圳地区年平均太阳辐射强度：5225MJ/m^2。

2. 住宅人均热水定额：60~80L/人·d。

3. 住宅热水供水温度：60℃。

4. 深圳地区年均冷水计算温度：20℃。

3.3.4 主要技术亮点

系统采用燃气热水器辅助加热，燃气热水器与太阳能系统串联安装，燃气热水器带控制面板，与太阳能系统自动联动。太阳能水箱的热水经燃气热水器接建筑热水分配系统，燃气热水器采用定温自动控制，内设温控点，一般设在55℃，当太阳能水箱出水温度高于55℃时，燃气热水器不启动；当太阳能水箱出水温度低于55℃时，燃气热水器自动点火启动，将水加热到55℃。

太阳能水箱采用高温保护控制，当水箱温度达到80℃时，太阳能集热器热循环停止，保护水箱避免高温。热水回水采用定时/定温回水控制，一般设置在每2小时回一次水，时间为3~5秒；或回水末端温度低于45℃时回水，在出厂前设置，更有效地节约能源。

图3-9 曦城四期

3.3.5 运行维护方案

1. 整合各项资源，成立专门领导小组负责售后服务和技术支持工作，为项目运营管理提供有力保障。

2. 工程所在地设有固定售后服务点及专门的备品备件库（集热器、真空管、热泵、常用易损件等）。

3. 技术培训：免费培训2~5名系统操作管理人员，完成对系统的日常维护保养。

4．在服务期间，可在接到维修电话24小时内排除故障，保证在第一时间抢修完成。

5．物业管理人员定期不间断地分别对太阳能热水系统进行巡视及保养，做到提前发现系统运行中可能存在的任何问题，预防出现任何运行事故。

6．工程技术人员定期做以下维修：

1）太阳能集热器：清除太阳能集热器表面灰尘，确保集热器集热效果。

2）控制线路：检查电线、线管外表是否完整，室外部分是否防潮、防漏；确保运行良好。

3）电控系统：检查所有元器件状况，检查相关设定参数与原设定是否有变化，并进行修正，检查系统水位器所有探头，并清洗。

4）管路系统：检查管路相关阀门，是否处于正常状态，相关管道及配件有无损坏、漏水等。

图3-10　坡屋面太阳能铺设

5）水泵阀门：检查电机运行电流、阀门开启状况、水泵运行情况，并进行保养。

3.3.6　系统原理图（图3-11、图3-12）

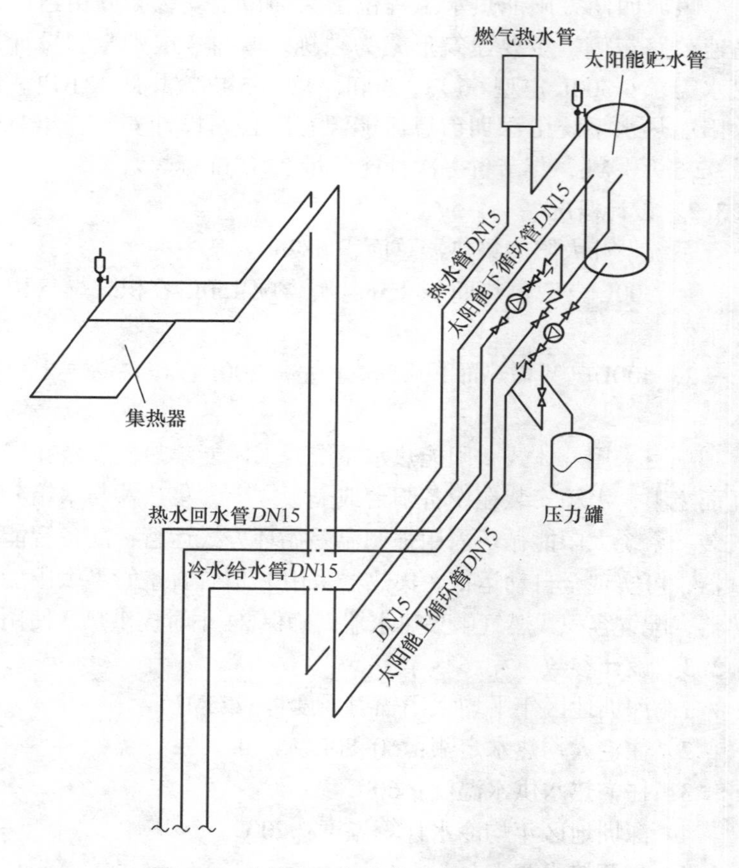

图3-11　分体式太阳能热水器安装系统图

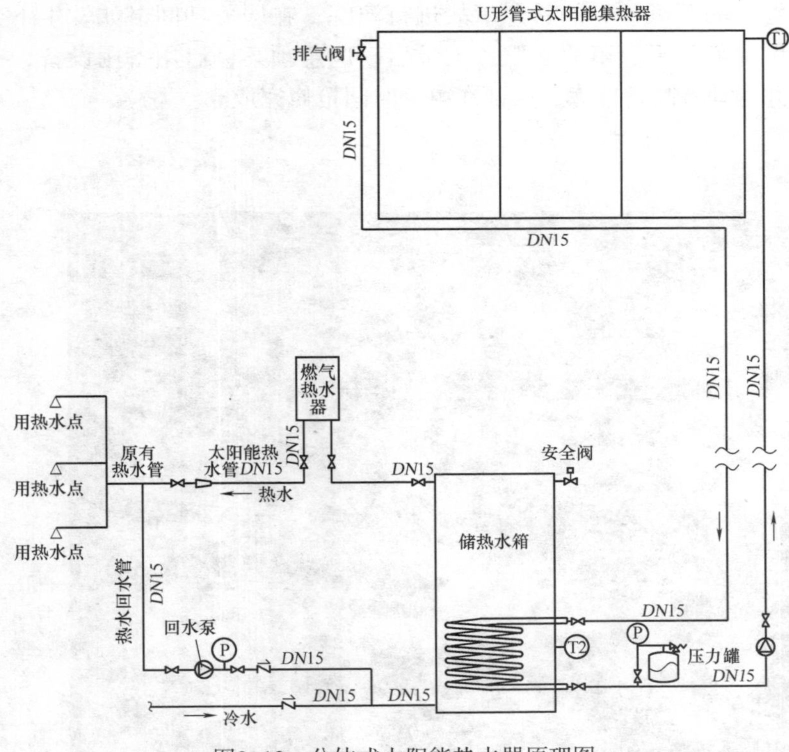

图3-12 分体式太阳能热水器原理图

3.4 溪山美地别墅分体式太阳能热水系统

3.4.1 项目概况

溪山美地别墅项目位于宝安区龙华街道梅观高速公路东侧（梅坂大道南侧）。该太阳能热水系统由深圳市拓日新能源科技有限公司设计、深圳市华旭机电设备有限公司施工，年节电量 19.5 万 kWh，年节省一次性能源量 63t 标煤，减少 CO_2 排放 190t。

3.4.2 设计概况

根据别墅全天用水的特点，采用太阳能为主，电加热为辅的全天候热水供应系统。太阳能集热器采用平板太阳能集热器，集中放置在屋面上。储热水箱设置在地面，300L 太阳能热水系统共 42 户，400L 太阳能热水系统共 20 户，设计日供热水量 $21m^3$。

3.4.3 设计参数

1. 在深圳平均 5.6h/d 的日照条件下，本工程平均日产生 50℃以上热水不少于 21t，大大节约了运行成本的同时能够满足整栋宿舍大楼的日常生活所需热水。

图3-13 溪山美地

2. 深圳地区年平均太阳辐射强度：5225MJ/m^2。

3. 住宅人均热水定额：70L/人·d。

4. 住宅热水供水温度：55℃。

5. 深圳地区年均冷水计算温度：15℃。

3.4.4 主要技术亮点

1. 新型平板集热器：超级蓝膜采用卷对卷大面积磁控溅射技术制备，瞬间热转换效率高，红外发射率低。

2. 集热器外形美观，实现太阳能与建筑一体化。

3. 采用分体式水箱：专用工质二次换热，水箱压力均衡，水质卫生。

4. 太阳能热水系统组件模块化：系统组件模块化安装及维护简便，使用便捷。

3.4.5 运行维护方案

1. 整合各项资源，成立专门小组负责售后服务和技术支持工作，为本项目运营管理提供有力保障。

2. 工程所在地设有固定售后服务点及专门的备品备件库（集热器、真空管、热泵、常用易损件等）。

3. 有应急服务预案，针对可能发生的不可预见的紧急事故进行演练，在服务期间，如发生不可预见的紧急事故，服务人员启动应急预案，启用备用设备，并调动备品备件库，保证在第一时间抢修完成。

图3-14　溪山美地

3.4.6 系统原理图（图3–15）

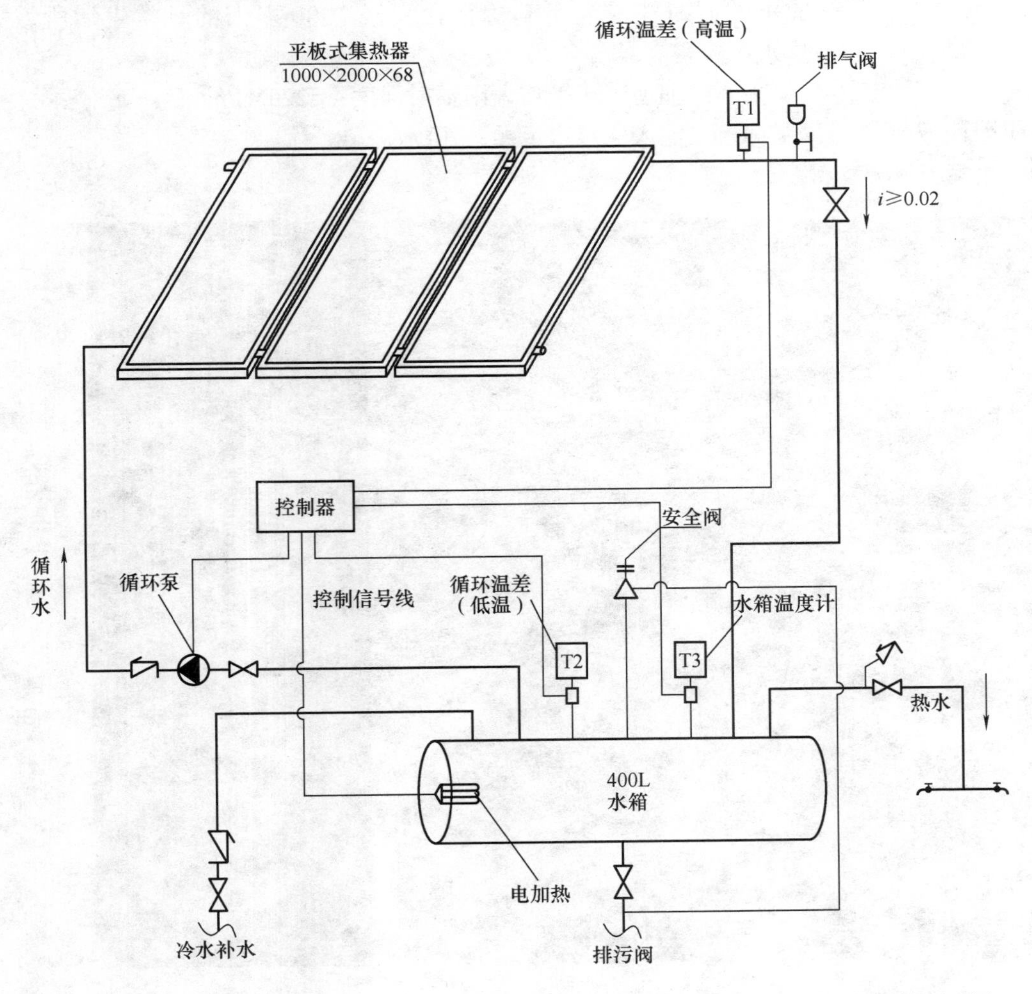

图3–15 太阳能系统原理图

太阳能系统设计说明

1. 设计参数：热水用水定额<70L/人·d，彩用全铜芯集热平板，每户设计人数4人，集热面热$6m^2$，水箱有效容积为300L。
2. 系统概述：
a. 系统热水箱为承压水箱，根据热水分层的原理（由水的密度决定），采用冷水顶水供水工作方式。
b. 本系统采用温差控制原理，当$T_1-T_2 \geq \Delta t_1$时，循环泵启动，Δt_1一般取值5℃，反之停止运动。
c. 水箱内设有电加热丝为辅助热源，由设计热水箱的温度探头T_3控制电电加热的开启，控制温度可按业主需要自行调节。
d. 闭式换热水箱的本体设计压力为0.6MPa。
e. 系统控制电路可靠接地系统设备与原有避雷网等电位连接。
f. 水箱外径ϕ650，长度：1400mm，电加热功率；3kW，信号红管径：ϕ15mm。

太阳能系统安装

1. 系统管道循环出水和冷水补水为ϕ32PPR管道，热水出水和循环回水为ϕ25PPR管道。
2. 循环水泵须水平安装，同时电机也必须处于水平位置。
3. 补气阀水平安装，进气口加S弯向上，高度15～20cm。
4. 排水管道不可以出现逆向坡度和向上的弯头。
5. 管道必须横平竖直，错落有致。
6. 管道尽量节省距离和弯头数量，配件安装位置须按图纸前后施工。

3.5 龙岸花园分体式太阳能热水系统

3.5.1 项目概况

龙岸花园别墅项目位于龙华镇民治街道布龙公路南侧梅观高速公路东侧，该太阳能热水系统由深圳市拓日新能源科技有限公司设计、深圳市华旭机电设备有限公司施工，年节电量43万kWh，年节省一次性能源量138t标煤，减少CO_2排放414t。

3.5.2 设计概况

根据别墅供水的特点，采用以太阳能为主，电加热为辅的全天候热水供应系统。太阳能集热器采用平板太阳能集热器，集中放置在别墅屋顶斜坡上。储热水箱放在楼下。一期共60户，每户太阳能热水系统太阳能集热器总面积为6m^2，辅助加热方式为电加热3kW，共360m^2，日供水总量为18m^3；二期300L为20户，每户太阳能热水系统太阳能集热器总面积为6m^2，250L为88户，每户太阳能热水系统太阳能集热器总面积为4m^2，共472m^2，日供水总量为28m^3。两期太阳能热水系统太阳能集热器总面积832m^2，日供水总量为46m^3。

3.5.3 设计参数

1. 在深圳平均5.6h/d的日照条件下，本工程平均日产生50℃以上热水不少于46t，大大节约了运行成本的同时能够满足整栋宿舍大楼3000多人的日常生活所需热水。
2. 深圳地区年平均太阳辐射强度：5225MJ/m^2。
3. 住宅人均热水定额：70L/人·d。

图3-16 龙岸花园

4．住宅热水供水温度：55℃。

5．深圳地区年均冷水计算温度：15℃。

3.5.4 主要技术亮点

1．新型平板集热器：超级蓝膜采用卷对卷大面积磁控溅射技术制备，瞬间热转换效率高，红外发射率低。

2．集热器外形美观，实现太阳能与建筑一体化。

3．采用分体式水箱：专用工质二次换热，水箱压力均衡，水质卫生。

4．太阳能热水系统组件模块化：系统组件模块化安装及维护简便，使用便捷。

3.5.5 运行维护方案

1．整合各项资源，成立专门小组负责售后服务和技术支持工作，为本项目运营管理提供有力保障。在服务期间，本项目服务人员每天不定时地对太阳能热水系统进行巡视及保养，做到提前发现系统运行中可能存在的任何问题，预防出现任何运行事故。

2．工程所在地设有固定售后服务点及专门的备品备件库（集热器、真空管、热泵、常用易损件等）。

3．有应急服务预案，针对可能发生的不可预见的紧急事故进行演练，在服务期间，如发生不可预见的紧急事故，服务人员启动应急预案，启用备用设备，并调动备品备件库，保证在第一时间抢修完成。

3.5.6 系统原理图（图3–15）

图3–17　坡屋面太阳能集热器铺设

3.6 阳光理想城分户集热、分户储热式太阳能热水系统

3.6.1 项目概况

阳光理想城位于福建省福州市闽侯县，小区占地约313.866亩，其中A地块示范建筑面积94344m^2，计57幢住宅楼，全部采用太阳能配电辅助产热水系统+中央供热水系统。该太阳能热水系统由众望达太阳能技术开发有限公司设计施工，年节电量83.8万kWh，年节省一次性能源量335.2t标煤。

3.6.2 设计概况

采用太阳能建筑一体化热水系统，屋面太阳能采用建筑一体化的下沉式设计结构，保温水箱安装在每户的设备间，通过中央热水管道将热水送到每个用水点，所有热水管道均有可靠保温，减少沿程热损，保障及时有效使用热水。每户配太阳能集热面积4m^2，太阳能总集热面积为1700m^2。

3.6.3 设计参数

小区所在地属太阳能资源Ⅲ以上的地区；具有良好的日照资源和气候条件，年太阳辐照量：水平面5000MJ/m^2，26°倾角表面5200 MJ/m^2。年日照时数：2200h。福州地区年均冷水计算温度：20℃。

3.6.4 主要技术亮点

采用的分户采热独立储热的太阳能中央热水供应系统主要优点如下：

太阳集热器分散分户布置，贮水箱、相关管道、辅助热源的设施都按需分户设置，每户独立的小型太阳热水系统。系统适用方便，较易维护、检修及管理。

采用强弱电分离的智能监控系统，将强电（电加热）控制仪安装在闷顶层，弱电控制仪安装在户内，系统全自动运行。用户在室内就能适时地通过弱电监控仪查看和设置太阳能系统的运转。

贮水箱分户独立放置在户内闷顶层内，不占用有效使用空间。热水通过中央供回水热水管道方便用户在使用中，对热水有即开即热。

充分利用太阳能供热，尽可能少用电辅助加热，分户按需加热。独立电辅助费用由业主自己承担，用户可以通过控温技术自行设定用水的温度，彻底解决了用电的分摊问题。

图3-18　阳光理想城

3.6.5 运行维护方案

1. 工程所在地设有固定售后服务点及专门的备品备件库（集热器、水泵、常用易损件等），在服务期内保证及时响应。

2. 建议用户做以下维修：1）检查太阳能集热器、循环泵等的工作状况；2）管道的检漏；3）检查阀门状态；4）检查控制系统元件及运行状态；5）调校各元件控制装置；6）测试电磁阀、水泵运行电压及电流；7）检查电磁阀、水泵噪声及振动；8）检查机组噪音及振动；9）检查水箱。

3. 建议用户每年至少两次做以下全面检修：1）清洗太阳能管道、太阳能集热器；2）清洗水箱；3）控制系统维护；4）电机检修。

3.6.6 注意事项

1. 保温水箱内不得长期无水，以免空晒造成太阳能超高温，保护太阳能热水器及水温水位传感。

2. 当发生雷电时应及时断开电源，停止使用太阳能，注意人身安全。

3. 控制仪具有漏电保护功能，用户用水时只需按下加热键关闭加热，加热图案熄灭，即可放心使用，不必拔下电源插头。

图3-19

3.6.7 分体式太阳能热水器控制仪（图3-20）

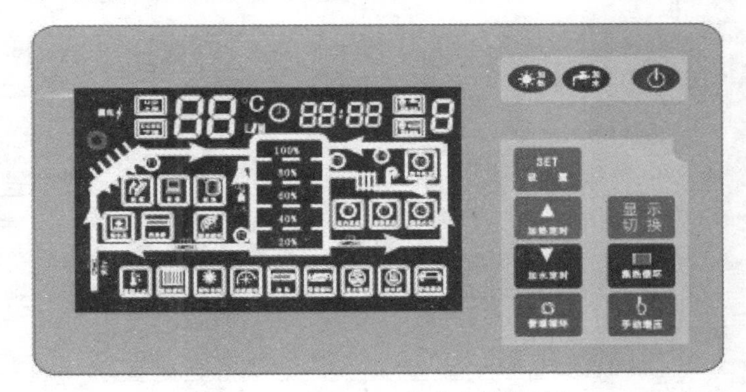

图3-20 分体式太阳能热水器控制仪

3.6.8 常见故障处理（表3-1）

常见故障处理 表3-1

故障现象	原因	处理办法
开机无自检、不显示、乱显示	电压不足或接触不良	按下电源插头检查电压，重新接入电源
显示—℃ 20%水位、100%水位指示灯同时亮	接头接触不良 插反或断线 遭雷击损坏	红色色标相对应 重新插紧或更换 维修、更换主机
上水缓慢或不上水、低水压闪亮	供水水压低或电磁阀滤网有赃物堵塞 电磁阀连接断线 停水或真空管破裂	加压上水或清洗电磁阀滤网 检查连接线 等待来水或更换真空管
加热图案点亮温度不上升或不能连续上升	电加热管坏，电加热管具有温控装置	更换电加热管 降低预置加热温度
显示漏电保护	有漏电保护	检查电气线路

3.6.9 系统原理图

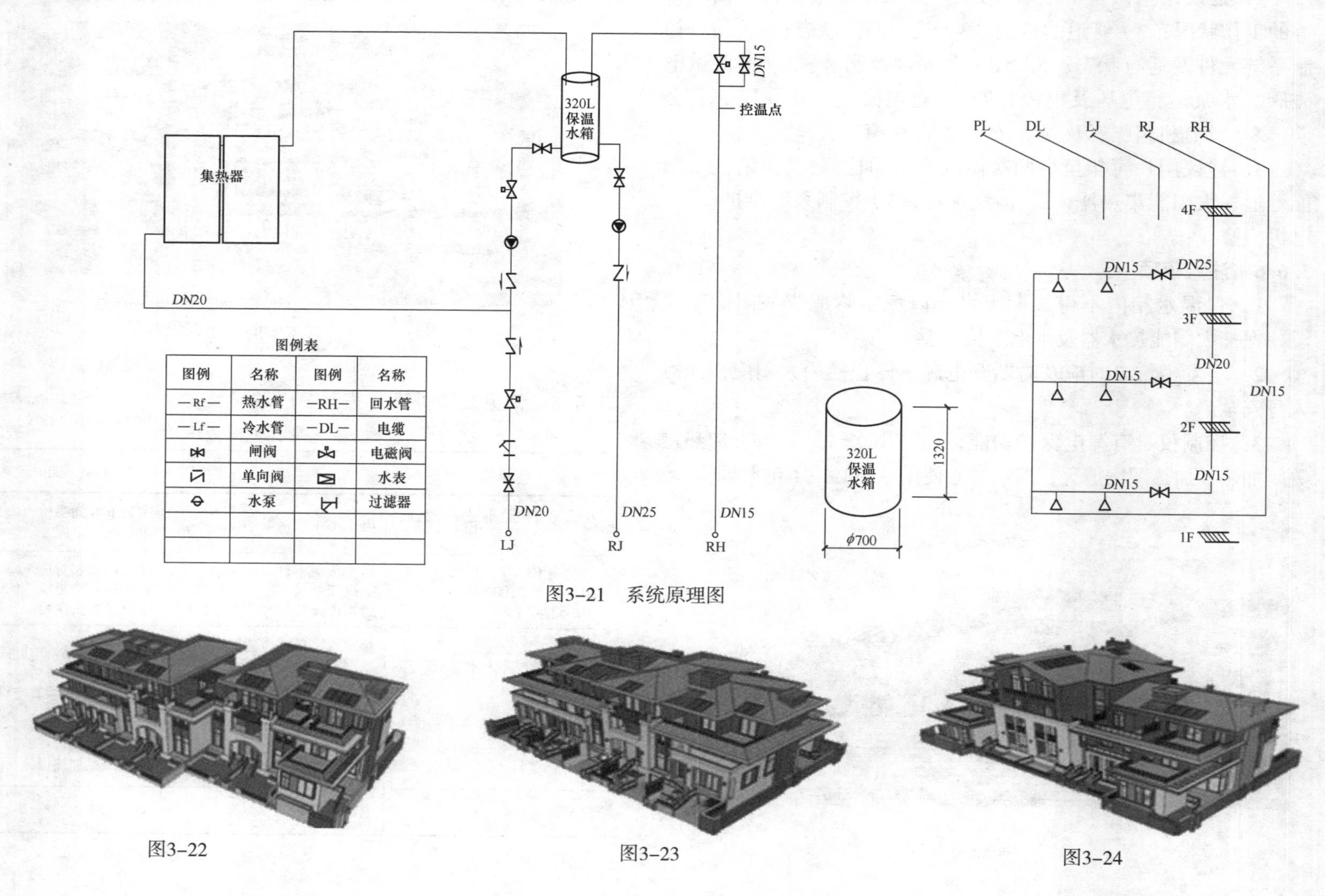

图例表

图例	名称	图例	名称
—Rf—	热水管	—RH—	回水管
—Lf—	冷水管	—DL—	电缆
	闸阀		电磁阀
	单向阀		水表
	水泵		过滤器

图3-21　系统原理图

图3-22

图3-23

图3-24

3.6.10 集热器铺设图（图3-25）

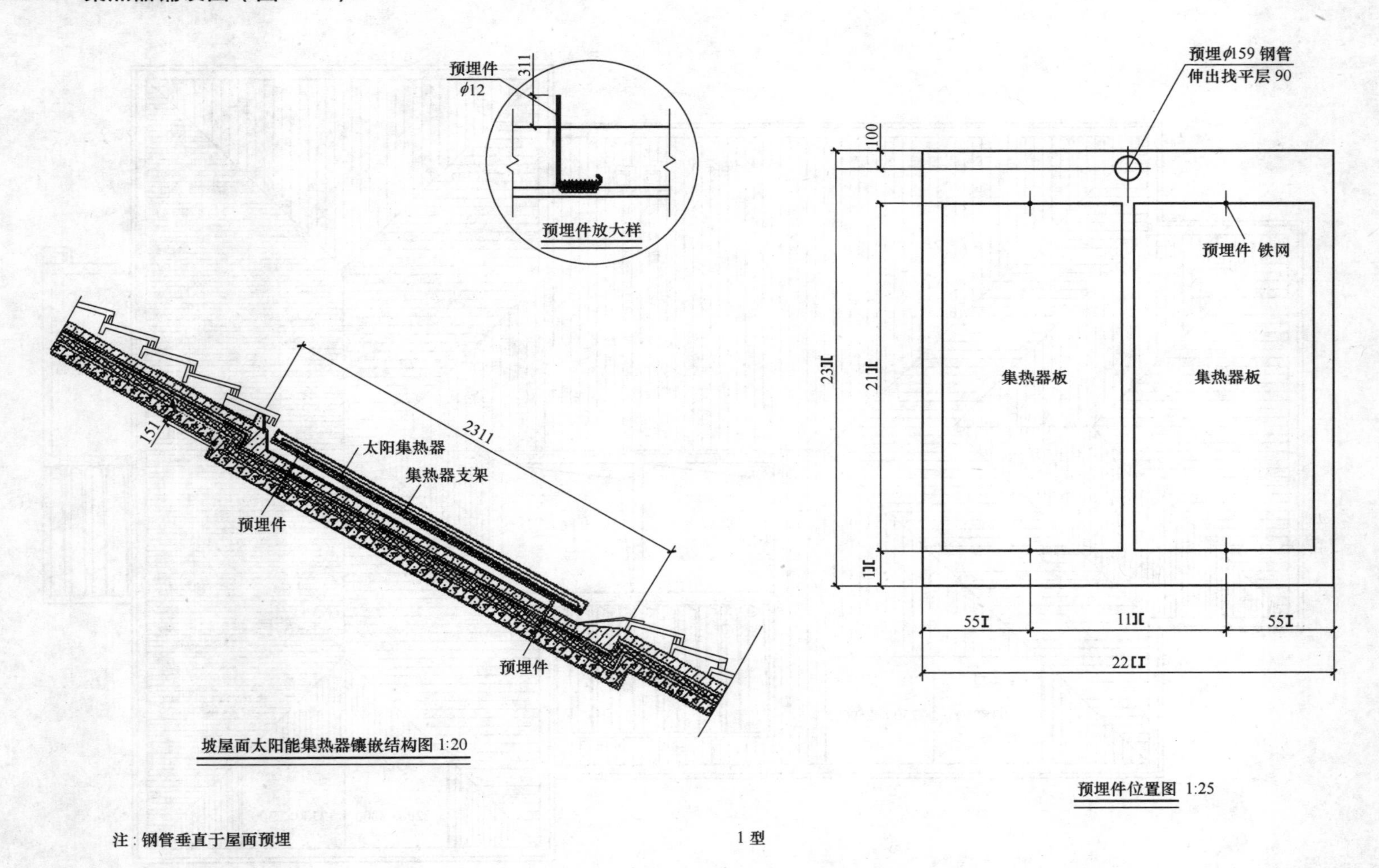

图3-25　集热器铺设图

3. 6. 11　集热器安装位置图（图3–26）

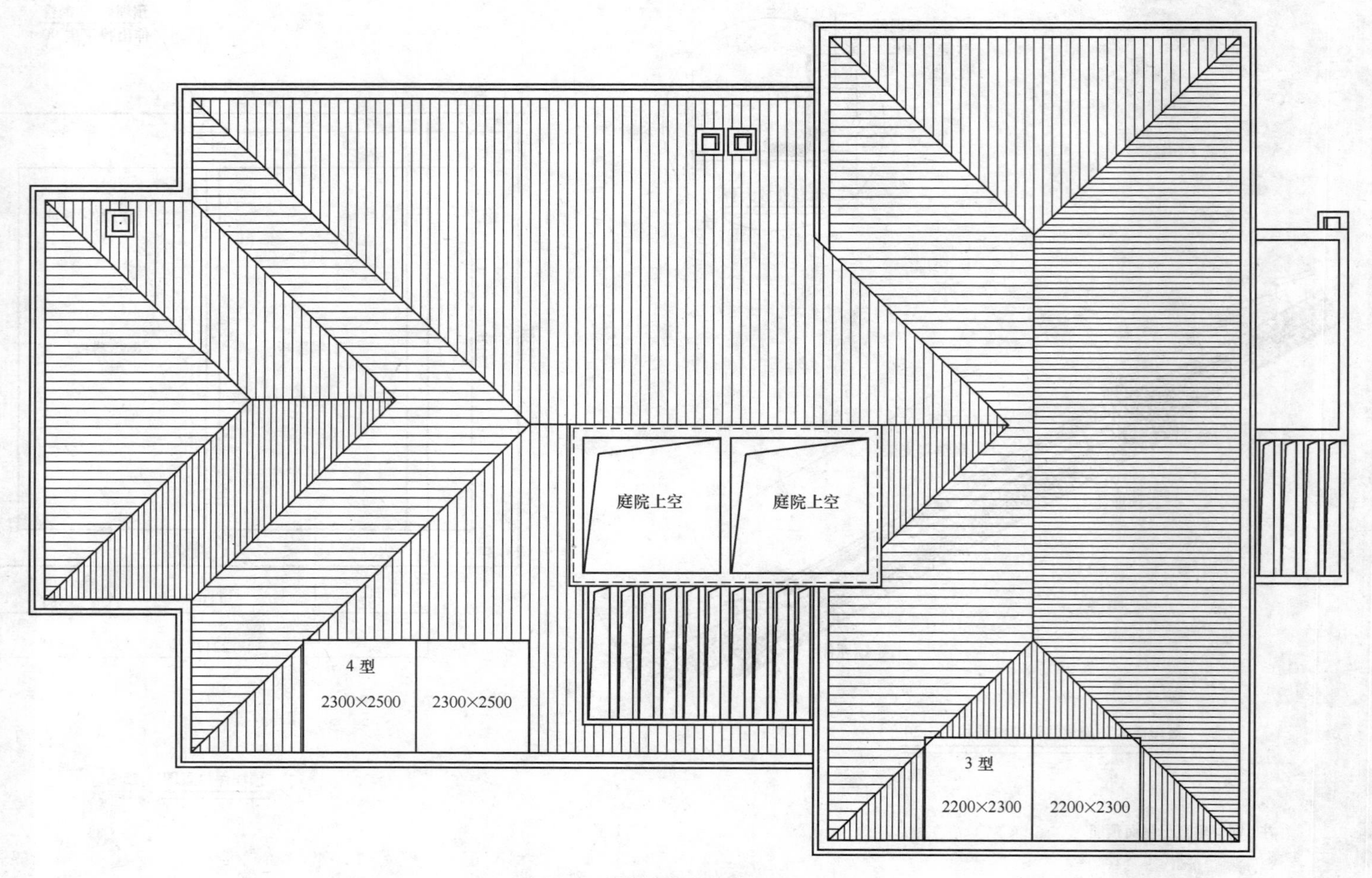

图3–26　集热器安装位置图

3.6.12 闷顶层水电图（图3-27）

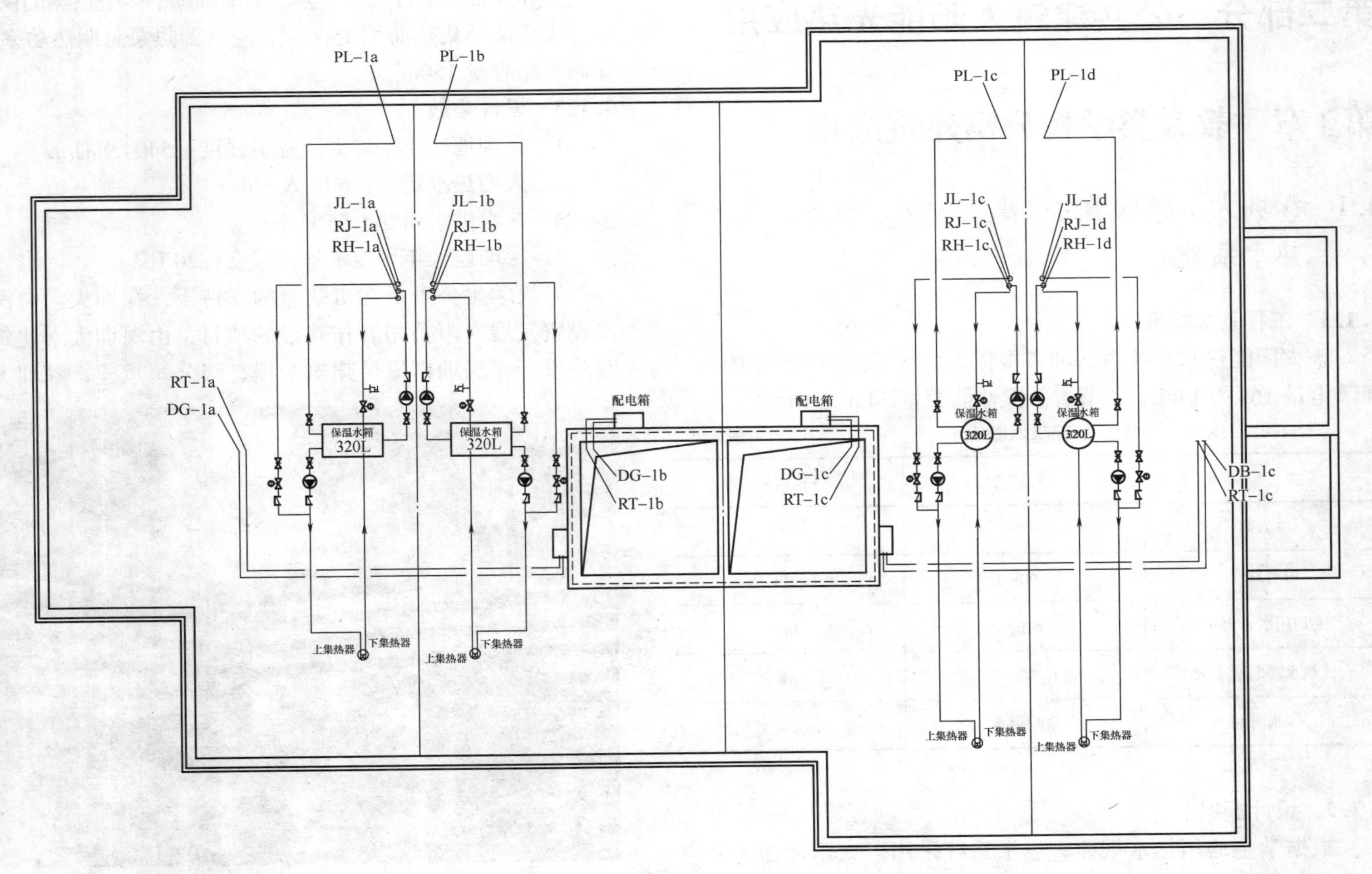

图3-27　闷顶层水电图

第二部分　公共建筑太阳能光热应用

第4章　教育类学校公寓建筑应用

4.1　深圳大学晨景学生公寓集中集、供热式太阳能热水系统

4.1.1　工程基本概况

该太阳能热水系统由深圳市振恒太阳能工程有限公司施工，年节电量164万kWh，年节省一次性能源量54.6万t标煤。

工程基本概况　　表4-1

类　别	A栋宿舍	A栋宿舍
总人数	1000人	1500人
用水方式	花洒淋浴	花洒淋浴
人均用水（天）	60kg	60kg
合计热水需求量（天）	60t	90t
用水时间	定时供水	定时供水

4.1.2　设计概况

根据学生的用热水规律，热水系统采用以太阳能为主，空气能热泵为辅的定时热水供应系统。太阳能集热器采用平板太阳能集热器，集中放置在屋面，储热水箱及热泵辅助设备均统一设置在屋面，实行集中集热、集中辅助、集中供热的供水方式。设计太阳能总集热面积1500m^2，空气源热泵总制热功率770kW，保温水箱容量150m^3。

4.1.3　设计参数

1. 深圳地区年平均太阳辐射强度：5404.9MJ/m^2。
2. 人均热水定额：60L/人·d。
3. 热水供水温度：55℃。
4. 深圳地区年均冷水计算温度：20℃。

晨景学生公寓是在市政府的支持下，深圳大学与深圳市亿武投资发展有限公司合作建设的项目，由深圳大学建筑设计研究院设计、深圳市恒昌建筑工程有限公司承建、深圳大学建设

图4-1　晨景学生公寓

监理研究所监理。工程于2007年1月20日正式开工，于2007年9月20日完成太阳能工程建设，晨景学生公寓总建设面积为28000m²，共有710间房，可解决2500人的住宿。每间房配独立洗手间、沐浴间，设分体空调、冷热水系统、电话，层高3.4m，人均面积10m²，给学生提供较好的住宿环境和交往空间。

4.1.4　主要技术亮点

智能化可选择性太阳能出水控制器系统

1. 自动识别春夏季与冬秋季。

可选择性太阳能出水控制器系统在夏季可以24小时确保热水的供应量和供应温度。冬季受太阳能辐射及气温、自来水温度影响，太阳能很难将10℃的冷水加热至55℃，但可以在较短时间内将水加热到35~50℃。系统自动计算及判断冷水升温幅度，自动调整出水的温度，当达到设定的升温幅度后自动进水。日产水量可以达到客户设计水量的80%左右；如果热水温度达不到设定温度，自动启动辅助加热系统，将保温水箱内的中温热水加热至指定的温度。

2. 自动识别晴天、阴天，上半天阴天及下半天阴天。

采用可选择性太阳能出水控制器的中央供热系统，是通过上午日照和下午日照的热能量产出的热水量的多少来判断上午是阴天还是下午是阴天。并且可以确保无论是上午还是下午客户的热水供应。

检测时间和检测水位可由客户要求随意设定，设定水位检测段最大5级，检测时间最多5次。

3. 最大补水量控制。

客户在使用热水时，如果热水不够用，则热水水位会下降到设定的最低水位线（位置可调），此时辅助加热设备自动启动，往水箱补充热水，一直补充到设定的最大补水水位停止（一般设计为10 ~ 20cm高，可调节）加热。

4. 可将各种控制参数很直观显示在PLC控制屏上，增加可操作性。

4.1.5　运行维护方案

本项目应用了平板型太阳能集热器，在确保了高效的集热效率的前提下，有效地降低了集热系统的故障率，给运行维护管理大大降低了难度。另外，项目配置了远程监控系统，系统故障自动报警，故障位置一目了然，大大降低了维护管理成本。监控人员只需定期对平板集热器进行除尘、排污，水箱清洗等日常保养工作即可。此外还应做好以下定期设备运行检查工作：

1. 机外安装的Y形过滤器应每两个月清洗一次，保证系统内水质清洁，以避免机组因过滤器脏而造成损坏。

2. 对没有安装水处理器的主机，每半年用除垢剂清洗水系统水垢一次，清洗方法为把药剂倒入水系统中循环10小时，然后换两次清水，从各排污口排掉污水即可。清洗完成后，要重新对水系统进行排空气处理。

3. 每3个月对蓄热水箱进行排污，以保证良好的热交换及高质量的用水。

排污时先控制水箱水位低于1/5，关掉电源，打开排污阀，让污水排出。

4. 经常检查机组的电源和电气系统的接线是否牢固，电气元件是否有动作异常，如遇异常应及时维修和更换。热泵系统参照热泵说明书。

4.1.6 系统原理图（图4–2）

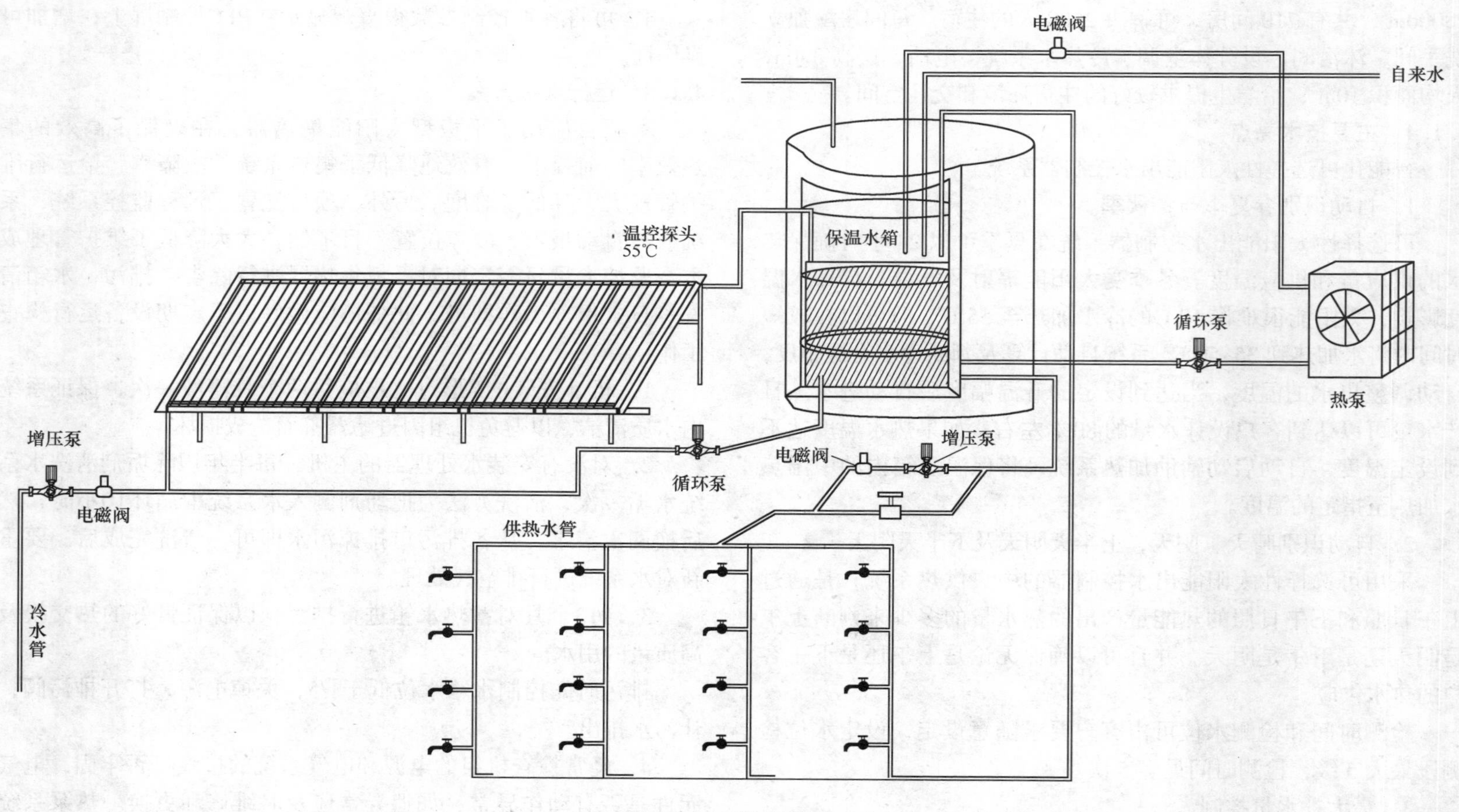

图4–2 系统原理图

4.1.7 A栋布置图（图4–3）

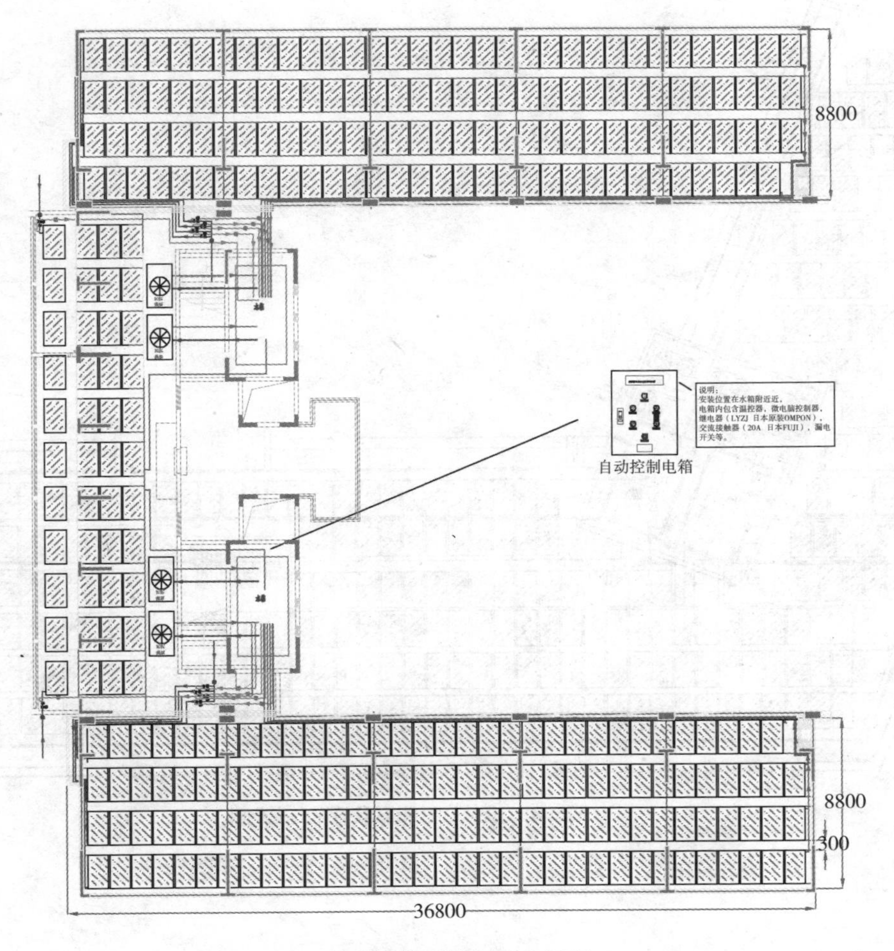

图4–3 A栋太阳能系统平面布置图

4.1.8 B栋布置图（图4–4）

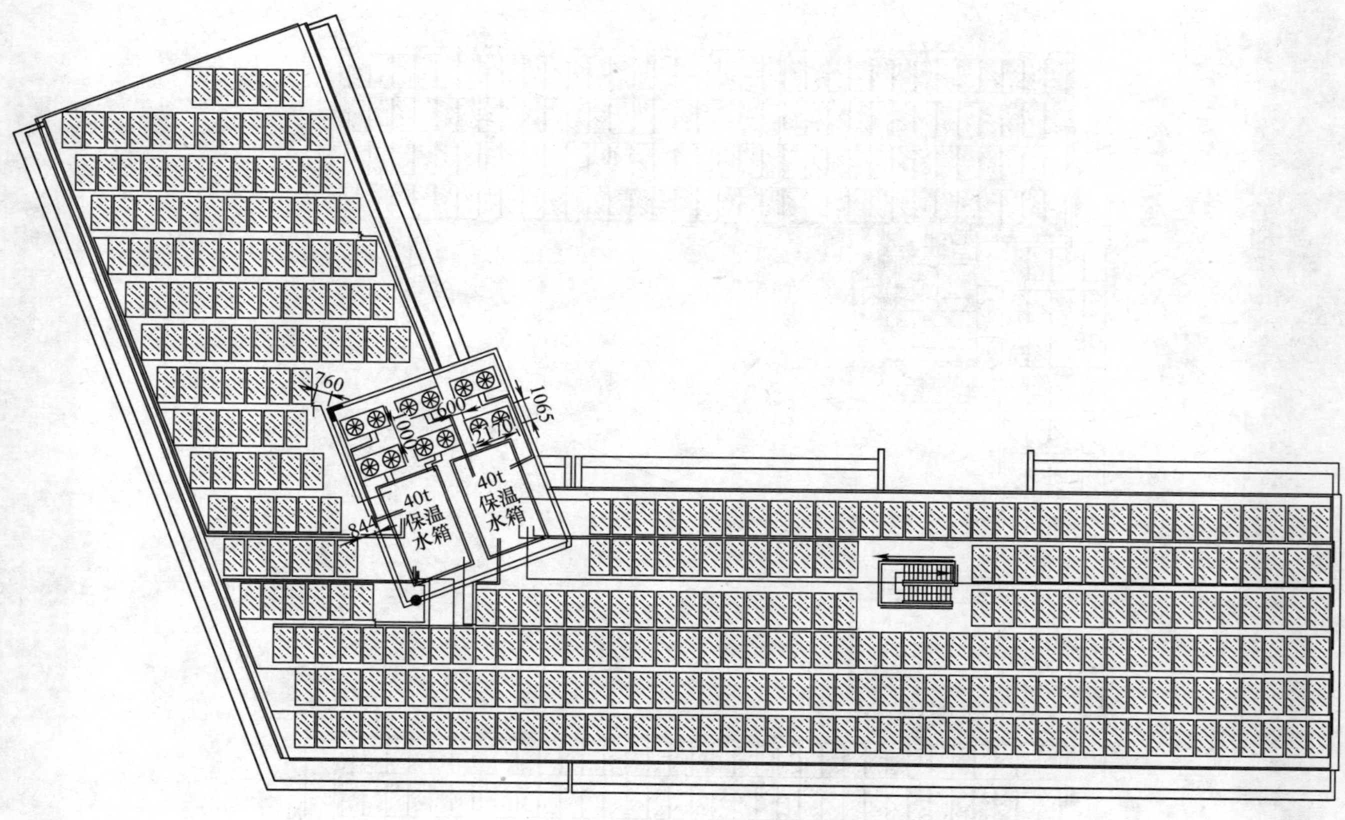

图4–4　B栋太阳能系统平面布置图

4.1.9 系统电路图（图4–5）

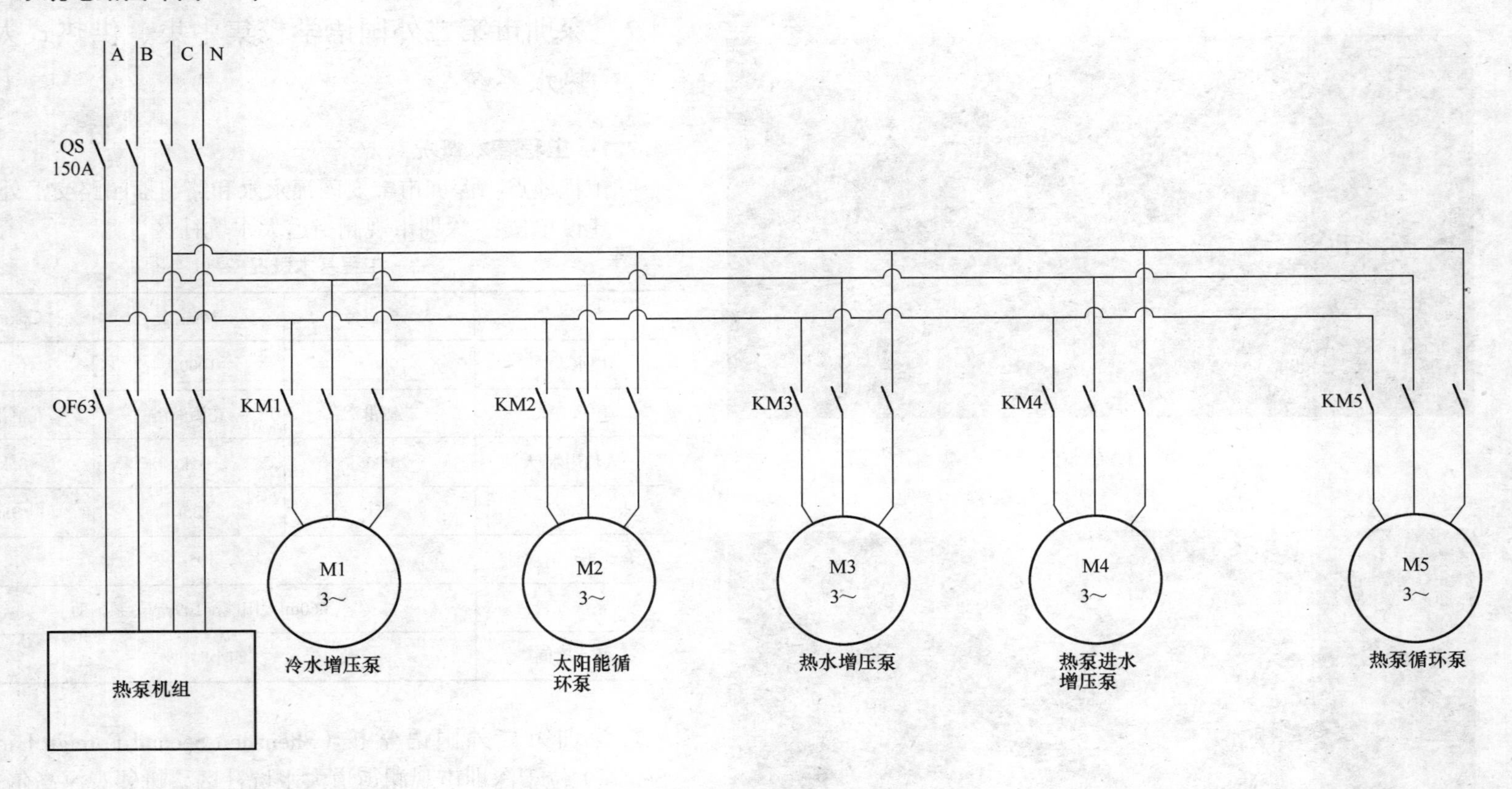

图4–5　B栋电路图

4.1.10 工程图片（图4–6、图4–7）

图4–6 工程图片（一）

图4–7 工程图片（二）

4.2 深圳市第二外国语学校集中集、供热式太阳能热水系统

4.2.1 工程基本概况

工程地点：深圳市宝安区福永永和路与荔园路交汇处

建设单位：深圳市观澜街道大水坑社区

工程基本概况 表4–2

类别	A栋宿舍	B栋宿舍	C栋宿舍
用水人数	1000人	1000人	1000人
用水方式	花洒淋浴	花洒淋浴	花洒淋浴
人均用水/天	35kg	35kg	35kg
热水需求量/天	35t	35t	35t
合计热水需求量	105t		
系统配置	660m^{2}太阳能配109kW热泵辅助		
用水时间	24小时供水		

深圳第二外国语学校（Shenzhen Second Foreign Languages School）位于深圳市观澜街道大水坑社区，毗邻观澜高尔夫和华为基地，是深圳市教育局直属公办全寄宿制普通高级中学，项目总投资2.60亿元，占地面积11.9万m^2，总建筑面积7万m^2，可容纳60个班3000名学生。

该太阳能热水系统由深圳市振恒太阳能工程有限公司设计施工，年节电量115万kWh，年节省一次性能源量38万t标煤。

图4-8　空气源热泵

图4-9　第二外国语学校

4.2.2　系统原理图（图4-10）

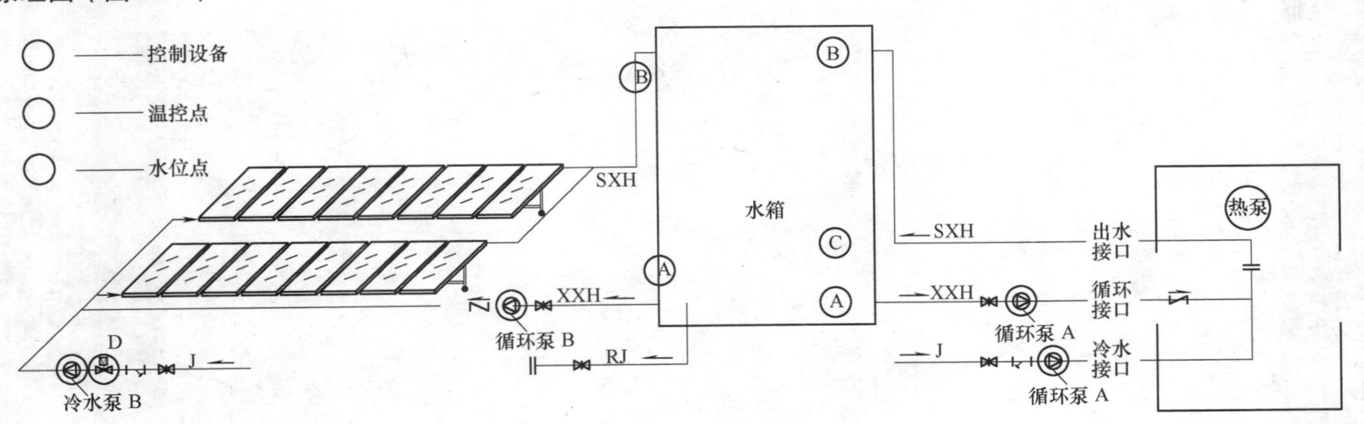

图4-10　系统原理图

4.2.3 屋顶太阳能布置图（图4-11）

图4-11 屋顶太阳能布置图

4.2.4 系统电路图（图4–12）

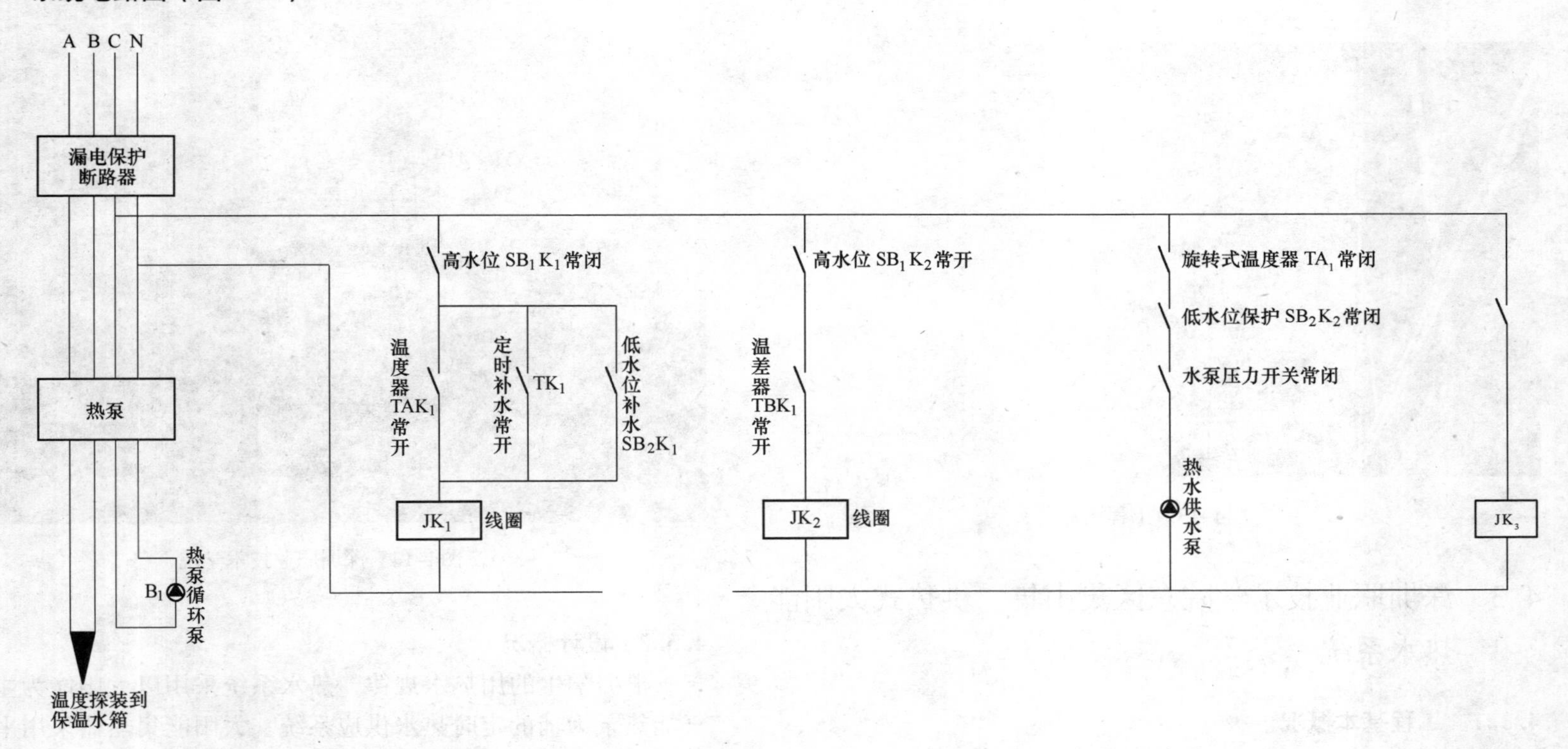

图4–12 系统电路图

4.2.5 工程图片（图4–13）

图4–13 工程图片

4.3 深圳职业技术学院东区集中集、供热式太阳能热水系统

4.3.1 工程基本概况

深圳职业技术学院地处深圳市南山区西丽湖畔，现有东校区所属 A 栋 ~ I 栋及雅志楼、雅言楼、雅诗楼、交流中心共 13 栋学生宿舍楼，共计 925 套学生宿舍，共计学生人数为 8198 人。所需热水全部采用太阳能中央热水系统制备，该项目是华南地区典型的超大型太阳能热水系统设计安装工程。该太阳能热水系统由深圳市嘉力达实业有限公司设计施工，年节电量 125.31 万 kWh，年节省一次性能源量 501.23t 标煤。

图4–14 深圳职业技术学院

4.3.2 设计概况

根据学生的用热水规律，热水系统采用以太阳能为主，空气能热泵为辅的定时热水供应系统。太阳能集热器采用平板太阳能集热器，集中放置在屋面，储热水箱及热泵辅助设备均统一设置在屋面，实行集中集热、集中辅助、集中供热的供水方式。设计太阳能总集热面积 2542m^2，空气源热泵总制热功率 360kW，保温水箱容量 400m^3。

4.3.3 设计参数

1. 深圳地区年平均太阳辐射强度：5404.9MJ/m^2。
2. 人均热水定额：50L/人 · d。

3．热水供水温度：55℃。

4．深圳地区年均冷水计算温度：20℃。

4.3.4 主要技术亮点

该项目由于宿舍楼栋多，维护保养太阳能热水设备多而分散，仅仅依靠传统的管理人员巡逻检查的维护保养模式显然已不能满足要求。因此，如此超大型太阳能热水系统的运行维护管理方式的创新是该项目重点需解决的问题。

针对该项目对运行维护管理模式的要求，采用实时监控和远程监控结合的解决方案，即利用实时监控设备及远程监控技术，实现在办公室即可以对用热水时间、用热水温度、用热水量等参数的调控和故障的实时监控和处理。

4.3.5 运行维护方案

本项目应用了平板型太阳能集热器，在确保了高效的集热效率的前提下，有效地降低了集热系统的故障率，给运行维护管理大大降低了难度。另外，项目配置了远程监控系统，系统故障自动报警，故障位置一目了然，大大降低了维护管理成本。监控人员只需定期对平板集热器进行除尘、排污，水箱清洗等日常保养工作即可。此外还应做好以下定期设备运行检查工作：

1．机外安装的Y形过滤器应每两个月清洗一次，保证系统内水质清洁，以避免机组因过滤器脏而造成损坏。

2．对没有安装水处理器的主机，每半年用除垢剂清洗水系统水垢一次，清洗方法为把药剂倒入水系统中循环10小时，然后换两次清水，从各排污口排掉污水即可。清洗完成后，要重新对水系统进行排空气处理。

3．每3个月对蓄热水箱进行排污，以保证良好的热交换及高质量的用水。

排污时先控制水箱水位低于1/5，关掉电源，打开排污阀，让污水排出。

4．经常检查机组的电源和电气系统的接线是否牢固，电气元件是否有动作异常，如遇异常应及时维修和更换。热泵系统参照热泵说明书。

图4–15

4.3.6 系统原理图（图4–16）

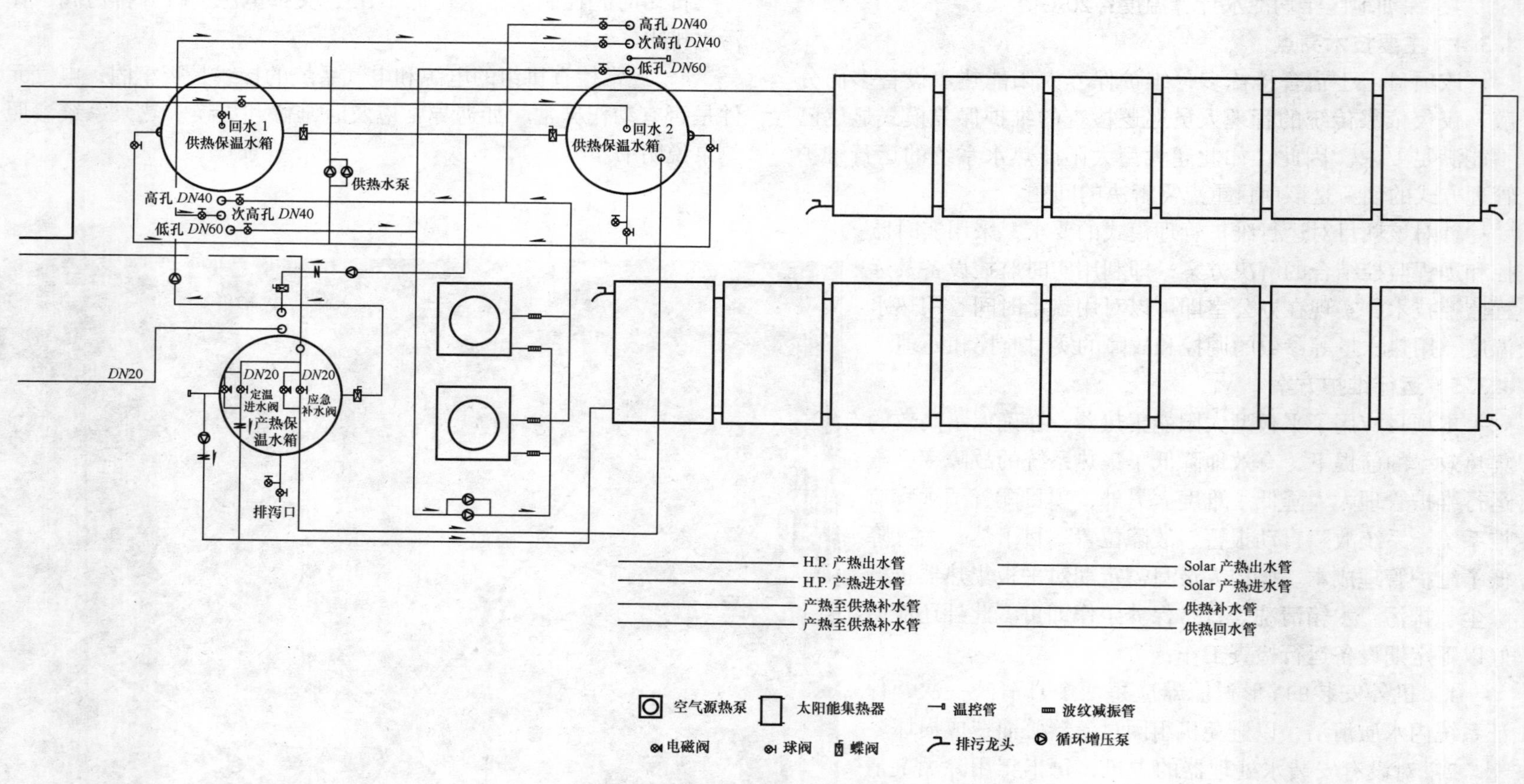

图4–16 雅致楼太阳能热水系统改造

4.4 大运村（深圳职业信息技术学院东校区）集中集、供热式太阳能热水系统

4.4.1 项目概况

大运村（深圳职业信息技术学院东校区）集中集、供热式太阳能热水系统位于深圳市龙岗区，水官高速龙岗出口南侧，由学生宿舍A、B、C、D、E宿舍、教工宿舍楼、综合服务楼及后勤附属用房组成。该太阳能热水系统由深圳市华业筑日科技有限公司设计施工，年节电量386.59万kWh，年节省一次性能源量1546.36t标煤。

图4-18 效果图

图4-17 鸟瞰图

图4-19 效果图

4.4.2 设计概况

屋面太阳能热水系统包涵太阳能全玻璃真空管集热器、空气源热泵、水泵、水箱、管道、控制系统等，其中全玻璃真空太阳能集热器总面积为 7315.0m^2（集热器 1045 组：其中教工楼 144 组、学生宿舍楼 A 楼 112 组、B 楼 160 组、C 楼 224 组、D 楼 224 组、E 楼 181 组），空气源热泵总制热功率 7276kW（空气源热泵 189 台：其中教工楼 8 台、学生宿舍楼 A 栋 18 台、B 栋 31 台、C 栋 46 台、D 栋 46 台、E 栋 34 台、综合服务楼 6 台），在集热器采光面上的平均日辐照量大于 13794kJ/m^2 的条件下，能将 551.76t 水（其中教工楼 76.032t、学生宿舍楼 A 楼 59.136t、B 楼 84.480t、C 楼 118.272t、D 楼 118.272t、E 楼 95.568t）从基础水温 20℃升高到 55℃。

图4-20　鸟瞰图

图4-21　实景图

4.4.3 设计参数

1. 深圳地区年平均太阳辐射强度：13.518MJ/m^2。
2. 人均热水定额：60L/人 · d。
3. 热水供水温度：55℃。
4. 地区年均冷水计算温度：20℃。

4.4.4　主要技术特点

太阳能热水系统采用组合式不锈钢板水箱，该水箱采用食品级不锈钢冲压成的标准板块，周边用钨极氩弧焊接，具有重量轻、无锈蚀、卫生性能好、外型美观、安装方便及使用寿命长等特点。

控制系统优化设计，系统运行稳定可靠。为了提高热水使用效果，减少热水浪费，系统采用定温，定水位补水；太阳能温差循环加热；空气热泵辅助加热；供水系统分为低区和高区供水系统，采用全天候、加压恒温供水；定温回水装置；确保系统用水质量，达到用水舒服及一开龙头就有设定好的温度热水使用。

4.4.5　运行维护方案

管理人员只需定期对真空管太阳能集热器进行除尘、排污，水箱清洗等日常保养工作即可。

此外还应做好以下定期设备运行检查工作：

1. 机外安装的Y形过滤器应每两个月清洗一次，保证系统内水质清洁，以避免机组因过滤器脏而造成损坏。

2. 每3个月对蓄热水箱进行排污，以确保热交换良好和高质量的供水。排污时先控制水箱水位低于1/5，关掉电源，打开排污阀，让污水排出。

3. 经常检查机组的电源和电气系统的接线是否牢固，电气元件是否有动作异常，如遇异常应及时维修和更换。

图4–22　屋面太阳能热水系统

图4–23　屋面太阳能热水系统

4. 4. 6　系统原理图（图4–24）

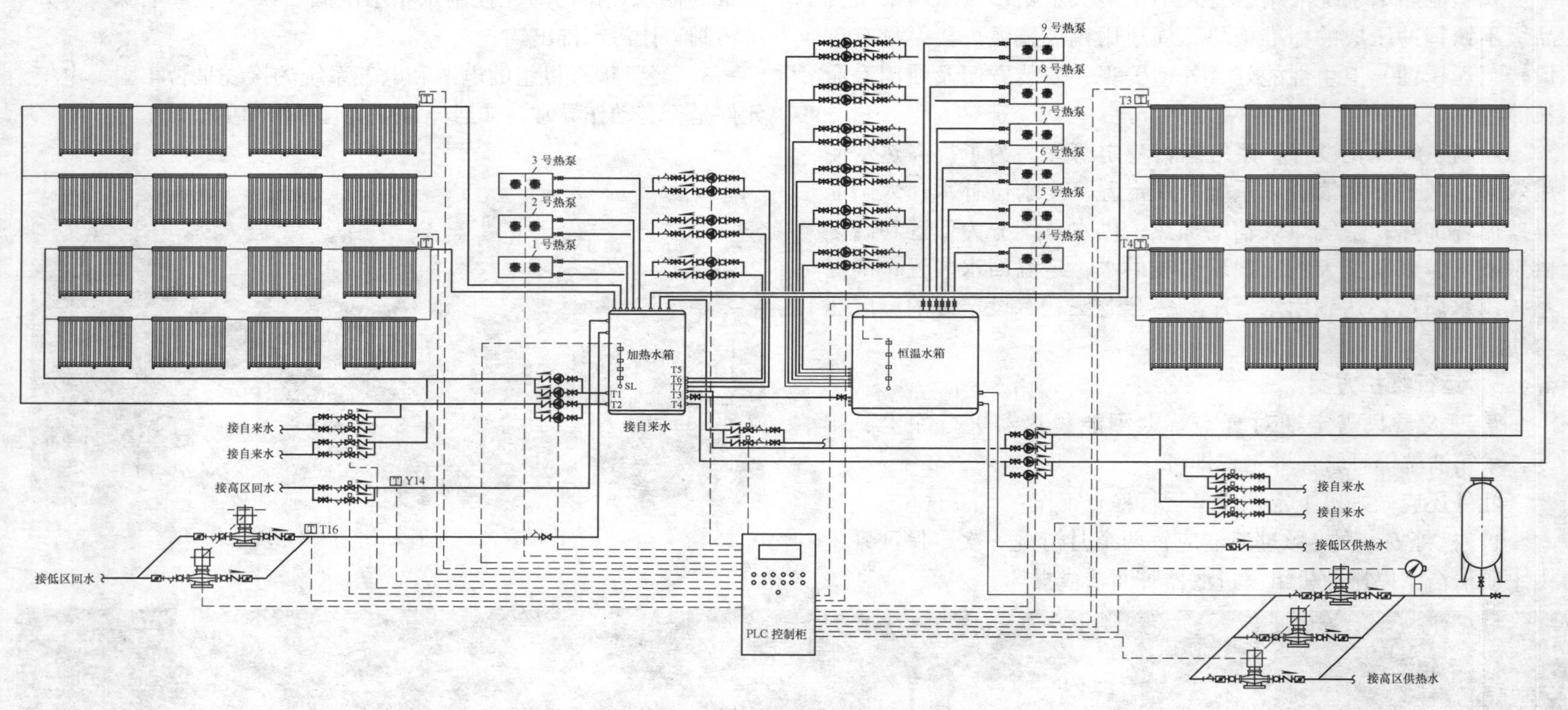

图4–24　太阳能系统运行原理图

4.5 深圳市体育运动学校集中集、供热式太阳能热水系统

4.5.1 工程基本概况

本工程为“深圳市体育运动学校太阳能集中供热水系统设备采购及安装”，共分为两个标段：I 标段（游泳跳水馆）、II 标段（综合训练馆）。该太阳能热水系统由深圳市鹏桑普太阳能有限公司设计施工，年节电量 135 万 kWh，年节省标煤 542t，减排二氧化碳 1102t。

4.5.2 设计概况

I 标段（游泳跳水馆）：1 号宿舍楼设 256m² 平板型太阳能集中供热水系统两套，辅助系统为三台空气热源泵，配有储热水箱一个，供淋浴用；2 号宿舍楼设 256m² 平板型太阳能集中供热水系统两套，附助系统为三台空气热源泵，配有储热水箱一个，供淋浴用；游泳跳水馆屋面设一套 280m² 平板型太阳能集中供热水系统，辅助系统为三台空气热源泵，配有储热水箱和预热水箱各一个，此系统供淋浴用；另设有一套 1400m² 平板型太阳能，配有一个 10m³ 储热水箱，供泳池维温用。

II 标段（综合训练馆）：综合训练馆设有一套 280m² 平板型太阳能集中供热水系统，辅助系统为三台空气热源泵，配有储热水箱和预热水箱各一个，此系统供淋浴用；另设有一套 400m² 平板型太阳能集中供热水系统，辅助系统为三台空气热源泵，配有储热水箱和预热水箱各一个，此系统也供淋浴用。锅炉房设于游泳跳水馆地下一层，配有两台直接式然气常压热水锅炉，锅炉进水经加热通过板式换热器将 50℃ /60℃的热水供游泳跳水馆初次加热和维温使用。

图4–25　太阳能集热器

4.5.3 设计参数

1. 深圳地区年平均太阳辐射强度：5225MJ/m²。
2. 住宅人均热水定额：80L/人 · d。
3. 住宅热水供水温度：60℃。
4. 深圳地区年均冷水计算温度：20℃。

4.5.4 主要技术亮点

综合训练馆及游泳馆淋浴系统采用全天侯供水，热水使用自然压力对楼下用水点供应热水。

游泳馆维温太阳能系统采用定温方式与泳池循环换热，当恒温水箱温度≥ 38℃（可调）时，启动加压回水泵，通过板式换热装置与泳池的水进行恒温换热。

4.5.5 运行维护方案

项目应用了平板型太阳能集热器，在确保了高效的集热效率的前提下，有效地降低了集热系统的故障率，运行维护管理大大降低了难度。本项目采用 PLC 微电脑控制，全自动运转，无

须专人操作。另外，项目配置了远程监控系统，系统故障自动报警，故障位置一目了然，大大降低了维护管理成本。监控人员只需定期对平板集热器进行除尘、排污，水箱清洗等日常保养工作即可。此外还应做好以下定期设备运行检查工作：

1．机外安装的Y形过滤器应每两个月清洗一次，保证系统内水质清洁，以避免机组因过滤器脏而造成损坏。

2．对没有安装水处理器的主机，每半年用除垢剂清洗水系统水垢一次，清洗方法为把药剂倒入水系统中循环 10h，然后换两次清水，从各排污口排掉污水即可。清洗完成后，要重新对水系统进行排空气处理。

3．每3个月对蓄热水箱进行排污，以保证良好的热交换及高质量的用水。排污时先控制水箱水位低于1/5，关掉电源，打开排污阀，让污水排出。

4．经常检查机组的电源和电气系统的接线是否牢固，电气元件是否有动作异常，如遇异常应及时维修和更换。热泵系统参照热泵说明书。

4. 5. 6　系统原理图（图4–26）

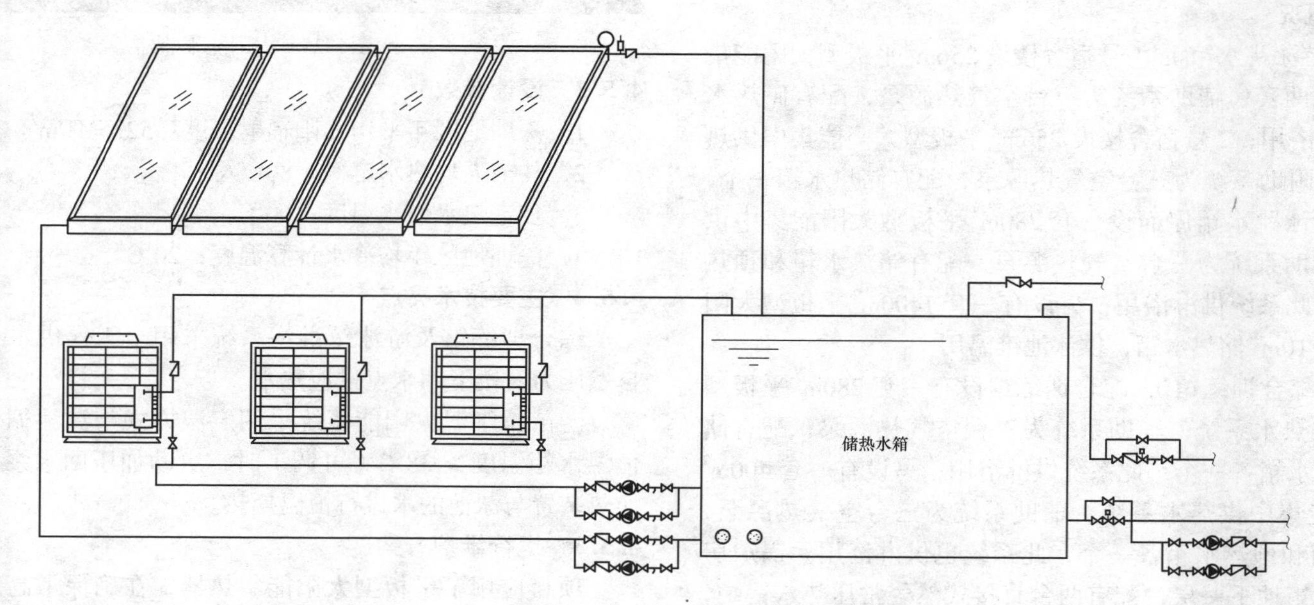

图4–26　1、2号宿舍楼太阳能热水系统原理图

4.6 北京理工大学珠海校区集中集、供热式太阳能热水系统

4.6.1 工程基本概况

北京理工大学珠海校区位于珠海市香洲区，该太阳能热水系统于 2008 年 3 月竣工，是国内首个以 BOT 模式运行的太阳能热水系统。

该太阳能热水系统由深圳市鹏桑普太阳能有限公司设计施工，年节电量 83 万 kWh，年节省标煤 336.3t，减排二氧化碳 739.86t。

图4–27 屋面太阳能热水系统

4.6.2 设计概况

根据学生的用热水规律，热水系统采用以太阳能为主，空气能热泵为辅的定时热水供应系统。太阳能集热器采用平板太阳能集热器，集中放置在屋面，储热水箱及热泵辅助设备均统一设置在屋面，实行集中集热、集中辅助、集中供热的供水方式。设计太阳能总集热面积 2242m^2。

4.6.3 设计参数

1. 珠海地区年平均太阳辐射强度：5404.9MJ/m^2。
2. 人均热水定额：75L/人 · d。
3. 热水供水温度：55℃。
4. 珠海地区年均冷水计算温度：20℃。

4.6.4 主要技术亮点

系统设置了预热水箱及保温水箱的双水箱系统，使系统运行过程中实现了冷热水分离的目的，确保用户用热水温度的稳定。通过采取与冷水系统的一致的分区措施，在立管设置统一减压阀、各区底部设置支管减压阀的方式，有效解决冷热水压力平衡问题。实现舒适的热水使用效果。

国内首个以BOT模式运行的太阳能热水系统，由深圳市鹏桑普太阳能有限公司投资、建设、管理营运，15年以后交给学校管理。［注：BOT是私人资本参与基础设施建设，向社会提供公共服务的一种特殊的投资方式，包括建设（Build）、经营（Operate）、移交（Transfer）三个过程：建设–经营–转让。］

4.6.5 运行维护方案

项目应用了平板型太阳能集热器，在确保了高效的集热效率的前提下，有效地降低了集热系统的故障率，运行维护管理大大降低了难度。监控人员需定期对平板集热器进行除尘、排污，水箱清洗等日常保养工作即可。此外还应做好以下定期设备运行检查工作：

1．机外安装的Y形过滤器应每两个月清洗一次，保证系统内水质清洁，以避免机组因过滤器脏而造成损坏。

2．对没有安装水处理器的主机，每半年用除垢剂清洗水系统水垢一次，清洗方法为把药剂倒入水系统中循环10h，然后换两次清水，从各排污口排掉污水即可。清洗完成后，要重新对水系统进行排空气处理。

3．每3个月对蓄热水箱进行排污，以保证良好的热交换及高质量的用水。排污时先控制水箱水位低于1/5，关掉电源，打开排污阀，让污水排出。

4．经常检查机组的电源和电气系统的接线是否牢固，电气元件是否有动作异常，如遇异常应及时维修和更换。热泵系统参照热泵说明书。

图4-28

4.6.6 系统原理图（图4–29）

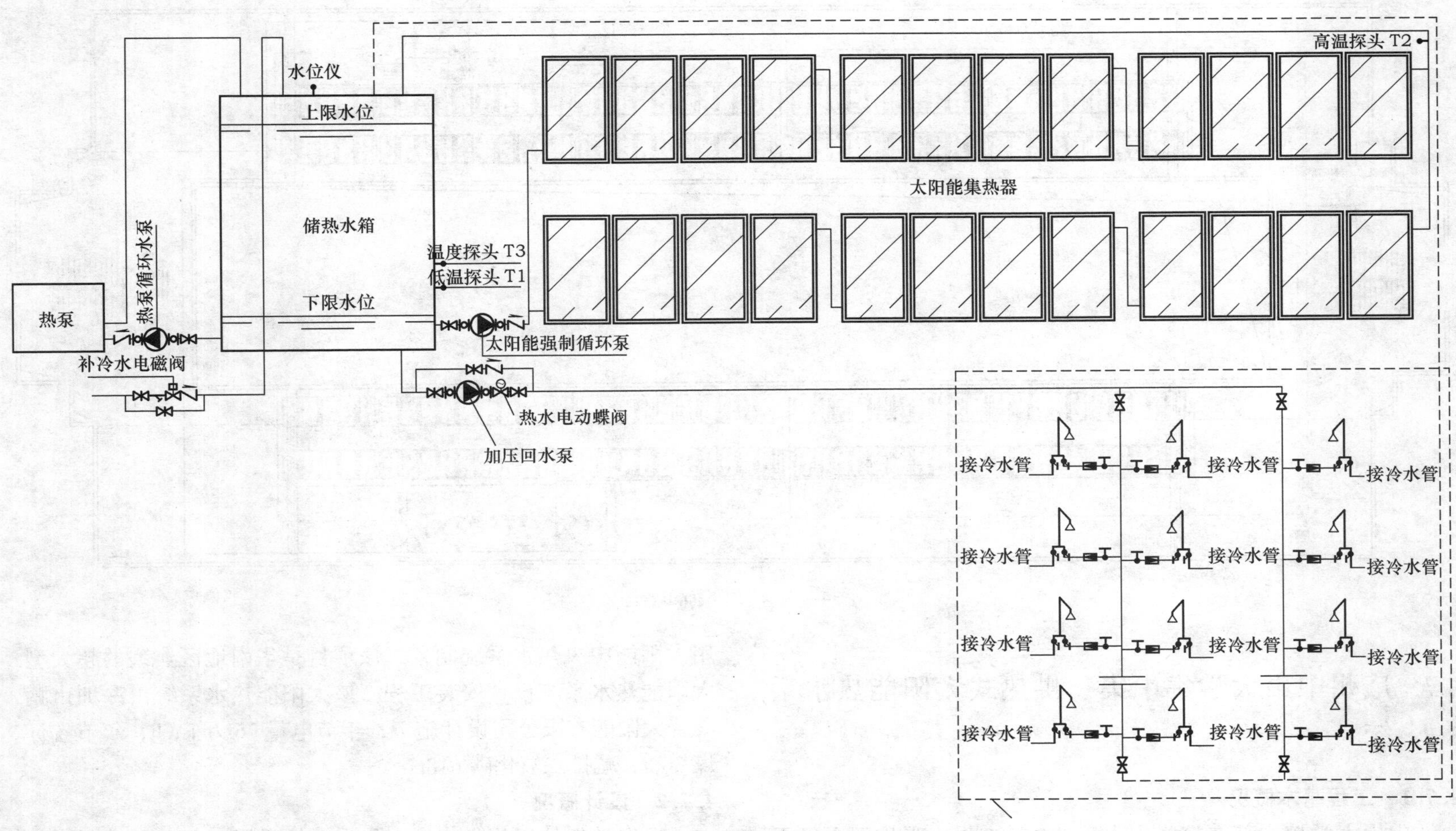

图4–29 系统原理图

4.6.7 屋顶平面布置图（图4-30）

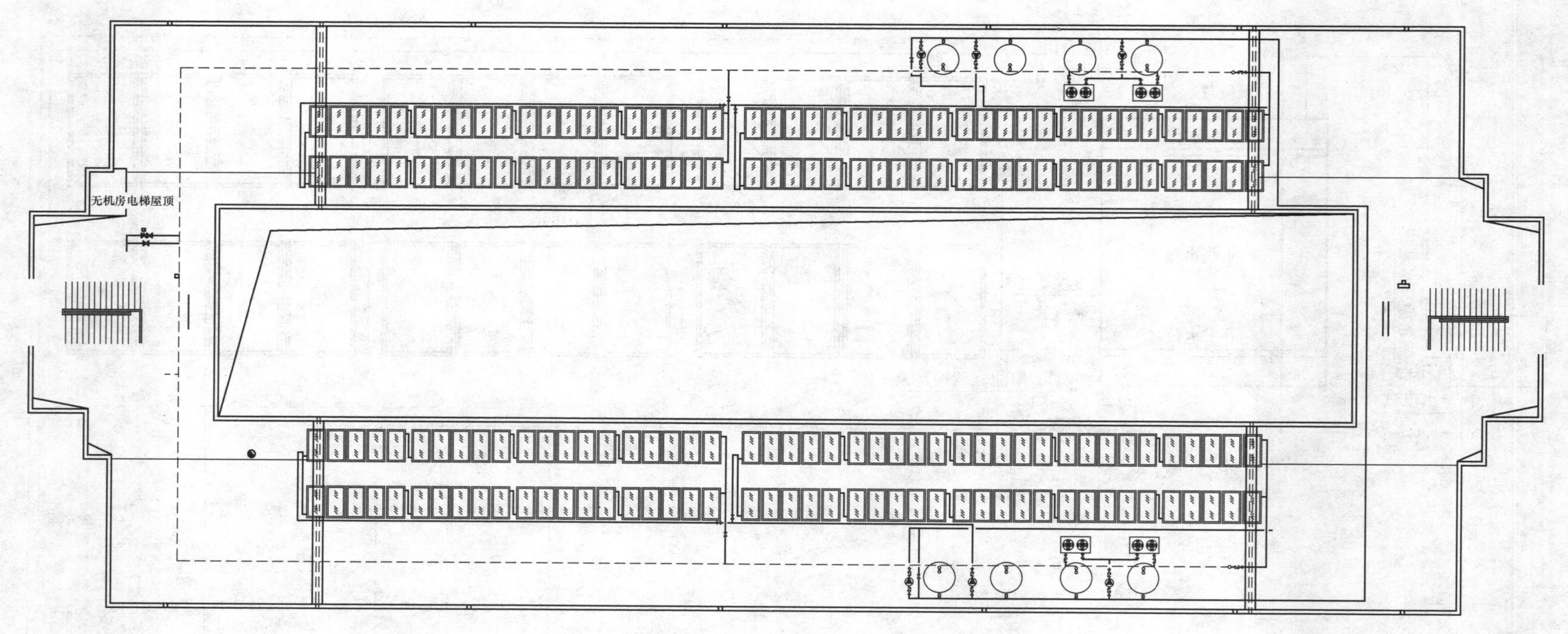

图4-30 屋顶平面布置图

4.7 广州中山大学集中集、供热式太阳能热水系统

4.7.1 工程基本概况

中山大学校本部在校学生人数约15000人，平均每人每天用热水75L，每天热水需求量1000多立方米。所需热水全部采用太阳能中央热水系统制备，该项目是华南地区典型的超大型太阳能热水系统设计安装工程。该太阳能热水系统由深圳市鹏桑普太阳能有限公司设计施工，年节电量76万kWh，年节省标煤308t，减排二氧化碳618t。

4.7.2 设计概况

根据学生的用热水规律，热水系统采用以太阳能为主，空气能热泵为辅的定时热水供应系统。太阳能集热器采用平板太阳能集热器，集中放置在屋面，储热水箱及热泵辅助设备均统一设置在屋面，实行集中集热、集中辅助、集中供热的供水方式。设计太阳能总集热面积400m^2，空气源热泵总制热功率131.4kW。

4.7.3 设计参数

1. 珠海地区年平均太阳辐射强度：5404.9MJ/m^2。
2. 均热水定额：75L/人·d。
3. 热水供水温度：55℃。
4. 珠海地区年均冷水计算温度：20℃。

4.7.4 主要技术亮点

该项目由于宿舍楼栋数多，太阳能热水设备多而分散，依靠传统的管理人员巡逻检查的维保模式已不能满足要求。因此，该太阳能热水系统的运行维护管理方式的创新是该项目需重点解决的问题。

针对该项目对运行维护管理模式的要求，采用实时监控和远程监控结合的解决方案，即利用实时监控设备及远程监控技术，实现在办公室可以对用热水时间、用热水温度、用热水量等参数的调控和故障的实时监控和处理。

4.7.5 运行维护方案

由于本项目应用了平板型太阳能集热器，在确保了高效的集热效率的前提下，有效地降低了集热系统的故障率，给运行维护管理大大降低了难度。另外，项目配置了远程监控系统，系统故障自动报警，故障位置一目了然，大大降低了维护管理成本。监控人员只需定期对平板集热器进行除尘、排污、水箱清洗等日常保养工作即可。此外还应做好以下定期设备运行检查工作：

1. 机外安装的Y形过滤器应每两个月清洗一次，保证系统内水质清洁，以避免机组因过滤器脏而造成损坏。

2. 对没有安装水处理器的主机，每半年用除垢剂清洗水系统水垢一次，清洗方法为把药剂倒入水系统中循环10h，然后换两次清水，从各排污口排掉污水即可。清洗完成后，要重新对水系统进行排空气处理。

3. 每3个月对蓄热水箱进行排污，以保证良好的热交换及高质量的用水。排污时先控制水箱水位低于1/5，关掉电源，打开排污阀，让污水排出。

4. 经常检查机组的电源和电气系统的接线是否牢固，电气元件是否有动作异常，如遇异常应及时维修和更换。热泵系统参照热泵说明书。

图4-31　屋面太阳能热水系统

4.7.6 系统原理图（图4-32）

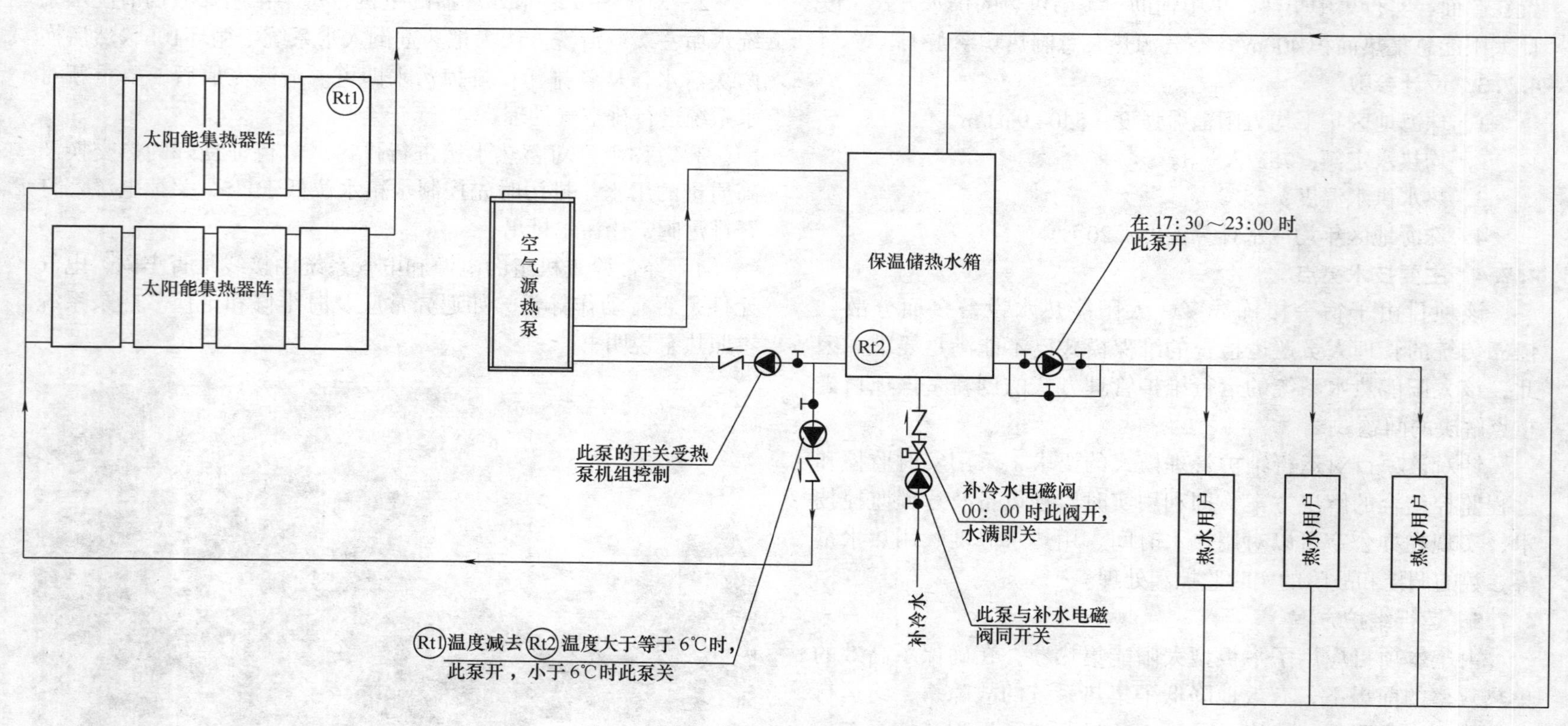

图4-32　太阳能+热泵中央热水系统原理图

4.7.7 工程案例（图4-33、图4-34）

图4-33　工程案例一

图4-34　工程案例二

4.8　福州大学阳光学院集中集、供热式太阳能热水系统

4.8.1　工程基本概况

该工程位于福建省福州市马尾区，是福州市可再生能源建筑应用城市示范项目。建筑类型为高等学校公共建筑，项目总占地约 231963.46m²，总建筑面积约 144252m²，其中改建部分示范面积约 81399.59m²，居住面积约 66596.78m²，该工程共 26 栋公寓，约 1684 间宿舍，约 10904 人用水。该太阳能热水系统由众望达太阳能技术开发有限公司设计施工，年节电量 200.83 万 kWh，年节省一次性能源量 803.3t 标煤。

4.8.2　设计概况

采用建筑一体化的太阳能配空气源热泵辅助加热系统及智能一卡通淋浴控制系统，倡导“节能减排、节约用水”的环保理念，系统由太阳能集热器、加热水箱、保温水箱、空气源热泵等部分组成。设计太阳能总集热面积 4074m²，空气源热泵总制热功率 1458.8kW，保温水箱容量 360m²。

4.8.3　设计参数

福州地区太阳能年总辐射量为 4454.8MJ/m²，属于资源一般区，5~9 月份总辐射量均在 400MJ/m² 以上，相对较高；直接辐射量 5~8 月份均相对较高，都在 230MJ/m² 以上，冬季平均气温在 10.9~13.2℃之间，不结冰，11 月 ~3 月太阳能辐射量虽然在 231~295MJ/m²，但日照时数较长。

4.8.4　主要技术亮点

太阳能建筑一体化设计与安装技术——集热板与产热水箱及储热水箱分离，建筑主体南坡面安装太阳集热系统，在建筑设计当中太阳能与建筑采用楼顶适当的位置进行半斜面钢结构改造，集热器陈列排放，色彩与屋面浑然一体，有良好的视觉效果。

优先采用空气源热泵来进行辅助加热，进一步降低能耗，从根本上解决了晚上、多云及阴雨天的太阳能产热不足的问题。

采用智能一卡通淋浴控制系统，由电磁阀及过滤阀、控水 POS 、电源控制器、微机系统及射频卡所组成。按量合理计费，多用多收，少用少收，杜绝了浪费水的现象，节约了宝贵的水资源。

采用太阳能远程智能监测控制系统，具有多种通信接口的多功能太阳能控制器，自动化运行稳定、易于安装、便于维护和管理，智能化自动控制。用户管理人员在远程对太阳能光热系统的太阳能集热器、保温水箱、辅助加热、水泵、管路等工作状况进行实时监测及实时控制，还可根据实际需求对相关参数进行实时设置；系统故障时将自动报警。

图4–35　坡屋面太阳能热水器铺设

图4-36 整体效果图

4.8.5 运行维护方案

定期设备运行检查：

1．机外安装的Y形过滤器应每两个月清洗一次，保证系统内水质清洁，以避免机组因过滤器脏而造成损坏。

2．对没有安装水处理器的主机，每半年用除垢剂清洗水系统水垢一次，清洗方法为把药剂倒入水系统中循环10小时，然后换两次清水，从各排污口排掉污水即可。清洗完成后，要重新对水系统进行排空气处理。

3．每3个月对蓄热水箱进行排污，以保证良好的热交换及高质量的用水。排污时先控制水箱水位低于1/5，关掉电源，打开排污阀，让污水排出。

4．经常检查机组的电源和电气系统的接线是否牢固，电气元件是否有动作异常，如遇异常应及时维修和更换。

5．热泵系统参照热泵说明书。

特别注意事项：

必须在规定的电压和频率范围内使用并应配以单独的、载荷适宜的漏电保护开关。切勿使用铜丝代替保险丝，以免造成故障或发生火灾。

发现漏电保护开关经常跳开时，应立刻停止运行，并向特约维修点进行咨询。

设备发生故障或需移装时，为避免安装不当，必须由专业人员处理，用户不要自行拆卸、维修和安装。

当出现火灾、地震、强台风等不可抗拒的危险情况时，应马上切断太阳能热水系统电源，或者切断供往太阳能热水器总控制箱那路电源的前级电源开关。

图4-37 整体效果图

4.8.6 系统原理图（图4–38）

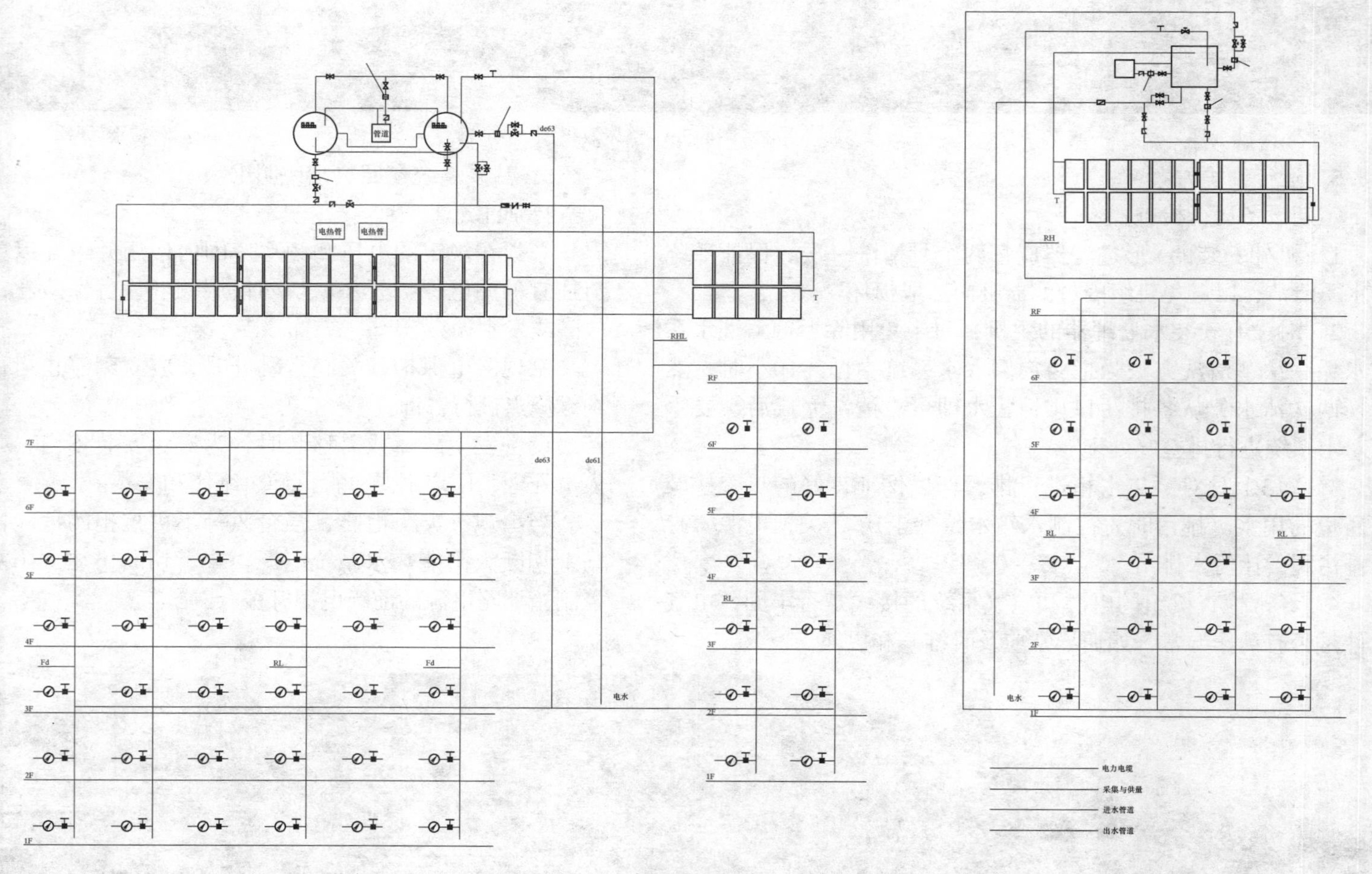

图4–38 系统原理图

4.9 阳光国际学校集中集、供热式太阳能热水系统

4.9.1 工程基本概况

该工程位于福建省福州市仓区，是福州市可再生能源建筑应用城市示范项目。建筑类型为中等学校公共建筑，该工程共2栋公寓，150间宿舍。该太阳能热水系统由众望达太阳能技术开发有限公司设计施工，年节电量19.91kWh，年节省一次性能源量19.66t标煤。

4.9.2 设计概况

采用建筑一体化的太阳能配空气源热泵辅助加热系统及智能一卡通淋浴控制系统，倡导“节能减排、节约用水”的环保理念，系统由太阳能集热器、加热水箱、保温水箱、空气源热泵等部分组成。设计太阳能总集热面积404m^2，空气源热泵总制热功率120kW，保温水箱容量30m^3。

4.9.3 设计参数

福州地区太阳能年总辐射量为4454.8MJ/m^2，属于资源一般区，5~9月份总辐射量均在400MJ/m^{2}以上，相对较高；直接辐射量5~8月份均相对较高，都在230MJ/m^{2}以上，冬季平均气温在10.9~13.2℃之间，不结冰，11月~3月太阳能辐射量虽然在231~295MJ/m^2，但日照时数较长。

4.9.4 主要技术亮点

采用太阳能建筑一体化设计与安装技术——集热板与产热水箱及储热水箱分离在建筑主体南坡面安装太阳能集热器陈列。

优先采用空气源热泵来进行辅助加热，进一步降低能耗，从根本上解决了晚上、多云及阴雨天的太阳能产热不足。

采用智能一卡通淋浴控制系统，按量合理计费，多用多收，少用少收，杜绝了浪费水的现象，节约了宝贵的水资源。

采用太阳能远程智能监测控制系统，具有多种通信接口的多功能太阳能控制器，自动化运行稳定、易于安装、便于维护和管理，智能化自动控制。用户或公司管理人员在远程对太阳能光热系统的太阳能集热器、保温水箱、辅助加热、水泵、管路等工作状况进行实时监测及实时控制，还可根据实际需求对相关参数进行实时设置；系统故障时将自动报警。

图4-39　鸟瞰图

4.9.5 运行维护方案

定期设备运行检查：

1．机外安装的Y形过滤器应每两个月清洗一次，保证系统内水质清洁，以避免机组因过滤器脏而造成损坏。

2．对没有安装水处理器的主机，每半年用除垢剂清洗水系统水垢一次，清洗方法为把药剂倒入水系统中循环10小时，然后换两次清水，从各排污口排掉污水即可。清洗完成后，要重新对水系统进行排空气处理。

3．每3个月对蓄热水箱进行排污，以保证良好的热交换及高质量的用水。排污时先控制水箱水位低于1/5，关掉电源，打开排污阀，让污水排出。

4．经常检查机组的电源和电气系统的接线是否牢固，电气元件是否有动作异常，如遇异常应及时维修和更换。

5．热泵系统参照热泵说明书。

特别注意事项：

必须在规定的电压和频率范围内使用并应配以单独的、载荷适宜的漏电保护开关。切勿使用铜丝代替保险丝，以免造成故障或发生火灾。

发现漏电保护开关经常跳开时，应立刻停止运行，并向特约维修点进行咨询。

设备发生故障或需移装时，为避免安装不当，必须由专业人员处理，用户不要自行拆卸、维修和安装。

当出现火灾、地震、强台风等不可抗拒的危险情况时，应马上切断太阳能热水系统电源，或者切断供往太阳能热水器总控制箱那路电源的前级电源开关。

图4-40　阳光国际学校

4.9.6 系统图（图4-41）

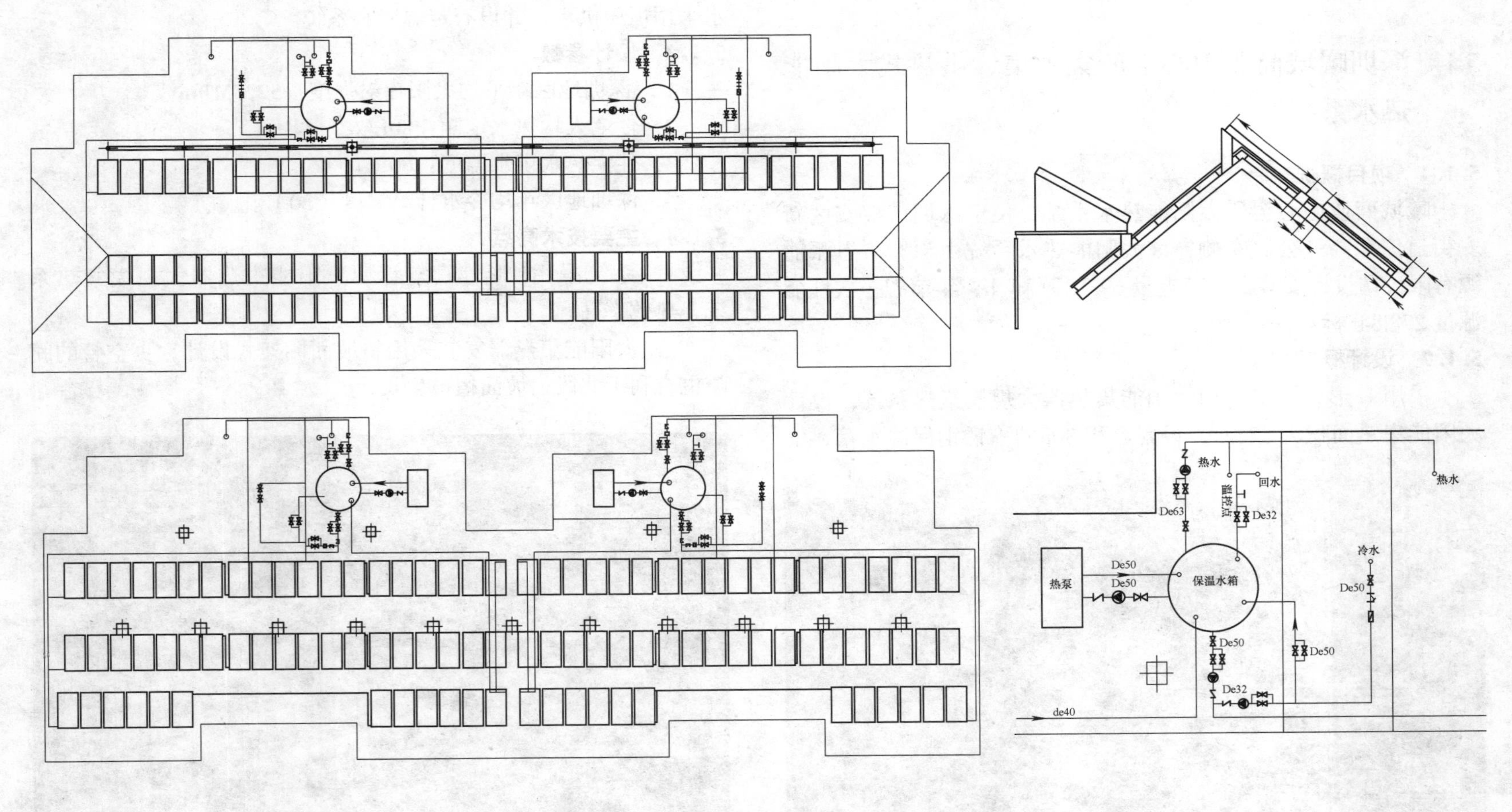

图4-41 系统图

第5章　酒店类建筑应用

5.1　深圳曦城商业中心会所集中集、供热式太阳能热水系统

5.1.1　项目概况

曦城商业中心会所太阳能热水系统，位于深圳市宝安区新安街道广深高速公路东侧，该太阳能热水系统由深圳市恩派能源有限公司设计安装，年节电量 69.02 万 kWh，年节省一次性能源量 278.84t 标煤。

5.1.2　设计概况

采用 U 形管真空管型太阳能集热器大规模集热系统，设计太阳能集热面积为 522m^2，设置容积 30t 的不锈钢保温水箱，辅助热源采用空气源热泵（2 台，其中制热量 100kW/ 台），热水供水采用恒压供水，并设有定温回水系统。

图5–1　集热器

5.1.3　设计参数

1．深圳地区年平均太阳辐射强度：5225MJ/m^2。

2．住宅人均热水定额：80L/人・d。

3．住宅热水供水温度：60℃。

4．深圳地区年均冷水计算温度：20℃。

5.1.4　主要技术亮点

1．系统采用U形管真空管型太阳能集热器大规模集热系统，热效率高。

2．太阳能集热器安装采用斜坡面棚架式设计，真空管的间隙也有利于北段山坡面植被生长。

图5–2　集热器

图5-3　集热器支架

3．一次热源均采用U形真空管式太阳能热水系统，采用空气源热泵辅助加热，保证阴雨天气正常供应热水。

4．太阳能热水系统采用温差循环方式运行，即当集热器顶部的温度传感器 T_1、热水储热水箱内温度传感器 T_2 的温差达到一定差值 $T_1-T_2 \geq 3\sim5$℃时，太阳能系统循环泵启动，当差值 $T_1-T_2 < 3\sim5$℃时，太阳能循环泵停止，如此反复运行，直到太阳能储热水箱温度达到用户设定温度。直接用于生活热水的太阳能系统当保温水箱水温高于80℃时循环系统自动保护，防止热水过热，造成烫伤。

5.1.5　运行维护方案

1．整合各项资源，成立专门领导小组负责售后服务和技术支持工作，为项目运营管理提供有力保障。

2．工程所在地设有固定售后服务点及专门的备品备件库（集热器、真空管、热泵、常用易损件等）。

3．技术培训：免费培训2～5名系统操作管理人员，完成对系统的日常维护保养。

4．在服务期间，可在接到维修电话24小时内排除故障，保证在第一时间抢修完成。

5．物业管理人员定期不间断地分别对太阳能热水系统进行巡视及保养，做到提前发现系统运行中可能存在的任何问题，预防出现任何运行事故。

6．工程技术人员定期做以下维修：

1）太阳能集热器：清除太阳能集热器表面灰尘，确保集热器集热效果。

2）控制线路：检查电线、线管外表是否完整，室外部分是否防潮、防漏；确保运行良好。

3）电控系统：检查所有元器件状况，并查相关设定参数与原设定是否有变化，并进行修正，检查系统水位器所有探头，并清洗。

4）管路系统：检查管路相关阀门，是否处于正常状态，相关管道及配件有无损坏、漏水等。

5）水泵阀门：检查电机运行电流、阀门开启状况、水泵运行，并进行保养。

5.1.6　系统原理图（图5-4）

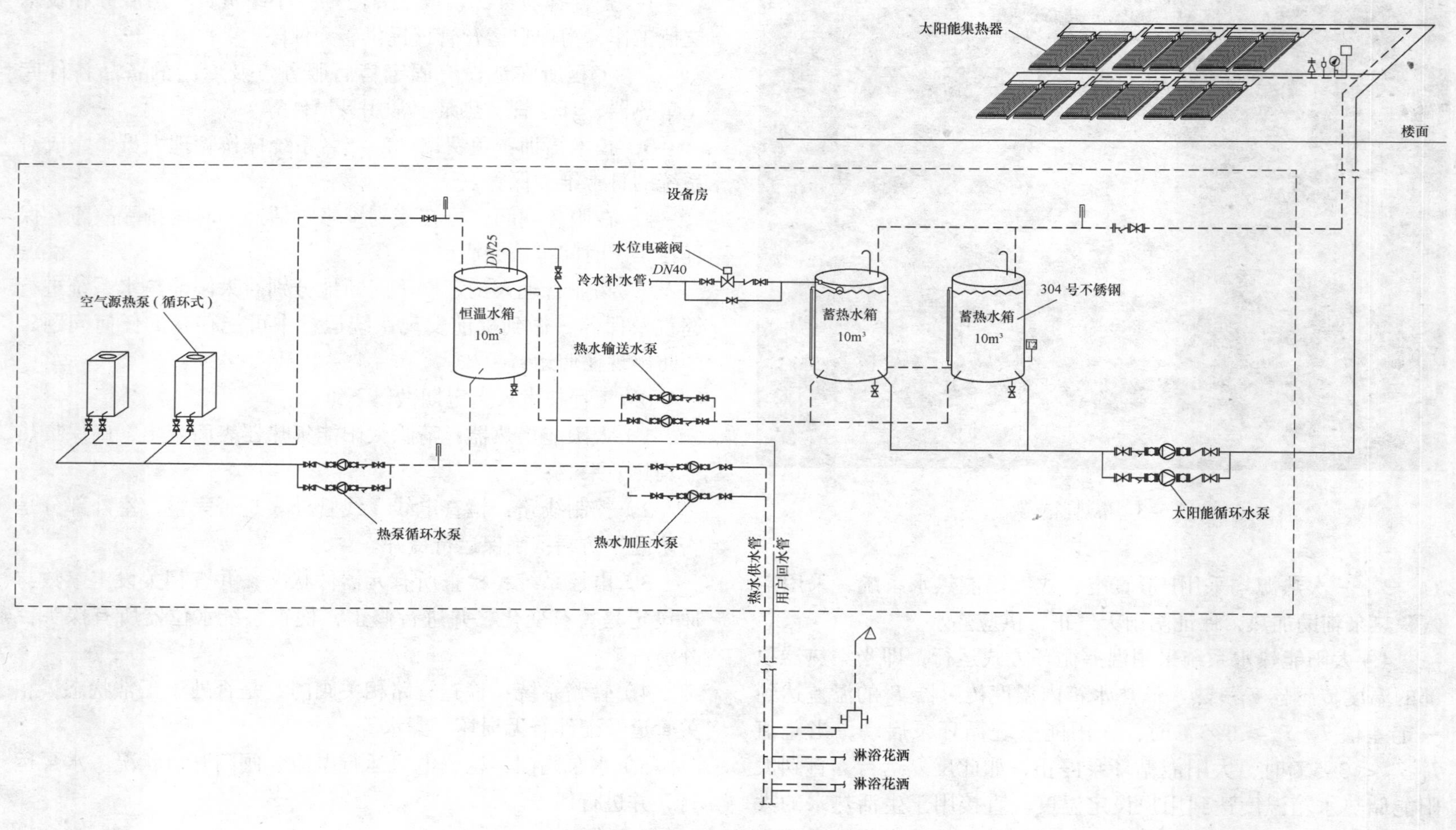

图5-4　系统原理图

5.2 水都酒店集中集、供热式太阳能热水系统

5.2.1 项目概况

水都假日酒店员工宿舍楼项目位于深圳宝安龙华镇上塘村龙胜路与中环路交汇处，该太阳能热水系统由深圳市拓日新能源科技有限公司设计、深圳市华旭机电设备有限公司施工，年节电量35万kWh，年节省一次性能源量113t标煤，减少二氧化碳排放338t。

5.2.2 设计概况

根据员工宿舍定时用水的特点，采用集中集热、集中辅助、集中供热的太阳能为主，空气能热泵为辅的全天候热水供应系统。

图5-5 水都酒店屋面

太阳能集热器采用平板太阳能集热器，集中放置在屋面上。储热水箱及热泵辅助设备均统一设置在屋面，太阳能热水系统设计太阳能集热器总面积328m^2；空气源热泵总制热功率为40kW，日供热水量40m^3。

5.2.3 设计参数

1. 在深圳每天平均5.6小时的日照条件下，本工程平均日产生50℃以上热水不少于40t，大大节约了运行成本的同时能够满足水都全体员工的日常生活所需热水。

2. 深圳地区年平均太阳辐射强度：5225MJ/m^2。

3. 住宅人均热水定额：50L/人·d。

4. 住宅热水供水温度：55℃。

5. 深圳地区年均冷水计算温度：15℃。

5.2.4 主要技术亮点

1. 新型平板集热器

超级蓝膜采用卷对卷大面积磁控溅射技术制备，具有瞬间热转换效率高，红外发射率低。

2. 循环式空气源热泵

采用空气能热泵将空气中的能量转移到水中，其能效可达到电热水器的4倍，大大地节约了电力的消耗。机组根据使用情况智能控制开、停，不必配备专业人员进行机组运行管理，也减少了运行费用。

5.2.5 运行维护方案

1. 整合各项资源，成立专门小组负责售后服务和技术支持工作，为本项目运营管理提供有力保障。在服务期间，本项目服务人员每天不定时的对太阳能热水系统进行巡视及保养，做到提前发现系统运行中可能存在的任何问题，预防出现任何运

行事故。

2．工程所在地设有固定售后服务点及专门的备品备件库（集热器、真空管、热泵、常用易损件等），在服务期内保证及时响应。

3．有应急服务预案，针对可能发生的不可预见的紧急事故进行演练，在服务期间，如发生不可预见的紧急事故，服务人员启动应急预案，启用备用设备，并调动备品备件库，保证在第一时间抢修完成。

图5–6

5.2.6　太阳能系统平面布置图

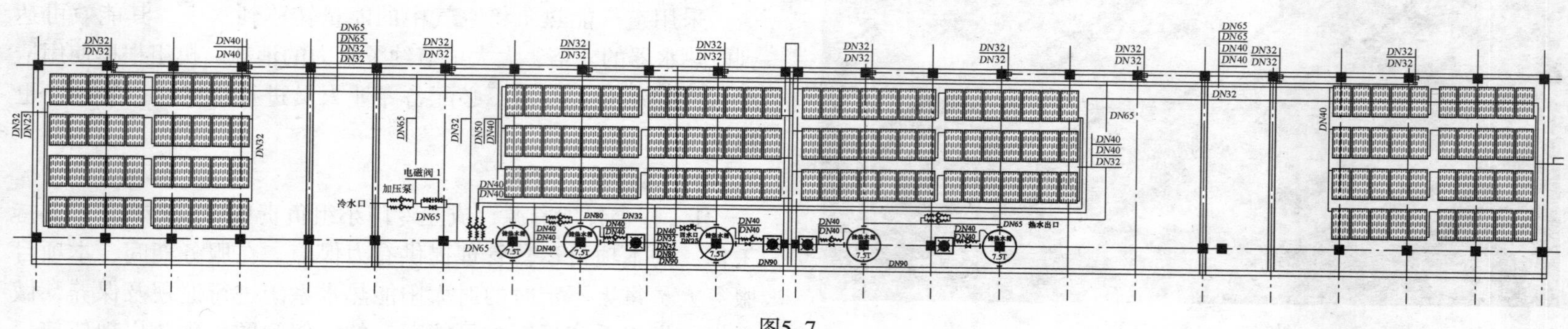

图5–7

5.2.7 系统布置图（图5-8）

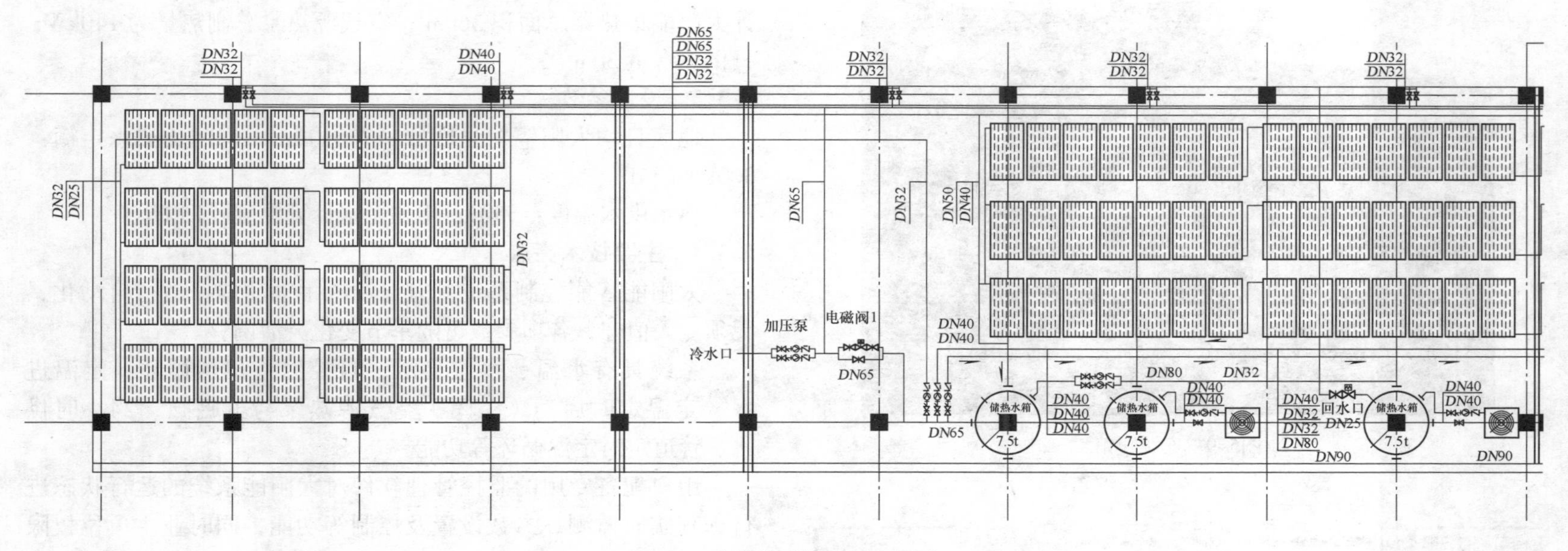

图5-8　太阳能系统平面布置图

5.3　江西安源宾馆集中集、供热式太阳能热水系统

5.3.1　项目概况

安源宾馆位于江西省萍乡市繁华的跃进南路旁，为萍乡市首家星级旅游涉外宾馆。宾馆主楼高8层，附楼高4层，客房总数100间(套)。安源宾馆原先使用油炉进行热水的制取供应，运行费用较高。本项目太阳能热水系统为可再生能源建筑应用城市示范项目。该太阳能热水系统由众望达太阳能技术开发有限公司设计施工，年节电量17.75kWh，年节省一次性能源量70.98t标煤。

5.3.2　设计概况

根据宾馆的热水使用要求，采用集中集热、集中供热的太阳能为主，空气能热泵为辅的热水系统，保温水箱均采用不锈钢聚氨酯保温。供水采用集中变频供热水系统，定温回水，全天候供应热水。

太阳能集热器铺设于楼顶钢构架之上，集热器与水平面呈28°顷角，水箱及设备安装在楼顶预制混凝土基础上。系统设计太阳能集热器总面积 360m^2；空气源热泵总制热量为 140kW；日供热水量 30m^2。

5.3.3 设计参数

地区日均太阳辐射强度：11780kJ/m^2；每间均热水定额：300L/间·d。

热水供水温度：55℃；年均冷水计算温度：15℃。

5.3.4 主要技术亮点

太阳能智能控制系统具有自动、手动功能，运行自动化，无须专人值守，各项参数可随季节变化灵活调整。

系统具有水温、水位显示，自控温差集热循环、定温进水，定温定时启动（关闭）空气源热泵与电磁阀、24小时供水、管道定时定温循环等功能。

用户配备专用的监控管理软件对太阳能系统的运行状态进行远程实时监测、参数设置及控制等功能，同时业主单位权限管理人员（用户或公司）可通过现场服务中心的管理终端、互联网络的运营管理平台24小时远程监视和控制太阳能系统的集热器、保温水箱、辅助加热、水泵、管路等设备的工作状况。

5.3.5 运行维护方案

1．本项目服务人员定期对太阳能热水系统进行巡视及保养，做到提前发现系统运行中可能存在的任何问题，预防任何运行事故。

2．工程所在地设有固定售后服务点及专门的备品备件库（集热器、真空管、热泵、常用易损件等），在服务期内保证及时响应。

图5-9　安源宾馆

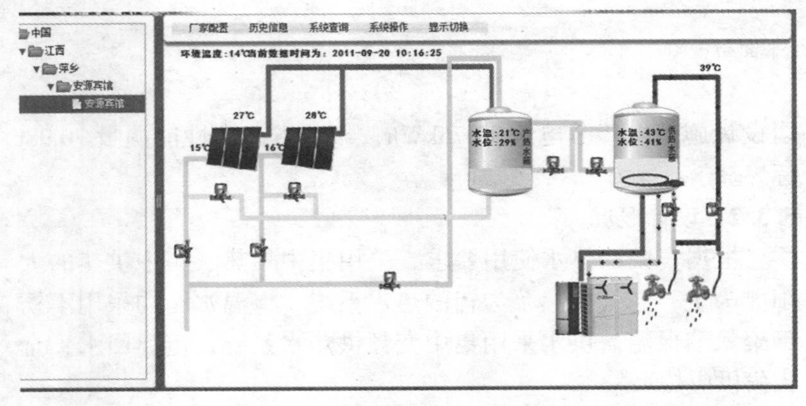

图5-10　远程控制界面

图5-11　钢架安装

3. 有应急服务预案，如发生不可预见的紧急事故，服务人员启动应争预案，启用备用设备，并调动备品备件库，保证在第一时间抢修完成。

4. 每月做以下维修：1）检查太阳能集热器、循环泵等的工作状况；2）管道的检漏；3）检查阀门状态；4）检查控制系统元件及运行状态；5）调校各元件控制装置；6）测试电磁阀、水泵运行电压及电流；7）检查电磁阀、水泵噪声及振动；8）测试热泵运行电压及电流；9）调校机组安全及控制装置；10）检查机组噪声及振动；11）检查水箱。

5. 每年至少两次做以下全面检修：1）清洗太阳能管道、太阳能集热器；2）清洗水箱；3）风机盘管过滤器及风口；4）控制系统维护；5）电机检修。

图5-12　集热器安装

5.3.6 系统原理图（图5-13）

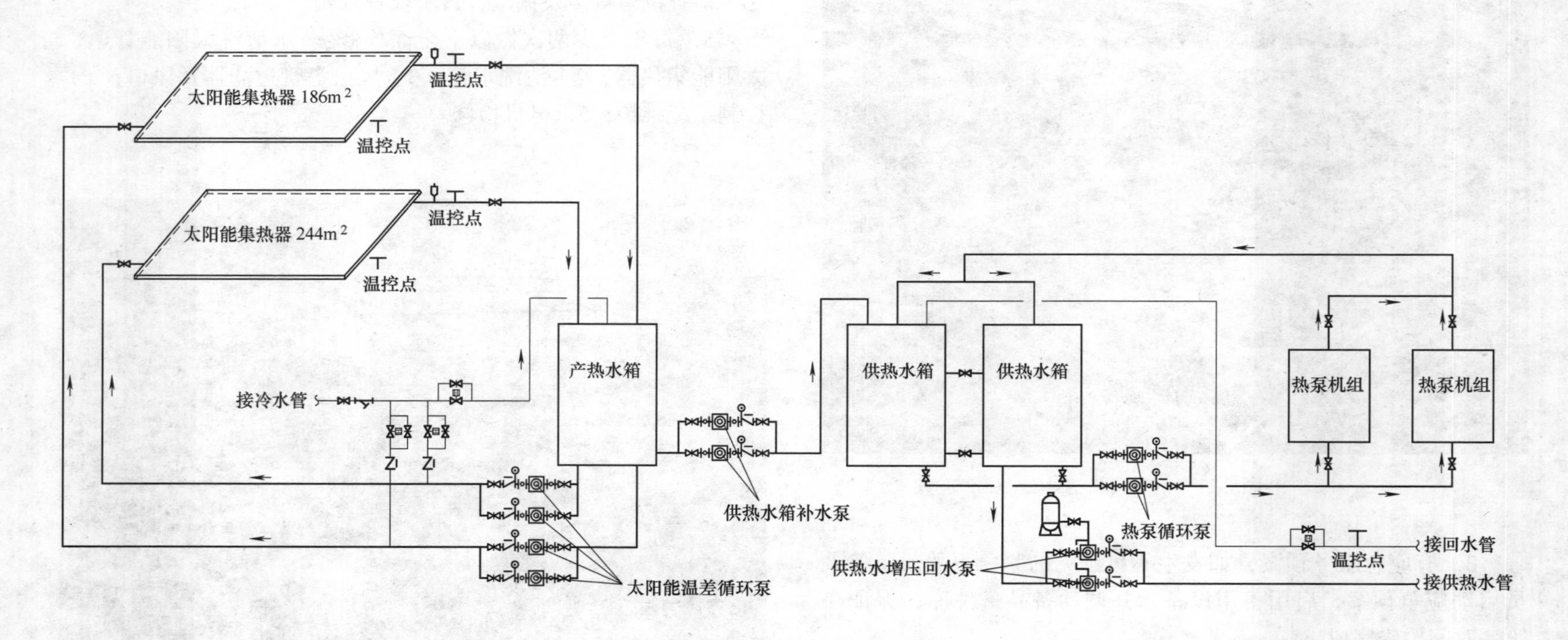

图5-13 太阳能配热泵热水系统原理图

5.3.7 主要设备布置图（图5–14）

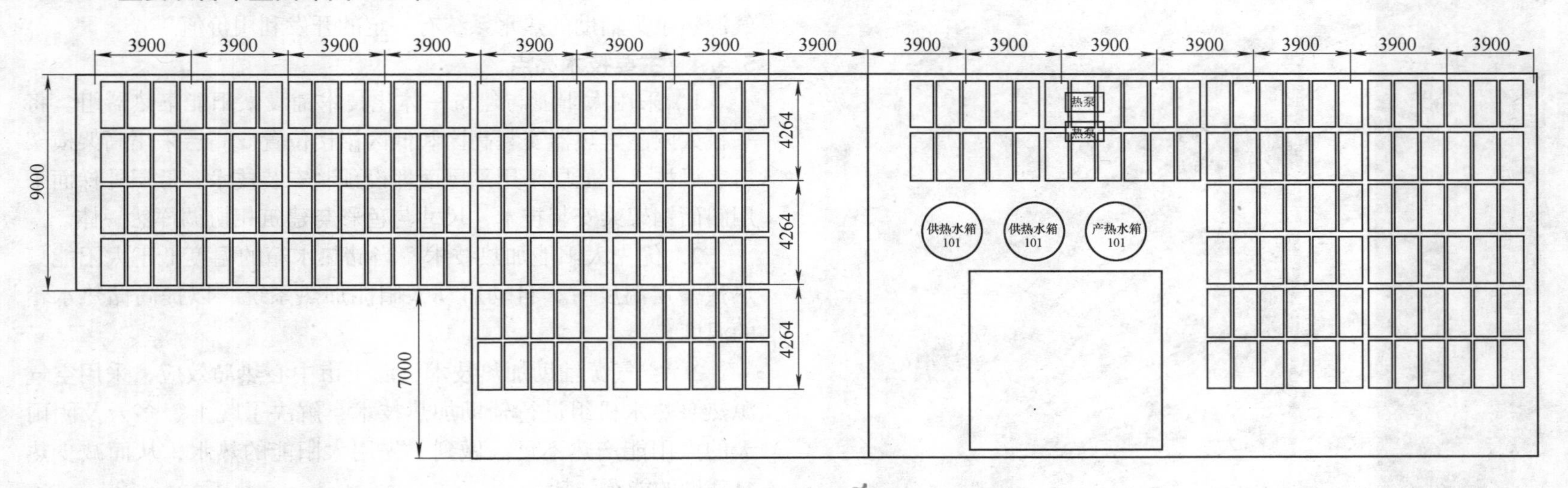

图5–14　太阳能配热泵热水设备布置图

5.4 福州香格里拉大酒店集中集、供热式太阳能热水系统

5.4.1 项目概况

福州香格里拉大酒店位于福建省福州市心，414间客房及套房，原来采用燃油锅炉供应热水。采用太阳能与建筑一体化技术和运用热泵进行辅助加热系统。2011年被中国太阳能专业委员会评选为中国太阳能产业品牌工程。该太阳能热水系统由众望达太阳能技术开发有限公司设计施工，年节电量49.29kWh，年节省一次性能源量197.18t标煤。

5.4.2 设计概况

选用太阳能为主空气源热泵为辅助的热水系统，日供55℃热水200t，满足酒店24小时不间断用热水的要求。系统设计太阳能集热器总面积1000m^2；空气源热泵总制热量为920kW；日供热水量200m^3。

5.4.3 设计参数

福州年太阳能总辐射量为4454.8MJ/m^2，属于资源一般区，5~9月份总辐射量均在400MJ/m^{2}以上，相对较高；直接辐射量5~8月份均相对较高，都在230MJ/m^{2}以上，冬季平均气温在10.9~13.2℃之间，不结冰，11月~3月太阳能辐射量虽然在231~295MJ/m^2，但日照时数较长，且示范项目位于福建省福州

图5-15　香格里拉大酒店

市中心区，前后均无建筑物遮挡，因此，选用太阳能为主、空气源热泵为辅助的热水系统有一定的开发利用价值。

5.4.4　主要技术亮点

1．采用太阳能与建筑一体化技术铺设太阳能集热器组。将平板太阳能集热器安装高区和低区裙楼位置。高层采用高架横架工字梁技术，低层采用平屋面埋设预制安装技术，低层外梯面采用斜面钢架梁安装技术，尺寸与色彩与建筑相协调浑然一体。

2．优先太阳能加热技术，当储热水箱的温度低于太阳能集热板一定温度时，自动启动太阳能加热系统，以提高储热水箱的温度。

3．空气源辅助加热技术，源于市中心热岛效应，采用空气源热泵热水机组进行辅助加热技术，解决了晚上、多云及阴雨天的太阳能产热不足。做到了先用太阳能的热水，从而减少热泵辅助的能源消耗。

4．板式换热技术，将太阳能和热泵加热的热能通过板式换热器交换到原有的燃油热水系统的管壳式换热器中，确保了原有供热系统的稳定性。

图5-16　屋面集热器

图5-17　屋面太阳能热水系统

图5-18　屋面太阳能热水系统

5.4.5　运行维护方案

1．系统日常巡检

需要指定专人定期进行巡视，发现异常情况立即上报，以便及时解决。

1）注意检查透明盖板是否损坏，如有破损应及时更换。

2）检查各管道、阀门、浮球阀、电磁阀、连接胶管等有无渗漏现象，如有则应及时修复。

2．注意事项

遇台风等不可抗拒的危险情况，应切断太阳能热水系统电源。

3．维护保养

1）机外安装的Y形过滤器应每2个月清洗一次，保证系统内水质清洁，以避免机组因过滤器脏而造成损坏。

2）对没有安装水处理器的主机，每半年用除垢剂清洗水系统水垢一次，清洗方法为把药剂倒入水系统中循环10小时，然后换两次清水，从各排污口排掉污水即可。清洗完成后，要重新对水系统进行排空气处理。

3）每季度对蓄热水箱进行排污，以保证良好的热交换及高质量的用水。排污时先控制水箱内存水低于1/5，关掉电源，打开排污阀，让污水排出。排污时，在保证进水正常的情况下，打开排污阀门，到排污阀流出清水即可停止排污操作。

4）定期清除太阳集热器透明盖板上的尘埃、污垢，保持盖板的清洁以保证较高的透光率。清洗工作应在清晨或傍晚日照不强、气温较低时进行。

5.4.6 系统原理图（图5-19）

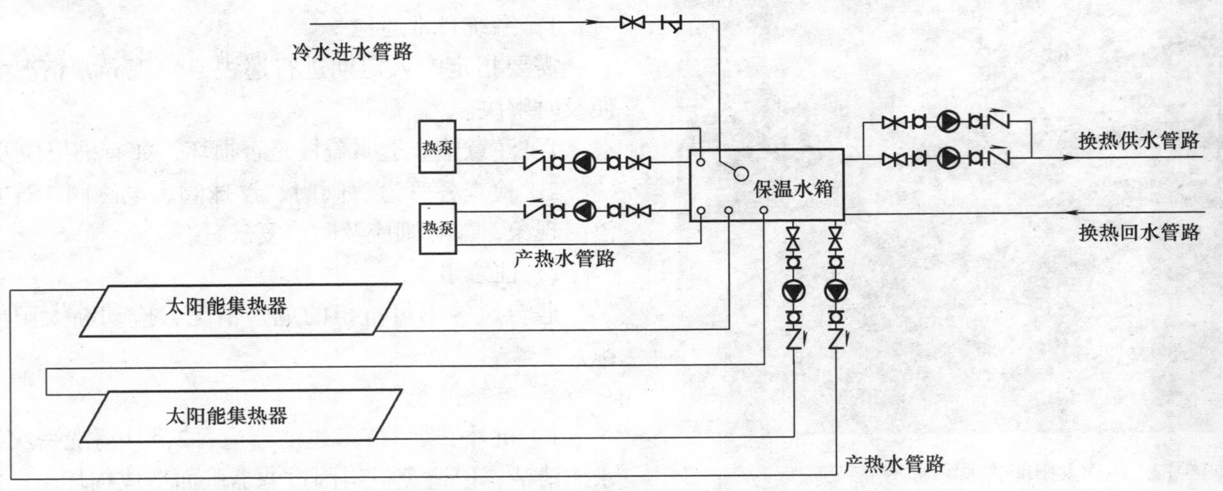

图5-19 系统原理图

1. 自动补水系统，采用浮球阀自动补水系统。

2. 太阳能工作方式，太阳能温差循环加热——当太阳能集热器内水温高于保温水箱的水温且达到设定值时，太阳能温差循环泵自动启动，将保温水箱内较低温度的水打入太阳能集热器，将太阳能集热器内的高温热水顶入保温水箱，如此循环加热，直至保温水箱达到设定温度。

3. 热泵工作方式，保温水箱中的水达不到设定温度时，热泵自动开启，当保温水箱达到设定温度时停止工作。因散热及换热等原因，保温水箱的水温低于设定温度时，热泵自动开启，当达到设定温度时，停止工作。

4. 供热水系统工作方式，热水通过板式换热器与原锅炉系统管壳式换热器进行热交换。

5.4.7 高区系统布置图（图5-20）

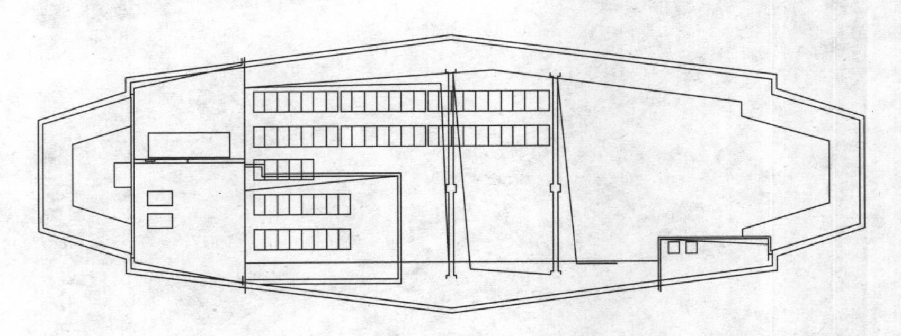

图5-20 高区系统布置图

5.4.8 低区系统布置图（图5–21）

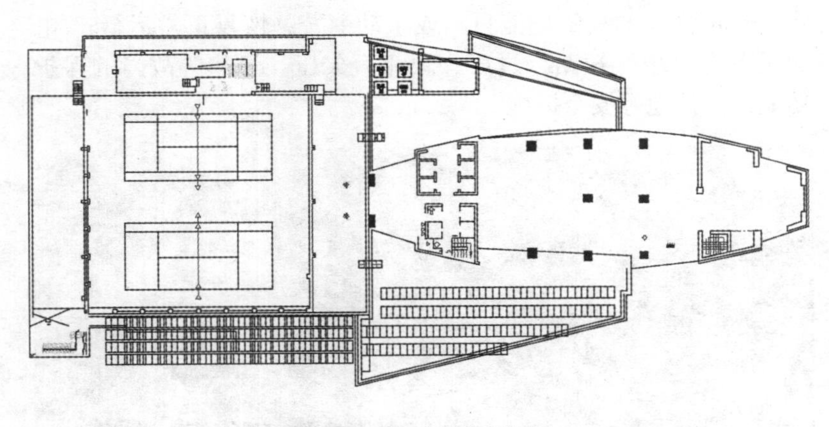

图5–21 低区系统布置图

第6章 医疗卫生机构建筑应用

6.1 深圳蛇口医院集中集、供热式太阳能热水系统

6.1.1 项目概况

该项目位于广东省深圳市南山区蛇口工业七路，楼高 15 层，总建设面积达 4.5034 万 m^2。该太阳能热水系统由深圳市拓日新能源科技有限公司设计、深圳市华旭机电设备有限公司施工，年节电量 95 万 kWh，年节省一次性能源量 340t 标煤，减少二氧化碳排放 910t。

6.1.2 设计概况

根据医院用水特点，采用集中集热、集中辅助、集中供热的太阳能为主，空气能热泵为辅的全天候热水供应系统。太阳能集热器采用平板太阳能集热器，集中放置在屋面花架上，储热水箱及热泵辅助设备均统一设置在屋面，系统设计太阳能集热器总面积 992m^2；空气源热泵总制热功率为 8 台 20 匹 80kW；日供热水量 171m^3。

6.1.3 设计参数

1．在深圳每天平均5.6小时的日照条件下，本工程平均日产生50℃以上热水不少于171t，大大地节约运行成本的同时能够满足医院的日常生活所需热水。

2．深圳地区年平均太阳辐射强度：5225MJ/m^2。

3．住宅人均热水定额：80L/人 · d。

4．住宅热水供水温度：55℃。

5．深圳地区年均冷水计算温度：15℃。

图6-1　蛇口医院

6.1.4　主要技术亮点

系统采用12t过渡水箱和90t恒温水箱及过渡水泵过水方式，太阳能给12t过渡水箱加热，温度达到55℃以后，转到保温水箱。阴雨天，太阳能系统停止运行，由热泵给90t恒温水箱加热，维持在55℃。采用卷对卷大面积磁控溅射技术制备生产的超级蓝膜平板型太阳能集热器，采用一次性层压成型，无缝拼接安装，具有防水功能的结构，可替代建筑屋面。

控制系统的核心部件为西门子PLC，系统通过输入模块采集模拟量数据，人机触摸屏界面、64K彩色显示、电源模块为24V开关电源，温度传感器和压力传感器来进行温度、水位数据的采集。可按季度、月份、星期任意修改参数；PLC控制各台水泵的启停、控制电磁阀的开关、控制辅助热泵系统启停；当设备工作中出现故障时，故障设备停止工作，延时并系统自动尝试恢复运行状态，有观察故障的显示，带触摸屏，并对各类故障进行自检、报警功能；每套设备应有自动和手动两种控制方式。对可恢复的故障应能自动或手动消警，恢复正常运行；电器设备有过载、短路、过压、缺相、欠压、过热等故障的保护功能以及接地等安全措施。

图6-2　屋面集热器

6.1.5　运行维护方案

采用一体成型平板型太阳能集热器，在确保了高效的集热效率的前提下，有效地降低了集热系统的故障率，给运行维护管理降低了难度。

采用全自动智能控制系统，配置了远程监控系统，系统故障自动报警，故障位置一目了然，大大降低了维护管理成本。物业管理人员只需定期对平板集热器进行除尘、排污，水箱清洗等日常保养工作即可。全自动智能PLC控制系统主要功能如下：

实时显示功能：显示界面可以实时显示各传感器状态。

趋势图功能：趋势图的主要功能是时时显示系统所有传感器采集的数据（水箱水温、水位等）的线性变化值，可以进行历史数据的查询。触摸“停止”，即停止所有数据采集；触摸“→”键，可以查询以前采集的数据；触摸“←”键，返回到当前停止时数据采集的界面。

流程图功能：流程图时时显示整个系统的运行状态，包括各个泵、阀、热泵、管路等实际运行情况，使整个系统直观化、人性化的监控自动控制功能：在自动控制下，用户可调整系统运行方式。在自动控制功能中由于触摸屏的使用，省去了传统控制中的开关、按钮等的操作，简化现场操作，提高了控制程序和人机界面的灵活性。

参数设置功能：通过触摸屏可观察实际工程情况，设置系统的各项运行参数，通过这些参数的设定，不但可以实现全自动控制，而且可优化系统、提升整个系统的热性能，使系统更有效地运行。

系统报警功能：系统设有报警功能，当系统负载线路出现故障时，在系统报警界面实时显示具体故障线路，同时蜂鸣器鸣叫20秒后间隔30分钟再次鸣叫，伴随着相应的指示灯（红色）闪烁，提示用户及时进行检修；正常时指示灯（绿灯）亮。

图6-3　屋面集热器

6.1.6 系统原理图（图6–4）

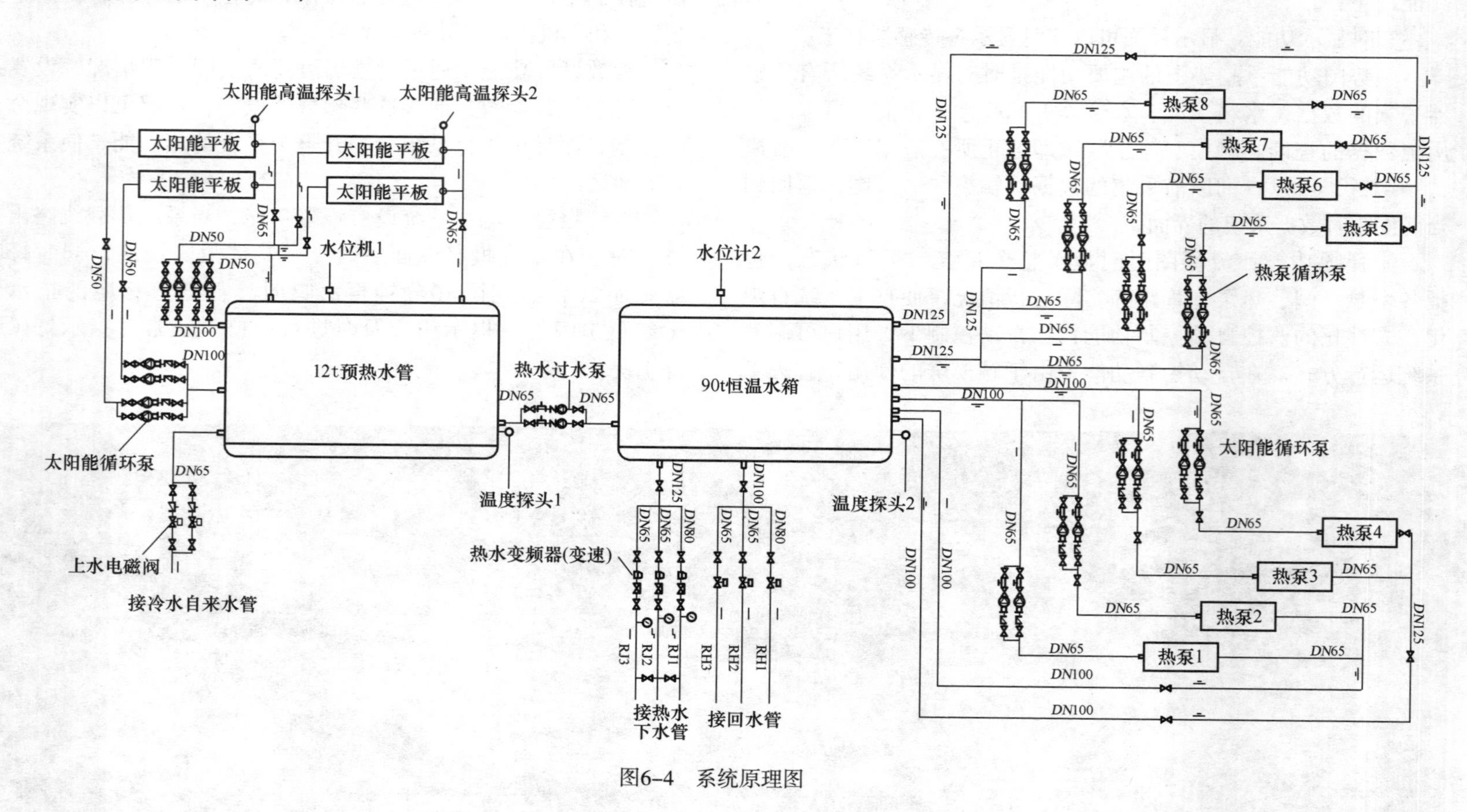

图6–4 系统原理图

6.1.7 系统布置图（图6–5）

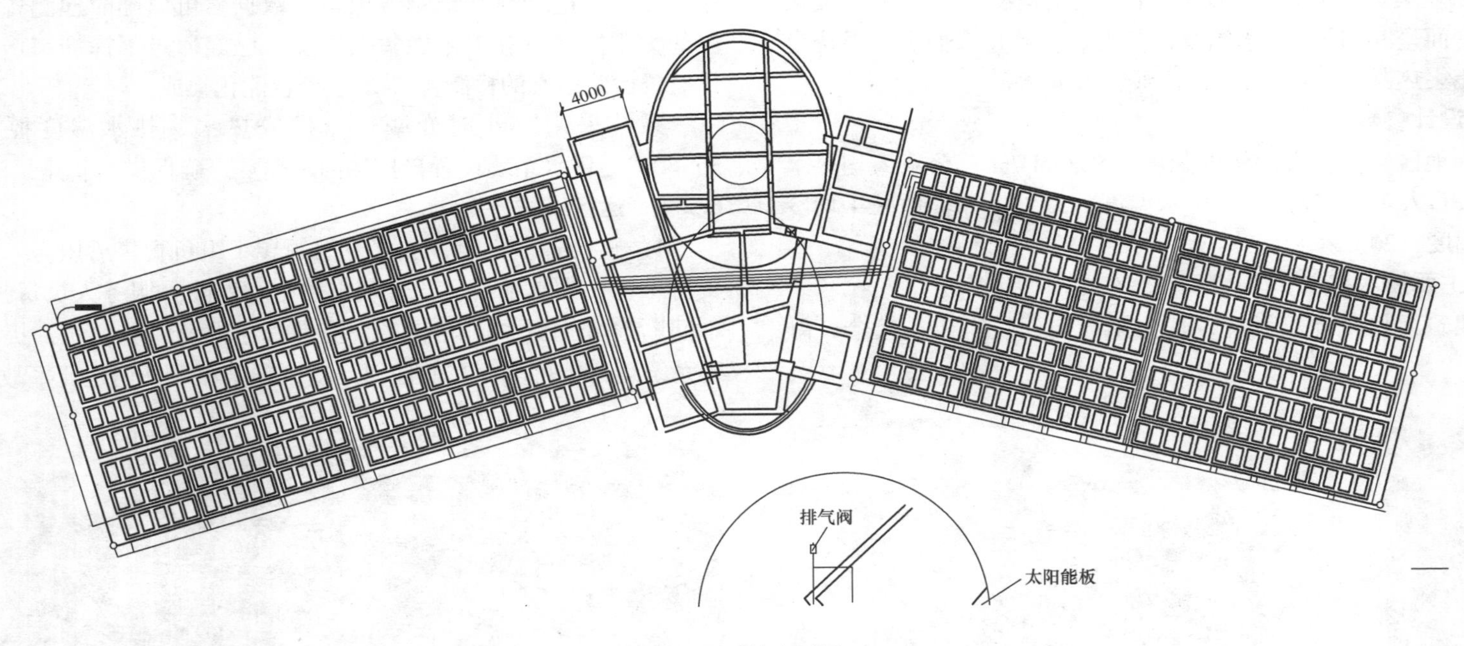

图6–5 系统布置图

6.2 深圳市龙岗中心医院集中集、供热式太阳能热水系统

6.2.1 项目概况

本项目位于深圳市龙岗区中心城，为十五层单体综合楼（以住院部为主）有600个床位、该热水系统供应病员在病房内使用生活热水，在每个病房里均设有淋浴间。除妇产科病房为全天候供水外，其他病房均采用定时供水。该太阳能项目年节电量18.81万kWh、节约用电费用15.05万元，年节省一次性能源量75.26t标煤

6.2.2 设计概况

根据病房的热水使用要求，采用集中集热、集中供热的太阳能为主，空气能热泵为辅的二套太阳能温差强制循环装置，水箱均采用不锈钢聚氨酯保温，供水采用集中变频供热水系

统，定温回水，全天候供应热水。

太阳能集热器满铺于楼顶面混凝土结构的花架之上，集热器与水平面呈30° 顷角，水箱及设备安装在楼顶天面上。系统设计太阳能集热器总面积356m^2；日供热水量36m^3。

6.2.3 设计参数

深圳地区年平均太阳辐射强度：5225MJ/m^2；公寓人均热水定额：53L/人 · d；公寓热水供水温度：55℃；深圳地区年均冷水计算温度：20℃。

6.2.4 主要技术亮点

与建筑设计院同步设计，使太阳能与建筑有机相结合，融为一体。

系统采用微电脑技术控制的创新设计，按照用户要求设置相关参数，电脑自动记录各项运行数据，可以随时检测各个时段的太阳能运行和太阳能集热情况。已经通过了深圳市产品质量监督检验中心的检测，实现系统智能化集成。

系统采用24小时变频恒压供应热水，热水温度控制在55~60℃。供水系统设置自控热回水循环，确保供水管路恒温。

6.2.5 运行维护方案

1. 整合各项资源，成立专门领导小组负责售后服务和技术支持工作，为本项目运营管理提供有力保障。服务人员每天24h不间断地分别对太阳能热水系统进行巡视及保养，做到提前发现系统运行中可能存在的任何问题，预防出现任何运行事故。

图6-6 龙岗中心医院

图6-7 屋面集热器

图6-8　屋面太阳能热水系统

2．工程所在地设有固定售后服务点及专门的备品备件库（集热器、真空管、热泵、常用易损件等）。

3．有应急服务预案，针对可能发生的不可预见的紧急事故进行演练，在服务期间，如发生不可预见的紧急事故，服务人员启动应急预案，启用备用设备，并调动备品备件库，保证在第一时间抢修完成。

4．每月做以下维修：1）检查太阳能集热器、循环泵等的工作状况；2）管道的检漏；3）检查阀门状态；4）检查控制系统元件及运行状态；5）调校各元件控制装置；6）测试电磁阀、水泵运行电压及电流；7）检查电磁阀、水泵噪声及振动；8）测试热泵运行电压及电流；9）调校机组安全及控制装置；10）检查机组噪声及振动；11）检查水箱。

5．每年至少两次做以下全面检修：1）清洗太阳能管道、太阳能集热器；2）清洗水箱；3）风机盘管过滤器及风口；4）控制系统维护；5）电机检修。

6.2.6 系统原理图（图6–9）

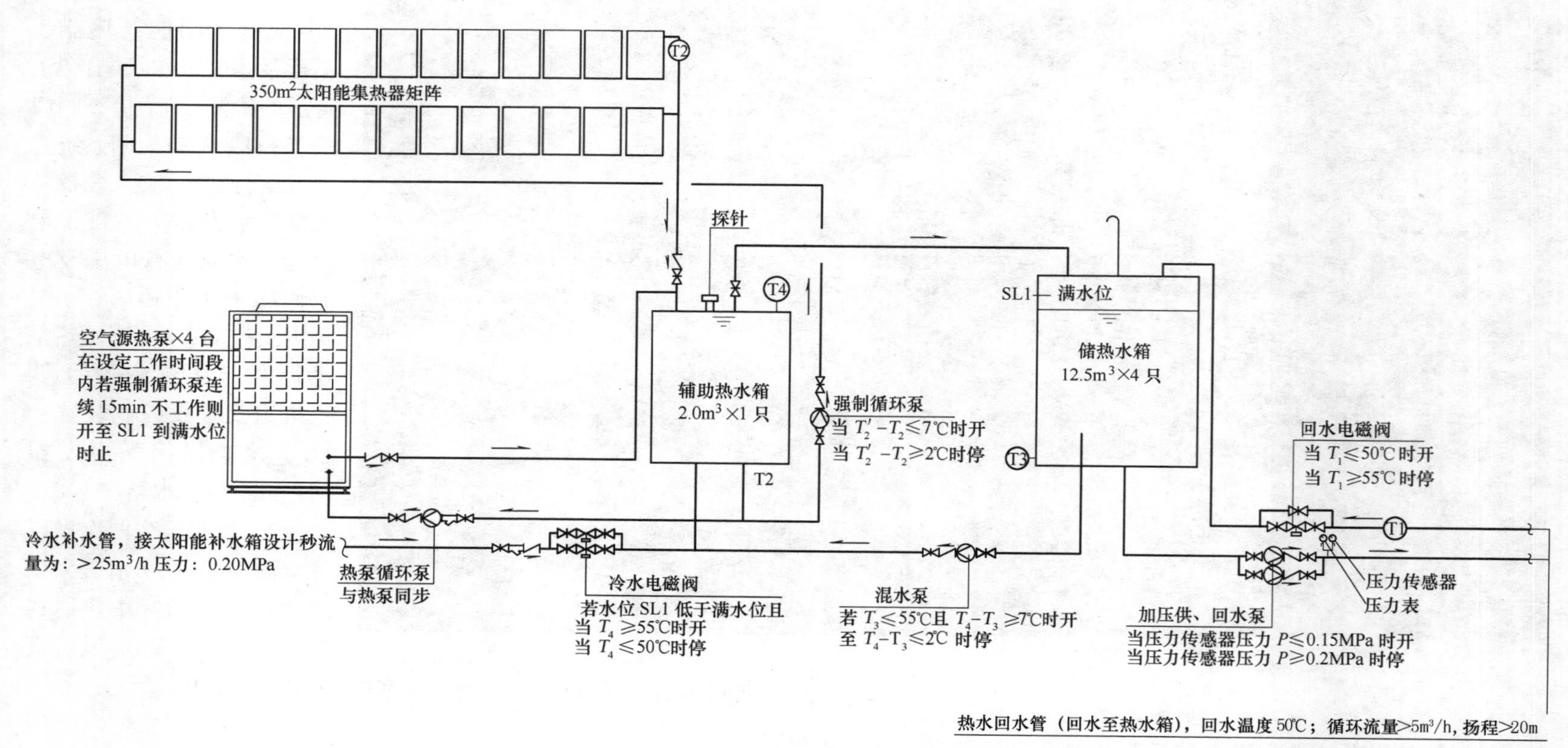

图6–9 系统运行原理示意图

6.2.7 屋顶平面图（图6-10）

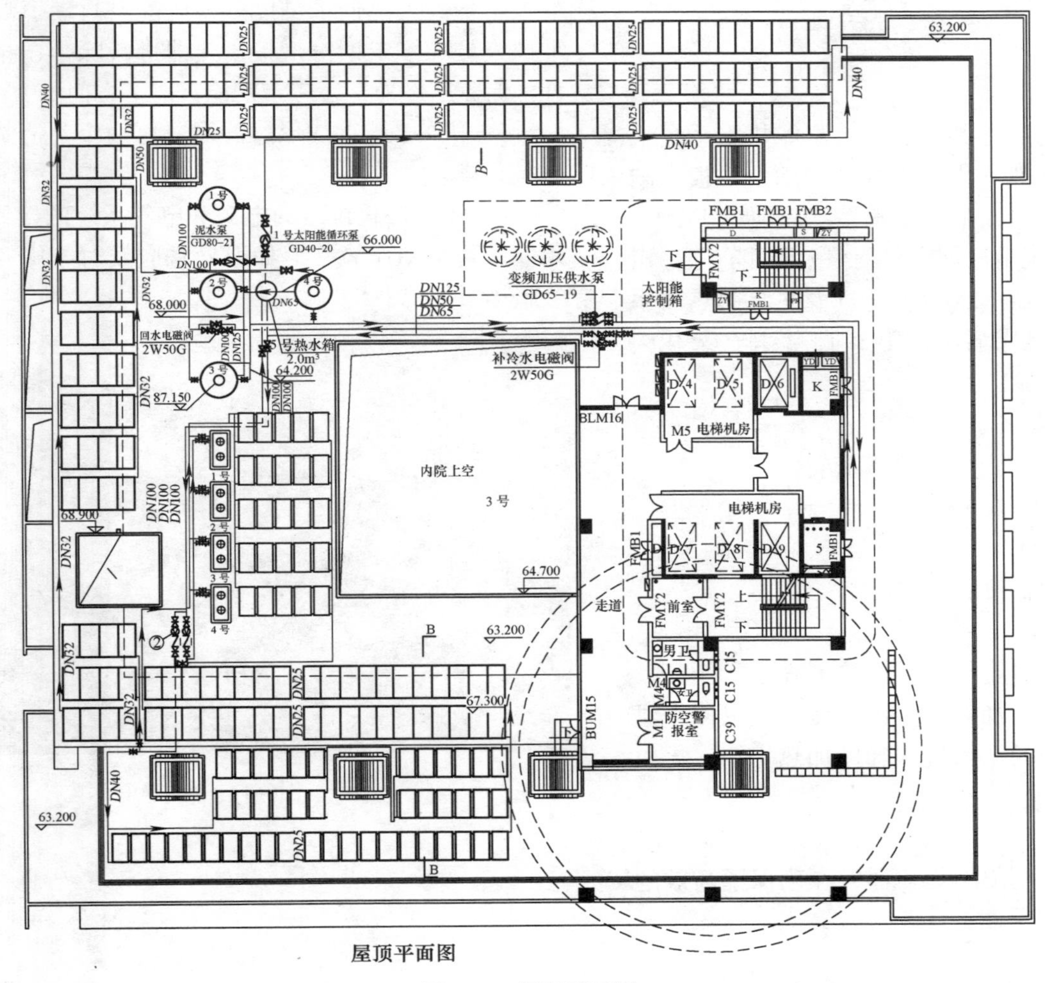

屋顶平面图

图6-10　屋顶平面图

6.3 深圳市沙井人民医院集中集、供热式太阳能热水系统

6.3.1 工程基本概况

深圳市沙井人民医院宿舍楼（共2栋）太阳能热水系统采用屋面集中集热－集中供热的热水供应方式，采用由平板太阳集热器为主、空气源热泵为辅的太阳能热水系统，项目于2007年6月竣工。该太阳能热水系统由深圳市鹏桑普太阳能有限公司设计施工，共铺设太阳能集热器1290m^2，空气源热泵制热功率60kW，年节电量48万kWh，年节省标煤193.5t，减排二氧化碳425.7t。

6.3.2 设计参数

1. 深圳地区年平均太阳辐射强度：5225MJ/m^2。
2. 住宅人均热水定额：80L/人·d。
3. 住宅热水供水温度：60℃。
4. 深圳地区年均冷水计算温度：20℃。

6.3.3 主要技术亮点

增设辅助加热水箱，保温水箱与太阳能热器阵进行循环，保温水箱中的水先由太阳能进行加热，若太阳能不足以使水温升到设定温度，则保温水箱中的温水进入辅助加热水箱，再由空气源热泵加热至设定温度。

6.3.4 运行维护方案

由于本项目应用了平板型太阳能集热器，在确保了高效的集热效率的前提下，有效地降低了集热系统的故障率，给运行维护管理大大降低了难度。系统配有自动恒温控制系统，系统维护人员除了定期对平板集热器进行除尘、排污、水箱清洗等日常保养工作外，还应定期检查以下方面：

1. 机外安装的Y形过滤器应每两个月清洗一次，保证系统内水质清洁。

2. 经常检查机组的电源和电气系统的接线是否牢固，电气元件是否有动作异常，如遇异常应及时维修和更换。热泵系统参照热泵说明书。

图6-11　沙井人民医院

6.3.5 屋顶平面布置图（图6–12）

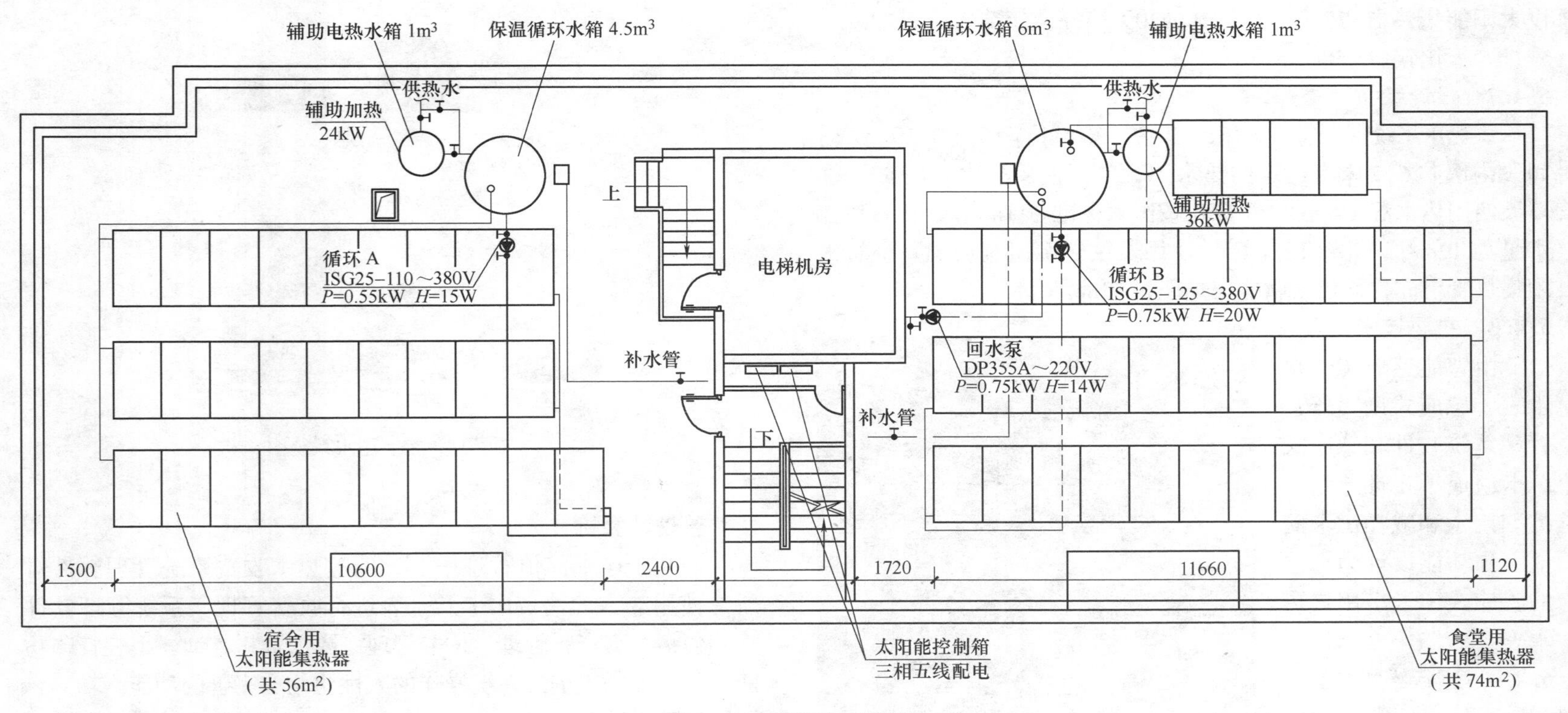

图6–12　屋顶平面布置图

6.4 广西壮族自治区人民医院惠明楼集中集、供热式太阳能热水系统

6.4.1 工程基本概况

广西壮族自治区人民医院惠明楼太阳能热水系统采用了在建筑屋面集中集热–集中供热的热水供应方式，共布置全玻璃真空管集热器504m²，采用高效节能的空气源热泵作为系统辅助加热装置，最大限度地降低了系统运行成本。

系统通过分别设置加热水箱与保温水箱，将冷、热水进行隔离加热和供应，24小时为用户提供优质热水供应服务。该太阳能热水系统由深圳市鹏桑普太阳能有限公司设计施工，共铺设太阳能集热器528m²，年节电量20万kWh，年节省标煤78.9t，减排二氧化碳173.58t。

6.4.2 设计参数

供热水系统保证每天上午6：30~7：30、下午16：00~19：00时间段内医院612床有恒定的热水用，冬天使用热水温度55℃，夏天使用热水温度50℃，每床位按国家标准80 L计，设计日供热水量为49m³，可供612个床位使用。主热源由全玻璃真空管太阳集热管组成，设计太阳能集热面积528m²。

6.4.3 主要技术亮点

由智能感应IC卡热水表、感应式读写器、管理系统软件和感应式IC卡组成了将计流量、控制用水和减扣IC卡储值三项功能设计为一体的感应式IC卡多用户热水表系统。

图6-13　人民医院惠明楼

6.4.4 运行维护方案

系统采用微电脑控制，全自动运转，无须专人操作，还可在自动控制系统有故障时采用人工控制，保证系统正常运行。

6.4.5 控制用水系统图（图6-14）

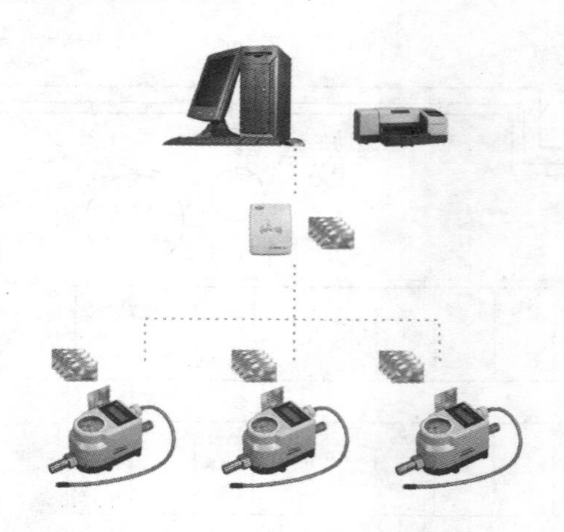

图6-14　控制用水系统图

管理计算机

安装于IC卡充值管理中心，通过热水收费系统管理软件对所有使用热水的消费IC卡及水表进行收费管理。系统管理软件功能包括人事资料管理、IC卡管理、数据资料查询、报表打印功能、系统安全维护到系统操作的人性化均有完善的功能。

智能卡读写器

通过USB口直接连接电脑，通过管理软件对消费IC卡进行发行、充值、补卡、查询等操作。

感应式IC卡多用户热水表

由发讯水表、电动球阀和IC卡控制器三个部分组成。IC卡控制器读取用户消费卡上的可用水费，在使用过程过中以脉冲表流量为单位计算费用，扣除用水费。

6.4.6 系统原理图（图6–15）

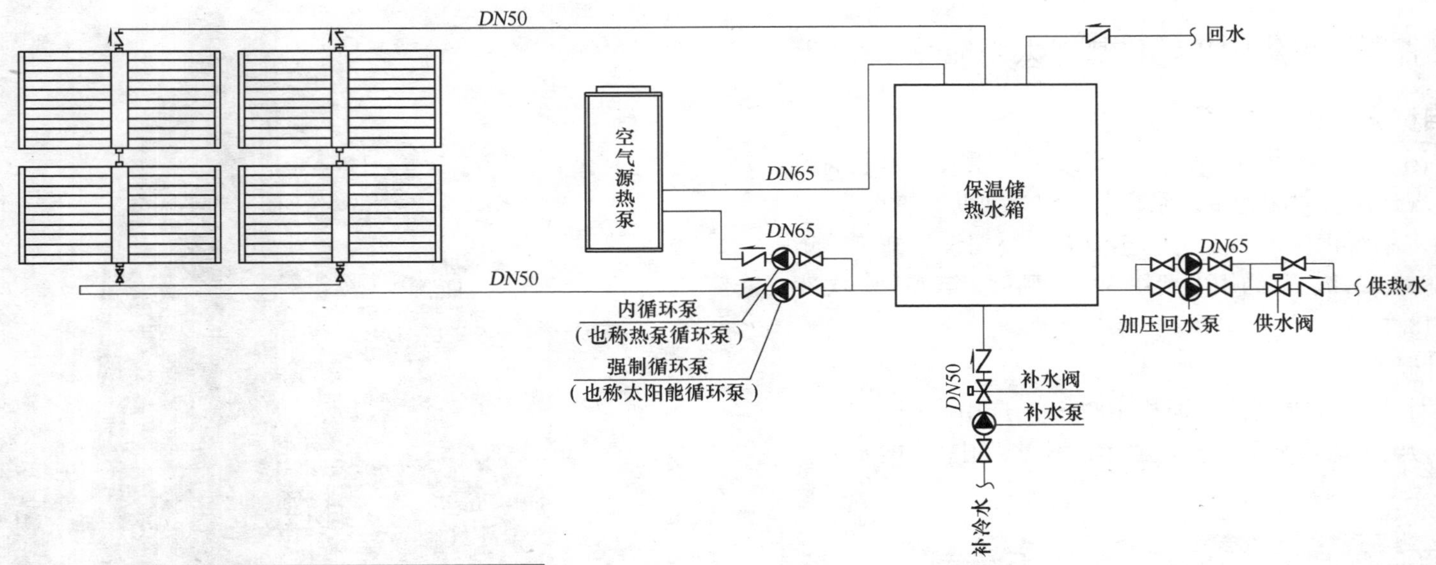

图例说明			
图例	说明	图例	说明
————	供水管、上循环管	—⊘—	管道泵
————	下循环管	—Z—	止回泵
—⋈—	闸阀	—⋈—	电磁阀

注：

1. 此原理图仅为示意图，系统的详细配置详见"系统设备连接图"与"屋面设备平面布置图"。
2. 本系统温差比较强制循环控制系统（即太阳能循环）为三套，内循环控制系统（即热泵循环）为三套。全自动定时加压补水控制系统为一套，定时供水加压控制系统为一套，避雷及漏电装置一套。

图6–15 太阳能+热泵热水系统原理示意图

第7章　公共机构类建筑应用

7.1　福建省国税局集中集、供热式太阳能热水系统

7.1.1　项目概况

福建省国税局大楼位于福建省福州市心，原来采用电锅炉供应热水，现选用太阳能为主，原有电锅炉为辅助的热水系统。该太阳能热水系统由深圳市嘉力达实业有限公司设计施工，年节电量 49.29 万 kWh、节约用电费用 39.44 万元，年节省一次性能源量 197.18t 标煤。

7.1.2　设计概况

系统设计太阳能集热器总面积 1000m^2，选用太阳能为主，原有电锅炉为辅助的热水系统，满足 24h 不间断用热水的要求。

图7–1　集热器铺设

图7–2　福建国税大厦

7.1.3 设计参数

福州年太阳能总辐射量为4454.8MJ/m²，属于资源一般区，5~9月份总辐射量均在400MJ/m²以上，相对较高；直接辐射量5~8月份均相对较高，都在230MJ/m²以上，冬季平均气温在10.9～13.2℃之间，不结冰，11月~3月太阳能辐射量虽然在231~295MJ/m²，但日照时数较长，且示范项目位于福建省福州市中心区，前后均无建筑物遮挡，因此，选用太阳能为主，原有电锅炉为辅助的热水系统。

7.1.4 主要技术亮点

1. 采用太阳能与建筑一体化技术铺设太阳能集热器组。将真空管太阳能集热器安装高区横架工字梁技术，与建筑一体化。

2. 优先太阳能加热技术，当储热水箱的温度低于太阳能集热板一定温度时，自动启动太阳能加热系统。

3. 采用原有电锅炉进行智能辅助加热技术，解决了晚上、多云及阴雨天的太阳能产热不足的问题，确保了供热系统的稳定性。

7.1.5 运行维护方案

1. 系统日常巡检

指定专人定期进行巡视，发现异常情况立即上报，及时解决。

1）注意检查透明盖板是否损坏，如有破损应及时更换。

2）检查各管道、阀门、浮球阀、电磁阀、连接胶管等有无渗漏现象，如有则应及时修复。

2. 注意事项

遇台风等不可抗拒危险情况，应切断太阳能热水系统电源。

3. 维护保养

1）机外安装的Y形过滤器应每两个月清洗一次，保证系统内水质清洁，以避免机组因过滤器脏而造成损坏。

2）对没有安装水处理器的主机，每半年用除垢剂清洗水系统水垢一次，清洗方法为把药剂倒入水系统中循环10小时，然后换两次清水，从各排污口排掉污水即可。清洗完成后，要重新对水系统进行排空气处理。

3）每季度对蓄热水箱进行排污，以保证良好的热交换及高质量的用水。排污时先控制水箱内存水低于1/5，关掉电源，打开排污阀，让污水排出。排污时，在保证进水正常的情况下，打开排污阀门，到排污阀流出清水即可停止排污操作。

4）定期清除太阳集热器透明盖板上的尘埃、污垢，保持盖板的清洁以保证较高的透光率。清洗工作应在清晨或傍晚日照不强、气温较低时进行。

图7-3 支架安装

图7-4　集热器背面

图7-5　集热器背面

7.2　印象大红袍演出基地集中集、供热式太阳能热水系统

7.2.1　项目概况

福州香格里拉大酒店位于福建省武夷山市，为印象大红袍剧组员工公寓。该太阳能热水系统由众望达太阳能技术开发有限公司设计施工，年节电量 17.75kWh，年节省一次性能源量 70.98t 标煤。

7.2.2　设计概况

采用集中集热、集中供热的太阳能配热泵热水系统，满足演职员 24 小时不间断用热水的要求。建筑应用形式：主楼太阳能与屋面建筑一体化；副楼太阳能与棚架建筑一体化。系统设计太阳能集热器总面积 360m^2；空气源热泵总制热量为 72kW；电辅助功率为 90kW；日供热水量 30m^3。

7.2.3　设计参数

武夷山属中亚热带季风湿润气候，局部山区为中亚热带山地气候，常年平均气温 19.2℃，无霜期 247~339d，武夷山市自来水年平均水温为 15℃，取热水温度为 55℃。总设计日用水量为：500 人 × 60L/ 人 =30000L。

图7-6　印象大红袍演出基地

7.2.4　主要技术亮点

1. 采用太阳能与建筑一体化技术铺设太阳能集热器组。将

平板太阳能集热器级安装高区和低区裙楼位置。高层采用高架横架工字梁技术，低层采用平屋面埋设预制安装技术，低层外梯面采用斜面钢架梁安装技术，实践了太阳能与建筑一体化的应用。

2. 优先太阳能加热技术，当储热水箱的温度低于太阳能集热板一定温度时，自动启动太阳能加热系统，以提高储热水箱的温度。

3. 空气源辅助加热技术，解决了晚上、多云及阴雨天的太阳能产热不足的问题。

4. 电辅助加热技术，预留电辅助加热以确保冬季阴雨天空气源辅助加热效能的不足，提高供热水系统的稳定性。

7.2.5 运行维护方案

1. 系统日常巡检

需要指定专人定期进行巡视，发现异常情况立即上报，以便及时解决。

1）注意检查透明盖板是否损坏，如有破损应及时更换。

2）检查各管道、阀门、浮球阀、电磁阀、连接胶管等有无渗漏现象，如有则应及时修复。

图7–7　印象大红袍演出基地

2. 注意事项

遇不可抗拒危险情况，应切断太阳能热水系统电源。

3. 维护保养

1）机外安装的Y形过滤器应每两个月清洗一次，保证系统内水质清洁，以避免机组因过滤器脏而造成损坏。

2）对没有安装水处理器的主机，每半年用除垢剂清洗水系统水垢一次，清洗方法为把药剂倒入水系统中循环10小时，然后换两次清水，从各排污口排掉污水即可。清洗完成后，要重新对水系统进行排空气处理。

3）每季度对蓄热水箱进行排污，以保证良好的热交换及高质量的用水。排污时先控制水箱内存水低于1/5，关掉电源，打开排污阀，让污水排出。排污时，在保证进水正常的情况下，打开排污阀门，到排污阀流出清水即可停止排污操作。

4）定期清除太阳集容器透明盖板上的尘埃、污垢，保持盖板的清洁以保证较高的透光率。清洗工作应在清晨或傍晚日照不强、气温较低时进行。

图7–8　屋面太阳能集热器

7.2.6 系统原理图（图7–9）

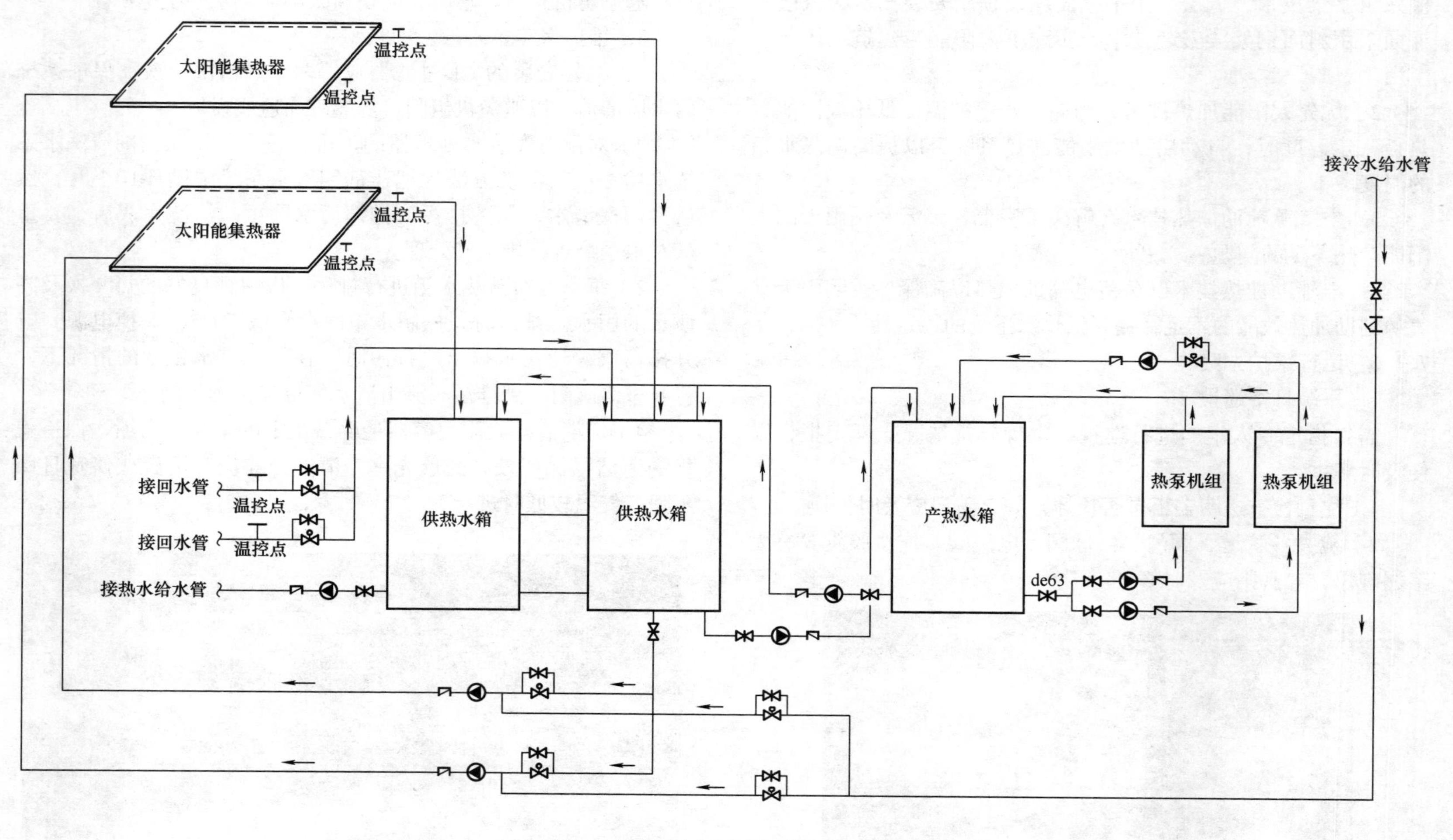

图7–9 系统原理图

7.2.7 系统布置图（图7-10）

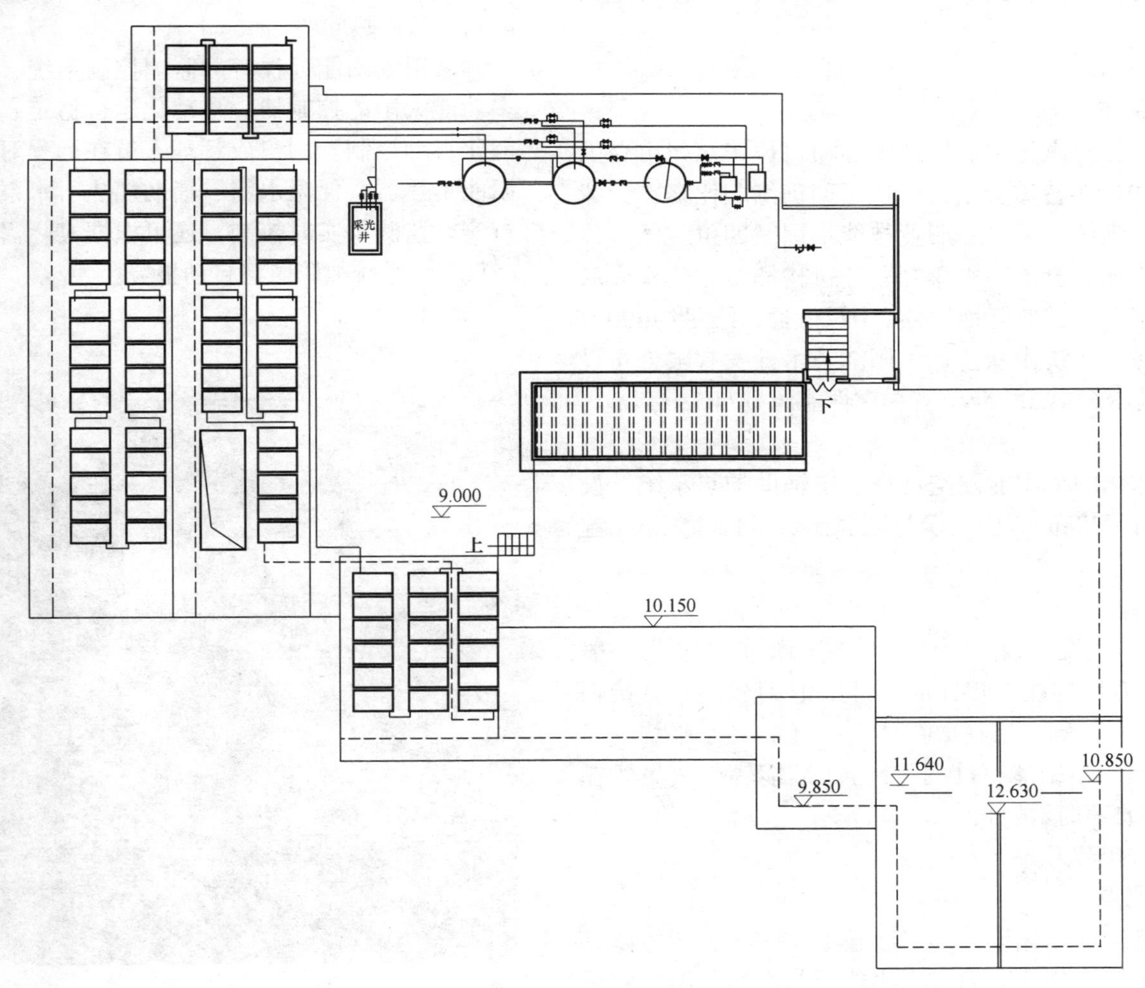

图7-10 系统布置图

7.3 福建省残疾人康复培训中心集中集、供热式太阳能热水系统

7.3.1 工程基本概况

福建省残疾人体育康复就业培训中心项目位于福州市仓山区建新镇，担负2010年特奥会十几个项目的训练和比赛。无障碍大楼是集比赛、训练、康复、职业技能培训“四位一体”残疾人综合项目，将成为全国一类康复服务机构和全省残疾人的职业技能、就业培训的主要阵地，约150间宿舍，满足约600人用水。该太阳能热水系统由众望达太阳能技术开发有限公司设计施工，年节电量18.63kWh，年节省一次性能源量74.53t标煤。

7.3.2 设计概况

采用建筑一体化的太阳能配空气源热泵辅助加热系统，设计太阳能总集热面积378m^2，空气源热泵总制热量120kW，保温水箱容量35m^3。

7.3.3 设计参数

福州地区太阳能年总辐射量为4454.8MJ/m^2，属于资源一般区，5~9月份总辐射量均在400MJ/m^{2}以上，相对较高；直接辐射量5~8月份均相对较高，都在230MJ/m^{2}以上，冬季平均气温在10.9~13.2℃之间，不结冰，11月~3月太阳能辐射量虽然在231~295MJ/m^2，但日照时数较长。

每人用水标准60升/天。

7.3.4 主要技术亮点

采用太阳能建筑一体化设计与安装技术——在建筑主体屋面棚架上安装太阳能集热器阵列。将集热板与产热水箱及储热水箱分离，空气源热泵用来进行辅助加热，解决晚上、多云及阴雨天的供热问题。

采用太阳能远程智能监测控制系统，具有多种通信接口的多功能太阳能控制器，自动化运行稳定、便于维护和管理，智能化自动控制。用户或管理人员在远程对太阳能光热系统的太阳能集热器、保温水箱、辅助加热、水泵、管路等工作状况进行实时监测及实时控制，还可根据实际需求对相关参数进行实时设置；系统故障时将自动报警。

图7-11 效果图

图7-12　实景图

7.3.5　运行维护方案

定期设备运行检查：

1．机外安装的Y形过滤器应每两个月清洗一次，保证系统内水质清洁，以避免机组因过滤器脏而造成损坏。

2．对没有安装水处理器的主机，每半年用除垢剂清洗水系统水垢一次，清洗方法为把药剂倒入水系统中循环10小时，然后换两次清水，从各排污口排掉污水即可。清洗完成后，要重新对水系统进行排空气处理。

3．每3个月对蓄热水箱进行排污，以保证良好的热交换及高质量的用水。

排污时先控制水箱水位低于1/5，关掉电源，打开排污阀，让污水排出。

4．经常检查机组的电源和电气系统的接线是否牢固，电气元件是否有动作异常，如遇异常应及时维修和更换。热泵系统参照热泵说明书。

图7-13　屋面（铺设集热器前）

图7-14　屋面（铺设集热器后）

7.3.6 系统原理图（图7–15）

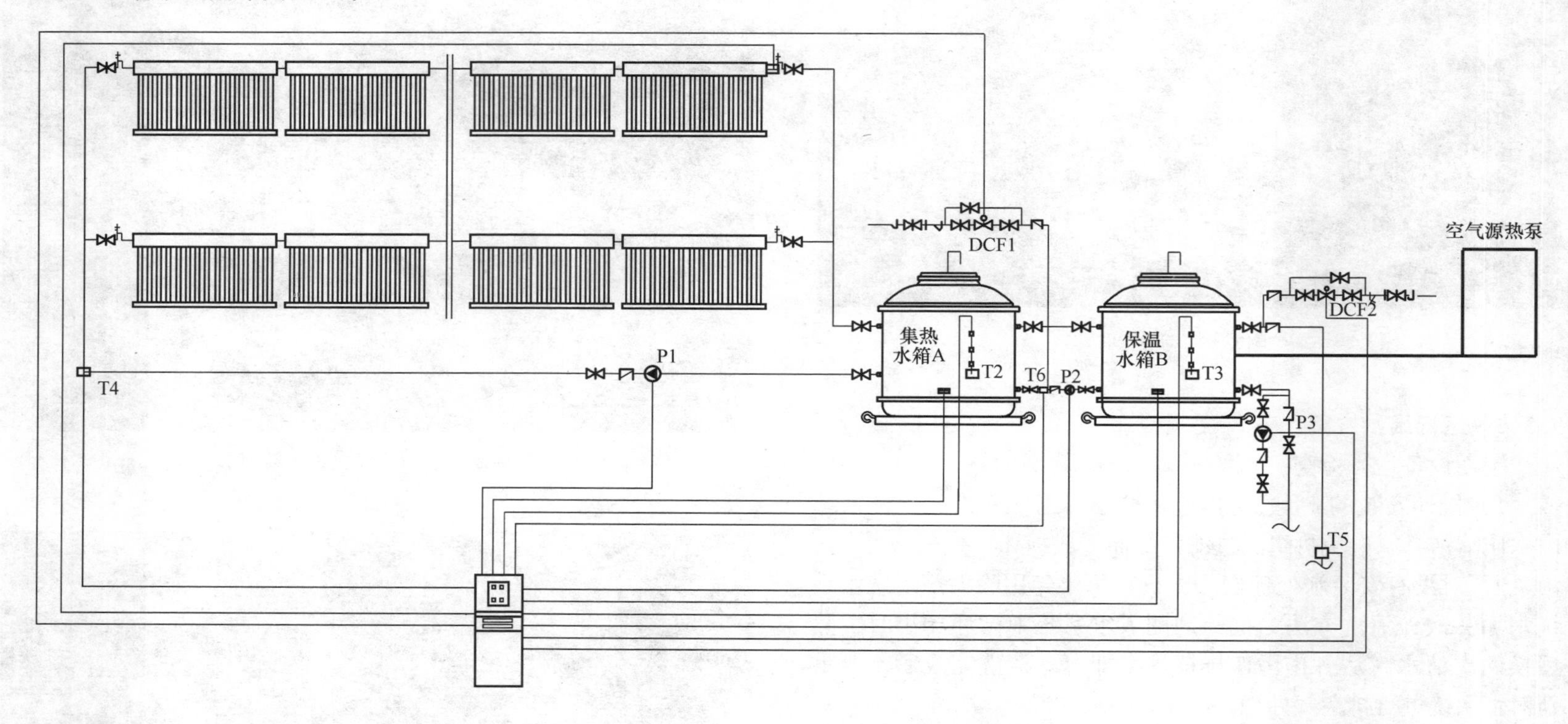

图7–15 太阳能热水系统运行原理图（1：50）

7.3.7 系统布置图（图7–16）

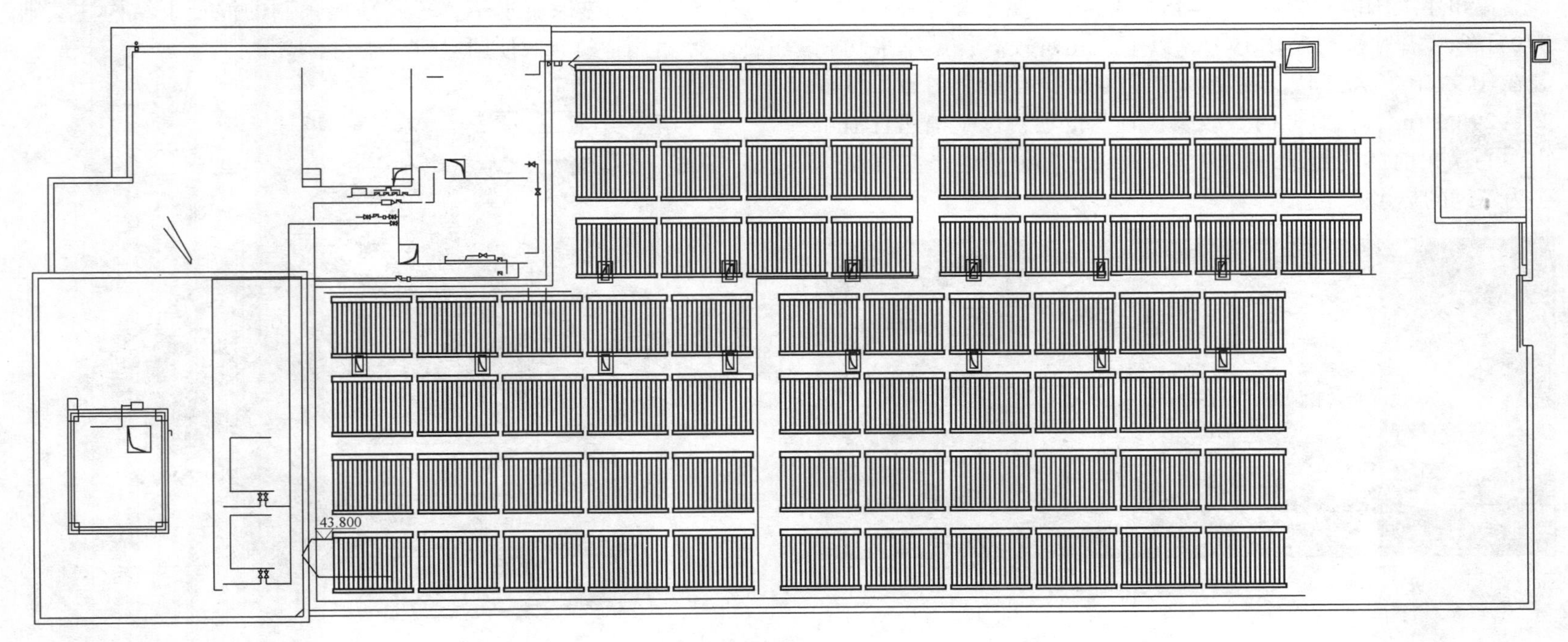

图7–16 屋面太阳能热水系统布置图（1：100）

7.4 福建省国家检察官办案基地集中集、供热式太阳能热水系统

7.4.1 项目概况

福建省国家检察官办案基地总建筑面积约20000m²，太阳能建筑应用示范项目工程建筑面积13527m²。该太阳能热水系统由深圳市嘉力达实业有限公司设计施工，年节电量31.76万kWh、年节省一次性能源量38.90t标煤。

7.4.2 设计概况

选用太阳能为主，空气源热泵辅助的热水系统，满足24小时不间断用热水的要求。系统设计太阳能集热器总面积300m²。

7.4.3 设计参数

福州年太阳能总辐射量为4454.8MJ/m^2，属于资源一般区，5~9月份总辐射量均在400MJ/m^2以上，相对较高；冬季平均气温在10.9~13.2℃之间，不结冰，11月~3月太阳能辐射量虽然在231~295MJ/m^2，但日照时数较长，且示范项目位于福建省福州市中心区，前后均无建筑物遮挡，选用太阳能为主，空气源热泵为辅助的热水系统。

图7-17　效果图

7.4.4 主要技术亮点

1．建筑一体化技术：将太阳能热水器安装在坡屋顶上，作为屋面构件，形态和色彩与建筑融合。

2．空气源热泵辅助加热技术：解决晚上、多云及阴雨天的太阳能产热不足的问题。

3．PLC可变频控制中央热水供应系统：确保供热水压能稳定，降低水泵能耗。

4．可监测的智能监控系统：管理室对太阳能运行状态进行实时监测、参数设置及远程控制。

5．产供热保温水箱置于闷顶层预制的混凝土结构柱基础上，不占用建筑有效使用空间。

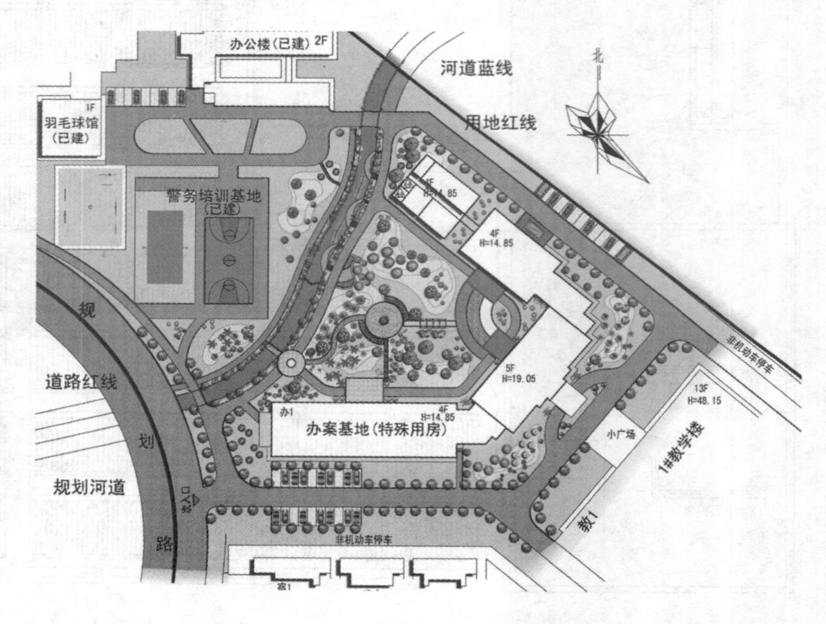

图7-18　规划图

7.4.5 运行维护方案

1．系统日常巡检

指定专人定期进行巡视，发现异常情况立即上报，及时解决。

1）注意检查透明盖板是否损坏，如有破损应及时更换。

2）检查各管道、阀门、浮球阀、电磁阀、连接胶管等有无渗漏现象，如有则应及时修复。

图7–19　坡屋面集热器铺设

2. 注意事项

遇台风等不可抗拒危险情况，应切断太阳能热水系统电源。

3. 维护保养

1）机外安装的Y形过滤器应每两个月清洗一次，保证系统内水质清洁，以避免机组因过滤器脏而造成损坏。

2）对没有安装水处理器的主机，每半年用除垢剂清洗水系统水垢一次，清洗方法为把药剂倒入水系统中循环10小时，然后换两次清水，从各排污口排掉污水即可。清洗完成后，要重新对水系统进行排空气处理。

3）每季度对蓄热水箱进行排污，以保证良好的热交换及高质量的用水。排污时先控制水箱内存水低于1/5，关掉电源，打开排污阀，让污水排出。排污时，在保证进水正常的情况下，打开排污阀门，到排污阀流出清水即可停止排污操作。

4）定期清除太阳集热器透明盖板上的尘埃、污垢，保持盖板的清洁以保证较高的透光率。清洗工作应在清晨或傍晚日照不强、气温较低时进行。

图7–20　坡屋面集热器

7.4.6　系统布置图1（图7–21）

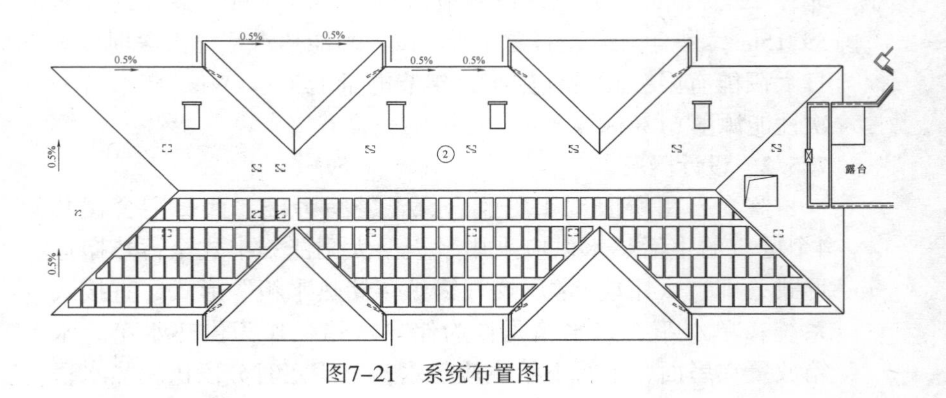

图7–21　系统布置图1

7.4.7 系统布置图2（图7–22）

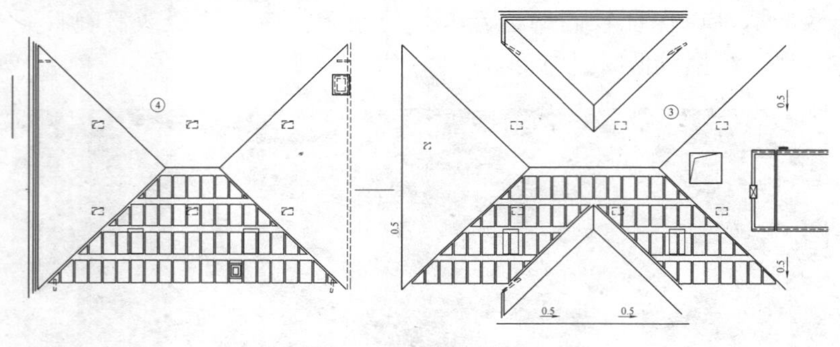

图7–22 系统布置图2

7.5 深圳市宝安看守所公寓集中集、供热式太阳能热水系统

7.5.1 工程基本概况

深圳市宝安看守所位于深圳市宝安西乡九围，东经 113° 46′，北纬 22° 27′，工程总建设用地面积 103887.66m^2，总建筑面积 39215m^2，是全国最大的看守所。该太阳能热水系统由深圳市雄日太阳能有限公司设计施工，年节电量 153 万 kWh，年节省一次性能源量 613t 标煤。

7.5.2 设计概况

监仓、留所服刑罪犯监仓、干警宿舍楼、武警宿舍楼共4个区域的生活热水供应采用平板型太阳能集中式全蓄热搬运形式，即“太阳能+常压燃气锅炉 +储热水箱”形式，直接式系统；单水箱，该水箱既作为储热水箱又作为供热水箱，水箱放置在屋面，上行下给供应热水；采用定时分段供应热水；常规辅助热源为常压燃气锅炉。系统设计太阳能集热器总面积1738m^2；日供热水量164m^3。

7.5.3 设计参数

设计参数 表7–1

项 目	A区	B区	C区	留所服刑罪犯监仓	干警宿舍楼	武警宿舍楼
	54间	50间	52间			
用热水人数	3120人			500人	120人	200人
日用热水定额	40kg/人			40kg / 人	60kg / 人	60kg / 人
日用热水总量	124800kg			20000kg	7200kg	12000kg
用热水方式	桶提淋浴			桶提淋浴	花洒淋浴	花洒淋浴
供热水形式	定时段定量供应热水					
用热水温度	55~60℃			55~60℃	55~60℃	55~60℃
冷水温度	18℃					
气象参数	年太阳辐射量5225MJ / ㎡·a；年日照时数2060h；年平均温度22.3℃；年平均日太阳辐射量14.32MJ / ㎡					

7.5.4 主要技术亮点

1．集热器与建筑结合有可靠的防排水系统，集热器与南坡屋面结合设计（干警宿舍楼），顺坡平行架空设置，各种管线均为暗装与瓦屋面浑然一体。埋设在屋面结构上的预埋件于主体结构施工时埋入，与瓦面交搭和设备安装点敷设“自粘防水卷材”，解决了屋面防水的问题。

2．采用了双直流产水系统技术。采用太阳能加热与常压燃气锅炉加热双产水系统，通过智能控制，使双产水系统根据天气状况及用热水状况进行自动控制、切换，在无人值守的情况下，在优先、全面利用太阳能基础上，达到稳定供应热水的目的，并使系统最少消耗燃气。

图7–23 宝安看守所太阳能热水系统

3．控制系统采用微电脑智能控制。太阳能与常压燃气锅炉联动控制可实现故障自检功能，全自动运行，安全可靠，无人值守。

4．该工程施工前编制了安全文明施工的技术组织、质量保证、工期保证文件，并在施工过程中严格按文件执行，保证了施工过程的安全，保质保量按时完工。

7.5.5 成果评价

深圳市宝安看守所太阳能热水系统工程的设计、施工，达到了预期效果，安全、节能、环保、经济、好用，布局合理，与建筑和谐结合。此项目得到了深圳市“太阳能与建筑一体化示范项目”子项目的经费资助。

7.5.6 经济社会效益

太阳能无污染、无噪声，无废物废气排放，无需开采、运

图7–24 宝安看守所

输，一次投资、长期受益。本工程项目投入使用后，每年节省燃气量约为84832Nm^3/年，每年节约燃气费用约为31.39万元/年（管道天然气单价为3.7元 /Nm^3），可减排CO_2：629t/年、SO_2：19t/年、粉尘：171t/年，节约了对常规能源的大量消耗，减少了对空气、水源及周围环境的污染，充分利用了可再生资源，实现了可循环经济的环保模式，具有重大的环境效益。

7.5.7 运行维护方案

1. 太阳能热利用采用温差控制式强制循环加热，当集热器水温高出水箱水温8℃时，太阳能循环泵启动工作，将集热器内的热水经上循环管压送到水箱上部，同时水箱底部温度较低的水由下循环管进入集热器，继续受太阳能辐射加热，如此循环，使水箱中的水温不断提升；当集热器水温与水箱水温之间的差值<3℃时太阳能循环泵停止工作。

2. 常压燃气锅炉辅热热水系统采用时间和温度控制式循环加热，在设定工作时间段内（可根据用户用热水的具体需求来调整编设时间），水箱内的水位液面高于缺水保护水位，当水箱内的温度传感器检测到水温低于50℃，常压燃气锅炉辅热热水系统自动启动工作，将水箱内水温提升至60℃，常压燃气锅炉辅热热水系统停止工作。

3. 进补冷水采用时间和温度控制，在系统进补冷水主管上安装有冷水电动阀，在设定工作时间段内（可根据用户用热水的具体需求来调整编设时间），当水箱的水位低于水位仪下限探点时，冷水电动阀启动打开，冷水进入水箱，直至水位达到水位仪上限探点时，冷水电动阀关闭。

4. 系统采用定时分段供应热水，在系统供热水主管上安装有热水电动阀，采用定时分段控制，可编程时间设定后（可根据用户用热水的具体需求来调整编设时间），具体由热水电动阀授令执行，此时间段内，打开龙头即有热水流出，避免随时用热水，浪费水资源。

5. 系统配装有定时定温回水控制功能，在设定工作时间段内（可根据用户用热水的具体需求来调整编设时间），当供热水管道内的温度传感器检测到水温低于43℃，热水增压泵启动工作，直至供热水管道内的水温高于48℃，热水增压泵停止工作，以保证供热水管道内的水温恒定，打开水龙头即时有热水流出。

6. 系统采用微电脑自动控制无需值守。

图7-25 宝安看守所热水系统

7.5.8 系统原理图（图7–26）

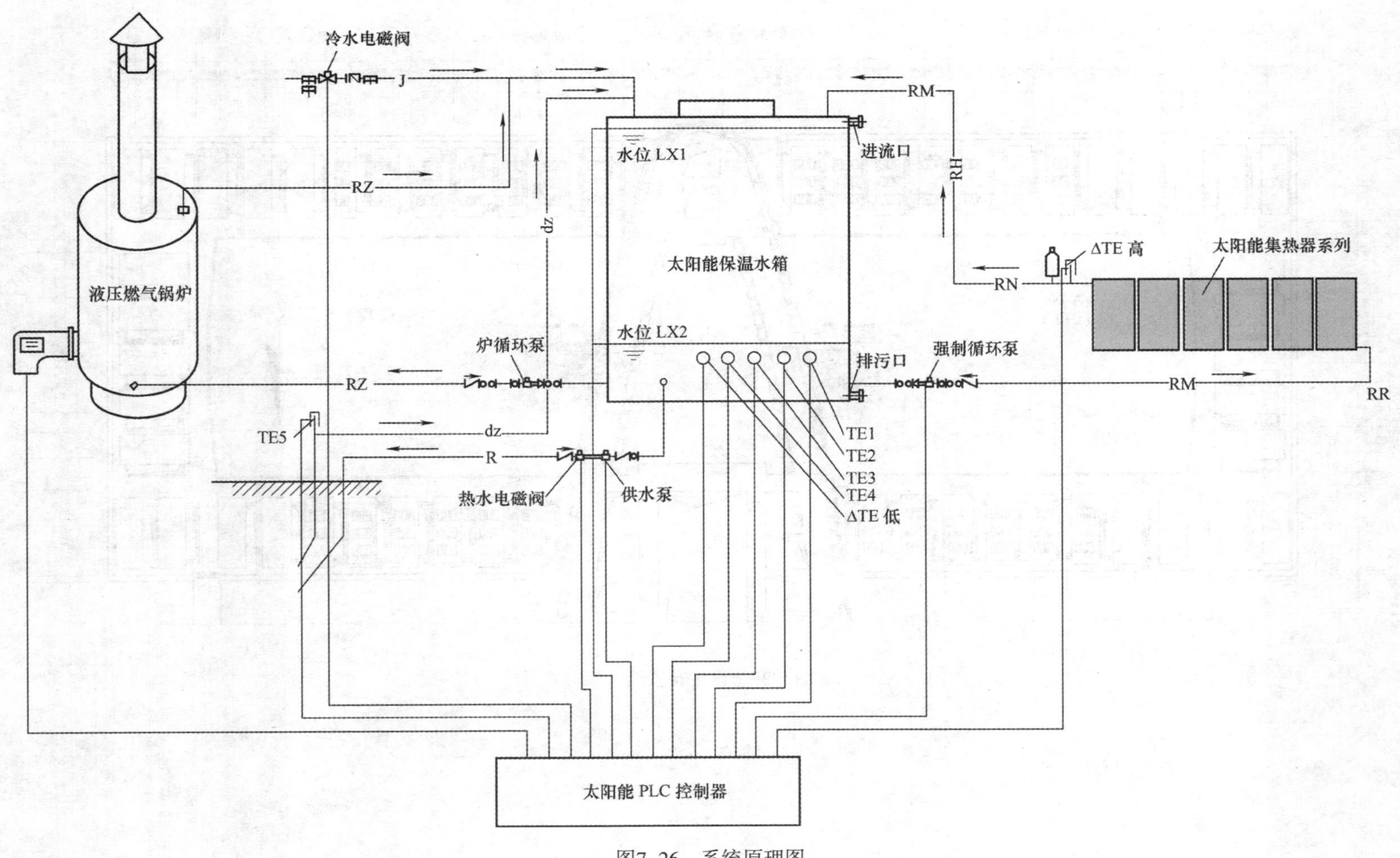

图7–26 系统原理图

7.5.9 设备布置图（图7–27~图7–29）

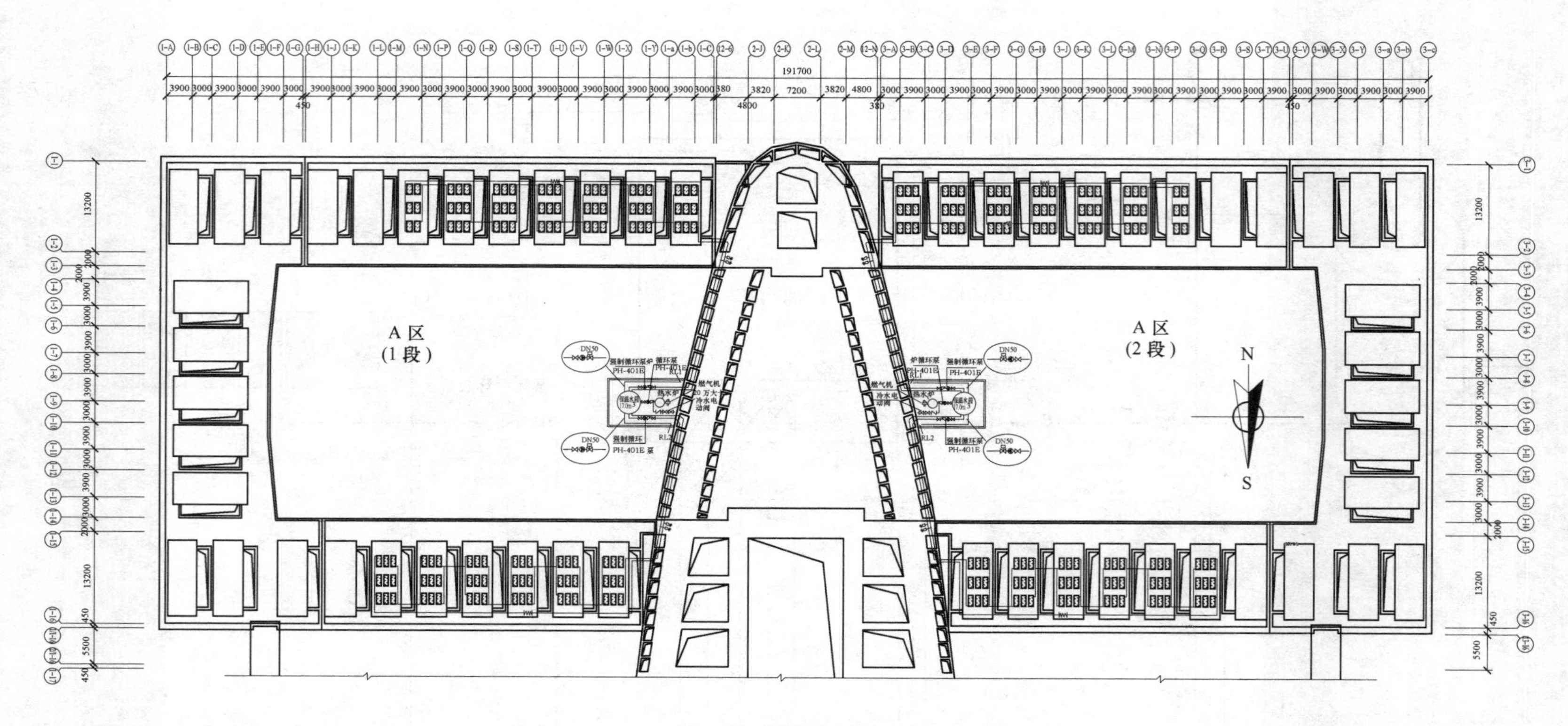

图7–27　设备布置图一

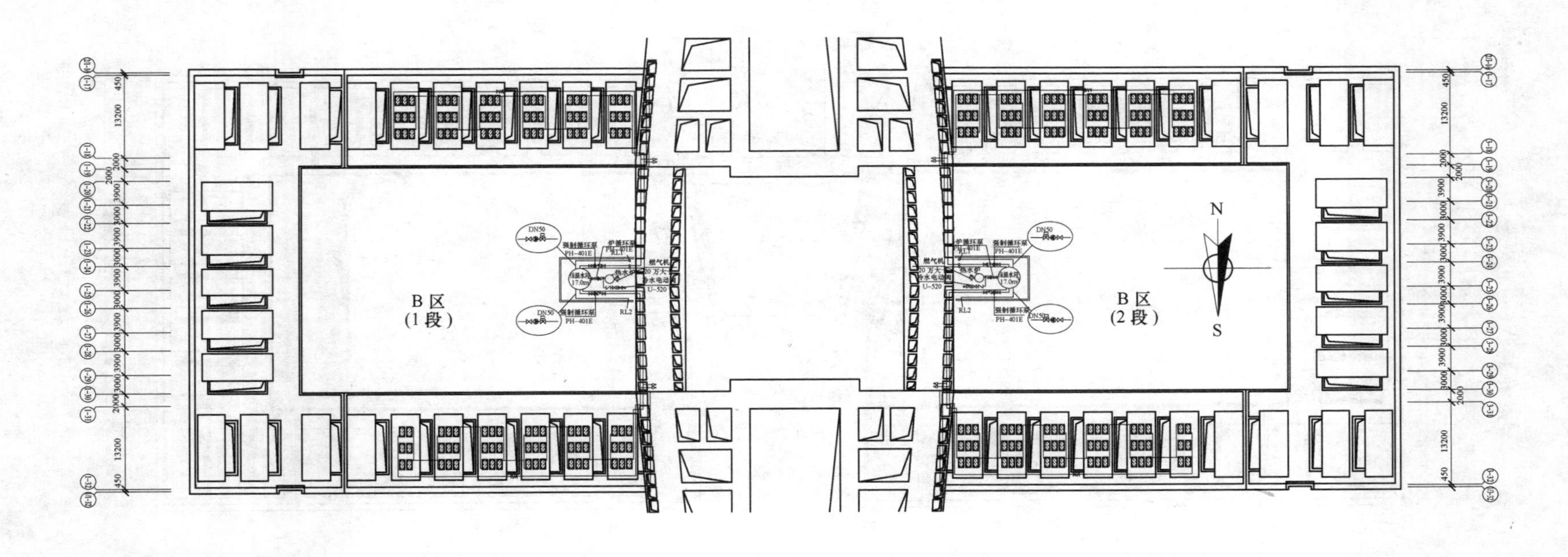

图7-28　设备布置图二

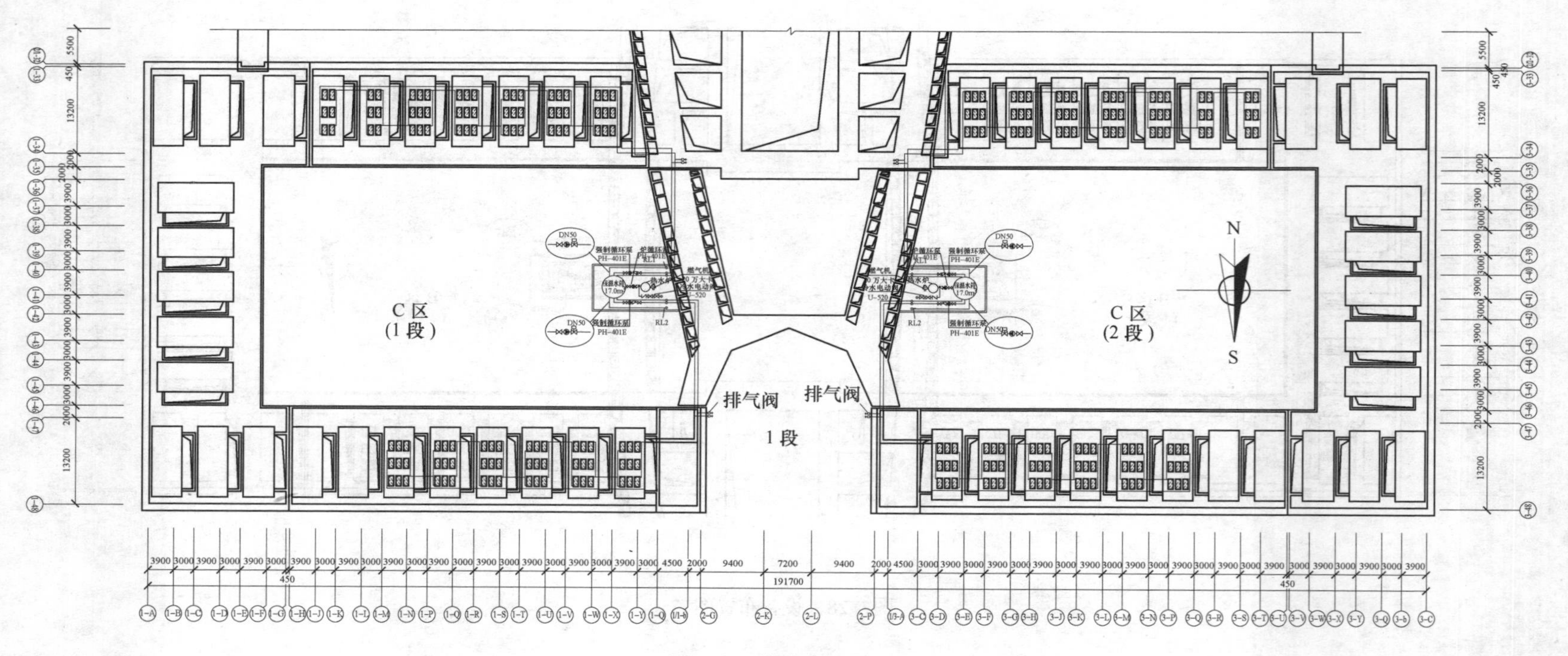

图7–29　设备布置图三

第8章　其他

8.1　深圳曦城商业中心会所游泳池太阳能热水系统

8.1.1　项目概况

曦城商业中心会所游泳池太阳能热水系统，位于深圳市宝安区新安街道广深高速公路东侧，该太阳能项目年节电量88.74万kWh、年节约用电费用62.12万元，年节省一次性能源量358.51t标煤。

8.1.2　设计概况

采用U形管真空管型太阳能集热器大规模集热系统，设计太阳能集热面积为666m²，设置容积20t的不锈钢保温水箱。太阳能与泳池恒温、地板采暖均采用板式换热器换热；游泳池辅助加热采用泳池专用钛管型空气源热泵（3台，其中制热量100kW/台）；地暖采暖采用泳池专用钛管型空气源热泵（1台，其中制热量40kW/台）。系统采用全自动定温控制，太阳能热水系统及辅助空气源热水系统实现无忧自动切换。

8.1.3　设计参数

1．深圳地区年平均太阳辐射强度：5225MJ/m²。

2．泳池恒温温度：28℃。

3．深圳地区年均冷水计算温度：20℃。

8.1.4　主要技术亮点

1．系统采用U形管真空管型太阳能集热器大规模集热系统，热效率高。

图8–1　太阳能集热器

2．太阳能集热器安装采用斜坡面棚架式设计，真空管的间隙也有利于北段山坡面植被生长。

3．一次热源均采用U形真空管式太阳能热水系统，采用钛管型空气源热泵辅助加热，保证阴雨天气正常供应热水。

4．太阳能热水系统采用温差循环方式运行，即当集热器顶部的温度传感器T_1、热水储热水箱内温度传感器T_2的温差达到一定差值$T_1-T_2 \geq 3$~5℃时，太阳能系统循环泵启动，当差值$T_1-T_2 < 3$~5℃时，太阳能循环泵停止，如此反复运行，直到太阳能储热水箱温度达到用户设定温度。保温水箱水温高于80℃时循环系统自动保护，防止热水过热，造成烫伤。

8.1.5　运行维护方案

1．整合各项资源，成立专门领导小组负责售后服务和技术支持工作，为项目运营管理提供有力保障。

2．工程所在地设有固定售后服务点及专门的备品备件库（集热器、真空管、热泵、常用易损件等）。

3．技术培训：免费培训2～5名系统操作管理人员，完成对系统的日常维护保养。

4．在服务期间，可在接到维修电话24h内排除故障，保证在第一时间抢修完成。

5．物业管理人员定期不间断地分别对太阳能热水系统进行巡视及保养，做到提前发现系统运行中可能存在的任何问题，预防出现任何运行事故。

6．工程技术人员定期做以下维修：

1）太阳能集热器：清除太阳能集热器表面灰尘，确保集热器集热效果。

2）控制线路：检查电线、线管外表是否完整，室外部分是否防潮、防漏；确保运行良好。

3）电控系统：检查所有元器件状况，并查相关设定参数与原设定是否有变化，并进行修正，检查系统水位器所有探头，并清洗。

4）管路系统：检查管路相关阀门，是否处于正常状态，相关管道及配件有无损坏、漏水等。

5）水泵阀门：检查电机运行电流、阀门开启状况、水泵运行，并进行保养。

图8-2　太阳能集热器

图8-3　集热器底座及支架

8.1.6 系统原理图（图8-4）

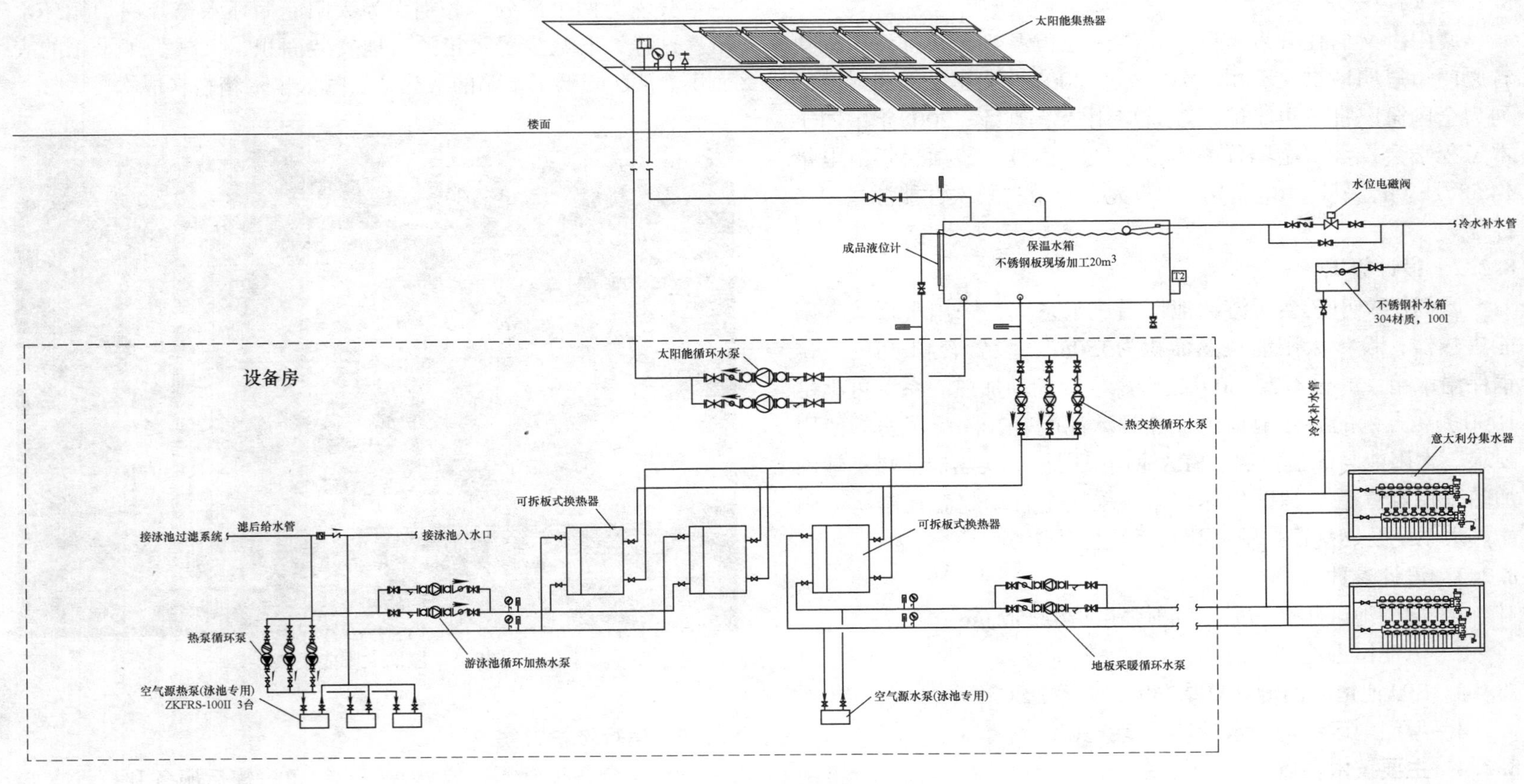

图8-4　系统原理图

8.2　厦门洪文小区游泳池太阳能热水系统

8.2.1　项目概况

厦门洪文居住开发有限公司游泳池恒温热水系统位于福建省厦门市思明区洪文五里瑞景新城，2007年被建设部和财政部列为全国第三批可再生能源建筑应用示范项目。2008年中国土木工程学会授予“全国优秀示范小区”称号。该项目年节电量14.58万kWh、节约用电费用12.2万元，年节省一次性能源量52.5t标煤。

8.2.2　设计概况

厦门洪文小区会所游泳池恒温热水系统，采用平板式太阳能集热器，设计太阳能集热面积为350m^2，设置容积30t的不锈钢保温水箱，并设有2台30万大卡燃气炉辅助加热。系统可满足1000多立方米的游泳池恒温加热及泳池配套20间淋浴房的使用要求。太阳能与泳池恒温、SPA池均采用板式换热器换热；辅助加热采用燃气锅炉辅助加热。系统采用全自动定温控制，太阳能热水系统及燃气锅炉辅助热水系统自动切换。

8.2.3　设计参数

1．厦门地区年平均太阳辐射强度：5225MJ/m^2；

2．泳池恒温温度：28℃；

3．SPA池恒温温度：夏季36℃，冬季39℃；

4．厦门地区年均冷水计算温度：20℃。

8.2.4　主要技术亮点

1．系统采用聚光型平板太阳能集热器，热效率更高。

2．太阳能集热器安装采用斜屋面嵌入式设计，与游泳池屋面一体化设计，完美结合，既减少了屋面琉璃瓦的安装，又能起到隔热层的效果，还能提供免费的热水供游泳池使用。

3．热水箱采用SUS304不锈钢制作成方型拼装发泡水箱，一箱分隔为两个部分，分别作为太阳能循环水箱及锅炉循环水箱。这样，既减少了水箱的占地安装面积，又减少了水箱的表面积，从而降低了水箱的散热，更降低了水箱材料成本。

图8–5　屋面太阳能集热器

8.2.5　运行维护方案

1．整合各项资源，成立专门小组负责售后服务和技术支持工作，为本项目运营管理提供有力保障。项目服务人员每天不定时的对太阳能热水系统进行巡视及保养，做到提前发现系统运行中可能存在的任何问题，预防出现任何运行事故。

2．工程所在地设有固定售后服务点及专门的备品备件库（集热器、真空管、热泵、常用易损件等）。

3．有应急服务预案，针对可能发生的不可预见的紧急事故进行演练。如发生不可预见的紧急事故，启动应急服务预案，启用备用设备，并调动备品备件库，第一时间抢修完成。

图8–6　屋面太阳能热水系统

图8–7　俯视图

8.2.6 系统原理图（图8–8）

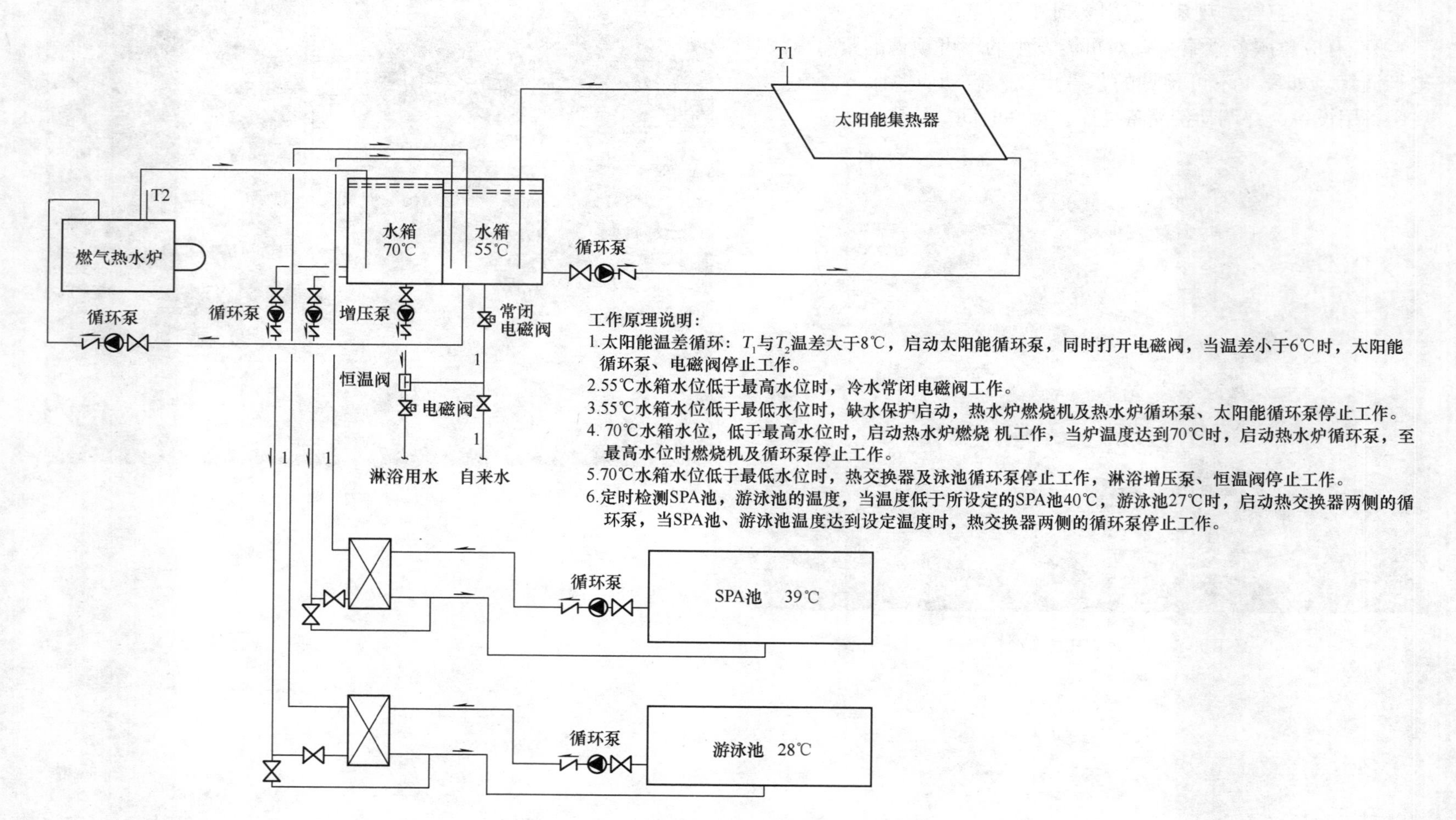

图8–8 系统原理图

8.2.7 设备平面布置图（图8–9）

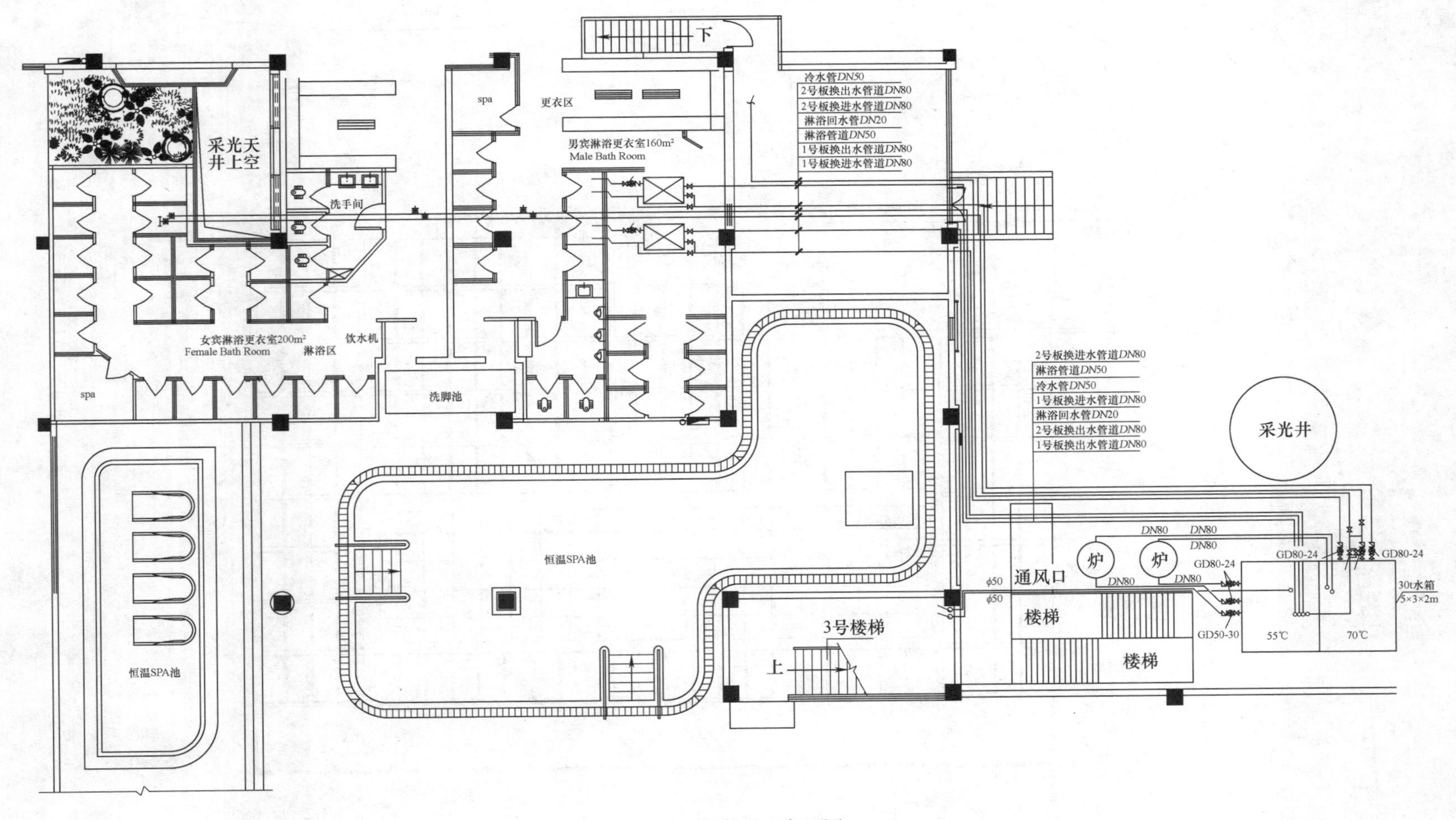

图8–9　设备平面布置图

8.2.8 屋顶太阳能布置图（图8-10）

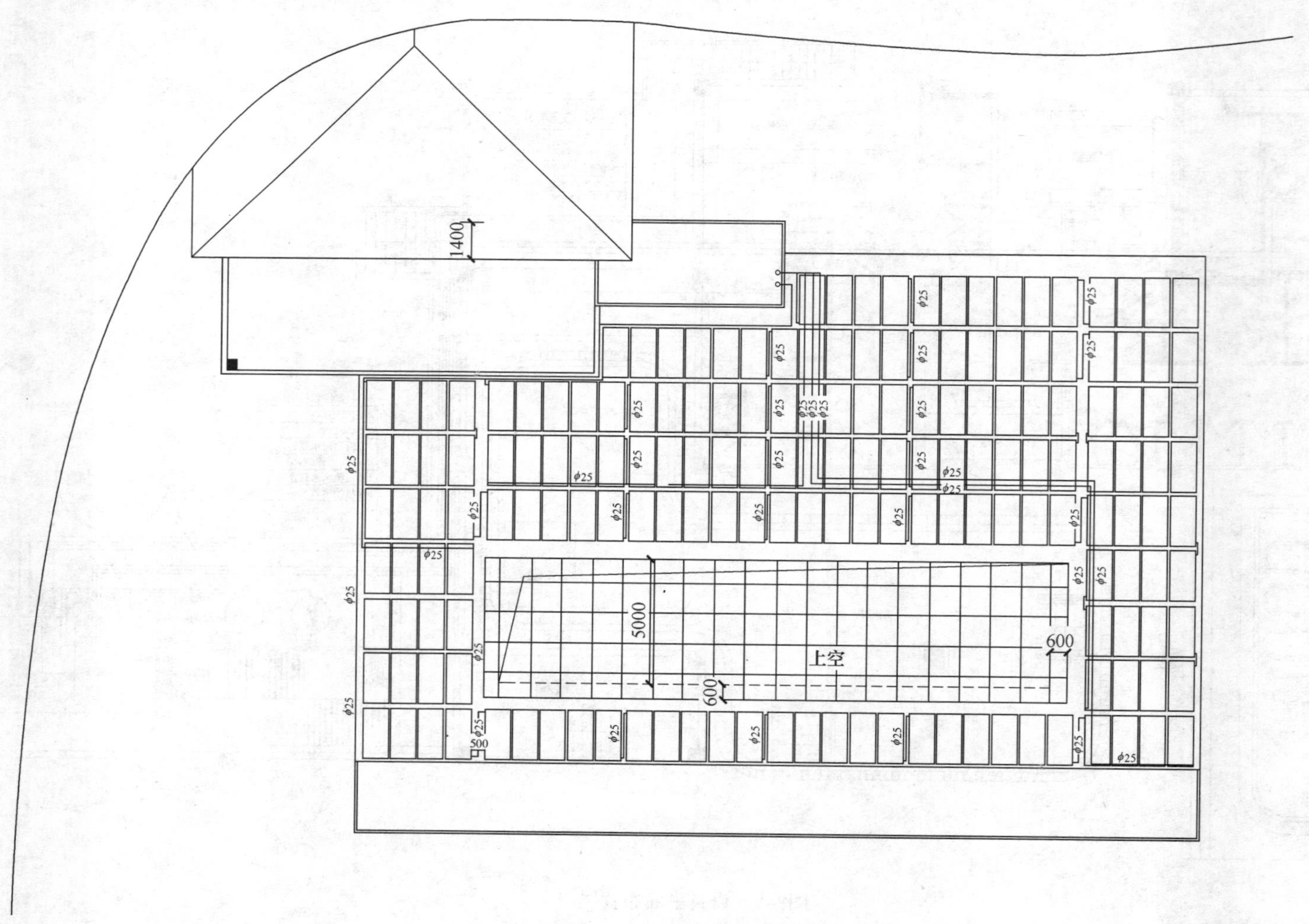

图8-10 屋顶太阳能布置图

第三部分　工业建筑太阳能光热应用

第9章　员工宿舍建筑应用

9.1　深圳拓日新能公寓集中集、供热式太阳能热水系统

9.1.1　项目概况

拓日工业园C栋宿舍楼项目位于广东省深圳市光明新区新园西片区同观路2号拓日工业园内。该太阳能项目由深圳市拓日新能源科技有限公司设计、深圳市华旭机电设备有限公司施工，年节电量66万kWh，年节省一次性能源量238t标煤，减少二氧化碳排放637t。

9.1.2　设计概况

本工程所使用集热器为无缝拼接安装的新型国家专利产品，采用的一次性层压成型,易于大面积封装。安装后具有防雨结构，完全可以作为建筑屋面使用（图9–1、图9–2）。安装角度12°，分为15组独立的自循环系统运行，每组由12块集热器和一台2.5t不锈钢保温水箱组成，本系统总共由180块2m^{2}共计360 m^{2}新型平板式集热器和15台2.5t共计37.5t不锈钢保温水箱组成。

9.1.3　设计参数

在深圳平均每天5、6小时的日照条件下，本工程平均日产生50℃以上热水不少于34t，大大节约了运行成本的同时能够满足

图9–1　拓日新能公寓

图9–2　屋面太阳能热水系统

整栋宿舍大楼1000多人的日常生活所需热水。

9.1.4 主要技术亮点

1．新型平板集热器，超级蓝膜采用卷对卷大面积磁控溅射技术制备，具有瞬间热转换效率高、红外发射率低的特点。

2．工程采用屋面式无渗漏设计，完全利用下方屋面，将绿色节能与建筑完美结合。集热器采用一次性层压成型，无缝拼接安装，具有防水结构，可替代建筑屋面。

9.1.5 运行维护方案

1．整合各项资源，成立专门小组负责售后服务和技术支持工作，为本项目运营管理提供有力保障。在服务期间，本项目服务人员每天不定时的对太阳能热水系统进行巡视及保养，做到提前发现系统运行中可能存在的任何问题，预防出现任何运行事故。

图9-3 太阳能集热器无缝拼接效果

2．工程所在地设有固定售后服务点及专门的备品备件库（集热器、真空管、热泵、常用易损件等），在服务期内保证及时响应。

3．有应急服务预案，针对可能发生的不可预见的紧急事故进行演练，在服务期间，如发生不可预见的紧急事故，服务人员启动应急预案，启用备用设备，并调动备品备件库，保证在第一时间抢修完成。

图9-4 太阳能集热器无缝拼接铺设

9.1.6 系统布置图（图9-5）

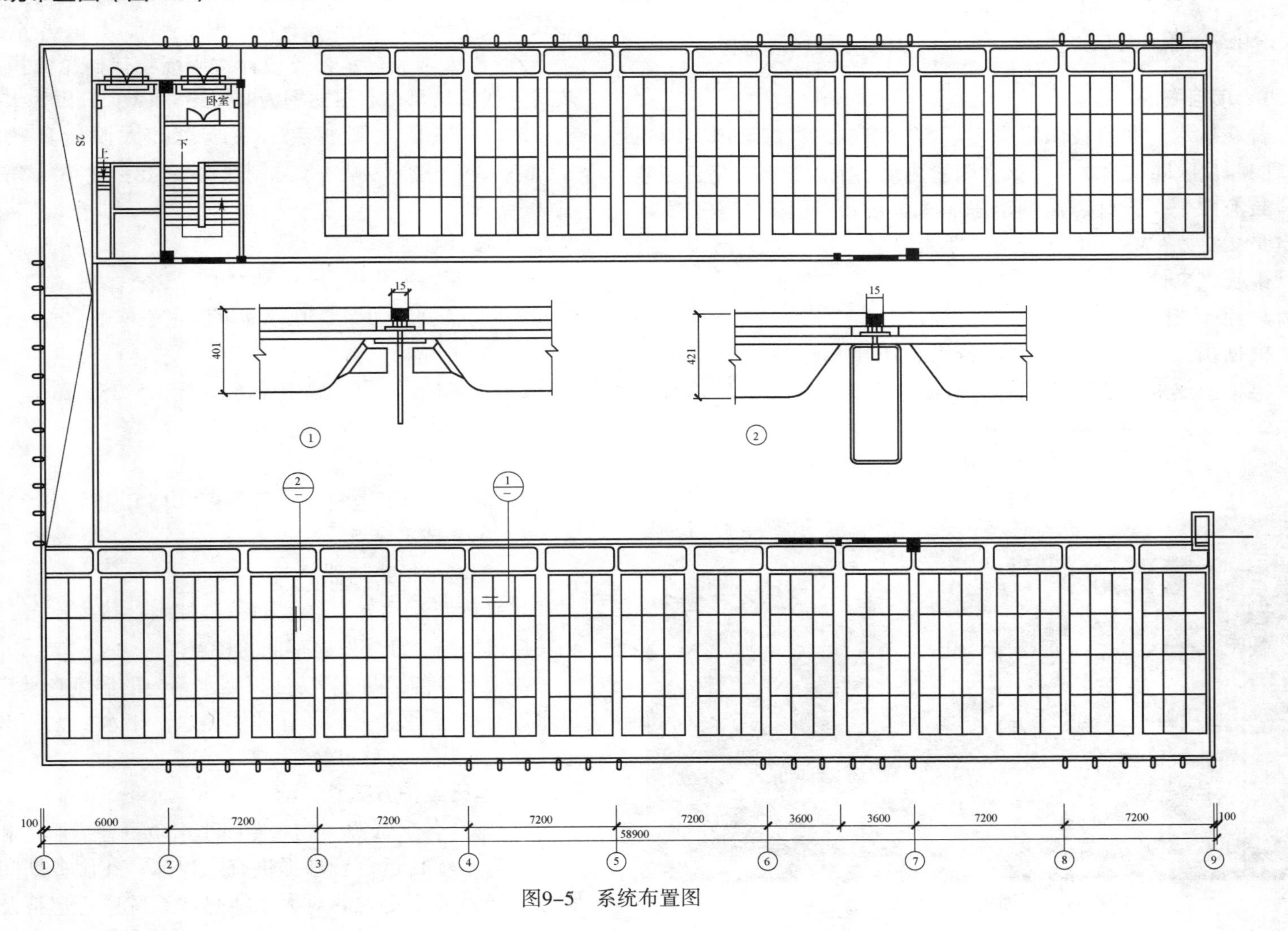

图9-5　系统布置图

9.2 深圳普联技术光明科技园集中集、供热式太阳能热水系统

9.2.1 项目概况

普联技术光明科技园宿舍楼项目位于广东省深圳市光明新区新园西片区同观路 3 号，该太阳能热水系统由深圳市拓日新能源科技有限公司设计、深圳市华旭机电设备有限公司施工，年节电量 232 万 kWh，年节省一次性能源量 750t 标煤，减少二氧化碳排放 2250t。

9.2.2 设计概况

根据员工宿舍定时用水的特点，采用集中集热、集中辅助、集中供热的太阳能为主，空气能热泵为辅的全天候热水供应系统。太阳能集热器采用平板太阳能集热器，集中放置在屋面上。储热水箱及热泵辅助设备均统一设置在屋面。

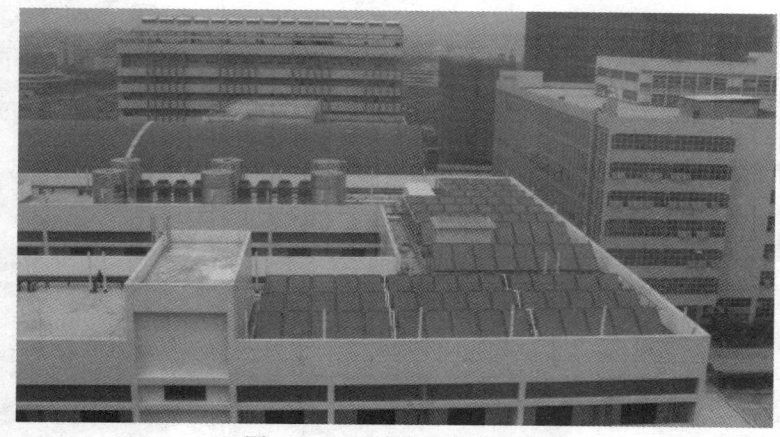

图9-6 屋面太阳能热水系统

1．栋太阳能热水系统设计太阳能集热器总面积180m²；直热式空气源热泵总制热功率为12共363kW，日供热水量80m²。

2．栋太阳能热水系统设计太阳能集热器总面积160m²；直热式空气源热泵总制热功率为8台共363kW；日供热水量50m²。

3．栋屋顶太阳能热水系统设计太阳能集热器总面积130m²；直热式空气源热泵总制热功率为8台共363kW；日供热水量60m³。

9.2.3 设计参数

1．在深圳平均每天5.6小时的日照条件下，本工程平均日产生50℃以上热水不少于250t，能够满足三栋宿舍楼的日常生活所需热水。

2．深圳地区年平均太阳辐射强度：5225MJ/m²。

3．住宅人均热水定额：80L/人·d。

4．住宅热水供水温度：55℃。

5．深圳地区年均冷水计算温度：15℃。

9.2.4 主要技术亮点

1．新型平板集热器。

超级蓝膜采用卷对卷大面积磁控溅射技术制备，具有瞬间热转换效率高、红外发射率低的特点。

2．空气能热泵加热功能根据水箱内的温度自动启动，保证热水24小时充足供应，即开即用热水，出水量大，出水温度稳定，满足对热水的需求。

9.2.5 运行维护方案

1．整合各项资源，成立专门小组负责售后服务和技术支持工作，为本项目运营管理提供有力保障。在服务期间，本项目服务人员每天不定时的对太阳能热水系统进行巡视及保养，做

到提前发现系统运行中可能存在的任何问题，预防出现任何运行事故。

2．工程所在地设有固定售后服务点及专门的备品备件库（集热器、真空管、热泵、常用易损件等），在服务期内保证及时响应。

3．有应急服务预案，针对可能发生的不可预见的紧急事故进行演练，在服务期间，如发生不可预见的紧急事故，服务人员启动应急预案，启用备用设备，并调动备品备件库，保证在第一时间抢修完成。

图9-7　太阳能热水系统

9.2.6　系统原理图（图9-8）

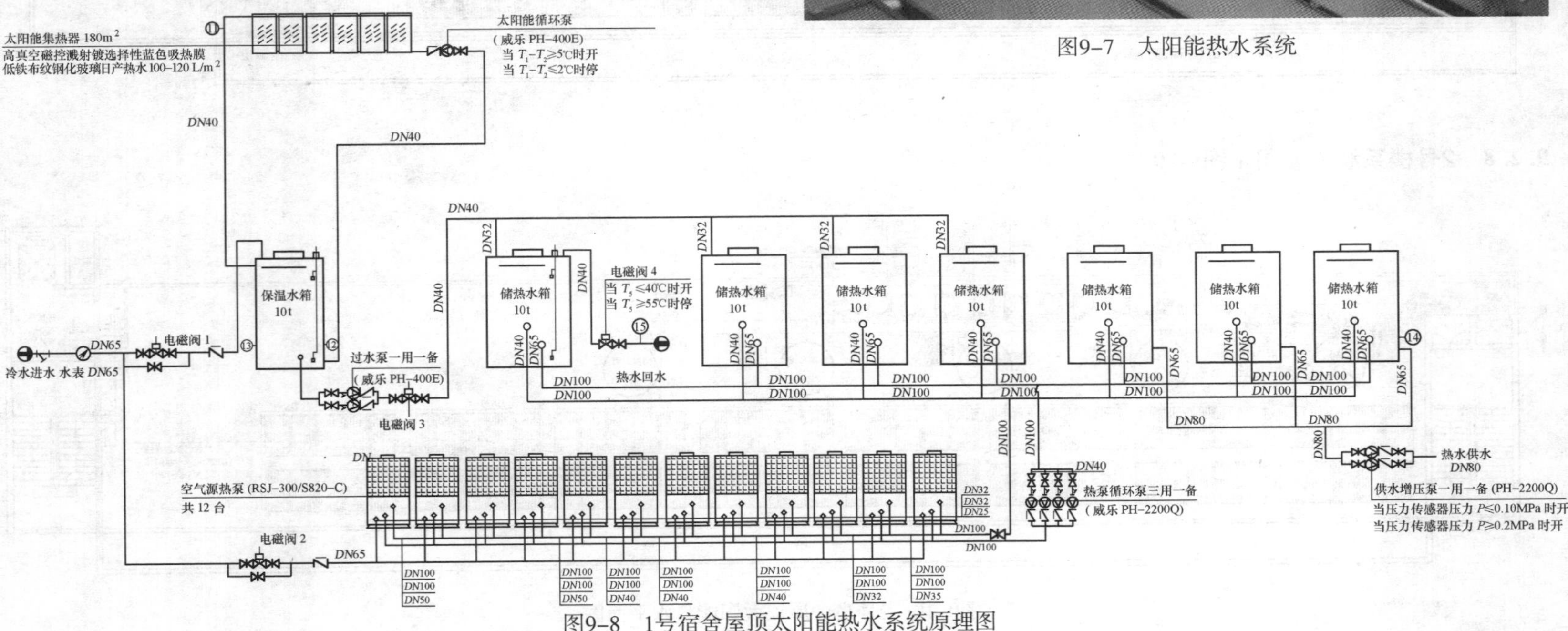

图9-8　1号宿舍屋顶太阳能热水系统原理图

9.2.7 1号楼系统布置图（图9-9）

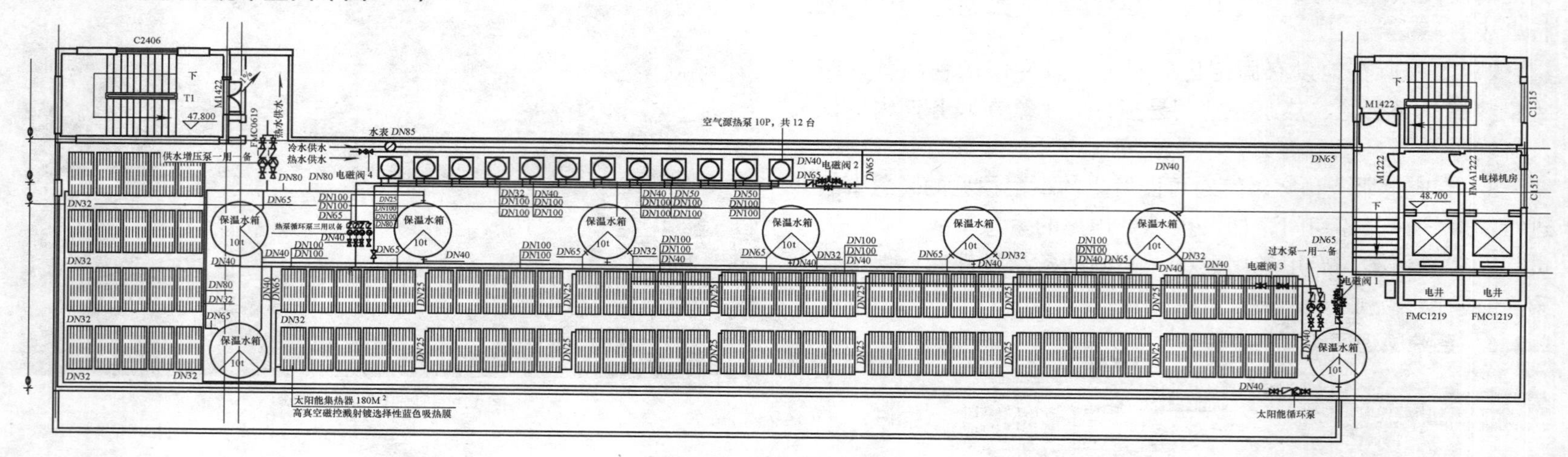

图9-9　1号楼系统布置图

9.2.8 2号楼系统布置图（图9-10）

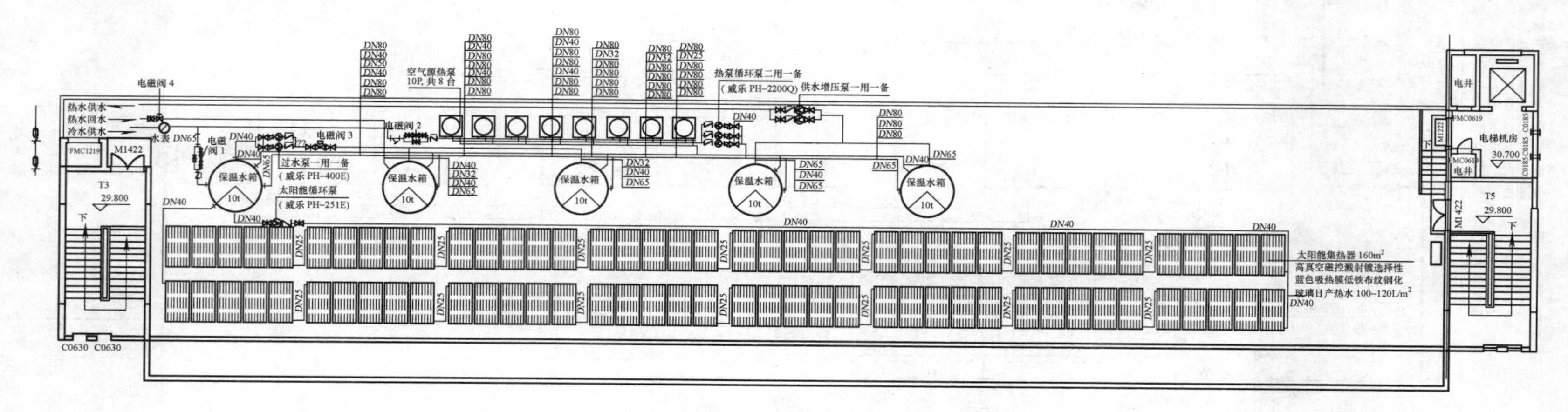

图9-10　2号宿舍屋顶太阳能热水平面图

9.2.9　3号楼系统布置图（图9-11）

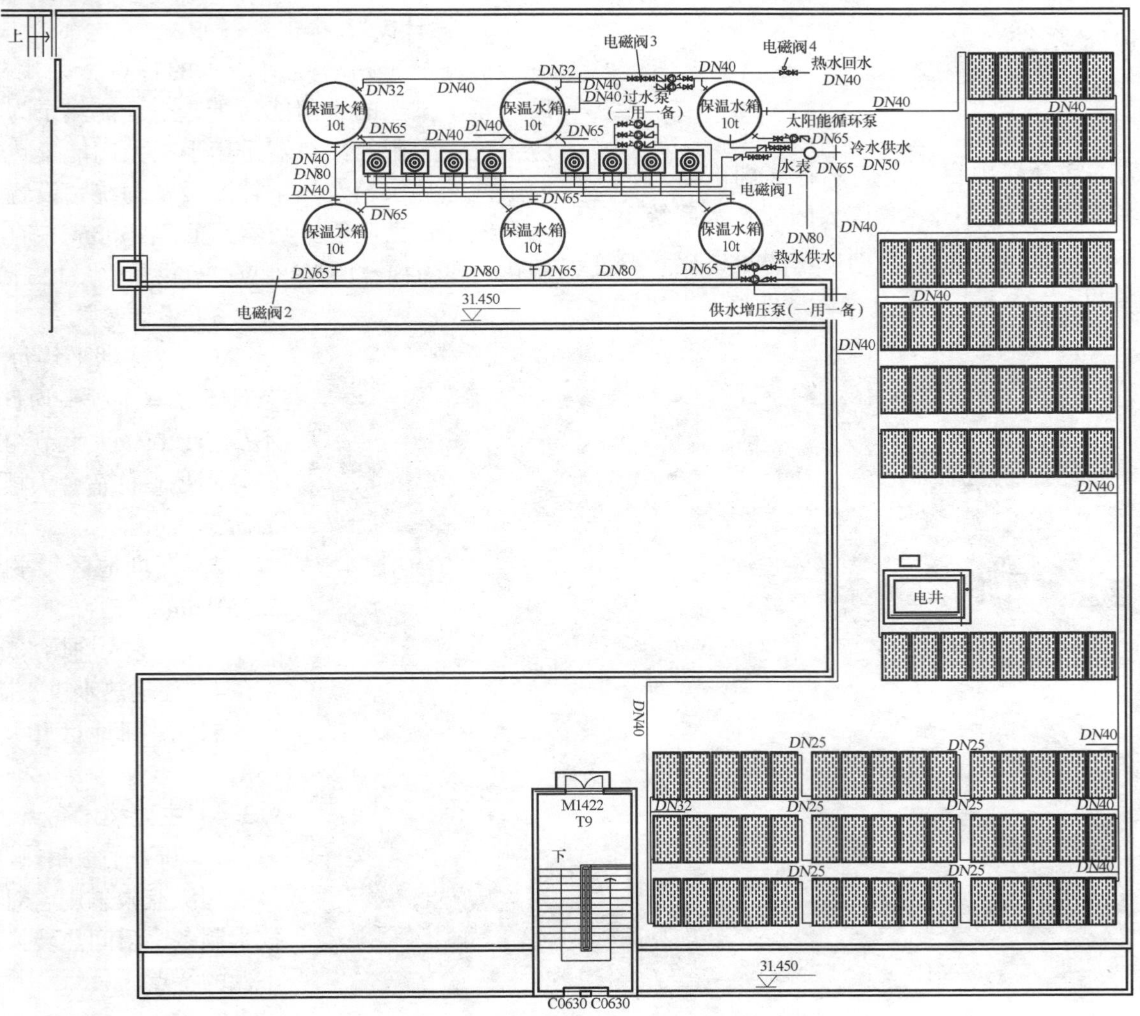

图9-11　3号宿舍九层屋顶太阳能热水平面图

9.3 深圳市创维科技园5号员工宿舍楼集中集、供热式太阳能热水系统

9.3.1 项目概况

创维科技园5号员工宿舍楼项目位于广东省深圳市石岩街道塘头大道塘头一号路口创维科技园内，该太阳能热水系统由深圳市拓日新能源科技有限公司设计、深圳市华旭机电设备有限公司施工，年节电量112万kWh，年节省一次性能源量360t标煤，减少二氧化碳排放1080t。

9.3.2 设计概况

根据员工宿舍定时用水的特点，采用集中集热、集中辅助、集中供热的太阳能为主，空气能热泵为辅的全天候热水供应系统。太阳能集热器采用平板太阳能集热器，集中放置在屋面上。储热水箱及热泵辅助设备均统一设置在屋面，太阳能热水系统设计太阳能集热器总面积1000m^2；直热式空气源热泵总制热功率为12台10匹38kW，日供热水量120m^3。

图9-12 员工宿舍屋面

9.3.3 设计参数

1. 在深圳平均每天5、6小时的日照条件下，本工程平均日产生50℃以上热水不少于120t，大大节约了运行成本的同时能够满足整栋宿舍大楼2000多人的日常生活所需热水。

2. 深圳地区年平均太阳辐射强度：5225MJ/m^2。

3. 住宅人均热水定额：50L/人·d。

4. 住宅热水供水温度：55℃。

5. 深圳地区年均冷水计算温度：15℃。

9.3.4 主要技术亮点

1. 新型平板集热器

超级蓝膜采用卷对卷大面积磁控溅射技术制备，瞬间热转换效率高、红外发射率低的特点。

2．循环式空气源热泵

循环式空气源热泵补水是先补进保温水箱，然后经过循环泵进入机组加热，水经过反复多次循环加热到设定的温度。

9.3.5　运行维护方案

1．整合各项资源，成立专门小组负责售后服务和技术支持工作，为本项目运营管理提供有力保障。服务人员每天不定时的对太阳能热水系统进行巡视及保养，做到提前发现系统运行中可能存在的任何问题，预防出现任何运行事故。

2．工程所在地设有固定售后服务点及专门的备品备件库（集热器、真空管、热泵、常用易损件等），在服务期内保证及时响应。

3．有应急服务预案，针对可能发生的不可预见的紧急事故进行演练，在服务期间，如发生不可预见的紧急事故，服务人员启动应急预案，启用备用设备，并调动备品备件库，保证在第一时间抢修完成。

图9-13　员工宿舍

9.3.6　系统原理图（图9-14）

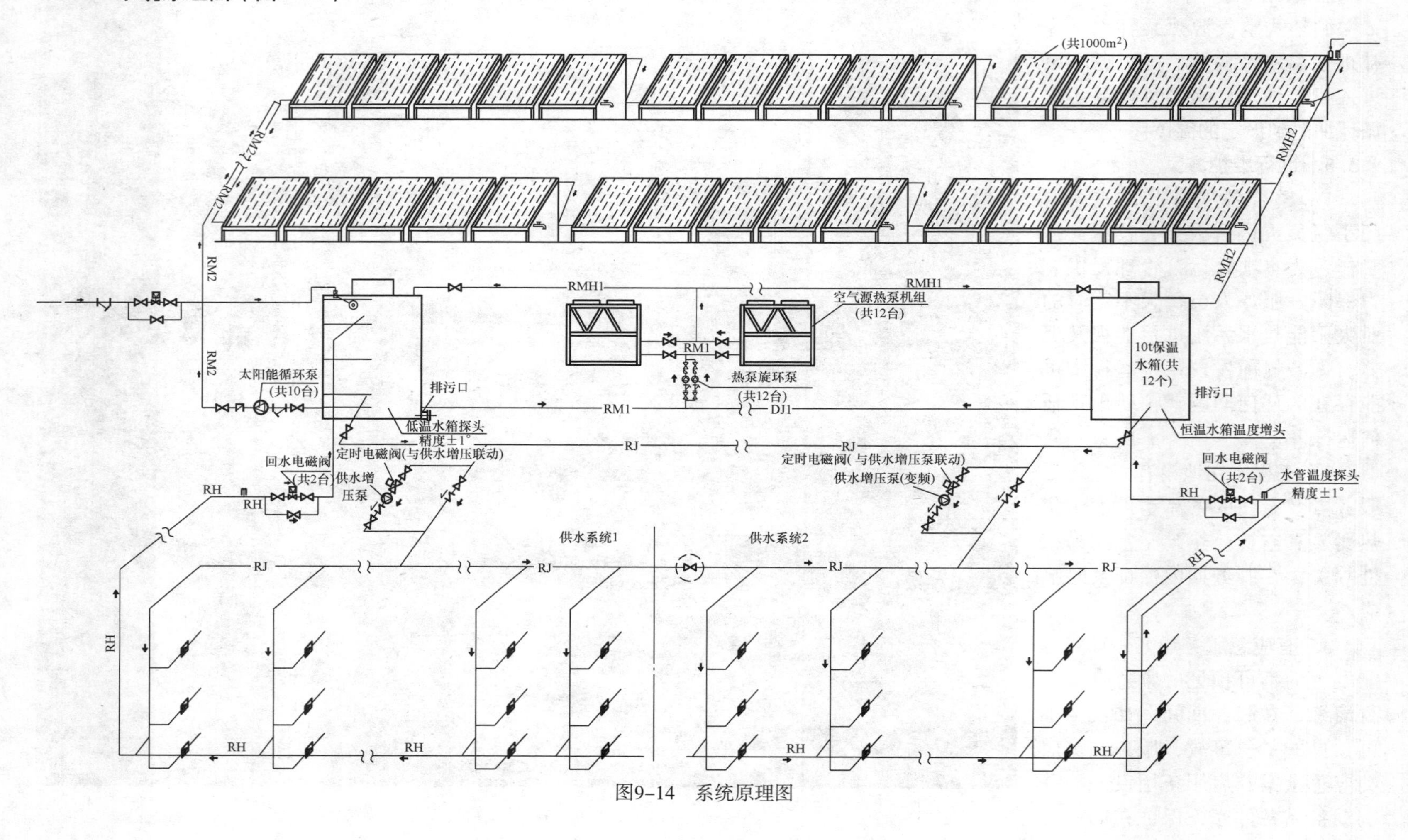

图9-14　系统原理图

9.3.7 太阳能平面布置图（图9–15）

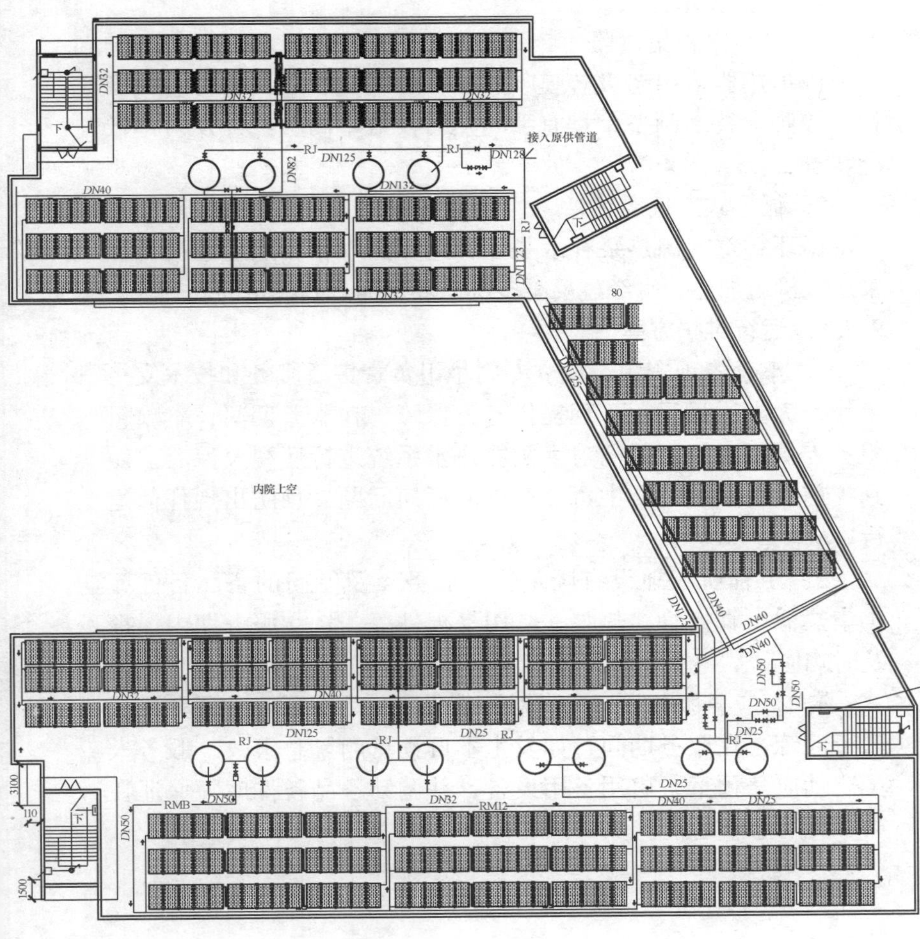

图9–15 太阳能平面布置图

9.4 深圳崇达电路技术股份有限公司员工宿舍楼集中集、供热式太阳能热水系统

9.4.1 项目概况

崇达电路技术股份有限公司员工宿舍楼项目位于深圳市宝安区沙井街道新桥社区新玉路横岗下工业区，该太阳能热水系统由深圳市拓日新能源科技有限公司设计、深圳市华旭机电设备有限公司施工，年节电量9.3万kWh，年节省一次性能源量30t标煤，减少二氧化碳排放90t。

9.4.2 设计概况

根据员工宿舍定时用水的特点，采用集中集热、集中辅助、集中供热的太阳能为主，空气能热泵为辅的全天候热水供应系统。太阳能集热器采用平板太阳能集热器，集中放置在屋面上。储热水箱及热泵辅助设备均统一设置在屋面，太阳能热水系统设计太阳能集热器总面积 70m^3；空气源热泵总制热功率为 2 台 5 匹 19kW，日供热水量 10m^3。

9.4.3 设计参数

1．在深圳平均每天5.6小时的日照条件下，本工程平均日产生50℃以上热水不少于10t，大大节约了运行成本的同时能够满足整栋宿舍大楼的日常生活所需热水。

2．深圳地区年平均太阳辐射强度：5225MJ/m^2。

3．住宅人均热水定额：50L/人・d。

4．住宅热水供水温度：55℃。

图9-16　员工宿舍

图9-17　平板太阳能集热器

5．深圳地区年均冷水计算温度：15℃。

9.4.4　主要技术亮点

1．新型平板集热器

该集热器采用超级蓝膜吸热层。超级蓝膜采用卷对卷大面积磁控溅射技术制备，具有瞬间热转换效率高、红外发射率低的特点。

2．循环式空气源热泵

循环式空气源热泵补水是先补进保温水箱，然后经过循环泵进入机组加热，水经过反复多次循环被加热到设定的温度。

9.4.5　运行维护方案

1．整合各项资源，成立专门小组负责售后服务和技术支持工作，为本项目运营管理提供有力保障。在服务期间，本项目服务人员每天不定时的对太阳能热水系统进行巡视及保养，做到提前发现系统运行中可能存在的任何问题，预防出现任何运行事故。

2．工程所在地设有固定售后服务点及专门的备品备件库（集热器、真空管、热泵、常用易损件等），在服务期内保证及时响应。

3．有应急服务预案，针对可能发生的不可预见的紧急事故进行演练，在服务期间，如发生不可预见的紧急事故，服务人员启动应急预案，启用备用设备，并调动备品备件库，保证在第一时间抢修完成。

9.4.6 系统原理图（图9-18）

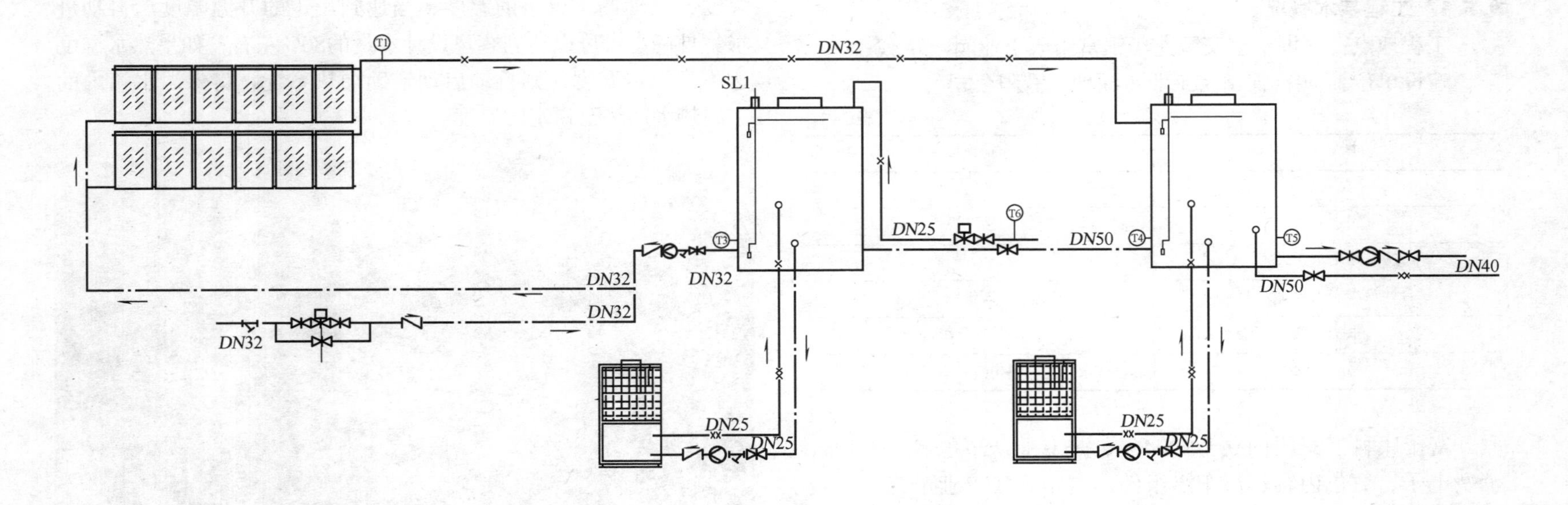

图9-18 系统原理图

9.5 富士康集团志扬大厦集中集、供热式太阳能热水系统

9.5.1 工程基本概况

工程地点：深圳市宝安区龙华镇富士康工业园

建设单位：鸿富锦精密工业（深圳）有限公司

表9-1

类　　别	志扬大厦
总人数	4000人
用水方式	单独冲凉
房人均用水（天）	55kg
合计热水需求量（天）	220t
系统配置	1206m²太阳能+770kW热泵
用水时间	24小时供水

富士康科技集团创立于1974年，是专业从事电脑、通信、消费电子、数位内容、汽车零组件、通路等6C产业的高新科技企业。

该太阳能热水系统由深圳市振恒太阳能工程有限公司设计施工，建设于富士康科技集团志扬大厦，采用集中集、供热式太阳能热水系统，全天24小时供水，可满足4000人的热水需求，年节电量240万kWh，年节省一次性能源量80万t标煤。

9.5.2 主要技术亮点

智能化可选择性太阳能出水控制器系统

1. 自动识别春夏季与冬秋季。

可选择性太阳能出水控制器系统在夏季可以24小时确保热水的供应量和供应温度。冬季受太阳能辐射及气温、自来水温度影响，太阳能很难将10℃的冷水加热至55℃，但可以在较短时间内将水加热到35~50℃。系统自动计算及判断冷水升温幅度，自动调整出水的温度，当达到设定的升温幅度后自动进水。日产水量可以达到客户设计水量的80%左右；如果热水温度达不到设定温度，则自动启动辅助加热系统，将保温水箱内的中温热水加热至指定的温度。

图9-19　屋面太阳能热水系统

图9-20 富士康集团

2. 自动识别晴天、阴天，上半天阴天及下半天阴天。

采用可选择性太阳能出水控制器的中央供热系统是通过上午日照和下午日照的热能量产出的热水量的多少来判断上午是阴天还是下午是阴天的。并且可以确保无论是上午还是下午客户的热水供应。

检测时间和检测水位可由客户要求随意设定，设定水位检测段最大5级，检测时间最多5次。

3. 最大补水量控制。

客户在使用热水时，如果热水不够用，则热水水位会下降到设定的最低水位线（位置可调），此时辅助加热设备自动启动，往水箱补充热水，一直补充到设定的最大补水水位停止（一般设计为10~20cm高，可调节）加热。

4. 可将各种控制参数很直观显示在PLC控制屏上，增加可操作性。

9.5.3 系统原理图（图9-21）

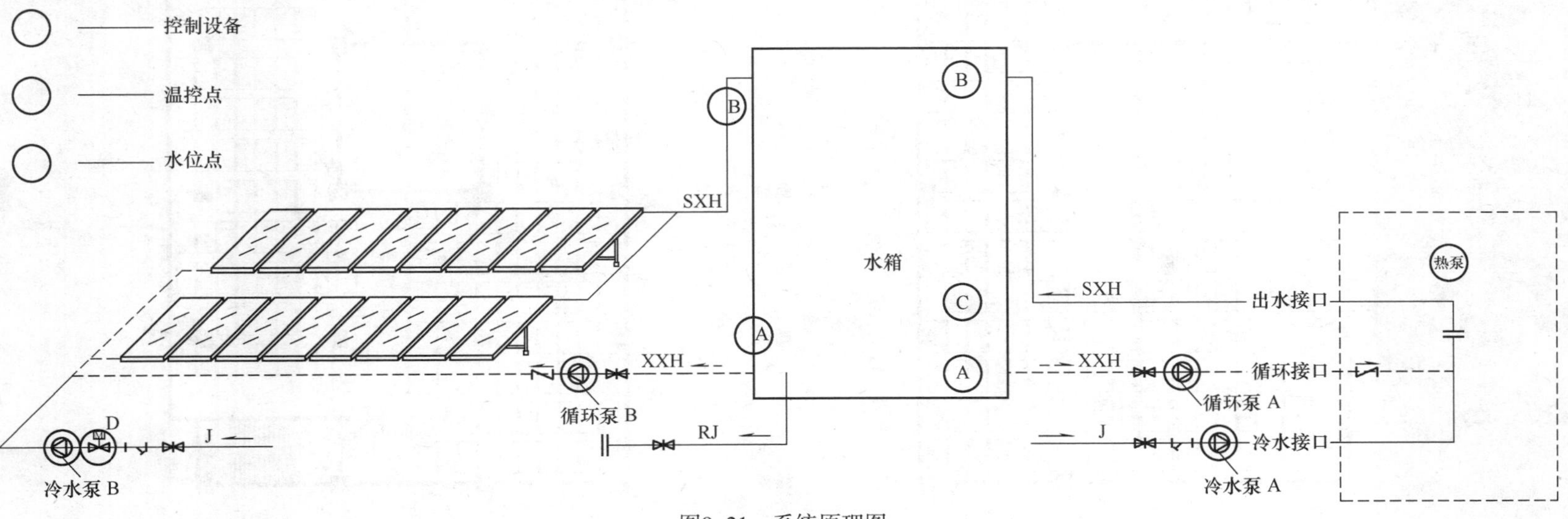

图9-21 系统原理图

9.5.4　系统布置图（图9–22）

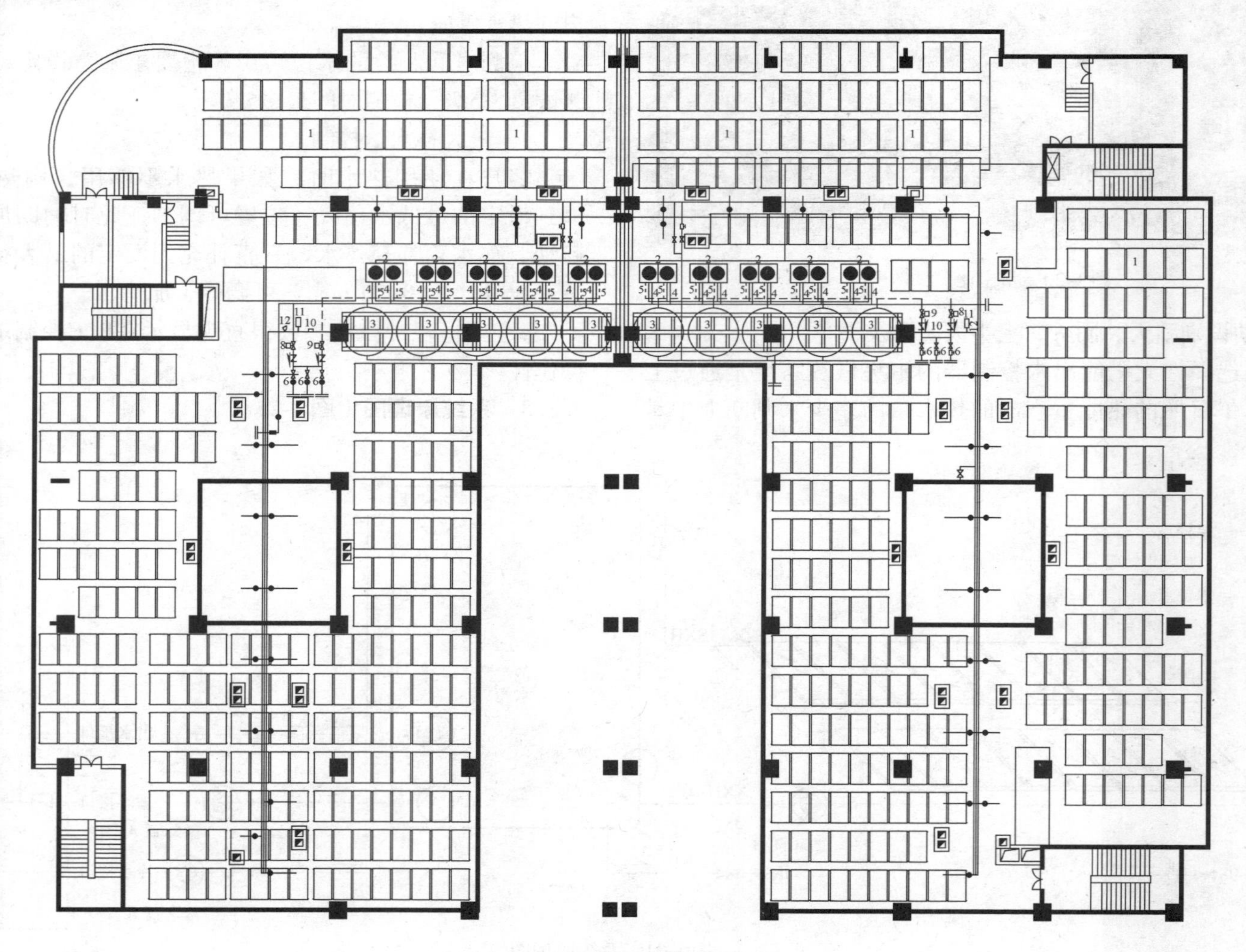

图9–22　太阳能系统平面布置图

9. 5. 5　工程图片（图9–23、图9–24）

图9–23　平板集热器

图9–24　热泵及保温水箱

9.6 珠海飞利浦公司集中集、供热式太阳能热水系统

9.6.1 工程基本概况

工程地点：广东省珠海市三灶镇琴石工业区

建设单位：珠海飞利浦家庭电器有限公司

表9–2

类　别	珠海飞利浦公司
总人数	500人
用水方式	花洒淋浴
人均用水（天）	30kg
合计热水需求量（天）	15t
系统配置	$160m^2$+18.2kW热泵
用水时间	定时供水

珠海经济特区飞利浦家庭电器有限公司于1990年成立，是飞利浦电子中国有限公司投资的外商独资企业。该太阳能热水系统采用集中集、供热的形式，以太阳能为主、空气源热泵为辅，可解决珠海飞利浦公司500名员工的洗漱用热水需求。

该太阳能热水系统由深圳市振恒太阳能工程有限公司设计施工，年节电量 16.4 万 kWh，年节省一次性能源量 5.4 万 t 标煤。

9.6.2 主要技术亮点

智能化可选择性太阳能出水控制器系统

1．自动识别春夏季与秋冬季。

可选择性太阳能出水控制器系统在夏季可以 24 小时确保热水的供应量和供应温度。冬季受太阳能辐射及气温、自来水温度影响，太阳能很难将 10℃的冷水加热至 55℃，但可以在较短

图9–25　真空管集热器

图9–26　飞利浦公司

时间内将水加热到35~50℃。系统自动计算及判断冷水升温幅度，自动调整出水的温度，当达到设定的升温幅度后自动进水。

日产水量可以达到客户设计水量的80%左右；如果热水温度达不到设定温度，则自动启动辅助加热系统，将保温水箱内的中温水加热至指定的温度。

2. 自动识别晴天、阴天，上半天阴天及下半天阴天。

采用可选择性太阳能出水控制器的中央供热系统是通过上午日照和下午日照的热能量产出的热水量的多少来判断上午是阴天还是下午是阴天的。并且可以确保无论是上午还是下午客户的热水供应。

检测时间和检测水位可由客户要求随意设定，设定水位检测段最大5级，检测时间最多5次。

3. 最大补水量控制。

客户在使用热水时，如果热水不够用，则热水水位会下降到设定的最低水位线（位置可调），此时辅助加热设备自动启动，往水箱补充热水，一直补充到设定的最大补水水位停止（一般设计为10~20cm高，可调节）加热。

4. 可将各种控制参数很直观显示在PLC控制屏上，增加可操作性。

9.6.3 系统原理图（图9–27）

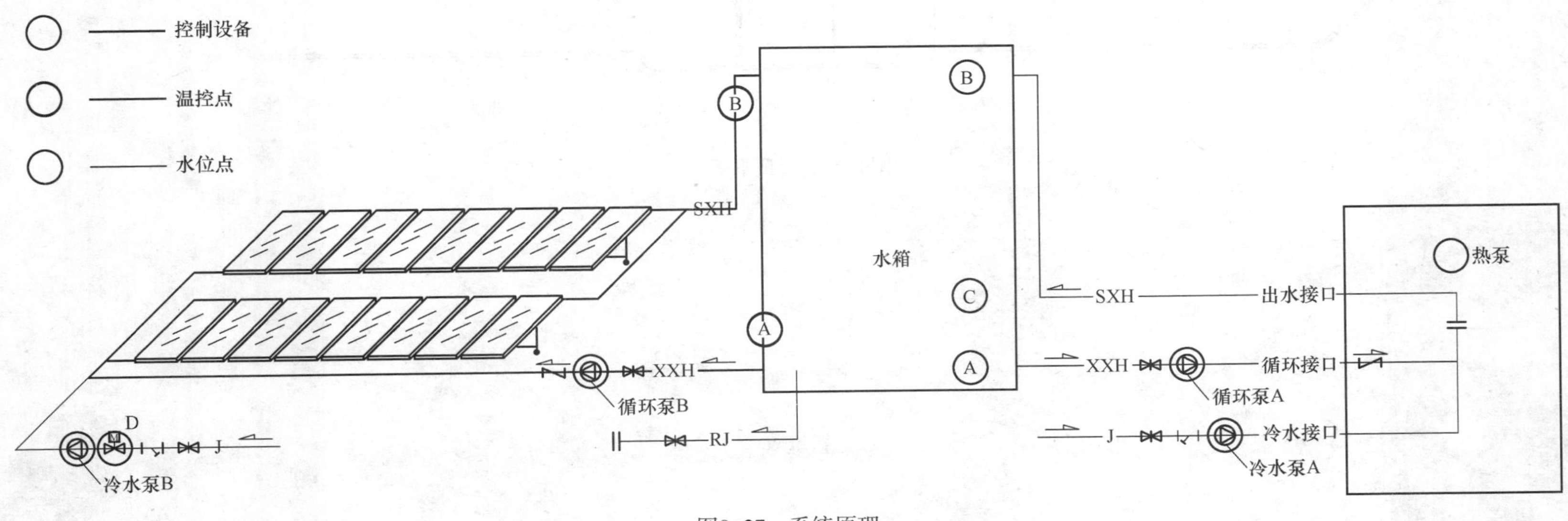

图9–27 系统原理

9.6.4 系统布置图（图9–28）

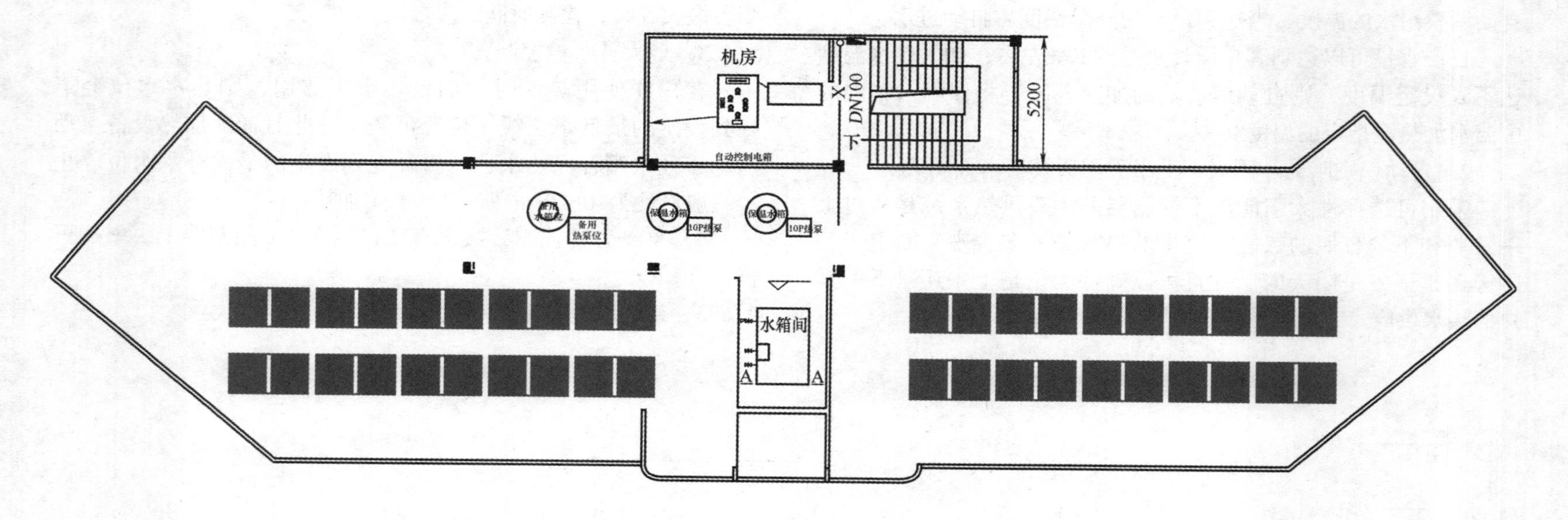

图9–28 屋顶平面图

9.6.5 系统电路图（图9–29）

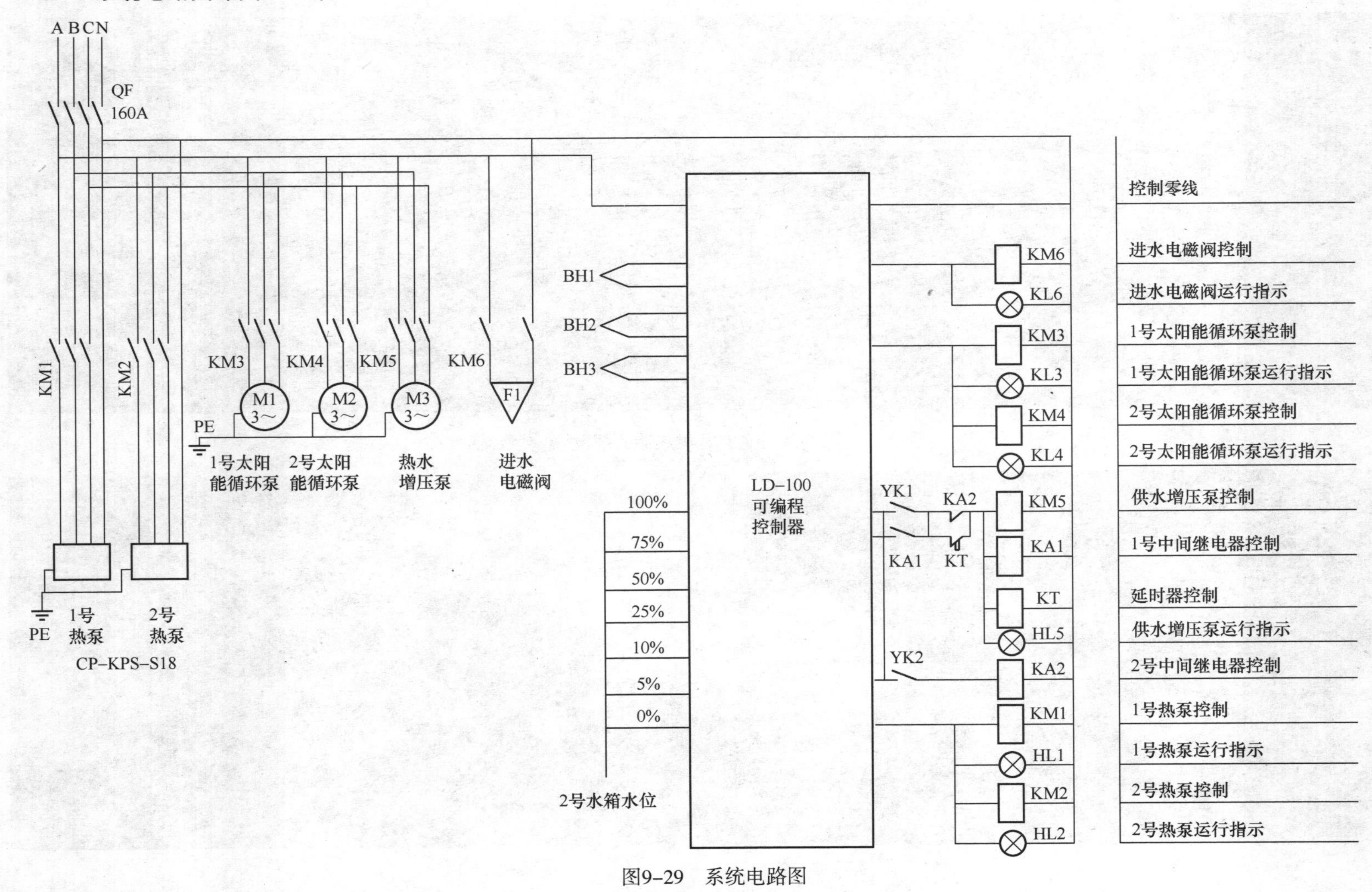

图9–29 系统电路图

9.6.6 工程图片（图9-30、图9-31）

图9-30 真空管集热器的铺设

图9-31 水箱及热泵

9.7 深圳市雅骏眼镜公司宿舍楼集中集、供热式太阳能热水系统

9.7.1 工程基本概况

雅骏眼睛公司宿舍楼太阳能热水系统采用在建筑屋面集中集热－集中供热的热水供应方式，共布置平板太阳集热器共计2658m2，采用高效节能的空气源热泵作为系统辅助加热装置，最大限度地降低了系统运行成本。系统通过分别设置加热水箱与保温水箱，将冷、热水进行隔离加热和供应。该太阳能热水系统由深圳市鹏桑普太阳能有限公司设计施工，年节电量98万kWh，年节省标煤398.7t，减排二氧化碳877.14t。

9.7.2 设计参数

深圳地区年平均太阳辐射强度：5225MJ/m^2。

住宅人均热水定额：80L/人·d。

住宅热水供水温度：60℃。

深圳地区年均冷水计算温度：20℃。

9.7.3 主要技术亮点

1．该太阳能热水系统以太阳能为主热源，热泵机组为辅助热源，以满足太阳能热量不足及阴雨天情况下提供稳定的热水；2．太阳能加热的循环方式为温差比较强制循环加热方式，循环加热系统由自动控制，具有定时、定温功能；3．补冷水采用时间和上、下限液位控制，补冷水泵和电磁阀受液位及时间控制，在设置时间内若水箱中的水位低于上限水位的最低水位时，补水泵和电磁阀自动开启工作，往水箱进补冷水，达到上限水位时停止。此设置可保证在使用热水过程中不补进冷水，热水可全部用完，提高热水利用率；采用管路冷水回水方式，在设定的时间范围内，当管路留存的水温与储热水箱的水温差满足一定值时，冷水回流至储热水箱再加热，保证用热水点取出来的都是热水。

9.7.4 运行维护方案

全自动可编程序控制，稳定可靠；可视化界面功能，方便直观；增加了设定夏时制控制单元模块，极大地方便了业主后勤管理工作。

图9-32　雅骏眼镜公司

9.7.5 系统原理图（图9-33、图9-34）

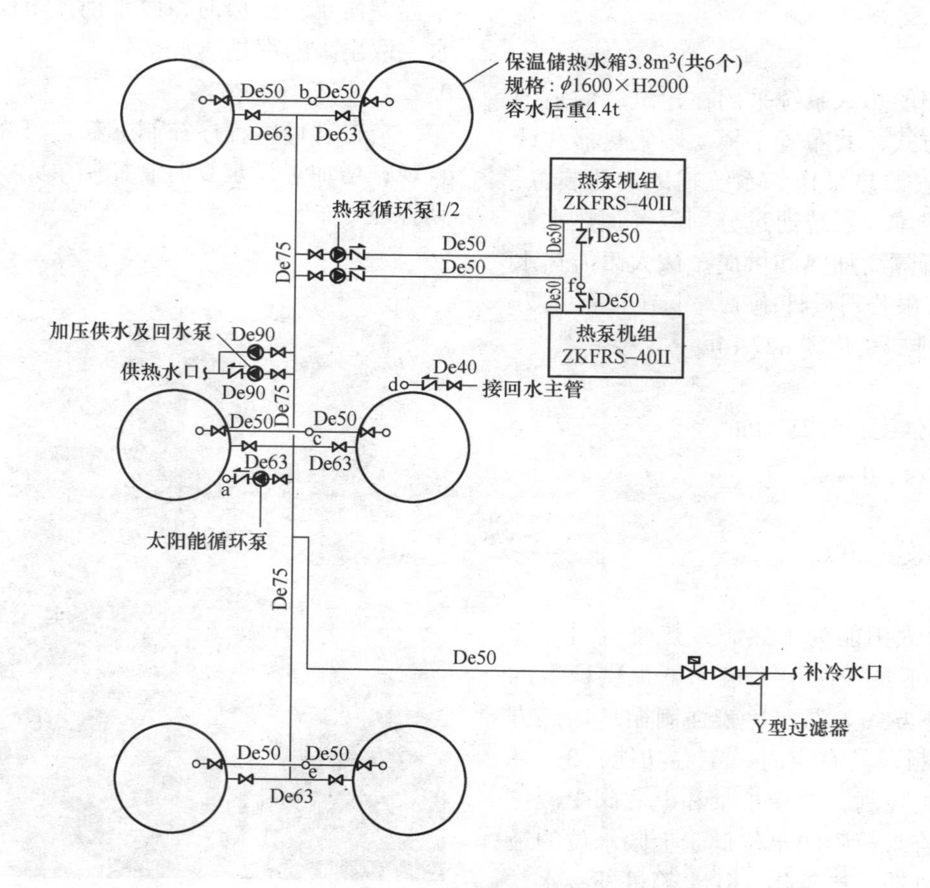

图9-33　设备管道连接图

第四部分　太阳能光热利用技术研究

第10章　太阳能光热利用技术研究

太阳能热水系统技术路线的探讨

随着我国各级政府对太阳能热利用不断重视和相关政策的出台，激发了各太阳能光热利用企业的活力和积极性。随着太阳能光热利用的日趋成熟，太阳能热水系统与建筑一体化成为社会各界关注的焦点，科研机构及相关企业都在积极地探索和实践。

我国幅员辽阔，各地环境气候、经济状况差异较大，太阳能热水系统在不同的建筑中设置的位置不同，系统设计要求也有很大差别，所以形成了太阳能热水系统的多元化。各种形式的建筑太阳能热水系统由各太阳能企业自行设计、安装，在系统优化、参数设置、运行控制、现场施工等方面有较大差异。本文根据不同的建筑结构、建筑性质、用水方式，对适合的太阳能热水系统要求进行探讨。

一、太阳能热水系统的类型

太阳能热水系统分类可根据供热水形式、运行方式、生活热水与传热工质、辅助能源安装位置及辅助能源启动方式进行不同的分类。

1. 按供热水形式和范围可分为：

1）集中吸热–集中供热水太阳能热水系统，即太阳能集热器集中安装在建筑的一个或几个位置，形成一个或几个吸热系统。储热水箱由一个或多个与集热系统进行循环，热水由储热水箱同时向用户供应。

2）集中吸热–分散供热水系统，即太阳能集热器集中安装在建筑的一个或几个位置，形成一个或几个吸热系统。储热水箱分别安装在用水终端位置，通过循环与集热系统进行热交换，热水由各自储热水箱分别向用户提供。

3）分散供热水系统，太阳能集热器和储热水箱按各终端用户要求设计并分散安装在用水终端的就近位置，分户计量分户辅助。

2. 按系统运行方式可分为：

1）自然循环系统，即太阳能集热器与储热部分的工质循环是利用传热工质内部的密度变化来实现热量转换，无任何外部动力。

2）强制循环系统，即太阳能集热器与储热部分的工质循环是利用外部动力（泵）来实现热量转换。

3）直流式系统，亦称定温放水系统，传热工质一次通过集热器加热后，进入贮水箱或用热水处的非循环太阳能热水系统。

3. 按集热器传热工质可分为：

1）直接式太阳能系统，即传热工质直接在太阳能集热器和储热水箱之间循环，工质本身是储热载体。

2）间接式太阳能系统，即传热工质在太阳能集热器和储热水箱之间的热量传递是通过换热装置实现的，工质只作为热量传递的载体。

4．按辅助能源安装位置分为：

1）内置辅助加热太阳能系统，即为辅助加热设备放置在储热水箱内部，对储热水箱内工质进行辅助加热。

2）外置辅助加热太阳能系统，即为辅助加热设备放置在储热水箱以外，若对储水热箱内工质进行辅助加热时应通过某种装置将热量传到储热水箱内（如锅炉）。

5．按辅助能源启动方式可分为：

1）全日自动启动太阳热水系统，是采用PLC编程控制器来实现太阳能循环、辅助加热、热水供应等系统自动控制。

2）定时自动启动系统，即太阳能热水系统的控制除循环系统以外其他系统设备的运行靠时间控制器定时启动运行。

3）按需手动启动系统，即太阳能热水系统设备运行全部按用户的需要，人工控制系统启动运行，来实现太阳能热水系统的工作。

二、常见太阳能热水系统技术特点

各种不同的太阳能热水系统各有不同的特点，在实际应中可以根据不同的地理环境、气候条件、建筑特点、用水性质和要求来选择适合的系统。

1．分户集热—分户储热辅热式太阳能热水系统

集热器的安装位置可为建筑屋顶（平屋面、坡屋面）、立面墙、披檐及阳台栏板等位置。

分户集热-分户储热辅热式太阳能热水系统优点：系统为小型分体式承压供水式，系统简单，使用方便，安全性、可靠性高。太阳能热水系统相互独立、互不干扰、产权明确，由住户负责日常维护，无管理难度；辅助加热设备一般采用定时定温的方式控制，节能效果好；冷热水压可达到绝对平衡，使用较舒适；不存在热水收费的管理问题。

分户集热—分户储热辅热式太阳能热水系统缺点：集热器分户使用，无法达到资源共享；集热器设在屋顶时，非顶层住户热水管线较长；集热器设在立面时，集热器效率下降较多，且集热器设置位置受限；分户管道较多，与建筑配合难度较大。

2．集中集热、分户储热辅热式太阳能热水系统

太阳能集热器集中安装在建筑物的屋面；储热水箱及辅助设备按每户的用量分别设置在各户内；水箱通过太阳能循环泵与屋面集中集热器进行循环；辅助加热装置一般采用电加热，分户设置于户内水箱中。

集中集热、分户储热辅热太阳能热水系统优点：集热器统一安装设置，集热循环管路较少，减少了对公共空间的占用；热水供应系统采用分户式，热水管路较短，承压供水使冷热水压可达到绝对平衡，使用较舒适；集热和供热系统完全独立，确保了用户使用到清洁的热水及热水系统节水效果好等特点；热水系统分户供应，制备热水主要能源为太阳能，辅助能源为分户热水器，且用户各自从分户储热水箱取水，故无需另设热水表，水费、辅助电费计费容易，最大限度地降低了物业管理难度；住户可自主选择是否辅助加热，使用灵活。

集中集热、分户储热辅热太阳能热水系统缺点：系统设计

相对较为复杂，如需着重考虑热量分配不均及高层的压力平衡问题；储热水箱设置在各用户并且承压，成本较高。该系统必须设计成二次换热，使系统热损增加；由于系统的辅助分户设置，因此在各用水终端进行热量补充时，须阻断太阳能循环热水，否则会造成单户辅助系统热量进入太阳能集热系统而无法计量；整个太阳能热水系统不同部分产权归属不尽相同；集热器统一使用，为公有设备（归属物业管理），而各终端设备为各户私有，在设备的使用过程中，易造成责任混乱，设备的管理及问题处理相对易发生纠纷。

3. 集中集热、集中储热供热式太阳能热水系统

太阳能集热系统、储热水箱及辅助部分全部集成化，统一安装集热器，统一设置集中储热水箱及辅助加热设备，然后将热水再次分配至各用水终端的太阳能系统，根据水箱类型可分为承压式系统和非承压式系统两种：承压式系统成本造价较低，一般适合于储水容积较小的系统类型，在日用水量不大于10m^{3}的小型建筑中普遍使用，如小宾馆、部队等。非承压式系统成本造价较低，适合于大容量供水单位，如学校、医院等。

集中集热、集中储热辅热太阳能热水系统优点：太阳能集热系统、辅热系统、供水系统高度集成化，集热系统热损失小；辅助能源系统集中设置相比于分散设置，其初期投入设备功率及运行费用都相对较小，节能优势更加明显；集中式热水供水系统相对于分户式系统便于进行优化设计，热水即取即用，使用舒适从而保证供水品质，实现在节能、节水的前提下达到随时供应，符合用户热水需求的目的；节省了系统管材；系统在集热器面积、辅助功率、热水系统的设计、使用上均存在平衡互补性，可达到资源共享；集热面积相对较小，各种辅助设备较小，初期投资费用低；使用过程中，由于系统对设备的集成整合程度高，因此可以对不同用水点需求的能量进行方便、合理的调节，使太阳能量及系统设备的有效利用率更高，且保证了充足的用水量。

集中集热、集中储热辅热太阳能热水系统缺点：系统集中运行，一旦出现故障，影响面较大；需设置独立的公共设备间，占用建筑物的公共面积；集热器、储热水箱均集中设置，对结构荷载有一定要求；系统采用集中辅助加热，整个系统需随时维持在较高温度（55～60℃），故热损失较大；非承压系统中冷热水水压很难达到绝对的平衡，入住率对热水运行成本有较大影响；需根据太阳能系统的平均运行成本确定热水收费标准，对于需计量的用户安装热水表对热水进行计量收费，相对较为麻烦；在花园小区安装的集中集热、集中储热辅热太阳能热水系统，后期需物业管理部门进行设备的整体维护及管理。

三、适合不同建筑的太阳能热水系统技术

各种建筑物的类型适合不同的太阳能热水系统，新建建筑和既有建筑在设计太阳能热水系统时应充分考虑和遵循节水节能、经济实用、安全可靠、使用方便、维护简便等原则，根据建筑的形式和性质、地理环境、气候条件、当地辅助热源种类的优势、用热水需求等，来选择太阳能热水系统的运行方式、结构形式、供水方式、系统控制方式。可以选择一种或多种类型的太阳能热水系统，也可选择多种方式的结合。

1. 独立式小型别墅住宅、联排别墅太阳能热水系统

该类型的建筑物，一般宜采用分离式太阳能热水系统。太阳能集热器采用寿命长且承压的平板型集热器安装在斜屋面上或嵌入屋顶，可以美观地与建筑结合；储热水箱选择承压式不锈钢或搪瓷水箱安装在地下室或夹层内，应便于维护检修；该系统采用强制循环（自动控制）工作方式，并且自动控温、承压出水。辅助加热方式一般采用电加热或燃气壁挂炉。动力工作站安装在水箱附近。由于供水管道较远应设置回水管道和装置，保证用水品质。非寒冷地区可采用直接循环方式。

2. 12层及以下住宅类建筑太阳能热水系统

该类建筑物的楼顶面积能够满足太阳能集热器的安装需要，集热系统宜采用集中吸热方式，为了方便计量、管理、节能，采用分户储热供水，每一用水终端设置一个承压换热贮水箱，单独进行辅助加热，辅助加热装置可以采用电加热器或带温控的燃气热水器。系统循环采用间接强制循环方式，系统控制宜采用定时自动启动系统。

若楼层较低，可以设计为集中吸热–集中供热水太阳能系统。储热水箱应设计为承压式，以满足用户的用水品质，集热器可采用玻璃管式或平板式，集热循环系统应设计成间接换热强循环系统，在结冰地区平板集热器吸热系统必须用防冻液作为循环工质。

建筑顶层为坡面，则应采用壁挂式或阳台式太阳能热水系统。集热器安装在建筑的南面或西面墙上，或阳台的防护栏外；储热水箱安装在阳台或专门设置的平台及卫生间吊顶内，寒冷地区必须采用间接换热强制循环方式，非寒冷地区可采用直接换热强制循环运行方式。辅助热源为电加热或恒温燃气热水器。

3. 12层以上住宅类建筑太阳能热水系统

12层以上住宅类建筑属于高层建筑，受楼顶面积的限制，安装太阳能集热器的面积不能满足太阳能的保证率，若是坡屋顶更难以实现。因此，太阳能热水系统应设计安装成分散吸热供热水系统或分散吸热供热水加部分集中–分散供热水系统。

高层建筑由于小区容积率的影响，若低楼层部分住户太阳辐照量能够满足标准要求，则可全建筑选择阳台式或壁挂式分体太阳能热水系统，集热器可安装在阳台护栏上或墙壁上并应与建筑的模数相一致。尽量选择安全可靠的平板型盖板为钢化玻璃或不易破损的透明材料的集热器，分体水箱尽量安装在用水点附近，寒冷地区必须采用间接换热强制循环方式，非寒冷地区可采用直接换热强制循环运行方式。辅助热源为电加热或恒温燃气热水器。

若低楼层部分住户太阳辐照量不能够满足标准要求，则低楼层部分应采用集中吸热–分散供热水方式，高楼层部分采用独立的阳台式或壁挂式分体太阳能热水系统，以满足整栋建筑的太阳能热水需求。

4. 教育类学校公寓及企业员工宿舍建筑应用的太阳能热水系统

学校及企业集体宿舍类建筑，一般楼层不是太高，楼面积足以满足太阳能集热器的安装，用水时间较集中、用水点较集中、用水量较稳定，因此，可以选择使用集中集热–集中辅热供水式太阳能热水系统。

该太阳能热水系统（集热器、储热水箱、辅助热源设备）全部安装在建筑屋面，辅助加热设备可采用燃油（气）锅炉、热泵、电加热器。储热水箱一般采用非承压式，节约系统成本。供热水采用定时加压变频供水设备，保证用水终端的水压稳定。若供水要求不高的情况可采用定时直供式，可节约供水装置和回水装置。控制系统采用定时全自动控制方式；用水点安装IC卡控制和计量热水的用量。

5. 酒店类建筑应用的太阳能热水系统

酒店供热水应为全天使用，太阳能热水系统应采用集中吸热-集中辅热供水方式。集热循环系统宜采用定温放水+温差循环方式；储热水箱宜选用承压式并设置恒温水箱，供热水系统设置回水装置，若储热水箱为非承压式则应用变频供水装置PLC控制并设置备用，保证供水的稳定。辅助热源设备宜采用锅炉、热泵并有足够的容量，应设置两套以上且每套的容量不低于总容量的1/2。

6. 医疗卫生机构及公共机构类建筑

该类建筑用水要求一般为分时段供热水，其太阳能热水系统的设计应考虑全天分时段供水的功能。

宜采用的太阳能热水系统是集中吸热-集中辅热供水方式，集热系统可采用定温放水+温差循环方式或自然循环浮球取水方式，也可设置小太阳能循环水箱+较大太阳能储热水箱方式，辅助热源设备设计为外置式加热系统，宜采用锅炉、热泵并有足够的容量，应设置两套以上且每套的容量不低于总容量的1/2。供热水系统应采用定时变频加压回水方式，保证各用水时段的热水供应的压力和质量，并节约用水量。

四、总结

不同的建筑物选择适合的太阳能热水系统，应从方案设计开始对安装不同类型的太阳能系统进行分析。首先，从初期投入分析安装太阳能系统的回收年限，确定系统部品部件的品质、品牌及控制的自动化程度。其次，必须以满足建筑物的用热水需求，来确定太阳能系统的结构类型、设置方式、辅助热源的类型、供水方式的选择。总之，建筑物的太阳能供热水系统应在满足要求的前提下，遵循节水节能、经济实用、安全可靠、使用维修方便的原则。

龙岗体育新城太阳能热水供应模式的探讨

深圳是改革开放的前沿阵地，深圳人骨子里的创新精神一直是这座现代化都市最大的魅力。太阳能热水供应系统在绿色建筑的节能应用，犹如一阵台风在深圳建筑中席卷而来。各家太阳能公司为抢占市场的制高点，纷纷在太阳能热水供应模式上推陈出新。本文就由深圳市嘉普通太阳能有限公司承建的建设部、财政部组织的可再生能源建筑应用示范项目——深圳市龙岗区体育新城安置小区太阳能热水供应模式的创新应用进行探讨与分析，为建筑师进行建筑与太阳能一体化设计提供参考，加速我国太阳能屋顶计划在建筑中的推广应用。

深圳市龙岗区体育新城安置小区是属于本地居民因深圳2011年世界大学生运动会建设而拆迁的安置住房，分A、B、C、D区共21栋建筑，均为高层，以18 ~ 24层居多，最高楼层为34层，共4000户居民，总建筑面积约41万m^2，太阳能安装覆盖面积约 13 万 m^2。

采购单位要求太阳能公司设计的热水供应施工方案必须满足小区全部住户全天候用热水需求，并要求太阳能热水系统与建筑一体化。以往太阳能热水系统在高层建筑中运用的例子并不多，因为与建筑形式结合不好不仅会损害建筑本身的形象，还有可能会破坏建筑本身的结构功能，这成为设计中的一个难点；另一个难点就是高层建筑屋顶面积有限，想住在低层的用户也能共享太阳能资源，不得不寻找其他突破口。困难与机遇并存，体育新城安置小区太阳能热水工程在投标中最后由深圳市嘉普通太阳能有限公司结合集中供热系统和分户供热系统优点，创新设计的集中集热、分户储热承压间接式免计量太阳能热水供应模式胜出。

其工作原理为传热介质（热媒）在集热器中受太阳能辐射温度升高，当集热器阵列传热介质温度高于储热水箱内的水温且达到设定温差（5~10℃）时，太阳能强制循环泵在温差控制器的作用下自动启动，将温度高的传热介质经上循环管送到各户储热水箱换热盘管中，与盘管外的冷水进行热交换，通过热交换温度降低的传热介质再由下循环管进入集热器阵列，继续接受太阳能辐射加热，如此循环使各户储热水箱中的水温不断升高，达到用热水温度，用户打开热水龙头即有热水。

整个系统采用平板型太阳能集热器，集热器集中安装在屋面、阳台或立面墙，与建筑一体化设计，达到太阳能系统与建筑在功能和外观上的完美结合；每户安装一个储热搪瓷水箱。

系统采用PLC全自动控制，触摸屏显示。每栋楼房都安装了太阳能热效率实时监测系统，监测整个龙岗体育新城太阳能热水系统在全年工况下的效率，以及集热器在全年工况下的热效率，用于评估太阳能热水系统和集热器的性能，核对实测效率和设计效率的差别，为系统的运行管理提供数据支撑。

嘉普通公司推出的集中集热、分户储热承压间接式太阳能热水系统与集中热水供应系统相比较优势如下：

1. 太阳能集热器安装位置可灵活布置，可安装在屋面、阳台或立面墙上，解决了集中热水系统太阳能集热器受屋顶面积限制问题。

2. 每户设立一个单独的储热搪瓷水箱，安装在阳台或飘板上，屋面层不再需要因为集中储热水箱而专门作结构加强。

3. 加热系统和供热水系统是独立分开的两个系统，供热水立管无需因楼层高而增设减压阀。

4. 在用热水效果上，储热水箱为承压式，冷热水为同一水源，可保持压力的一致性，用户不必经常调整减水阀。

5. 在用热水卫生上，用户使用的热水和传热介质分开，传热介质通过储热水箱盘管换热，不会对水质造成污染。

6. 在物业管理上，完全不需额外增加热水表来计量热水用量，用水量在用户的冷水表有计量，用电量或燃气在其流量表上记录，管理很方便。

正是鉴于集中集热、分户储热承压间接式太阳能热水系统这些优势，得以在体育新城安置小区推广应用。如今体育新城太阳能热水系统已投入使用两年多，满足了小区住宅楼共2万多人的热水需求。

但是，集中集热、分户储热承压间接式太阳能热水系统这种模式也存在一些问题：

1．增加建筑师工作量及难度，设计时要求建筑师花时间去了解太阳能热水系统。因为为保证太阳能热水系统与建筑一体化，建筑施工图设计时必须把太阳能热水系统考虑进去，按太阳能公司要求，增设相配套的结构形式（如屋面钢架结构、阳台飘板等）及屋内相应热水管道的预埋，同时施工过程中要和太阳能公司密切配合，通力协作。体育新城太阳能项目就是因设计时双方没有密切配合，而导致施工过程中出现很多问题，没有在预期中完成整个太阳能项目。

2．间接式太阳能热水系统传热介质通过储热水箱盘管和水源换热，热效率降低，大概是直接式太阳能热水系统的80%~90%。

3．系统为密闭式承压系统，运行中系统常年承受自来水的压力。

通过以上探讨分析和实际运行情况，总的来说，集中集热、分户储热承压间接式太阳能热水供应模式优势明显，为太阳能热水系统与高层建筑一体化结合开辟了一条全新的道路，扩大了平板型太阳能集热器的适用区域，不管是南方的建筑还是北方的建筑都可以采用这种全新的模式。在南方，太阳能系统可直接采用净化处理的自来水作为传热介质（热媒）；在北方，太阳能系统采用防冻液作为传热介质（热媒），以解决防冻问题。毋庸置疑，集中集热、分户储热承压间接式太阳能热水供应模式将有很好的发展前景。

21世纪的建筑，应是充分利用太阳能、地热能等可再生能源的真正的“绿色建筑”。目前利用可再生能源，提高建筑能效的研究与实践已在我国逐步展开，如何将太阳能利用技术完美融入现代建筑，创造低能耗高舒适度的健康居住建筑，已成为我国主要城市住宅节能验收中的一个关键指标。建筑师在建筑设计阶段就应充分考虑建筑形式、建筑结构和太阳能光热系统、采暖空调等设备的有机结合，做到同步设计、同步施工，同步验收、同步交付使用。

太阳能热水系统商业运营模式的探讨

随着太阳能热水系统的广泛应用，其环保、节能、安全、经济等诸多优点也逐渐被人们所认可。因此，太阳能热水系统的商业化发展必将形成星火燎原之势。

一、太阳能热水系统的概述

1．太阳能热水系统的概念

太阳能热水系统是利用太阳能集热器，收集太阳辐射能把水加热的一种装置，是目前太阳热能应用发展中最具经济价值、技术最成熟、商业化程度较高的一项应用产品。

2．太阳能热水系统的组成

1）太阳能集热器：系统中的集热元件，其功能相当于电热水器中的电加热管。和电热水器、燃气热水器不同的是，太阳能集热器利用的是太阳的辐射热量，故而加热时间只能在有太阳照射的白昼，所以需要配备辅助加热设备，如锅炉、电加热设备等。

2）保温水箱：和电热水器的保温水箱一样，是储存热水的容器。因为太阳能热水器只能白天工作，而人们一般在晚上才使用热水，所以必须通过保温水箱把集热器在白天产出的热水储存起来。容积是每天晚上用热水量的总和。

3）连接管路：将热水从集热器输送到保温水箱，将冷水从保温水箱输送到集热器的通道，使整套系统形成一个闭合的环路。设计合理、连接正确的循环管道对太阳能系统是否能达到最佳工作状态至关重要。热水管道必须做保温处理，必须有很高的质量，保证有20年以上的使用寿命。

4）控制中心：太阳能热水系统与普通太阳能热水器的区别就是控制中心。作为一个系统，控制中心负责整个系统的监控、运行、调节等功能，现在的技术已经可以通过互联网远程控制系统的正常运行。太阳能热水系统控制中心主要由电脑软件及变电箱、循环泵组成。

5）热交换器：板壳式全焊接换热器吸取了可拆板式换热器高效、紧凑的优点，弥补了管壳式换热器换热效率低、占地大等缺点。板壳式换热器传热板片呈波状椭圆形，相对于目前的圆形板片增加热长，大大提高传热性能，广泛用于高温、高压条件的换热工况。

二、商业运营管理模式的概述

商业运营管理模式，也叫经营管理模式（Operation and Management Mode），是企业或组织经营管理的方法论，是在企业或组织内，为使生产、营业、劳动力、财务等各种业务能按经营目的顺利地执行、有效地调整而进行的系列管理、运营的活动的方法。

面对当下太阳能热水系统市场近乎白热化的激烈竞争以及市场和政策的变化，业内诸多太阳能企业似乎陷入了营销的瓶颈。市场疲软、销量下降，同时家电下乡政策即将在我国三省一市结束，如何在这样艰难的市场中选择一种行之有效的运行模式，显得至关重要。墨守成规显然行不通，唯有运营模式突围，方能开辟出一条新的发展道路。个人认为在太阳能热水系统在商业化运营过程中，最具发展前景的模式是“合同能源管理模式（EMC）”。

三、中国太阳能热水系统销售现状及发展方向

1. 中国太阳能热水系统销售现状

2011年的太阳能行业市场整体疲软，据各地传来的消息，在上半年部分企业已经出现半停产甚至停产现象。疲软的市场对于那些已投入巨大资金在各地布局、建设新生产基地、产能将大幅提升的企业而言，带来的压力十分巨大。各企业为促销绞尽脑汁，除了加大赠送礼品的力度外，唱戏、跳舞、扮小丑的促销方式已经出现，甚至美女洗浴、模特人体彩绘都粉墨登场。

很多业内专家在分析当前南方的太阳能市场后认为，目前太阳能产品营销渠道同质化、营销战略同质化、营销手段同质化已经成为制约太阳能市场进一步发展的最大瓶颈。在当前如何实现营销升级，在新形势下再造营销模式，就成为太阳能市场突围的重中之重。

如果说2009年以前，太阳能市场的较快发展主要是基于整个大环境的影响，大企业、大品牌、广渠道、重服务，特别是价格和促销资源上的拉动，使太阳能热水器拥有很大的市场空间，但相对于现如今的太阳能市场当中的大企业、大品牌，尤

其是更多中小企业而言，就需要改变这种“裂隙”中艰难生存状况，必须创新营销手段，将企业未对市场营销给予足够的重视，观念更新，出奇谋练内功，营销花样翻新。

随着太阳能市场整个蛋糕越做越大，实际南方市场营销水平与产业发展速度并不对称，整体上仍处于一种落后状态，缺乏专业营销人才、前瞻性营销方式。今年以来，随着太阳雨、桑乐、四季沐歌、太阳宝、同济阳光、海尔、长虹、美菱等企业在市场营销上的系统性发力，通过将家电、建筑等领域的经验与太阳能的特点相结合，在营销手段和方法实现了全面创新，推出了“城乡联动营销”、“送货车营销”、“农村口碑营销”、“招商会议营销”、“推广培训营销”等特色手段。此外，太阳雨、四季沐歌、皇明、华扬等企业还大打“世博营销”牌。

中国太阳能热水器的年生产量是欧洲的2倍，北美的4倍，现已成为世界上最大的太阳能热水器的生产国和销售国，且产销量仍以每年20%~30%的速度递增。中国太阳能热水器的生产企业有5000多家，但技术实力强、产品质量稳定、售后服务好的企业并不多。行业中存在着大量纷繁芜杂的杂牌企业，这种状况不利于行业的长远发展，这就要求政府部门进行规范，加强监管引导。虽然太阳能热水系统市场现状不如人意，但前景仍看好。随着国民经济和人民生活水平的不断提高，居民环保意识的不断增强，中国太阳能热水器市场潜力巨大。

2. 太阳能热水系统的发展方向

太阳能热水器产业发展至今，已经形成各种类型的较完整的产品体系，这些体系为我国建筑中的太阳能应用的普及奠定了基础。

近年来，我国住宅建筑中太阳能热水器的应用发生了较大变化，太阳能热水器行业为热水进入普通家庭作出了很大的贡献。

1）范围的变化：从农村到城市，从小城市到大城市

太阳能热水器是从我国农村新能源的寻求和开发中发展起来的，在低碳生活的时代主题下，随着太阳能热水器质量的提高和自身系统的完善，太阳能热水将成为城市住宅热水供应的重要组成部分。

2）用户的变化：从零星住户到住宅小区

太阳能热水器最初是在村镇住宅中使用，采用分散式供热水系统，一家一个热水器，逐渐发展到城市住宅中个别住户安装，再到多数住户自行安装，直到现在由建设单位整栋楼或小区统一安装，如北京回龙观的流星花园三区、深圳侨香村经济适用房等。

3）系统的变化：从分户供应到集中供应

分户供应由住户自己管理，这种方式节约用水、便于管理、使用方便、不易产生纠纷，但对于住户较多的集合式住宅来讲，这种方式还存在着总体造价高、布置分散、维修不便、有限的热量不能统筹使用等问题。

集中式相对于分散式有节约初投资、集成化高、热利用效率高的优势，外观处理也较容易。北京密云阳光家园和北京融华世家小区的集中太阳能热水系统都是新的系统代表。

4）能源的变化：从太阳能到太阳能辅助加热

太阳能热水器从最初的闷晒型发展到现在的全玻璃真空管、玻璃-金属真空管型，从技术上有了飞跃的发展，大大提高了太阳能的利用效率，但是，由于环境温度以及太阳辐照的不

可控，使得单纯依靠太阳能供热的系统出水温度和热水量存在不稳定，影响了人们用热水的舒适性和质量。因此，太阳能热水系统的能源已经逐步从只利用太阳能，发展为太阳能与辅助热源组合利用的模式，为建筑提供稳定的热水供应。

5）太阳能产品的变化：从开式系统到闭式系统

目前国内大部分使用的太阳能热水系统，都是开式系统，造价低廉，但水压问题和水质问题先天性不足，影响了用户的使用效果，更好的闭式承压新鲜水太阳能将会越来越多的被百姓认可。

6）经营模式的变化：从零售热水器到工程公司

从以往的生产企业零售太阳能热水器，逐步发展为工程公司承接太阳能热水工程。由工程公司对太阳能热水系统统一设计施工，可有效解决屋面安装太阳能造成的防水问题，对建筑外观影响较小，同时可统筹使用太阳能。

四、合同能源管理模式

随着太阳能行业销售瓶颈的日益凸显及太阳能热水系统发展方向的明朗化，一种新型的太阳能热水系统的运营模式应运而生，它就是合同能源管理模式。

1．合同能源管理的概念

合同能源管理（简称“EMC”）是一种新型的市场化节能机制。其实质就是以减少的能源费用来支付节能项目全部成本的节能业务方式。这种节能投资方式允许客户用未来的节能收益为工厂和设备升级，以降低目前的运行成本；或者节能服务公司以承诺节能项目的节能效益或承包整体能源费用的方式为客户提供节能服务。

能源管理合同在实施节能项目的企业（用户）与节能服务公司之间签订，它有助于推动节能项目的实施。在传统节能投资方式下，节能项目的所有风险和所有盈利都由实施节能投资的企业承担；在合同能源管理方式中，一般不要求企业自身对节能项目进行大笔投资。概括地说，合同能源管理模式是节能服务公司通过与客户签订节能服务合同，为客户提供能源审计、项目设计、项目融资、设备采购、工程施工、设备安装调试、人员培训、节能量确认和保证等一整套的节能服务，并从客户进行节能改造后获得的节能效益中收回投资和取得利润的一种商业运作模式。

2．合同能源管理的类型

1）节能效益分享型

节能改造工程前期投入由节能公司支付，客户无需投入资金。项目完成后，客户在一定的合同期内，按比例与公司分享由项目产生的节能效益。具体节能项目的投资额不同，节能效益分配比例和节能项目实施合同年度将有所有不同（此类型是国家《合同能源管理财政奖励资金管理暂行办法》规定中财政支持对象）。

2）节能效益支付型（又名：项目采购型）

客户委托公司进行节能改造，先支付一定比例的工程投资，项目完成后，经过双方验收达到合同规定的节能量，客户支付余额，或用节能效益支付。

3）节能量保证型（又名：效果验证型）

节能改造工程的全部投入由公司先期提供，客户无需投入资金，项目完成后，经过双方验收达到合同规定的节能量，客户支付节能改造工程费用。

4）运行服务型

客户无需投入资金，项目完成后，在一定的合同期内，服务公司负责项目的运行和管理，客户支付一定的运行服务费用。合同期结束，项目移交给客户。

3. 合同能源管理的实现方式

1）能源审计

针对用户的具体情况，对各种耗能设备和环节进行能耗评价，测定企业当前能耗水平。此阶段是服务公司为用户提供服务的起点，由公司的专业人员对用户的能源状况进行审计，对所提出的节能改造的措施进行评估，并将结果与客户进行沟通。

2）节能改造方案设计

在能源审计的基础上，由服务公司向用户提供节能改造方案的设计，这种方案不同于单个设备的置换、节能产品和技术的推销，其中包括项目实施方案和改造后节能效益的分析及预测，使用户做到"心中有数"，以充分了解节能改造的效果。

3）能源管理合同的谈判与签署

在能源审计和改造方案设计的基础上，EMC与客户进行节能服务合同的谈判。在通常情况下，由于EMC为项目承担了大部分风险，因此在合同期（一般为8至10年左右）EMC分享项目的大部分的经济效益，小部分的经济效益留给用户。待合同期满，EMC不再和用户分享经济效益，所有经济效益全部归用户。

4）项目投资

合同签订后，进入了节能改造项目的实际实施阶段。由于接受的是合同能源管理的节能服务新机制，用户在改造项目的实施过程中，不需要任何投资，服务公司根据项目设计负责原材料和设备的采购，其费用由服务公司支付。

5）施工、设备采购、安装及调试

根据合同，项目的施工由EMC负责。在合同中规定，用户要为EMC的施工提供必要的便利条件。即服务公司提供的服务是"综合型"的服务，既有设计、施工、安装调试等软服务，同时也为用户提供节能设备及系统等实物。而作为服务的一部分，这些节能设备及所形成的系统也将由服务公司投资采购。

6）人员培训、设备运行、保养及维护

在完成设备安装和调试后即进入试运行阶段。服务公司还将负责培训用户的相关人员，以确保能够正确操作及保养、维护改造中所提供的先进的节能设备和系统。而且，在合同期内，由于设备或系统本身原因而造成的损坏，将由服务公司负责维护，并承担有关的费用。

7）节能及效益监测、保证

改造工程完工后，服务公司与用户共同按照能源管理合同中规定的方式对节能量及节能效益进行实际监测，确认在合同中由服务公司方面提供项目的节能水平，作为双方效益分享的依据。

8）节能效益分享

由于对项目的全部投入（包括能源审计、设计、原材料和设备的采购、土建、设备的安装与调试、培训和系统维护运行等）都是由EMC提供的，因此在项目的合同期内，EMC对整个项目拥有所有权。用户将节能效益中应由EMC分享的部分逐季或逐年向EMC支付项目费用。在根据合同所规定的费用全部支付完毕以后，EMC把项目交给用户，用户即拥有项目的所有权。

五、太阳能热水系统实行合同能源管理模式的优劣分析

1．实行合同能源管理模式的优势（Strength）分析

1）用能单位不需要承担节能项目实施的资金、技术风险，并在项目实施降低用能成本的同时，获得实施节能带来的收益和获取EMC提供的设备。

2）节能效率高，EMC项目的节能率一般在5%~40%，最高可达50%。

3）改善客户现金流，客户借助EMC实施节能服务，可以改善现金流量，把有限的资金投资在其他更优先的投资领域。

4）使客户管理更科学，客户借助EMC实施节能服务，可以获得专业节能资讯和能源管理经验，提升管理人员素质，促进内部管理科学化。

5）提升客户竞争力，客户实施节能改进后，减少了用能成本支出，提高了产品竞争力。同时还因为节约了能源，改善了环境品质，建立了绿色企业形象，从而增强市场竞争优势。

6）节能更专业，由于EMC是全面负责能源管理的专业化"节能服务公司"，所以能够比一般技术机构提供更专业、更系统的节能技术。

7）节能有保证，EMC可向用户承诺节能量，保证客户可以在项目实施后即刻实现能源利用成本下降。

8）投资回收短，EMC项目投资额较大，但投资回收期短。从已经实施的项目来看，投资回收期平均为1～3年。

9）市场机制及双赢结果，EMC为客户承担了节能项目的风险，在客户见到节能效益后，才与客户一起分享节能成果，而取得双赢的效果。

2．实行合同能源管理模式的劣势（Weakness）分析

EMC在中国的运营实践表明，基于市场的合同能源管理机制适合中国国情，不仅颇受广大耗能企业的欢迎，其他如节能服务机构、能源企业、节能设备生产与销售企业、节能技术研发机构也非常欢迎，同时也引起不少节能投资机构的兴趣。从众多运营商的运营实践分析，成功的原因除了中国存在着巨大的节能潜力和广阔的节能市场之外，还有合同能源管理机制的因素，这方面更加重要。

1）节能项目的全过程服务，给合同能源提供商增大了压力和难度。

合同能源管理机制规定，实施节能项目的EMC要向客户提供项目全过程服务，包括融资，这一点颇受大中小型耗能企业和各类耗能用户欢迎，也是一般运营机制无可比拟的。但是，与此同时也给合同能源提供商增大了压力和难度。

2）承担节能项目的全部风险。

合同能源管理机制的另一特点是EMC用合同方式保证客户获得足够的节能量，而且以分享项目获得的部分节能效益收回投资和利润，这就意味着EMC为客户承担了技术风险和经济风险，各类客户都十分欢迎。对于由节能设备供应商和节能新技术持有者组建的EMC，更有利于快速占领市场。

3）节能项目的融资，需要合同能源提供商有雄厚的资金实力。

客户接受了合同能源管理机制，即可实现自身不投入或少

投入资金完成节能技术改造。这一优势在当前我国大部分企业资金短缺的形式下尤其受欢迎。EMC使用的资金是自有资金、世行贷款和其他贷款。

4）对合同能源提供商综合实力要求高。

按照合同能源管理机制运营的EMC是专业化的节能服务企业，一般具有节能信息广泛，项目运作经验丰富，可以成捆实施节能项目等优势，这为减少项目的前期投入，采购廉价设备，降低施工费用奠定了基础。

3．合同能源管理与其他模式的区别

1）与设备制造商、销售商及贸易中介商销售行为的区别

EMC虽然在为客户进行节能改造时提供原材料及设备，但它并不像制造商或供应商那样仅仅提供某种单一设备，而是节能改造所需的全部技术、原材料及设备，并且按照合同要求进行一系列的服务，向客户保证节能效果，在合同期设备所有权属于EMC，因此不等同于一般设备制造商的销售行为，当然也不同于以赚取中间差价为目的的各种贸易公司的销售行为。

2）与技术服务及咨询的区别

EMC虽然为客户提供采购、安装、调试、运行和维护等多种服务，但这些只是整个项目中不可分割的一部分，是一个包含提供融资和多种技术服务在内的体系。不像一般的技术服务、咨询机构，只提供某一方面的技术服务或咨询，不提供融资服务。

4．合同能源管理项目成功经验

2004年，深圳市鹏桑普太阳能股份有限公司在中山大学签订首个太阳能能源管理合同项目，为中山大学老校区宿舍安装了太阳能热水工程项目。通过几年的试运行及运营管理，鹏桑普不仅收到了可观的服务回报，整个太阳能热水系统也保持稳定和低价的运营状态，取得了巨大的经济效益和社会效益。截至目前，鹏桑普已在华中科技大学、中南财经政法大学等6所大学开展太阳能热利用合同能源管理项目经营，第一期已交付学校使用，反响良好，第二期正在紧张安装中，项目全部安装完成后，将惠及23万名大学生。2011年11月初，鹏桑普签订了深圳市高新技术园区北区员工宿舍太阳能中央供热水系统采用合同能源管理项目，设计安装鹏桑普公司自主研发的新型平板太阳能集热面积3万m^2，覆盖建筑面积约30万m^2，日供热水量为2500m^3，可满足50000人使用热水需求。

专家指出，太阳能合同能源管理，这种客户零投资、零风险的经营模式为既有建筑上安装太阳能提供了可行和快捷的解决方案，这不单给深圳可再生能源示范城市探索出一条新路，更为我国太阳能热利用在城市的规模化应用和推广打下坚实的基础。随着深圳高新北区合同能源管理项目的实施，意味着太阳能合同能源管理已经进入规模化普及应用阶段。

六、太阳能热水系统实行商业运营管理模式的建议

1．加大对新型运营模式的政策支持和引导

运营模式博弈的背后是国家经济实力的对比和较量，以“生产厂家”+“代理商”的模式已经跟不上当下太阳能被普遍应用的步伐，太阳能企业只有实行新型运营模式才能突破重围，才能有出路。在目前的经济条件下，建议政府积极推动企业创新运行模式，把突围运营模式纳入太阳能行业发展的总体规划中，积极引导有实力的企业走新型运营模式路线，同时政

府尽可能从宏观角度创造新型运营模式成长的环境。

2. 加强运营模式的过程管理

产品的质量是第一位，所以要保证产品的质量，然后就是完善实施过程中的一切细节，还有很重要的一点是提升服务人员的素质，加强公司内部人员的沟通和交流。

1）保证产品的质量。产品的基础是质量，国际著名品牌没有哪一个公司会忽视对质量的追求，只有过硬的产品质量才能为企业开拓更大的市场，赢得更好的行业口碑。

2）完善实施过程中的一切细节。新型的太阳能热水系统运营模式，其环节特别多，也就注定其实现过程十分漫长，如果想成就最后的成功，这个过程必须严格控制，不能出现大的纰漏，这就要求企业的工作人员在工作中认真负责，不能懈怠。

3）提升服务人员素质。在新型的运营模式中，服务人员也是十分重要的因素，所以在公司招聘技术人员时，要把好关。另外，公司内部的信息一定要保持畅通，以便信息更好地交流，为领导决策提供最大的便利。

随着节能环保的日益盛行，太阳能已经成为时代的新宠，太阳能行业风起云涌，太阳能热水系统必将走向千家万户。想在这个行业，独树一帜，必须有自己的一套运营模式，现在看来，鹏桑普太阳能股份有限公司使用的合同能源管理模式新颖独特、标新立异，可能将引起新一轮的热潮。

参考文献：

[1] 胡润青，李俊峰.全球太阳能热水器产业与技术发展状况及启示.太阳能.2007（2）：8-11.

[2] 郭晓洁.太阳能热水系统与建筑一体化应用技术研究.同济大学，硕士论文，2006.

[3] 杨阳腾.中国太阳能网.

[4] 袁家普.太阳能热水系统手册.

EMC模式在太阳能热水系统中的应用

一、太阳能热水系统的应用趋势

中国大陆经过30多年的改革开放，经济快速增长，各项建设也取得了巨大成就。但也付出了资源和环境被破坏的巨大代价。针对日益严峻的资源和环境问题，我国在“十一五”初提出了节能减排的规划纲要。

节能减排：即节约物质资源和能量资源，减少废弃物和环境有害物的排放。

站在“十一五”的开局之年，中国明确提出了“十一五”节能减排的目标：即到2015年，单位GDP二氧化碳排放降低17%；单位GDP能耗下降16%；非化石能源占一次能源消费比重提高3.1个百分点，从8.3%到11.4%；主要污染物排放总量减少8%到10%的目标。此外，“十一五”规划中还明确了主要污染物控制总类，在“十一五”化学需氧量、二氧化碳这两个类别基础上，增加了氨氮和氮氧化物两个类别的污染物控制指标。“十一五”规划提出的约束性指标更加明确了国家节能减排的决心。

化石能源作为不可再生能源，有其利用年限。对化石能源的依存度太高，是对能源安全的一大挑战；同时使用化石能源造成的二氧化碳、二氧化硫等温室气体排放引起的全球气候变暖，备受国际社会广泛关注。1997 年,《联合国气候变化框架公约》缔约方在日本通过了《京都议定书》，对各国温室气体的排放标准作了规定。该条约在 2005 年 2 月 16 日开始生效，中国于 1998 年 5 月签署并于 2002 年 8 月核准了该议定书。2011 年 11 月 28 日至 12 月 9 日在南非德班举办的第 17 次《联合国气候变化框架公约》缔约方会议决定实施《京都议定书》第二承诺期，作为负责任的发展中国家的中国，为了国家及全球利益，积极践行节能减排并积极寻求可再生清洁能源。

太阳能作为可再生的优质清洁能源，具有不受区域限制的普遍性的特色、又有用之不竭和无害性的好处。植物利用它进行光合作用，人类初期用它来晾晒食物和衣物，随着时代和科技的进步，现在既可以用光伏技术发电又可以用光热技术制造热水。

太阳能热水系统就是利用太阳能集热器吸收太阳能的辐射能并转化成热能对介质水进行加热，提供热水的系统。中国蕴藏着丰富的太阳能资源，太阳能利用前景广阔。目前，我国太阳能产业规模已位居世界第一，是全球太阳能热水器生产量和使用量最大的国家。经过多年的发展，中国太阳能热水器产业已形成较为完整的产业化体系。

目前从能源供应安全和清洁利用的角度出发，世界各国都把太阳能的商业化开发和利用作为重要的发展趋势。欧盟、日本和美国把2030年以后能源供应安全的重点放在太阳能等可再生能源方面。预计到2030年太阳能发电将占世界电力供应的10%以上，2050年达到20%以上。大规模的开发和利用使太阳能在整个能源供应中将占有一席之地。

我国2006年施行的《可再生能源法》，为太阳能利用产业的发展提供了政策的保障。中国能源战略的调整，使得政府加大了对可再生能源发展的支持力度。所有的这些都为中国太阳能利用产业的发展带来极大的机会。

对深圳而言，深圳市地处北回归线以南，日照条件良好，太阳辐射量丰富，年辐射量为5225MJ/m^2，全年约242天具有采集太阳能的条件。在《深圳经济特区建筑节能条例》中，太阳能建筑应用是一项强制制度，《深圳经济特区建筑节能条例》规定，新建多层民用建筑，如没有安装设置太阳能热水系统，建设主管部门将不予办理施工许可证，不予办理专项验收手续；与此同时，深圳还积极实施太阳能屋顶计划，具备太阳能集热条件的新建12层以下住宅建筑，将强制安装太阳能热水系统。预计“十二五”之后，深圳将推广太阳能光热应用建筑面积达1600万m^2。

从深圳、从中国、从世界范围来看，太阳能的利用具有不可逆转之势，作为太阳能利用分支之一的太阳能光热热水系统也具有广泛前景。充分利用太阳能，不仅有良好的生态效益、社会效益，而且有很好的经济效益。

二、太阳能热水系统的投资主体

随着太阳能热水系统在技术上的突破和完善，随着人们对太阳能利用的逐步了解及环保意识的加强，随着国家支持政策的陆续出台及在转方向、调结构、节能创新、低碳环保的大背景下，越来越多的个人（家庭）、企业、事业、政府成为了太阳能热水系统的投资者。

三、太阳能热水系统的资金来源

个人（家庭）对太阳能热水系统的投资主要用于满足提升自身生活品质所需，资金的投入量也不大，而且很多地方政府对于安装太阳能热水系统的家庭用户会有一定的资金补贴，有需求的家庭均能负担；酒（旅）店业、集中安排职工宿舍的企业，其太阳能热水系统的资金来源是企业自有资金，通过后期的节能效益来对冲前期的投资；学校、医院等事业单位，以及保障房项目的太阳能热水系统的资金是来源于政府，通过政府财政拨款方式解决建设资金问题。学校，特别是高校以及大型保障房小区，具有人员基数大、对热水需求大的特征。在这些单位实施太阳能屋面计划，是各级政府完成“十一五”规划目标、节能减排、低碳环保效果最能显现的地方，但是建设这样的太阳能热水系统，建设规模比较大，资金需求也比较庞大，需要各级政府有强大的财政支持。

四、合同能源管理——EMC

按以上“太阳能热水系统的资金来源”分析可知，一般建设项目传统的方式是：谁投资，谁拥有，谁受益。随着社会的发展，其他的投资经营模式也走进了人们的视野，比如EMC。

EMC（Energy Management Contract），即合同能源管理。它是20世纪70年代中期以来，一种基于市场的、全新的节能项目投资机制，在市场经济国家中得到了长足发展。而基于合同能源管理这种节能项目投资新机制运作的专业化的“节能服务公司”的发展也十分迅速，尤其是在美国、加拿大，“节能服务公司”已发展成为新兴的节能产业。

合同能源管理是EMC公司通过与客户签订节能服务合同，为客户提供包括：能源审计、项目设计、项目融资、设备采购、工程施工、设备安装调试、人员培训、节能量确认和保证等一整套的节能服务，并从客户进行节能改造后获得的节能效益中收回投资和取得利润的一种商业运作模式。

合同能源管理的优势：

合同能源管理机制的实质是一种以减少的能源费用来支付节能项目全部成本的节能投资方式。这样一种节能投资方式准许企业或政府使用未来的节能效益，以及降低目前的运行成本。能源管理合同在实施节能项目投资的企业或政府与专门的盈利性能源管理公司之间签订，它有助于推动节能项目的开展。在传统节能投资方式下，节能项目的所有风险和所有营利都由实施节能投资的企业或政府承担；在合同能源管理方式中，一般不要求企业或政府自身对节能项目进行大笔投资。具有：

1．节能更专业：EMC企业提供能源诊断、改善方案评估、工程设计、工程施工、监造管理、资金与财务计划等全面性服务，全面负责能源管理。

2．技术更先进：EMC企业背后有国内外最新、最先进的节能技术和产品作支持，并且专门用于节能促进项目。

3．节能有保证：EMC企业可以向被服务企业或政府承诺节能量，保证客户可以马上实现能源成本下降。

4．客户风险低：被服务企业或政府无须投资大笔资金即可导入节能产品及技术，专业化服务，风险很低。

5. 改善现金流：企业或政府借助EMC企业实施节能服务，可以改善现金流量，把有限的资金投资在其他更优先的投资领域。

6. 提升竞争力：企业或政府实施节能改进，节约能源，减少能源成本支出，改善环境品质，节能减排政绩或成绩显著，建立绿色企业或政府形象，增强企业市场竞争优势或城市生态环境竞争力。企业或政府借助EMC企业实施节能服务，可以获得专业节能资讯和能源管理经验，提升管理人员素质，促进内部管理科学化。

EMC在20世纪90年代末期引入了中国大陆，进入大陆后取得了很有成效的业绩。相关部门同世界银行、全球环境基金共同开发和实施了“世行/全球环境基金中国节能促进项目”，在北京、辽宁、山东成立了示范性合同能源管理公司。运行几年来，3个示范合同能源管理公司项目的内部收益率都在30%以上。项目一期示范的节能新机制获得很好的效果，即以营利为目的的3家示范公司运用合同能源管理模式运作节能技改项目很受用能企业的欢迎；所实施的节能技改项目99%以上成功，获得了较大的节能效果、温室气体二氧化碳减排效果和其他环境效益。鉴于此，国家发改委与世界银行共同决定启动项目二期。2003年11月13日，项目二期正式启动。在中国投资担保有限公司设立世行项目部为中小企业解决贷款担保的难题，并专门成立了一个推动节能服务产业发展，促进节能服务公司成长的行业协会——中国节能协会节能服务产业委员会（EMCA）。

五、EMC在热水系统中的应用

随着“十一五”规划的推进，产业结构的调整以及基础设施、教育、医疗、就业等民生问题已成为政府的工作重点。为了节能减排的目标，新能源利用是不二选择，其中就包括太阳能热水系统利用；为了弥补以前欠账太多的民生问题，有限的财政将会向民生倾斜；在这种情况下，越来越多的地方政府采用EMC模式应用到太阳能热水系统的建造和管理上。

早在2004年，深圳的太阳能企业--深圳市鹏桑普太阳能股份有限公司就提出了EMC模式在太阳能热水系统上的应用，并实施在了几个大型的具体项目中，取得了比较好的成绩。

广州中山大学太阳能热水系统 EMC 项目，共使用安装了 5450m^2 的太阳能平板集热器，采用集中集热和集中供热方式为校区宿舍提供热水。深圳市鹏桑普太阳能股份有限公司负责建造和安装所需的资金和技术，安装使用后在一定期限内通过对使用热水人员按流量收取一定费用方式获取收益。学校方只需提供安装使用场所，无需资金投入，投资方在一定期限内也有合理而稳定的收益，同时据测算每年可减少二氧化碳排放量 1430t、可节省标准煤使用 650t，形成了一个多赢局面。

北京理工大学珠海校区太阳能热水 EMC 项目，该项目共安装使用了 4484m^2 的太阳能集热板，据测量和计算每年可减少二氧化碳排放量 1180t、可节省标准煤使用 530t。

深圳市南山区科技园北区东部物业管理区宿舍预计安装使用30000m^{2}的太阳能集热板，可同时提供满足5万人使用的热水。部分已陆续安装并投入使用，全部安装完成投入使用后，其节能减排效果将非常可观，预计每年可减少二氧化碳排放量7920t、可节省标准煤使用3120t。

深圳市节能减排、低碳环保示范性大型经济适用房小区——侨香村，集热器安装总面积达7028m^3，总热水供应量508m^3。2012年业主入住后也将实行合同能源管理模式。

六、结论

为了实现我国经济的可持续发展，为了人类生存环境，减少化石能源的使用，开发使用包括太阳能在内的新能源势在必行；为了实现我国的长治久安和社会和谐，增进中国人民的幸福感，民生问题必须也必将引起各级政府的重视；政府在利用财政和发行政府债券举债建设的同时也把目光投向了有实力的企业，充分吸引和利用企业资金来投资一些行业，实现社会效益、经济效益、生态效益多赢的局面。在太阳能热水系统的建造和维护上，合同能源管理的优势非常明显，实践证明是可借鉴和可行的。

附录A 相关技术标准

中华人民共和国国家标准

太阳能热利用术语

Solar energy – Thermal application–Terminology

GB/T 12936 – 2007

前　言

本标准与ISO 9488：1999《太阳能术语》的一致性程度为非等效。

本标准代替GB/T 12936.1-1991《太阳能热利用术语　第一部分》和 GB/T 12936.2-1991《太阳能热利用术语　第二部分》。部分保留并修改了原GB/T 12936.1-1991和GB/T 12936.2-1991中的相关术语。

本标准与GB/T 12936.1-1991和GB/T 12936.2-1991相比主要变化如下：

——原GB/T 12936.1-1991和GB/T 12936.2-1991合并，共分为11章；

——原GB/T 12936.1-1991和GB/T 12936.2-1991共有282条术语，本次修改后共311条术语。

本标准的附录A、附录B和附录C为资料性附录。

本标准由全国能源基础与管理标准化技术委员会提出。

本标准由全国能源基础与管理标准化技术委员会新能源与可再生能源分委员会归口。

本标准起草单位：中国标准化研究院、北京市太阳能研究所、中国气象科学研究院。

本标准主要起草人：王炳忠、何梓年、赵跃进、李爱仙。

本标准于1991年5月22日首次发布，本标准为第一次修订。

1　范　　围

本标准规定了太阳能热利用中有关天文、辐射、部件和系统的相关术语。

本标准适用于太阳能热利用标准的制定，技术文件的编制，专业手册、教材和书刊等的编写和翻译。

2　太阳几何学

2.1　太阳　sun

太阳系的中心天体，是地球上光和热的源泉。

注：它发射的辐射在数量上与5777K的全辐射体相当。5777K系接太阳常数1367W/m^{2}推定。

2.2　天球　celestial sphere

以观测者为中心，以无限长为半径的假想球体。

注：天文学中用以标记和度量天体的位置和运动。天体的位置即指沿天球中心至该天体方向在球面上的投影。

2.3　天轴　celestial axis

通过天球中心的自转轴。

注：天轴与地球的自转轴平行。

2.4　天极　celestial pole

天轴与天球相交的交点。

注：交点有两个，北半天球上的为北天极，南半天球上的为南天极。

2.5　天顶　zenith

通过观测点的铅垂线向上延伸与天球的交点。

2.6　天底　nadir

通过观测点的铅垂线向下延伸与天球的交点。

2.7　天赤道　celestial equator

通过天球中心并垂直于天轴的平面与天球相交的大圆。

2.8　天球子午圈　celestial meridian

天球上通过天顶和天极的大圆。

2.9　时圈　hour circle

赤经圈　right ascension circle

天球上通过两天极的任意大圆。

2.10　地平面　horizontal plane

地球表面观测点以错垂线为法线的切平面。

2.11　地平圈　horizontal circle

通过天球中心并垂直于天顶和天底连线的平面与天球相交的大圆。

2.12　地平经圈　vertical circle

天球上通过天顶和天底的任意大圆。

2.13　赤纬　declination

某天体所在时圈上，天赤道与该天体之间的夹角。

注：以天赤道为零，向北为正，向南为负。单位为度（°）、分（′）、秒（″）。

2.14　太阳赤纬　solar declination

日面中心的赤纬。

注：太阳赤纬在春秋分时为0，一年之间约在+23° 27′（夏至）和—23° 27′（冬至）之间变化。

2.15　时角　hour angle

在天赤道上天球子午圈与某天体所在时圈的夹角。

注1：天球子午圈与地平圈在南方的交点为南点，在北方的交点为北点。

注2：以天球子午圈南点为零，偏西为正，偏东为负。单位为时（h），分（min）、秒（s）或度（°）、分（′）、秒（″）。二者的换算关系是：

$$1h=15°$$

2.16　太阳时角　solar hour angle

日面中心的时角。

注：在24h内太阳时角大约改变360°（每小时约15°）。此角正午前为负，正午后为正。时角（以度数表示）=15×（h-12），式中h是以小时表示的太阳时。

2.17　高度角　altitude angle，elevation angle

地平纬度

在某天体所处地平经圈上，该天体与地平圈之间的夹角。

注：以地平圈为基点，向上为正，向下为负，单位为度（°）、分（′）、秒（″）。

2.18　太阳高度角　solar altitude angle，solar elevation angle

h

日面中心的高度角。

2.19　方位角　azimuth

地平经度

在地平圈上某天体所在地平经圈与天球子午圈之间的夹角。

注1：天文学中，在北半球以南点为起点，顺时针方向为正，逆时针方向为负。单位为度（°）、分（′）、秒（″）

注2：地学中，则以北点为起点，沿顺时针方向测定。

2.20　太阳方位角　solar azimuth angle；soalr azimuth

γ_s

日面中心的方位角。

2.21 天顶距 zenith distance

天顶角 zenith angle

在某天体所在的地平经圈上，天顶与该天体之间的夹角。

2.22 太阳天顶角 solar zenith angle

θ_z

日面中心的天顶角。

注：太阳高度角与太阳天顶角二者互为余角，即：θ_z=90° –*h*。

2.23 太阳行程图 sun—path diagram

以高度角和方位角为坐标，表示某地不同日期从日出至日没太阳运行轨迹的一种图示。

注1：目前有许多不同的投影方法都在使用。

注2：如果使用太阳时，则对同一纬度上的所有位置该图表都是可用的。

2.24 日地平均距离 mean earth—sun diatance

天文单位 astronomical unit

地球在公转轨道上至太阳距离的周年平均值。

注：日地平均距离约为1.496 × 108km。

2.25 日面 sdar disk;sun′ s disk

在地面观察到的太阳圆形外观。

注：日面直径的视角平均为31′ 59.3″。

2.26 日出 sunrise

太阳上升时，日面上边缘与地平圈相切的时刻。

2.27 日没 sunset

太阳下落时，日面上边缘与地平圈相切的时刻。

2.28 中天 culmination

天体通过观测点的天球子午圈的时刻。

注：一日内有两次中天，天体距天顶较近的一次为上中天，距天底较近的一次为下中天。

2.29 太阳正午 solar noon

视正午

视午

日面中心上中天的时刻。

2.30 真太阳日 solar day

视太阳日 apparent solar day

日面中心连续两次上中天所经历的时间。

2.31 真太阳时 solar time

视时 apparent solar time

以太阳时角作标准的计时系统。

注：真太阳时以日面中心在该地的上中天的时刻为零时。

2.32 平太阳 mean sun

以太阳周年运行的平均速度沿天赤道作等速运动的假想天体。

2.33 平正午 mean noon

平午

平太阳上中天的时刻。

2.34 平太阳日 meen solar day

平太阳连续两次下中天所经历的时间。

2.35 平［太阳］时 mean solar time

民时

以平太阳时角作标准的计时系统。

注：平［太阳］时以平太阳在该地所在时区中央子午线下中天的时刻为零时。

2.36 时差 equation of time

真太阳时角与平太阳时角之差。

注1：按照定义，时差的表达式为：时差=真太阳时-平太阳时。由于真太阳时的零时与平太阳时的零时分别对应于上中天和下中天，而二者相差12h，故表达式应为：时差=（真太阳时+12h）-平太阳时。

注2：时差可正可负，每年有4次为零，最大值可达16min多。

2.37 区时 zoon time

时区内中央子午线的平太阳时。

注：我国通用的北京时系东8时区中央子午线（东经120°）的平太阳时。

2.38 世界时 universal time（UT）

格林尼治平时 Greenwich mean time（GMT）

格林尼治子午线处的平太阳时。

注1：格林尼治子午线也称本初子午线，亦即地理经度为零的地方。

注2：世界时与北京时相差8h。

2.39 远日点 aphelion

地球绕日运动轨道上距太阳最远的点。

注：在远日点处，地球离太阳的距离约为1.52×108km，时值7月初。

2.40 近日点 perihelion

地球绕日运动轨道上距太阳最近的点。

注：在近日点处，地球离太阳的距离约为1.47×108km，时值1月初。

3 辐射和辐射量

3.1 辐射 radiation

能量以电磁波或粒子形式的发射或传播。

3.2 辐射能 radiant energy

以辐射形式发射、传播或接收的能量。

注：辐射能的测量单位为焦［耳］（J）。

3.3 辐［射］功率 radiant power

辐［射能］通量 radiant energy flux；radiant flux；flux of radiation

Φ

以辐射形式发射、传播或接收的功率。

注1：辐射功率的测量单位为瓦［特］（W）。

3.4 辐［射］照度 irradiance

E（G）

照射到表面一点处的面元上的辐射能通量除以该面元的面积。

注：辐［射］照度的测量单位为瓦［特］每平方米（W/m^2）。

3.5 光谱辐［射］照度 spectral irradiance

辐［射］照度的光谱密集度 spectral concentration of irradance

E_λ

在给定波长附近的无穷小范围内，辐射照度与该波长间隔之商。

注：测量单位为毫瓦每平方厘米纳米［mw/（cm^2·nm）］。光谱密集度也可表示为频率或波数的函数，此时下标改为ν或σ。

3.6 平均辐［射］照应 average irradiance

（1）给定时段内的曝辐量与该时段内持续秒数之商；

（2）给定时段内若干次辐照度测量值的平均值。

3.7 辐［射］出［射］度 radiant exitance

M

离开表面一点处面元的辐射功率除以该面元面积。

注1：辐［射］出［射］度的测量单位为瓦［特］每平方米（W/m^2）。

注2：以前称为辐射发射度（radant emittance）。

注3：辐射能可能以发射、反射和/或透射的形式离开表面。

3.8 曝辐［射］量 radiance exposure

辐照量 irradiation

H

接收到的辐射能的面密度。

注1：曝辐［射］量的测量单位为焦［耳］每平方米（J/m^2）。

注2：等效定义是：辐照度对时间的积分。

注3：在紫外辐射疗法和光生物学中，该量称为剂量。

3.9 等曝辐量线 isorad

地图上连接给定时段（如日、月、年）内曝福量相等各点的曲线。

3.10 全辐射体 full radiator；full emitter

黑体 black body

对任意波长、入射方向和偏振情况的所有入射辐射能全部吸收的辐射体。在给定温度下，这种辐射体对所有波长具有最大的辐［射］出［射］度。

3.11 太阳能 solar energy

太阳以电磁能的形式发射、传播或接收的辐射能。

注1：太阳能的波长区域主要是0.3μm~3.0μm。

注2：太阳能一般是指通过对太阳辐射的捕获和转换而获得的能量。

3.12 太阳辐射 solar radiation

日射

太阳以电磁波或粒子形式发射的能量。

3.13 太阳通量 solar flux

来自太阳的辐射通量。

3.14 地外太阳辐射 extraterrestrial solar radiation

地外日射

地球大气层外的太阳辐射。

3.15 太阳常数 solar constant

E_0

大气层外日地平均距离处的法向直接日射辐照度。

注：太阳常数并非严格的物理常数，世界气象组织1981年发布的数值为$1367W/m^2 \pm 7W/m^2$。

3.16 太阳光谱 solar spectrum

太阳辐射分解为单色成分后，按波长、波数或频率顺序作出的分布。

注：按波长由短至长的顺序依次为：宇宙射线、γ射线、X射线、紫外线、可见光、红外线、微波、无线电波和射电辐射等。

3.17 紫外辐射 ultraviolet radiation

波长小于可见辐射而大于X射线的电磁辐射。

注：波长在100nm~400nm之间的紫外辐射又可细分为3个波段：UV-A（315nm~400nm）、UV-B（280nm~315nm）和UV-C（100nm~280nm）。介于1nm~100nm之间的紫外辐射称为真空紫外辐射。

3.18 可见辐射 visible radiation

光　light

能够直接引起人类视觉的电磁辐射。

注：人类视觉范围的光谱界限，因人而异。一般，短波端在380nm ~ 400nm之间，而长波端在760nm~780nm之间。国际照明委员会公布的并经国际计量委员会批准的标准光度观察者视觉的光谱范围是380nm~780nm。另外，还存在着明视觉和暗视觉的区分。

3.19　红外辐射　infrared radiation

辐射单色成分波长大于可见辐射而小于1mm的电磁辐射。

3.20　短波辐射　shortwave radiation

波长介于0.28μm~3μm的电磁辐射。

注：将短波辐射与长波辐射之间的界限定在4μm更为恰当，但是由于测量短波辐射仪器的光学玻璃罩，其长波端截止波长大多在3μm附近，实际实现起来要困难得多。

3.21　长波辐射　longwave radiation

地球辐射　terrestrial radiation

波长介于3μm ~ 100μm的电磁辐射。

注1：长波辐射源有：云、大气和地表物体。如按辐射源划分，则可细分为地球辐射、大气辐射等。严格地讲，红外辐射的波长范围完全涵盖了长波辐射，但红外辐射还包括了部分短波辐射（指波长介于0.7μm ~ 3μm的辐射），所以不宜将二者等同起来。

注2：对于测量长波辐射的仪器来讲。1）其短波端，即3μm ~ 4μm之间透射比的变化并非锐截止的，而是渐变的；2）短波辐射是相当于6000K黑体的辐射，而长波辐射是相当于300K黑体的辐射，二者相差一个数量级，这均会影响到长波辐射的测量。所以测量长波辐射时要求对感应面遮光，以便最大可能地减少短波辐射对长波辐射测量的影响。

3.22　直接日射　direct solar radiation；beam solar radiation

直接辐射　direct radiation，beam radiation

从日面及其周围一小立体角内发出的辐射。

注1：一般来说，直接日射是由视场角约为6°的仪器测定的。因此，它包括日面周围的部分散射辐射，即环日辐射（见3.29），而日面本身的视场角仅约为0.5°。

注2：直接日射通常是在法向入射情况下测定的。

注3：地外太阳光谱中，97%的直射辐照度包含在0.3μm ~ 3μm波长范围内。

3.23　直［接日］射辐照度　direct solar irradiance

E_b（G_b）

直接日射在任意给定平面上形成的辐照度。

注：应说明接收面的倾角和方位角。

3.24　法向直［接日］射辐照度　normal direct solar irradiance

直接日射在与射束垂直的平面上的辐照度。

3.25　总日射　global solar radiation

总辐射　global radation

水平面从上方2π立体角范围内接收到的直接日射和散射日射。

3.26　半球向辐射　hemispherical radiation，hemispherical solar radiation

给定平面从其上方2π立体角内所接收到的辐射。

注1：这里所说的辐射既包括短波辐射，也包括长波辐射，所以必要时应予说明波长范围。也就是说，除太阳的直接辐射随时间有固定的方向性变化外，其余各种辐射由于其具有漫射特性，均可构成半球向辐射。所以涉及到半球向辐射时，均需指出接收面的倾角、方位角和朝向（指朝上或朝下）。

注2：水平面上的半球向短波辐射由直接日射和散射日射组成，在此情况下，就是总日射的同义词。如果接收面不是水平面，则朝上的接收面上还包括部分反射日射，朝下的接收面上除反射日射外，还包括部分散射日射，所以均不应用总日射这一术语。

注3：在气象辐射学中，由于测量都是在水平状态下进行的，所以并未引入半球向辐射的概念。在太阳能利用工程中，绝大多数的情况下接收面均不处在水平状态，而是处在不同方位的倾斜状态，建筑中甚至是处在不同方位的竖直状态，所以应引入半球向辐射这一术语。

3.27 散射日射 diffuse solar radiation；scattering solar radiation

天空辐射 sky radiation

漫射辐射 diffuse radiation

太阳辐射被空气分子、云和空气中的各种微粒分散成无方向性的、但不改变其单色组成的辐射。

3.28 散射［日射］辐照度 diffuse solar irradiance;scattering solar irradiance

E_d（G_d）

在给定平面上由散射日射形成的半球向辐照度。

注1：当给定平面上受到直接日射的照射时，应遮去直接日射后进行测量。

注2：应规定接收面的倾角和方位角。如果接收面不呈水平状，则除直接日射外，必定含有部分反射日射成分。

3.29 环日辐射 circumsolar radiation

由与日面直接相邻的环形天空的大气所引起的散射日射。

注：环日辐射形成华盖（aureole）。

3.30 反射日射 reflected solar radlation

太阳辐射被表面折回的、而不改变其单色组成的辐射。

注1：在气象辐射测量中，表面通常指水平状态下的地表面，测量仪器按水平向下的方式安装，测到的是自下向上的半球向辐射，其中包括地表的反射辐射以及地表与仪器之间大气层的散射辐射。

注2：在太阳能利用中，对表面的理解要宽泛得多，可以是墙面、楼顶或其他物体的表面。

注3：由于绝大多数物体的表面粗糙，其反射多为漫反射。

3.31 全辐射 total radiation；total incident radiation

长波辐射与短波辐射的总称。

3.32 净［全］辐射 net total radiation

辐射差额

水平面上、下两表面所接收到的半球向全辐射数量之差。

3.33 净短波辐射 net shortwave radiation

水平面上、下两表面所接收到的半球向短波辐射数量之差。

3.34 净长波辐射 net longwave radiation

水平面上、下两表面所接收到的半球向长波辐射数量之差。

3.35 大气辐射 atmospheric radiation

大气本身所发射的长波辐射。

注：方向向下的半球向的大气辐射又称为大气逆辐射。

3.36 日照 sunshine

（1）能使地上物体投射出清晰阴影的直接日射。

（2）≥120 W/m^{2}的直射辐照度。

3.37 日照时数 sunshine duration

实照时数

每日实际存在符合日照定义时段的总和。

注：单位为小时（h），准确到0.1h。

3.38　可照时数　duration of possible sunshine

每日可能的日照时间。

注1：以日出至日没的全部时间计算。它完全决定于当地的地理纬度和日期。常规使用的以此为准。

注2：以晴空下日出后至日没前直射辐照度≥120W/m_2的全部时间计算。

3.39　日照百分率　percentage of sunshine

日照时数占可照时数的百分比。

3.40　等日照线　isohel

地图上连接给定时段（如日、月、年等）内日照时数相等各点的曲线。

3.41　世界辐射测量基准　World Radiation Reference（WRR）

国际单位制体系向太阳法向直射辐照度的最高测量标准。

注1：它由多种腔体式绝对直接日射表组成的国际标准组来保持和复现，其不确定度小于±0.3%。

注2：WRR已被世界气象组织采用，并于1980年7月1日起生效，原来的国际太阳辐射标准——国际直接日射测量标尺IPS-1956同时废止。从原标尺换算到新标准应由原值乘以1.022。

4　辐射测量仪器与装置

4.1　日射测量学　actinometry

天文辐射测量学

研究太阳辐射测量技术、仪器和方法的学科。

4.2　辐射表　radiometer

辐射计

测量各种辐射照度仪表的统称。

4.3　变阻测辐射热表　bolometer

以传感器受热后电阻值的变化判定辐照度的辐射表。

4.4　绝对辐射表　absolute radiometer

具有自校准功能的辐射表。

4.5　相对辐射表　relative radiometer

需要定期跟标准（绝对）辐射表校准以确定其灵敏度的辐射表。

4.6　直接日射表　pyrheliometer;actinometer

直接辐射表

测量法向直射幅照度的辐射表。

注：这类仪表具有限定其视场角（不小于6°）的准直筒和为对准太阳的瞄准器。

4.7　［直接日射表］　视场角　field of view angle（of pyrheliometer）

开敞角　opening angle

Z_0

直接日射表准直筒前部圆形开口的直径对接收器表面中心的张角。

注：开敞角的计算公式为：

$$Z_0 = 2 \times (\arctan R/d)$$

式中　R——准直筒前部圆形开口的半径；

d——准直筒前部圆形开口中心至接收器表面中心的距离。

4.8　腔体式绝对辐射表　absolute cavite radiometer

自校准绝对直接日射表　self-calibrating absolute radiometer

具有腔体式接收器和自校准功能的绝对直接日射表。

注：它具有高稳定性的自核准功能，是实现太阳辐照度标尺的辐射表，其测量不确定度为±0.3%。

4.9 补偿式绝对辐射表 compensated pyrheliometer

埃斯特朗直接日射表 Angström pyrheliometer

以两个平行放置的接收器先后分别被太阳辐射和电流（焦耳效应）加热相互补偿为依据，测量太阳直射辐照度的辐射表。

4.10 总日射表 pyranometer;solarimeter

总辐射表

天空辐射表

测量平面接收器上半球向日射辐照度的辐射表。

注1：根据总日射表安放状态的不同，可分别测量总日射、半球向日射、反射日射或借助遮荫片（环）测量散射日射等的辐照度。

注2：根据Moll-Gorczynski热电堆设计的总日射表，国外曾设专用名词solarimeter称之。目前此种总日射表已停产。

注3：国外也有将测量散射日射的总日射表称之为diffusometer，就实质而论，它与总日射表并无区别。

4.11 总日射计 pyranograph

总辐射计

自动测量总日射辐照度并将结果在辐照度-时间坐标纸上绘成曲线的总日射表。

注：过去国外生产一种以双金属片为感应器的罗比兹双金属片总日射计（Robitzsch bimetallic actinograph），由于测量准确度较低，且需人工操作，目前已停产。

4.12 分光总日射表 spectral pyranometer

利用不同牌号的具有锐截止光谱性能的有色光学（硒镉）玻璃半球罩，测量该种玻璃透射波长范围内辐照度的总日射表。

4.13 地球辐射表 pyrgeometer

大气辐射表

测量接收器面上半球向长波辐照度的辐射表。

注1：根据地球辐射表安放状态的不同，可分别测量向上或向下的长波辐照度。

注2：测量的波长范围为4μm~50μm。地球辐射表的光谱响应主要取决于保护接收面圆罩的材质。

4.14 全辐射表 pyrradiometer

测量在给定平面上半球向全辐射辐照度的仪表。

4.15 净［全］辐射表 net pyrradiometer

测量水平面上、下两表面所接收到的半球向全辐射辐照度之差的仪表。

4.16 净短波辐射表 net pyranometr

反射比表 reflectometer

测量水平面上、下两表面所接收到的半球向短波辐射辐照度之差的仪表。

注：就实质讲，两个同义词所指的仪器并无分别，均由上、下两个总日射表组合而成。不过净短波辐射表最终获得的是上、下两仪器辐照度测定之差，单位为瓦［特］每平方米（W/m^2）；而反射比表获得的是下表结果占上表结果的百分比。

4.17 标准辐射表 standard radiometer

在校准过程中作为计量标准的辐射表。

4.18 工作辐射表 field radiometer

适用于全天候在室外长期工作的辐射表。

4.19　一等标准直接日射表　primary standard pyrheliometer

一年内精密度变化不超过±0.1%的标准直接日射表。这类仪表是从各种腔体式绝对辐射表中精选出来的准确度最高的极少数辐射表。由它们构成的世界基准组用于保持和复现世界辐射测量基准。

注：各种辐射测量仪器的分级已有更为详尽的特性指标要求，参见附录C。

4.20　二等标准直接日射表　secondary standard pyrheliometer

一年内精密度变化不超过±0.5%的标准直接日射表。这类仪表需要定期地接受一级标准直接日射表的校准。

注：各种辐射测量仪器的分级已有更为详尽的特性指标要求，参见附录C。

4.21　一级［工作］直接日射表　first class pyrheliometer

一年内精密度变化不超过±1%的工作直接日射表。

注：各种辐射测量仪器的分级已有更为详尽的特性指标要求，参见附录C。

4.22　二级［工作］直接日射表　second class pyrheliometer

一年内精密度变化不超过±2%的工作直接日射表。

注：各种辐射测量仪器的分级已有更为详尽的特性指标要求，参见附录C。

4.23　二等标准总日射表　secondary standard pyranometer

一年内精密度变化不超过±2%的标准总日射表。

注：各种辐射测量仪器的分级已有更为详尽的特性指标要求，参见附录C。

4.24　一级［工作］总日射表　first class pyranometer

一年内精密度变化不超过±5%的工作总日射表。

注：各种辐射测量仪器的分级已有更为详尽的特性指标要求，参见附录C。

4.25　二级［工作］总日射表　second class pyranometer

一年内精密度变化不超过±10%的工作总日射表。

注：各种辐射测量仪器的分级已有更为详尽的特性指标要求，参见附录C。

4.26　二等标准全辐射表　secondary standard pyrradiometer

一年内精密度变化不超过±3%的标准全辐射表。

注：各种辐射测量仪器的分级已有更为详尽的特性指标要求，参见附录C。

4.27　一级［工作］全辐射表　first class pyrradiometer

一年内精密度变化不超过±7%的工作全辐射表。

注：各种辐射测量仪器的分级已有更为详尽的特性指标要求，参见附录C。

4.28　二级［工作］全辐射表　second class pyrradiometer

一年内精密度变化不超过±15%的工作全辐射表。

注：各种辐射测量仪器的分级已有更为详尽的特性指标要求，参见附录C。

4.29　紫外总日射表　ultraviolet pyranometer

测量给定平面上半球向太阳紫外总日射辐照度的仪表。

注：由于紫外日射可细分为三个波段，相应地有分别测量A波段和B波段以及A+B波段的紫外总日射表。由于C波段的紫外辐射到达不了地面，故没有相应的测量仪器。

4.30　日照记录仪　sunshine recorder

日照计　heliograph

自动记录日照时间的仪器。

4.31　太阳跟踪器　solar tracker；solar mount；sun tracker

以电动或手动方式始终保持与太阳辐射束处于垂直状态的旋转装置。

4.32　赤道式跟踪器　equatorial tracker;equatorial mount

转轴与地球轴平行的太阳跟踪器。

4.33　地平式跟踪器　altazimuth tracker;altazimuth mount

以太阳高度角和太阳方位角为运动坐标的太阳跟踪器。

4.34　遮先片　shade disk

按一定的比例尺寸制作的长杆和固定于长杆远端的圆片（球），遮挡总日射表传感器上的直接日射，以测量散射日射辐照度的部件。

4.35　遮光环　shade ring

遮光带　shadow band

按一定宽度和半径制作的圆环，可连续遮挡总日射表传感器上的直接日射，以自动记录散射日射辐照度的装置。

注：应定期沿与天轴平行的导轨调节该环（带）的位置，以适应太阳赤纬的季节性变化。

4.36　自动遮光装置　solar tracker with shade disk kit

在太阳跟踪器上附加一遮光片，随时将落在总日射表上的直接日射遮掉，供自动连续测量散射日射辐照度的装置。

4.37　太阳［辐照度］模拟器　solar（irradiance）simulator

一种光谱与太阳近似，辐照度具有一定的稳定度、光斑具有一定的均匀性、且辐照度强弱可调的人工光源装置。

注：通常由灯或灯的阵列模拟太阳。

4.38　日影仪　heliodon

对建筑物或集热器阵列进行阴影估测的太阳角度模拟器。

注：通常有一个模型台和一个代表太阳的灯，以该模型台的倾角表示所在纬度，以旋转的角度表示每日的时刻；灯装在垂直轨道上某一距离处，可以模拟赤纬角的调节。

4.39　太阳方位仰角显示器　solarscope

由一固定的水平平台和可以在任何太阳高度角和方位角之间移动的光源组成的，与日影仪相似的装置。

4.40　滤光片　filter

滤光器

通过透射改变光谱分布和辐射通量的器件。

4.41　干涉滤光片　interference filter

利用光的干涉原理制成的滤光片。

4.42　短波端锐截止型有色玻璃滤光片　short-wave sharp cut-off colour glass filter

短波端光谱透射比在很窄的波段内从零过渡到最大值，其后透射曲线平直，最后截止在2.8μm附近的有色光学玻璃滤光片。

5　辐射特性及辐射过程

5.1　反射　reflection

辐射在无波长或频率变化的条件下被入射表面折回入射介质的过程。

5.2　反射比　reflectance

反射因数　reflection factor

ρ

面元反射的与入射的辐射通量之比。

注：反射比可用于单一波长或一定的波长范围。

5.3　半球向反射比　hemispherical reflectance

在2π立体角内，反射的与入射的辐射通量之比。

5.4　反射率　reflectivity

ρ_{∞}

材料层厚度达到反射比不随厚度增加而改变时的反射比。

5.5　反照率　albedo

太阳辐射被入射表面所反射的与原入射的之比值。

注：它是大气科学界一个用于规定表面（通常针对地球作为一个整体或地表）平均反射比的一个习惯术语。在技术应用上不应使用这一术语，优先使用的术语是反射比。

5.6　吸收　absorption

辐射能由于与物质的相互作用，转换为其他能量形式的过程。

5.7　吸收比　absorptance

吸收因数　absorption factor

a

面元吸收的与入射的辐射通量之比。

注：吸收比可应用于单一波长或一定波长范围。

5.8　内吸收比　internal absorpttance

a_i

在材料层的入射面和出射面之间吸收的与离开的辐射通量之比。

5.9　吸收率　absorptivity

在材料界面不影响吸收的条件下，辐射程长为一个厚度单位时材料层的内吸收比。

5.10　透射　transmission

辐射在无波长或频率变化的条件下，对介质的穿透。

5.11　透射比　transmittance

透射团数　transmission factor

τ

面元透射的与入射的辐射通量之比。

注：透射比可用于单一波长或一定波长范围。

5.12　内透射比　internal transmittance

τ_i

到达材料层出射面的与离开材料层入射面的辐射通量之比。

5.13　透射率　transmissivity

在材料界面不影响透射的条件下，辐射程长为一个厚度单位时材料层的内透射比。

5.14　发射　emission

物质辐射能的释放。

5.15　发射率　emissivity

发射比　emittance

ε

相同温度下辐射体的辐射出射度与全辐射体（黑体）的辐射出射度之比。

注：发射率可用于单一波长或一定波长范围。

5.16　散射　scattering；diffusion

漫射

辐射与物质的一种相互作用，作用后辐射束分散为许多方向，空间分布也有变化，但总能量和波长维持不变。

5.17 大气吸收 atmospheric absorption

太阳辐射由于与大气中的水汽、气体分子和污染物悬浮粒子相互作用向其他形式能量的转换。

注：不同波长的太阳辐射其转换量是不同的，也就是说，具有一定的波长选择性。

5.18 大气衰减 atmospheric attenuation

太阳辐射衰减 attenuation of solar radiation

太阳辐射在大气中传播时，被大气成分吸收和散射而导致辐射通量减少的现象。

5.19 大气浑浊度 atmospheric turbidity

表征太阳辐射受到大气中气体、水汽、气溶胶等的吸收和散射后，其透射程度下降的指标。

5.20 大气光学质量 optical air mass

大气质量 air mass

AM

太阳在任何位置与在天顶时通过大气到达观测点的路径之比。

注1：大气质量随太阳高度角和当地气压的不同而不同。若太阳天顶角θ_s等于或小于62°，且当地大气压为P，标准大气压为p_0时，则$AM=p/(p_0\cos\theta_s)$。

注2：大气质量和气象学上使用的术语"大气质量"应作区分，后者指的是整个大气层的物理性质，尤其是温度和湿度，在水平面上仅显示出微小和连续的差别。

注3：在公式中AM常用m表示。

5.21 大气光学厚度 atmospheric optical depth

δ

辐射在介质中传输时，路径上两点间的光学厚度δ就是两点之间路径上单位截面的总衰减系数，为量纲一的量。

注：在大气中，δ通常在垂直方向上定义，斜程上的则等于δm（m为大气质量）。透射比τ与光学厚度之间的关系为：$\tau=e^{-\delta}$。

5.22 天空［有效］温度 （effective）sky temperature

全辐射体向水平表面发射的辐射与从大气接受的辐射相等时，全辐射体所具有的温度。

5.23 非选择性表面 nonselective surface

无论是对短波辐射，还是对长波辐射，其光学特性如反射比、吸收比、透射比和发射比等均相同的表面。

注：即光学特性与波长无关的表面。

5.24 选择性表面 selective surface

光谱上其光学特性如反射比、吸收比、透射比和发射比等随辐射波长不同而有显著变化的表面。

注：常用于太阳集热器中的选择性表面是在长波范围内发射比低、而在短波范围内吸收比高的表面。

5.25 灵敏度 sensitivity

响应度

被测通量的单位增量所引起的探测器参数的增量。

5.26 核准因子 calibration factor

探测器参数的单位增量所对应的被测量的增量。校准因子是仪表灵敏度的倒数。

6 室内和室外环境

6.1 环境空气 ambient air

在（室内或室外的）热能贮存装置、太阳集热器或所考虑的任何物体周围的空气。

6.2 风速 wind speed

w

空气的速度。

注：风速是在离当地地表10m高处由风速对测定的，周围的地面应是平整和空阔的，即障碍物与风速计之间的水平距离至少是障碍物高度的10倍。

6.3 环境风速 surrounding air speed

在集热器或系统附近指定位置测定的风速。

7 集热器类型

7.1 太阳［能］集热器 solar collector; solar thermal collector

吸收太阳辐射并将产生的热能传递给传热工质的装置。

7.2 液体集热器 liquid collector; liquid heating collector

用液体作为传热工质的太阳集热器。

7.3 空气集热器 air collector; air heating collector

用空气作为传热工质的太阳集热器。

7.4 非聚光型集热器 non-concentrating collector

非聚光集热器

进入采光口的太阳辐射不改变方向也不集中射到吸热体上的太阳集热器。

7.5 平板型集热器 flat plate collector

平板集热器

吸热体表面基本上为平板形状的非聚光型集热器。

7.6 无透明盖板集热器 unglazed collector

在吸热体上方没有透明盖板的太阳集热器。

7.7 带透明盖板集热器 glazed collector

在吸热体上方有透明盖板的太阳集热器。

7.8 涓流集热器 trickle collector

传热工质不封闭在吸热体内而从吸热体表面缓慢流下的液体平板型集热器。

7.9 聚光型集热器 concentrating collector

聚光集热器

利用反射器、透镜或其他光学器件将进入采光口的太阳辐射改变方向并会聚到吸热体上的太阳集热器。

注：带有反射镜的平板型集热器或在集热管背后有反射器的真空管集热器，都为聚光型集热器。

7.10 线聚焦集热器 line-focus collector

使太阳辐射会聚到一个平面上，并只形成一条焦线（或焦带）的聚光型集热器。

7.11 槽形抛物面集热器 parabolic-trough collector

抛物槽集热器

通过一个具有抛物线横截面的槽形反射器来会集太阳辐射的线聚焦集热器。

7.12　点聚焦集热器　point-focus collector

使太阳辐射基本上会聚到一个焦点（或焦斑）的聚光型集热器。

7.13　旋转抛物面集热器　parabolic-dish collector

抛物盘集热器

通过一个由抛物线旋转而成的盘形反射器来会集太阳辐射的点聚焦集热器。

7.14　非成像集热器　mon-imaging collector

使太阳辐射会聚到一个较小的接收器上而不使太阳辐射聚焦，即在接收器上不形成焦点（或焦斑）或焦线（或焦带）的聚光型集热器。

7.15　复合抛物面集热器　compound parabolic concentrator collector; CPC collector

利用若干块抛物面镜组成的反射器来会聚太阳辐射的非成像集热器。

注1：复合抛物面反射器在较宽的入射角范围内反射所有进入采光口的入射辐射。该入射角范围定义为聚光器的接收角。

注2：术语CPC用于多种非成像聚光器，即使它们的几何形状可能不同于抛物面。

7.16　多反射平面集热器　faceted collector

利用许多平面反射镜片将太阳辐射会聚到一小面积上或细长带上的聚光型集热器。

7.17　菲涅耳集热器　Fresnel collector

利用菲涅耳透镜（或反射镜）将太阳辐射会集到接收器上的聚光型集热器。

7.18　跟踪集热器　tracking collector

以绕单轴或双轴旋转的方式全天跟踪太阳视运动的太阳集热器。

注：跟踪类型分别称为单轴或双轴跟踪。

7.19　真空集热器　evacuated collector

将吸热体与透明盖层之间的空间抽成真空的太阳集热器。

注：这种集热器的性能很大程度上取决于真空空间的压强。

7.20　真空管集热器　evacuated tube collector; evacuated tubular collector

采用透明管（通常为玻璃管）并在管壁和吸热体之间有真空空间的太阳集热器。

注：吸热体可以由一个内玻璃管组成，也可以由另一种用于转移热能的元件组成。

7.21　全玻璃真空集热管　all-glass evacuated collector tube; Dewar tube

全玻璃真空管all-glass evacuated tube

吸热体由内玻璃管构成的真空集热管。

7.22　热管式真空集热管　heat pipe evacuated collector tube

热管式真空管　heat pipe evacuated tube

用热管作为传热元件的真空集热管。

7.23　全玻璃真空管集热器　all-glass evacuated tube collector; Dewar tube collector

由全玻璃真空管组成的集热器。

7.24　热管式真空集热器　heat pipe evacuated tube collector

由热管式真空管组成的集热器。

7.25　软百页帘集热器　venetian blind collector

利用可动叶片以吸收或反射辐射能的空气太阳集热器。

8　集热器部件及有关参数

8.1　吸热体　absorber

太阳集热器内吸收太阳辐射能并向传热工质传递热量的部件。

8.2　吸热板　absorber plate

太阳集热器内基本上是平板形状的吸热体。

8.3　排管　tube bank

平板型集热器吸热板上纵向排列并构成流体通道的部件。

8.4　集管　header

平板型集热器吸热板上下两端横向连接若干根排管并构成流体通道的部件。

8.5　真空集热管　evacuated collector tube

在玻璃管和吸热体之间有真空空间的、吸收太阳辐射并将产生的热能传递给传热工质的部件。

8.6　联集管　manifold

连接若干支真空集热管并构成传热工质通道的部件。

8.7　聚光器　coneentrator

聚光型集热器中接收太阳辐射并将其改变方向隼中射到接收器上的部件。

8.8　反射器　reflector

集热器中接收太阳辐射并将其改变方向射到吸热体上的部件。

8.9　定日镜　heliostat

以机械驱动方式使太阳辐射恒定地朝一个方向反射的反射器。

8.10　接收器　receiver

聚光型集热器中最终接收投射或反射太阳辐射的部件，它包括吸热体和任何附带的透明盖层。

8.11　集热器盖层　collector cover

透明盖层　transparent cover

集热器中覆盖吸热体并由透明（或半透明）材料组成的部件。其作用是透过太阳辐射，降低吸收体的热量损失以及减少周围环境对吸热体的影响。

8.12　集热器盖板　collector cover plate

透明盖板　transparent cover plate

平板型集热器中覆盖吸热板并由透明（或半透明）材料组成的板状部件。

8.13　隔热体　insulator；insutation

集热器中抑制吸热体对周围环境散热的部件。

8.14　集热器外壳　collector casing

集热器中保护及固定吸热体、透明盖板和隔热体的部件。

8.15　集热器进口　collector inlet

传热工质进入集热器的管口。

8.16　集热器出口　collector outlet

传热工质离开集热器的管口。

8.17　采光口　aperture

透光口

集热器允许非会聚太阳辐射进入的开口。

8.18　采光平面　aperture plane

集热器采光口上或上方允许非会聚太阳辐射进入的平面。

8.19　采光面积　aperture area

A_a

非会聚太阳辐射进入集热器的最大投影面积。单位为平方米（m^2）。见图1~图3。

注：采光面积不包括那些当太阳辐射从垂直于采光平面方向入射时太阳辐射被遮挡的透明部分。

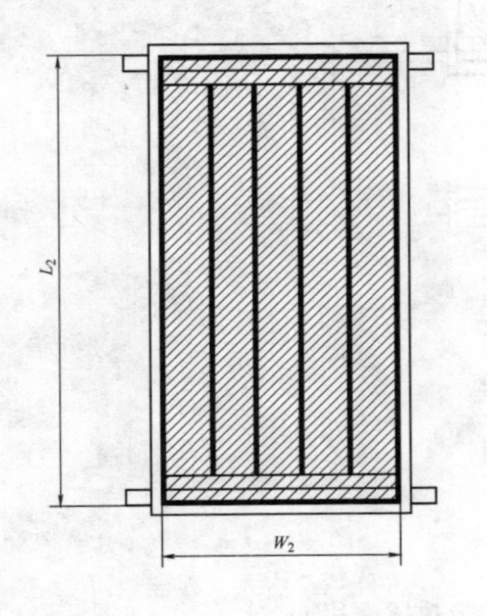

$A_s=L_2\times W_2$

图1　平板型集热器的采光面积

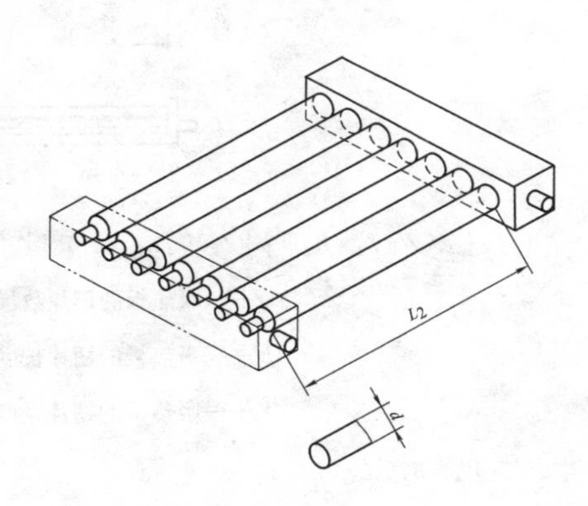

$A_s=L_2\times d\times N$

L_2——真空管未被遮挡的平行和透明部分的长度；

d——罩玻璃管内径；

N——真空管数量。

图2　无反射器的真空管集热器的采光面积

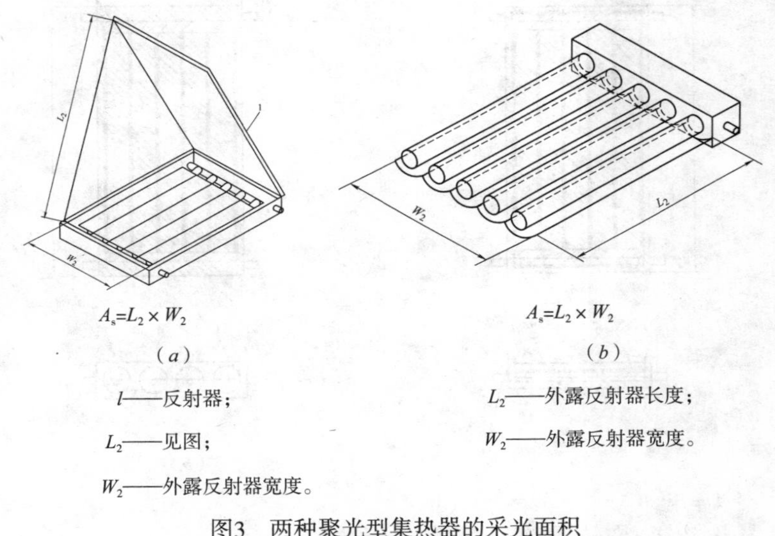

$A_s=L_2\times W_2$

（a）

l——反射器；

L_2——见图；

W_2——外露反射器宽度。

$A_s=L_2\times W_2$

（b）

L_2——外露反射器长度；

W_2——外露反射器宽度。

图3　两种聚光型集热器的采光面积

（a）有反射器的平板型集热器；（b）有反射器的真空管集热器

8.20　集热器总面积　gross collector area

A_G

整个集热器的最大投影面积，不包括那些固定和连接传热工质管道的组成部分。单位为平方米（m^2）。

集热器总面积见图4。

8.21　非聚光型集热器的吸热体面积　absorber area of non–concentrating collector

A_{AN}

非聚光型集热器吸热体的最大投影面积，单位为平方米（m^2）。见图5和图6。

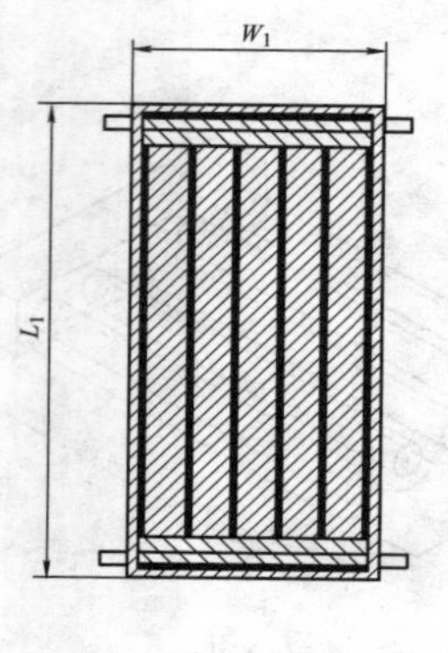

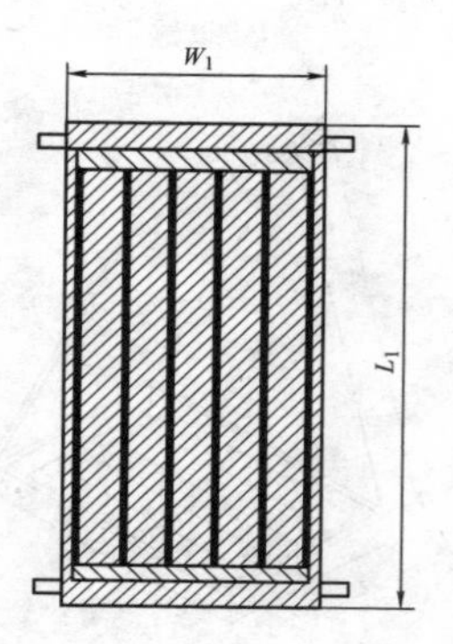

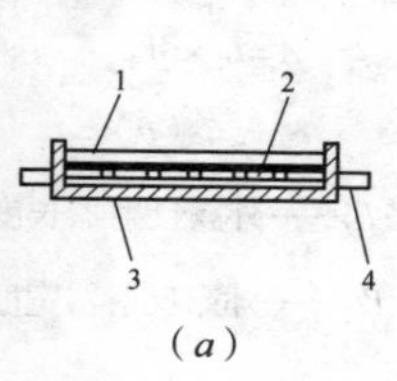

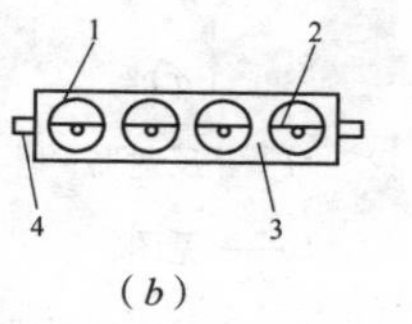

$A_G=L_1\times W_1$

L_1——最大长度（不包括固定支架和连接管道）；

W_1——最大宽度（不包括固定支架和连接管道）；

1——透明盖层；

2——吸热体；

3——外壳；

4——进出口。

图4　集热器总面积

（a）平板型集热器;（b）真空管集热器

注：吸热体面积不包括那些当太阳辐射从垂直于采光平面方向入射时太阳辐射不能到达的部分。

8.22　聚光型集热器的吸热体面积　absorber area of concentrating collector

A_A

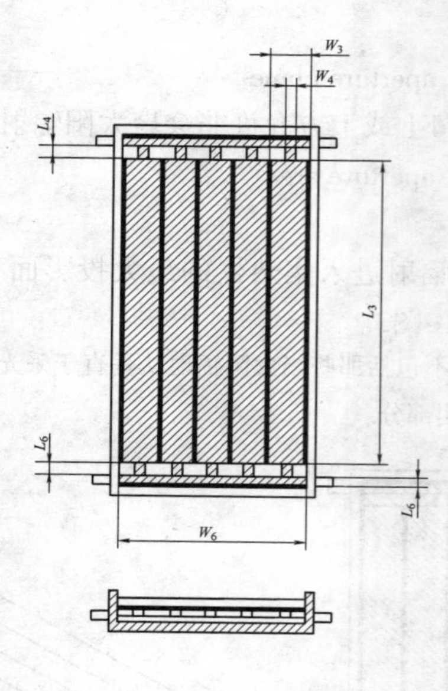

A_{AN}（$Z\times L_3\times W_3$）+［$Z\times W_4\times L_4+L_5$）］+（$2\times W_6\times L_6$）

Z——吸热板的翅片数量；

L_3——吸热板的翅片长度；

W_3——吸热板的翅片宽度；

W_4、W_6、L_4、L_5、L_6——见图所示。

图5　平板型集热器的吸热体面积

聚光型集热器用于吸收太阳辐射的吸热体表面积，单位为平方米（m^2）。

注1：吸热体面积不包括那些太阳辐射被永久遮挡的部分。

注2：图3所示的两种聚光型集热器的吸热体面积等于拆去各自反射镜片后所获得的相应非聚光型换热器的吸热体面积。因此，吸热体面积可按图5和图6进行计算。但是，就带有管状吸热体的真空管集热器而言［见图

6（b）]。它的投影面积须由整个管状吸热体的表面积代替。

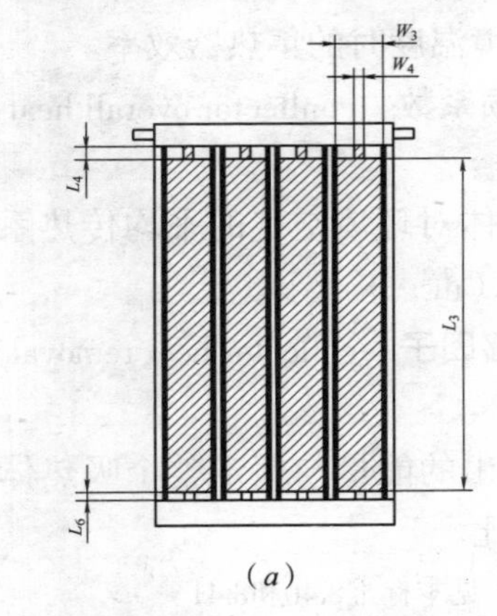

（a）

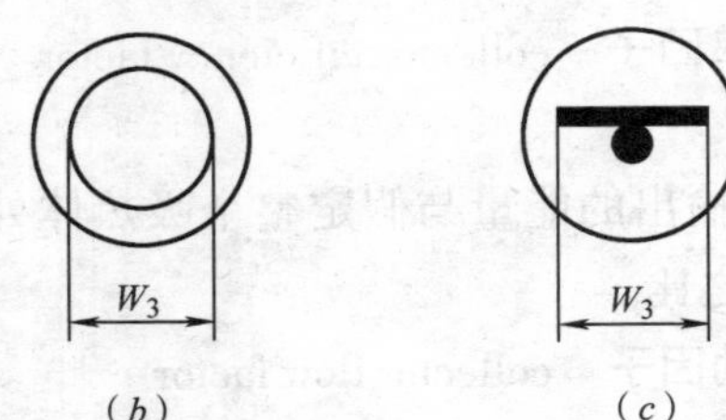

（b）　　（c）

$$A_A=N\times(L_3\times W_3)+N\times W_4\times(L_4+L_5)$$

N——真空管数量；

L_3——吸热体长度；

W_3——吸热体直径或宽度；

W_4，L_4，L_5——见图所示。

图6　真空管集热器的吸热体面积

8.23　集热器阵列　collector array

连接各集热器的进出口管道并排列成一定模式的一组太阳集热器。

8.24　集热器阵列总面积　gross collector array area

集热器阵列的各集热器总面积之总和，单位为平方米（m^2）。

8.25　工质进口温度　fluid inlet temperature

t_i

集热器进口处传热工质的温度，单位为摄氏度（℃）。

8.26　工质出口温度　fluid outlet temperature

t_e

集热器进口处传热工质的温度，单位为摄氏度（℃）。

8.27　工质平均温度　mean fluid temperature

t_m

集热器的工质进口温度与出口温度的算术平均值，单位为摄氏（℃）。

8.28　闷晒　stagnation

集热器在其内部传热工质无输入和输出条件下接收太阳辐射的状态。

8.29　闷晒温度　stagnation temperature

集热器在闷晒状态下，集热器吸热体内传热工质所达到的最高温度，单位为摄氏度（℃）。

8.30　空晒　exposure

集热器在其内部不注入传热工质而只有非机械驱动的空气条件下接收太阳辐射的状态。

8.31　空晒温度　exposure temperature

集热器在空晒状态下，集热器吸热体内空气所达到的最高温度，单位为摄氏度（℃）。

8.32　稳态　steady state

集热器在其热转移速率与热损失速率之和等于太阳能输入速率时的状态。

8.33　准稳态　quasi-steady state

集热器在工质进口温度和工质质量流量基本保持不变，工质出口温度随太阳辐照度的正常变化而缓慢变化的状态。

8.34　集热器效率　collector efficiency

集热器瞬时效率　collector instantaneous efficiency

η

在稳态（或准稳态）条件下，集热器传热工质在规定时段内输出的能量与同一时段内入射在集热器所规定的集热器面积（总面积、吸热体面积或采光面积）上的太阳辐照量的乘积之比。

注：在非稳态条件下也可定义集热器效率。

8.35　归一化温差　reduced temperature difference

工质进口温度（或工质平均温度）和环境温度的差值与太阳辐照度之比，单位为平方米开尔文每瓦（$m^2 \cdot K/W$）。

8.36　集热器效率方程　collector efficiency equation

集热器瞬时效率方程　collector instantaneous efficiency equation

在热性能试验中，集热器效率与归一化温差的关系曲线。此关系曲线通常用方程的形式表达。在对试验数据进行拟合时，根据需要既可进行线性拟合，亦可进行二次拟合。

8.37　零损失集热器效率　zero-loss collector efficiency

η_0

在工质平均温度或工质进口温度（取决于所选择的集热器效率方程）等于环境温度时的集热器效率。

8.38　集热器总热损系数　conllector overall heat loss coefficient

U_L

集热器中吸热体对环境空气的平均传热系数，单位为瓦每平方米开尔文［$W/(m^2 \cdot K)$］。

8.39　集热器热转移因子　collector heat removal fattor

F_R

集热器实际输出的能量与假定整个吸热体处于工质进口温度时输出的能量之比。

注：$F_R=F' \times F''$（见本标准8.40和8.41）。

8.40　集热器效率因子　collector efficiency factor

F'

集热器实际输出的能量与假定整个吸热体处于工质平均温度时输出的能量之比。

8.41　集热器流动因子　collector flow factor

F''

集热器实际输出的能量与假定工质平均温度等于工质进口温度时输出的能量之比。

8.42　入射角修正系数　incident angle modifier

K_0

集热器入射角为某一数值时，其有效透射比和吸收比的乘积与入射角为零时该乘积之比。

8.43　通量聚光比　flux concentration ratio

聚光型集热器吸热体上的太阳辐照度与集热器采光口上的

太阳辐照度之比。

8.44 几何聚光比 geometric concentration ratio

聚光型集热器采光面积与吸热体面积之比。

8.45 跟踪误差 tracking error

对于单轴跟踪集热器，在垂直于旋转轴的平面上测得的、集热器的实际位置与相对于太阳的预期位置之间的角度偏差。对于双轴跟踪集热器，采光口的法线与集热器至太阳连线之间的夹角。

9 太阳能加热系统类型

9.1 太阳能加热系统 solar heating system

由太阳集热器和其他部件组成的用于输出热能的系统。

9.2 主动式太阳能系统 active solar system

需要由非太阳能部件或其他耗能部件（如泵和风机）驱动运行的太阳能系统。

9.3 被动式太阳能系统 passive solar system

不需要由非太阳能部件或其他耗能部件驱动就能运行的太阳能系统。

9.4 相变太阳能系统 phase-change solar system

利用传热工质的相变潜热提供间接加热的太阳能系统。

9.5 太阳［能］热水系统 solar water heating system;solar hot water system

将太阳能转换为热能来加热水的太阳能系统。

9.6 太阳能空气加热系统 solar air heating system

将太阳能转换为热能来加热空气的太阳能系统。

9.7 太阳能单独系统 solar-only system

没有任何辅助热源的太阳能加热系统。

9.8 太阳能带辅助热源系统 solar-plus-supplementary system

联合使用太阳能和辅助热源并可不依赖于太阳能而提供所需热能的太阳能加热系统。

9.9 太阳能预热系统 solar preheat system

在水或空气进入任何其他类型的加热器之前，对水或空气进行预热的太阳能加热系统。

9.10 直流系统 series-connected system；once-through system

待加热的传热工质一次流过集热器后，进入蓄热装置或进入使用辅助热源的加热器或进入使用点的太阳能加热系统。

9.11 循环系统 circulating system

运行期间，传热工质在集热器和蓄热装置（或换热器）之间进行循环的太阳能加热系统。

注：循环是利用泵或风机或自然对流等进行的。

9.12 强制循环系统 forced circulation system

强迫循环系统

利用泵或风机迫使传热工质通过集热器进行循环的系统。

9.13 自然循环系统 natural circulation system

热虹吸系统 thermosiphon system

仅利用传热工质的密度变化来实现集热器和蓄热装置之间或集热器和换热器之间进行循环的系统。

9.14 直接系统 direct system

单回路系统 single loop system

单循环系统

最终被用户消费或循环流至用户的热水直接流经集热器的太阳热水系统。

9.15 间接系统 indirect system

双回路系统 double loop system

双循环系统

传热工质不是最终被用户消费或循环流至用户的水，而是传热工质流经集热器的太阳热水系统。

9.16 封闭系统 closed system

密封系统 sealed system

传热工质与大气完全隔绝的太阳热水系统。

9.17 开口系统 vented system

传热工质与大气的接触处仅限于补给箱和膨胀箱的自由表面或排气管开口的太阳热水系统。

9.18 敞开系统 open system

传热工质与大气有大面积接触的太阳热水系统。接触面主要在蓄热装置的敞开面。

9.19 充满系统 filled system

集热器始终充满传热工质的太阳热水系统。

9.20 回流系统 drainback system

作为正常工作循环的一部分，传热工质在泵停止运行时由集热器回流到蓄热装置而在泵重新开启时又流入集热器的太阳热水系统。

9.21 排放系统 draindown system

通常为了防冻，水可从集热器排出而不再利用的直接太阳热水系统。

9.22 分体式［太阳热水］系统 remote-storage (solar water heating) system

贮水箱和集热器之间分开一定距离安装的太阳热水系统。

9.23 太阳［能］热水器 solar water heater

将太阳能转换为热能来加热水所需的部件和附件组成的完整装置。通常包括集热器、贮水箱、连接管道、支架及其他部件。

9.24 家用太阳［能］热水器 domestic solar water heater

适合住宅或小型商业建筑使用的小型太阳热水器。通常贮水箱容积在 $0.6m^3$ 以下。

9.25 紧凑式太阳［能］热水器 close-coupled solar water heater

紧凑式［太阳热水］系统 close-coupled (solar water heating) system

贮水箱直接安装在集热器相邻位置上的太阳热水器。

9.26 闷晒式太阳［能］热水器 inteqral collector-storage solar water heater

整体式［太阳热水］系统 integral collector-storage (solar water heating) system

太阳集热器也用作为贮水箱的太阳热水器。

9.27 集热器子系统 collector subsystem

以集热器为主，包括管道和支架等在内的部件组合。

9.28 输配子系统 distribution subsystem

从蓄热器（或换热器）至最终用热地点所需的部件组合。

9.29　工作状态　in-service condition

在使用寿命期间，太阳能加热系统所处的正常运行状态。

9.30　流动状态　flow condition

为实现正常运行，传热工质在集热器或集热器阵列中流动时，太阳能加热系统所达到的状态。

9.31　备用状态　stand-by condition

在蓄热器无能量输入或输出时，太阳能加热系统所处的状态。

9.32　滞止状态　stagnation condition

在传热工质停止流动后，但集热器继续接收太阳辐射时，太阳能加热系统所达到的准稳态状态。

9.33　太阳灶　solar cooker

利用太阳能进行炊事的装置。太阳灶分为箱式太阳灶和聚光型太阳灶两类。

9.34　箱式太阳灶　box solar cooker

利用太阳能温室效应在箱内直接进行炊事的装置。

9.35　聚光型太阳灶　concentrating solar cooker

利用灶面反射并会聚直接太阳辐射到锅具上进行炊事的装置。聚光型太阳灶一般由灶面、锅架、灶架和跟踪调节机构等部件组成。聚光型太阳灶通常简称为太阳灶。

9.36　灶面　reflector of solar cooker

聚光型太阳灶收集并会聚直接太阳辐射的部件。灶面有旋转抛物反射面和菲涅耳反射面两类。

9.37　太阳灶采光面积　aperture area of solar cooker

灶面的主光轴在平行于直接太阳辐射方向时的投影面积，单位为平方米（m^2）。

9.38　太阳灶操作高度　operating height of solar cooker

太阳灶工作时，锅具底面中心到地平面的距离，单位为米（m）。

9.39　太阳灶操作距离　operating distance of solar cooker

太阳灶工作时，锅具底面中心到灶面后边缘的水平距离，单位为米（m）。

9.40　太阳灶煮水热效率　water-boiling thermal efficiency of solar cooker

太阳灶锅具内的水从某一初始温度升高到沸点温度过程中所得到的热量与该过程中垂直投射到太阳灶采光面积上的直接太阳辐照量之比。

9.41　被动式太阳房　passive solar house

不用机械动力而对建筑物本身采取一定措施后，利用太阳能进行采暖的房屋。

9.42　直接受益式　direct gain

太阳辐射穿过透明材料后直接进入室内的采暖形式。

9.43　集热（蓄热）墙式　heat collection（storage）wall；Trombe wall

太阳辐射穿过透明材料后投射在集热（蓄热）墙的吸热面上，加热夹层的空气（墙体），再通过空气（墙体）的对流（传导、辐射）向室内传递热量的采暖方式。

9.44　附加阳光间式　attached sunspace

在房屋主体南面附加一个玻璃温室的采暖方式。

9.45　基础温度　basic temperature

根据被动式太阳房采暖水平而设定的主要房间内的最低温度，单位为摄氏度（℃）。

9.46　采暖期度日数　degree-day during heating period

被动式太阳房在采暖期内各天基础温度与室外日平均温度之间的正温差（不计负温差）的总和，单位为摄氏度天（℃·d）。

9.47　综合气象因数　synthetic weather factor

采暖期内南向垂直面上累积太阳辐照量与对应期间的度日数之比，单位为千焦［耳］每平方米摄氏度天［kJ/(m^2·℃·d)］。

9.48　太阳能制冷（空调）系统　solar cooling（air-conditioning）system

利用太阳能作为热源驱动制冷机（空调机）的系统。太阳能制冷（空调）系统主要有吸收式、吸附式、除湿式等几种类型。

9.49　太阳能干燥系统　solar drying system

太阳干燥器　solar dryer

利用太阳能加热，将物料中的水分蒸发并排湿，使之达到所要求的平衡含水率的系统。太阳能干燥系统主要有温室型、集热器型、集热器-温室组合型等几种类型。

9.50　太阳池　solar pond

具有黑色底面，分层注入浓盐水以形成从底部向表面逐步减小的盐浓度梯度，用来吸收太阳辐射能并储存热量的水池。

9.51　太阳炉　solar furnace

利用大面积旋转抛物面反射镜，将太阳辐射会聚在一个小接收器上，以产生数千摄氏度高温的装置。

9.52　太阳能海水淡化系统　solar desalination system

利用太阳能加热，将海水或苦咸水蒸馏成淡水的系统。

9.53　太阳能热发电系统　solar thermal power generation system

先将太阳能转换成热能，再将热能转换成机械能进行发电的系统。太阳能热发电系统主要由太阳能集热系统、热传输系统、热储存系统、热能动力发电系统等部分组成。太阳能热发电系统分为槽式、塔式、盘式等几种类型。

10　系统部件（除集热器外）及有关参数

10.1　［系统］部件　（system）component

具备某种功能并为构成太阳能加热系统的器件或元件组合。其主要功能可为集热、换热、储热及控制等。

10.2　集热器回路　collector loop

用于将集热器的热量传递到蓄热器的回路，包括集热器、泵或风机、管道和换热器（如果有的话）。

10.3　蓄热器　thermal storage device

储热器

在太阳能加热系统中，由装有蓄热介质的容器及其附件所组成的部件。

10.4　蓄热容　storage capacity

储热容

蓄热介质温度升高（或降低）1K时所能储存（或释放）的显热量，单位为焦［耳］每开尔文（J/K）。

10.5 贮水箱 storase tank

储水箱

在太阳热水系统中，由储存热水的容器及其附件所组成的部件。

10.6 贮水量 tank capacity

储水量

贮水箱满载时测得的储存水的体积，单位为立方米（m^3）。

10.7 换热器 heat exchanger

热交换器

在太阳能加热系统中，使传热工质与其他不同温度的流体进行热量交换的部件。

10.8 表面式换热器 surface heat exchanger

间壁式换热器

使传热工质与其他不同温度的流体在固定的壁面两侧彼此不相接触，通过壁的传导以及壁面两侧流体的对流进行热量交换的换热器。

10.9 控制器 controller;control unit；control

对太阳能加热系统进行调节使之正常运行所需的部件。

10.10 温差控制器 differential temperature controller

能监测微小温差并以此温差控制泵及其他电动装置的部件。

10.11 压力温度安全器 pressure–temperature safety device

在太阳能加热系统中，能释放流体过高压力或防止流体过高温度的自动传感部件。

10.12 辅助热源 auxiliary heat source

用于补充太阳能加热系统输出的非太阳能热源。

10.13 辅助加热器 auxiliary heater

由燃料或电能提供热量的装置或设备。

10.14 附加能量 parasitic enengy

Q_{PAR}

在太阳能加热系统中，泵、风机和控制器所消耗的电能，单位为焦［耳］（J）。

10.15 节能率 fractional energy savings

在太阳能带辅助热源系统中，因使用太阳能加热系统所节约的常规能源占原有耗能量的百分率。节能率可按如下方法计算：

节能率=［1-（使用太阳能加热系统时的辅助能量/使用常规能源加热系统时的能量）］×100%

式中，假定太阳能带辅助热源系统和使用常规能源加热系统都使用同一种常规能源，而且在给定时间内给用户提供相同的热量及相同的热舒适度。

10.16 太阳能保证率 solar fraction

f

系统中太阳能部分提供的能量除以系统总负荷。

注：应规定系统的太阳能部分及任何相关的损失，否则不能唯一地确定太阳能保证率。

10.17 太阳能供热量 solar contribution

系统中太阳能部分提供的能量，单位为焦［耳］（J）。

注：应规定系统中太阳能部分及任何相关的损失，否则不能唯一地确定太阳能供热量。

11 相关术语

11.1 时间常数 time constant

在一个按指数规律变化的过程中，达到最终值的63.22 %（即1-1/e）所需要的时间，单位为秒（s）。

11.2 倾角 tilt angle

倾斜角

水平面与物体表面之间的夹角，单位为度（°）。

11.3 入射角 angle of incidence

入射光线与物体表面法线之间的夹角，单位为度（°）。

11.4 传热工质 heat transfer fluid

在系统内各部件之间用于传递热能的流体。

11.5 额定工作压力 nominal working pressure

设计制造时推荐的集热器（或系统）传热工质允许承受的工作压力，单位为帕（Pa）。

11.6 当量长度 equivalent length

具有跟系统部件中实际存在的压力降相同的管子或管道的直线段长度，单位为米（m）。

注1：在层流情况下，当量长度是流量的函数。

注2：在系统的水力计算中，当量长度是将局部阻力折算成与之相当的摩擦阻力后系统管段所应增加的名义长度。

11.7 水力计算 hydraulic calculation

为使系统中各管段的流量符合设计要求所进行的一系列运算过程，包括管径选择、阻力计算、压力平衡等。

11.8 局部阻力 local resistance

当流体流经管道的一些附件（如阀门、三通、弯头等）时，由于流动方向和速度的改变产生局部旋涡和撞击而形成的阻力。

11.9 摩擦阻力 frictional resistance

当流体沿管道流动时，由于流体分子间及其与管壁间的摩擦而引起的阻力。

11.10 取水流量 water draw-off rate

供水流量 water delivery rate

从热水系统中取水的流量，单位为千克每秒（kg/s）。

11.11 取水温度 draw-off temperature

供水温度 water delivery temperature

从热水系统中取水的温度，单位为摄氏度（℃）。

11.12 热负荷 heat load

系统给用户提供的热量，单位为焦耳（J）。

注：由于在热水输配系统中存在热损失，应指定提供热水的位置，以便唯一地确定负荷。

11.13 日热负荷 daily heat load

每天系统给用户提供的热量，单位为焦耳每天（J/d）。

11.14 热电堆 thermopile

为提高测量小温差的分辨率而串联连接的热电偶。

11.15 精度 accuracy

测量仪器给出接近真值的能力。

注："精度"是一个定性的概念。

11.16 准确度 accuracy

测量结果与被测物理量的真值之间的接近程度。

注1：“准确度”是一个定性的概念。

注2：术语“precision”不应用作“accuracy”。

11.17　可重复性　repeatability

测量仪器在相同的测量条件下，对同一被测物理量提供相近读数的能力。

注：可重复性可以用读数的离散特性来定量地表示。

11.18　可复现性　repeatability

同一被测物理量在相同的测量条件下，多次测量结果之间的接近程度。

注1：这些测量条件叫做复现性条件。

注2：复现性可以用测量结果的离散特性来定量地表示。

11.19　可再现性　reproducibility

同一被测物理量在变化的测量条件下，多次测量结果之间的接近程度。

注1：为使再现性有效，需要规定变化的测量条件。

注2：再现性可以用测量结果的离散特性来定量地表示。

附录A　英文索引

A

B

C

T

U

V

W

Z

附录B　中文索引

A

B

K

L

M

S

T

W

附录C　ISO 9060测量半球向太阳辐射和直接日射仪器的性能及其分级（部分）

表C.1　总日射表性能规格列表

性能规格	总日射表分级		
	二级标准	一级	二级
响应二时间：95%响应时间	<15s	<30s	<60s
零偏移： （a）对$200W \cdot m^{-2}$净热辐射的响应（通风） （b）在环境温度中对$5K \cdot h^{-J}$变化的响应	$+7W \cdot m^{-2}$ $\pm 2W \cdot m^{-2}$	$+15W \cdot m^{-2}$ $\pm 4W \cdot m^{-2}$	$+30W \cdot m^{-2}$ $\pm 8W \cdot m^{-2}$
非稳定性：每年灵敏度变化的百分比	±0.5%	±1.5%	±3%
非线性： 由于辐照度变化$100W \cdot m^{-2}$~$1000W \cdot m^{-2}$，灵敏度距$500W \cdot m^{-2}$时偏离的百分比	±0.5%	±1%	±3%
对直接日射的方向响应（垂直入射的辐照度为$1000W \cdot m^{-2}$测量其从任何方向入射时，由于假定垂直入射的灵敏度对所有方向约正确，所引起的误差范围）	$\pm 10W \cdot m^{-2}$	$\pm 20W \cdot m^{-2}$	$\pm 30W \cdot m^{-2}$

续表

性能规格	总日射表分级		
	二级标准	一级	二级
光谱选择性： 光谱吸收比与光谱透射比的乘积距0.3μm~3μm范围内相应平均值的偏差百分比	±3%	±5%	±10%
温度响应： 由环境温度变化50K间隔内变化引起的总的偏差百分比	2%	4%	8%
倾斜响应： 在辐照度1000W·m^{-2}下，由倾斜0°~90° 变化引起距0° （水平状态）响应的偏差百分比	±0.5%	±2%	±5%

表C.2　直接日射表性能规格列表

性能规格	总日射表分级		
	二级标准	一级	二级
响应时间：95%响应时间	<15s	<20s	<30s
零偏移： 在环境温度中对5K·h^{-1}变化的响应	±1W·m^{-2}	±3W·m^{-2}	±6W·m^{-2}
稳定性（满量程的百分比，变化/年）	±0.5%	±1%	±2%
非线性： 由于辐照度变化在100W· m^{-2}~1000W·m^{-2}，灵敏度距500W·m^{-2}时偏离的百分比	±0.2	±0.5	±2

续表

性能规格	总日射表分级		
	二级标准	一级	二级
光谱选择性： 光谱吸收比与光谱透射比的乘积距0.3μm~3μm范围内相应平均值偏差的百分比	±0.5%	±1%	±5%
温度响应： 由环境温度变化50K间隔内变化引起的总偏差的百分比	±1%	±2%	±10%
倾斜响应； 在辐照度1000W·m^{-2}下，由倾斜0° ~90° 变化引起距0° （水平状态）响应偏差的百分比	±0.2%	±0.5%	±2%
溯源性： 通过定期比对维持	与基准直接日射表比对	与二级标准或更好的直接日射表比对	与一级或更好的标准直接日射表比对

中华人民共和国国家标准

太阳热水系统设计、安装及工程验收技术规范

Solar water heating systems – Design, installation and engineering acceptance

GB/T 18713 – 2002

前 言

本标准是全面指导太阳热水系统设计、安装及工程验收的必要技术文件。

本标准的制订参考了ISO/TR 12596 :1995《太阳热利用—游泳池加热系统—尺寸、设计和安装指南》和EN 12977-1 :1997《太阳热水系统和部件—普通建筑系统—第一部分：总体要求》以及EN 12977-2 :1997《太阳热水系统和部件—普通建筑系统—第二部分：测试方法》的相关内容。

本标准由科技部高新技术发展与产业化司、国家经济贸易委员会资源节约与综合利用司提出。

本标准由全国能源基础与管理标准化技术委员会新能源和可再生能源分委会归口。

本标准由中科院电工研究所、北京市太阳能研究所、中国标准研究中心和北京天普太阳能公司等单位负责起草。

本标准属首次发表。

本标准主要起草人：付向东、方智平、何梓年、赵跃进、杨金良。

目　次

1 范　　围

本标准规定了太阳热水系统设计、安装要求及工程验收的技术规范。

本标准适用于提供生活用及类似用途热水的贮水箱容积大于0.6m^{3}的具有液体传热工质的自然循环、直流式和强迫循环太阳热水系统（包括带辅助能源的太阳热水系统）。这些系统是根据当地条件单独设计和安装的。

2 引用标准

下列标准所包括的条文，通过在本标准中引用而构成为本标准的条文。本标准出版时，所示版本均为有效。所有标准都会被修订，使用本标准的各方应探讨使用下列标准最新版本的可能性。

《钢结构工程施工及验收规范》GBJ 205–1983

《碳素结构钢》GB/T 700–1988

《桥梁用结构钢》GB/T 714–2000

《家用和类似用途电器的安全 第一部分：通用要求（eqv IEC 335–1：1991）》GB 4706.1–1998

《家用和类似用途电器的安全贮水式电热水器的特殊要求（idt IEC 335.2–21：1989）》GB 4706.12–1995

《平板型太阳集热器热性能试验方法》GB/T 4271–2000

《设备及管道保温技术通则》GB/T 4272–1992

《平板型太阳集热器技术条件》GB/T 6424–1997

《设备及管道保温设计导则》GB/T 8175–1987

《家用电器安装、使用、检修安全要求》GB 8877–1988

《太阳能热利用术语》GB/T 12936–1991

《家用和类似用途电自动控制器第1部分：通用要求》GB 14536.1–1998

《太阳热水器吸热体、连接管及其配件所用弹性材料的评价方法》GB/T 15513–1995

《真空管太阳集热器》GB/T 17581–1998

《建筑物防雷设计规范》GB 50057–1994

《电气装置安装工程盘、柜及二次回路结线施工及验收规范》GB 50171–1992

《屋面工程技术规范》GB 50207–1994

《电气装置安装工程1kV及以下配线工程施工及验收规范》GB 50258–1996

《日用管状电热元件》JB 4088–1999

3 定　　义

本标准除采用GB/T 12936中的相关定义外，还采用下列定义。

3.1　顶水法　hot water tapped off by aid of city water refill

利用水的压力将冷水从贮水箱或集热器底部注入系统，并将贮水箱中的热水从贮水箱的上部顶出的取热水方法。

3.2　落水法　hot water tapped off by aid of gravity

利用重力使贮水箱中的热水自贮水箱底部自动流出的取热水方法。

3.3 膨胀箱 expansion vessel

间接系统中的传热介质遇热膨胀，膨胀箱是安装于系统循环管路上为这种体积变化提供空间的容器。

4 系统分类与特征

4.1 太阳热水系统按运行方式可分为三种：自然循环系统、直流式系统和强迫循环系统。

4.1.1 自然循环系统

自然循环系统是利用传热工质内部的温度梯度产生的密度差所形成的自然对流进行循环的太阳热水系统。在自然循环系统中，为了保证必要的热虹吸压头，贮水箱应高于集热器上部。这种系统结构简单，不需要附加动力。

4.1.2 直流式系统

直流式系统是传热工质一次流过集热器加热后，便进入贮水箱或用热水处的非循环太阳热水系统。贮水箱的作用仅为储存集热器所排放的热水。直流式系统一般可采用非电控温控阀控制方式及温控器控制方式。

4.1.3 强迫循环系统

强迫循环系统是利用机械设备等外部动力迫使传热工质通过集热器（或换热器）进行循环的太阳热水系统。强迫循环系统通常采用温差控制、光电控制及定时器控制等方式。

4.2 太阳热水系统按有无换热器可分为：直接系统和间接系统。直接系统在集热器中直接加热供水：间接系统是利用换热器间接加热供水。

4.3 所有的太阳热水系统均可与辅助能源联合使用，成为带辅助能源的太阳热水系统。

5 系统设计

5.1 调查用户基本情况

5.1.1 环境条件

——安装地点纬度

——月均日辐照量

——日照时间

——环境温度

5.1.2 用水情况

——日均用水量

——用水方式

——用水温度

——用水位置

——用水流量

5.1.3 场地情况

——场地面积

——场地形状

——建筑物承载能力

——遮挡情况

5.1.4 水电情况

——水压

——电压

——水、电供应情况

5.2 确定系统运行方式

太阳热水系统的运行方式应根据用户基本条件、用户的使用需求及集热器与贮水箱的相对安装位置等因素综合加以确定，可按表1推荐的方式选取。

表1 太阳热水系统运行方式的选用

运行条件		运行方式		
		自然循环	直流式	强迫循环
水压不稳		可用	不宜用[1]	可用
供电不足		可用	不宜用[2]	不宜用[3]
即时用热水		不宜用	可用	不宜用
集热器与储水箱相对位置	集热器位置高	不宜用	可用	可用
	贮水箱位置高	可用	可用	可用
使用环境温度	高于0℃	可用	可用	可用
	低于0℃	采取防冻措施可用		

1）在温控器控制泵的方式下可用。
2）在温控阀控制的方式下可用。
3）在光电池控制直流泵的方式下可用。

5.3 确定集热器类型

集热器类型应根据太阳热水系统在一年中的运行时间、运行期内最低环境温度等因素确定，可按表2推荐的类型选用。

表2 集热器类型的选用

运行条件		集热器类型		
		平板型	全玻璃真空管型	热管式真空管型
运行期内最低环境温度	高于0℃	可用	可用	可用
	低于0℃	不可用[1]	可用[2]	可用

1）采取防冻措施后可用。
2）如下采用防冻措施，应注意最低环境温度值及阴天持续时间。

5.4 确定系统集热面积

系统集热面积的确定见附录A。

5.5 贮水箱

5.5.1 贮水箱的容量应与日均用水量相适应。

5.5.2 大面积太阳热水系统的贮水箱一般为常压水箱，水箱应有足够的强度和刚度。

5.5.3 在贮水箱的适当位置应设有通气口、溢流口、排污口和必要的人孔（一般大于3t的水箱）。

5.5.4 贮水箱应满足防腐要求，保持水质清洁。

5.5.5 为了减少热量损失，贮水箱应设有保温层，其保温设计见5.10。

5.6 辅助能源

5.6.1 如果单靠太阳热水系统不能满足水温及水量的要求，可采用电、燃气、油、煤等辅助能源加以补充。如果条件许可，宜采用电作为辅助能源。

5.6.2 辅助能源可直接加热贮水箱中的水，也可通过换热器间接加热贮水箱中的水。

5.7 换热器

5.7.1 换热器的设计或选取可参照有关设计规范或厂商说明。

5.7.2 太阳热水系统可采用位于贮水箱内的单循环换热器，大型太阳热水系统宜选用双循环外部换热器。在采用双循环外部换热器时，应使换热器两边的热容流量（比热乘以质量流量）相等。

5.7.3 换热器应与传热工质有较好的相容性，不会对水产生二次污染。

5.7.4 如果系统用在水硬度高的地区并且水温高于60℃，换热器应有防垢措施或采取适当的清垢方法。

5.7.5 在间接太阳热水系统中，换热器不应明显降低集热器效率。当集热器的太阳能收益达到可能的最大值时，换热器导致的集热器效率降低不应超过10%；如果系统中有几个换热器，每个换热器导致的集热器效率降低的总和不应超过10%。

5.7.6 在双回路太阳热水系统中，当使用无害传热工质时，换热器可采用单壁的；对于有害传热工质，应采用双壁的换热器。

5. 8 系统布局

5.8.1 贮水箱和集热器定应

5.8.1.1 一般要求

贮水箱和集热器的安装位置应使其在满载情况下分别满足建筑物上其所处部位的承载要求，必要时应请建筑结构专业人员复核建筑荷载；安装热水系统不应破坏建筑物的整体观瞻效果；应避免集热器的反射光对附近建筑物引起的光污染；另外，为了减少热损及循环阻力，在确保建筑物承重安全的前提下，贮水箱和集热器的相对位置应使循环管路尽可能短。

5.8.1.2 贮水箱定位

5.8.1.2.1 在自然循环系统中，为了促进热虹吸循环和防止夜间倒流散热，水箱底部一般应比集热器顶部高0.3m～0.5m。

5.8.1.2.2 在全年运行的非自然循环系统中，有条件时应将贮水箱放在室内，以利于贮水箱保温。

5.8.1.2.3 贮水箱上面及周围应有能容纳至少1人的作业空间，要求与四周保持不小于1.5m的距离，与顶面保持不小于0.5m的距离。

5.8.1.3 集热器定位

5.8.1.3.1 集热器定向

集热器摆放面向正南或正南偏西5°。

5.8.1.3.2 集热器安装倾角

集热器安装倾角等于当地纬度；如系统侧重在夏季使用，其安装角应等于当地纬度减10°；如系统侧重在冬季使用，其安装角应等于当地纬度加10°。安装倾角误差为±3°。

注：全玻璃真空管东西向放置的集热器安装倾角可适当减小。

5.8.1.3.3 集热器排间距

为避免遮挡，集热器离遮光物的最小距离可按式（1）计算：

$$D=H \times \mathrm{ctg}\, a_s \qquad (1)$$

式中：D——集热器离遮光物或集热器前后排间的最小距离；

H——遮光物最高点与集热器最低点间的垂直距离；

a_s——当地春秋分正午12时的太阳高度角（季节性使用），当地冬至日正午12时的太阳高度角（全年性使用）。

5.8.2 集热器阵列

5.8.2.1 集热器的相互连接

5.8.2.1.1 集热器可通过并联、串联和串并联等方式连接成集热器组。

5.8.2.1.2 集热器组中集热器的连接尽可能采用并联。平板型集热器每排并联数目不宜超过16个。

5.8.2.1.3 串联的集热器数目应尽可能少。全玻璃真空管东西向放置的集热器，在同一斜面上多层布置时，串联的集热器不宜超过3个（每个集热器联箱长度不大于2m）。

5.8.2.1.4 对于自然循环系统，每个系统全部集热器的数目不宜超过24个。大面积自然循环系统，可以分成若干个子系统，每个子系统中集热器数目不宜超过24个。

5.8.2.2　集热器组的相互连接

5.8.2.2.1　集热器组应按同程原则布置成并联，即应使每个集热器的传热介质流入路径与回流路径的长度相同，以使流量平均分配。当集热器组按异程连接时，将造成离传热工质流入口近的集热器流量较大，而离流入口远的集热器流量较少，使系统性能下降。自然循环系统有自调节功能，可采用异程连接。

5.8.2.2.2　受场地条件限制，不能通过简单管系布置实现流量平衡时，可借助5.9.1.10中的辅助阀门以获得均匀的流量分布。

5.9　系统管路设计

5.9.1　循环管路

5.9.1.1　循环管路的设计应与5.11相结合。

5.9.1.2　循环管路应尽量短而少弯。

5.9.1.3　为了达到流量平衡和减少管路热损，绕行的管路应是冷水管或低温水管。

5.9.1.4　管路的通径面积应与并联的集热器或集热器组管路通径面积的总和相适应。

5.9.1.5　集热器循环管路应有0.3%～0.5%的坡度，以避免气塞现象，也可满足循环、排空或回流的要求。在自然循环系统中，应使循环管路朝贮水箱方向有向上坡度，不允许有反坡。在有水回流的防冻系统中，管路的坡度应使系统中的水自动回流，不应积存。

5.9.1.6　在循环管路中，易发生气塞的位置应设有排气阀；当用防冻液作为传热工质时，宜使用手动排气阀。需要排空和防冻回流的系统应设有吸气阀。在系统各口路及系统要防冻排空部分的管路的最低点及易积存的位置应设有排空阀，以保证系统排空。

5.9.1.7　在强迫循环系统的循环管路上，必要时应设有防止传热工质夜间倒流散热的单向阀。

5.9.1.8　为了便于观察系统的运行情况和检修，宜在系统的管路中设流量计和压力表。自然循环系统中一般不设流量计和压力表。

5.9.1.9　间接系统的循环管路上应设膨胀箱。闭式间接系统的循环管路上同时还应设有压力安全阀和压力表，从集热器到压力安全阀和膨胀箱之间的管路应是畅通的，不应设有单向阀和其他可关闭的阀门。

5.9.1.10　当集热器阵列为多排或多层集热器组并联时，为了维修方便，每排或每层集热器组的进出口管道，应设辅助阀门。

5.9.1.11　系统中的换热器一般应按逆流方式连接，贮水箱内的单循环换热器位于高处的进口与系统高温管路相连，位于低处的出口与低温管路相连。

5.9.2　取热水管路

太阳热水系统的取热水方法有顶水法、落水法或其他方法。

5.9.2.1　顶水法

5.9.2.1.1　在自然循环和强迫循环系统中宜采用预水法获取热水。通常使用浮球阀自动控制提供热水。浮球阀可直接安装在贮水箱中，也可安装在小补水箱中。

5.9.2.1.2　采用顶水法时，在使用热水期间，水压应保证符合设计要求，否则此法不宜采用。

5.9.2.1.3　设在贮水箱中的浮球阀应采用金属或耐温高于100℃的其他材质浮球，浮球阀的通性应能满足取水流量的要求。

5.9.2.2　落水法

5.9.2.2.1　太阳热水系统可采用落水法取热水，直流式系统应采用此方法。

5.9.2.2.2　当贮水箱距喷头的高差过小时，可安装加压泵。

5.9.2.3　各种取热水管路系统均应按1.0m/s的设计流速选取管径。

5.10　系统保温

系统的保温设计应按GB/T 8175的规定进行。

5.11　系统的防冻措施

5.11.1　太阳热水系统如设计为直接系统，可采用下列措施进行防冻：

5.11.1.1　如集热器不满足抗冻要求，可将系统中的水或系统室外部分的水排放，可采用手动阀，也可选用具有防冻功能的温控系统控制电磁间打开，或选用非电控温控阀。

5.11.1.2　在与5.11.1.1相同条件下，对于强迫循环系统，可将贮水箱放在低于集热器的位置，在循环泵运行停止后，使集热器和循环管路中的水回流；也可采用具有防冻定温循环功能的温控系统，进行定温强迫循环防冻。

5.11.1.3　在集热器满足抗冻要求的条件下，可在保温层与管路之间加入发热元件，如自控温电热带等；可通过管路设计，只使循环管路中的水回流；也可采用其他安全可靠的方法。

5.11.2　太阳热水系统可设计为间接系统，在系统中使用防冻传热工质进行防冻。传热工质的凝固点应低于系统使用期内最低环境温度，其沸点应高于集热器的最高闷晒温度。

6　对系统的要求

6.1　总体要求

6.1.1　水质要求

系统提供的热水应无铁锈、异味或其他有碍卫生的物质。

6.1.2　系统的过热保护

6.1.2.1　防垢

可在设计系统时合理配置贮水箱和集热器面积的比例，使系统在一天运行中最高温度不超过60℃；对于直流式系统，设定获得的水温不宜超过60℃；也可在系统中加装有效的防垢设备。

6.1.2.2　材料的过热保护

在设计系统时，应确保系统的最高运行温度不超过所用部件的最高许用温度、在间接系统中，为了防止在集热器最高闷晒温度下防冻液沸腾，应选用沸点符合5.11.2要求的防冻液。

6.1.3　系统的承压

对于封闭系统，系统至少应能承受1.5倍的系统最大工作压力；对于开口系统，系统中的任何部件及连接处应能承受该部件及连接处的最大工作压力。

6.1.4　电器安全

如果系统含有电器设备，其电器安全应符合GB 4706.1和GB 4706.12规定的要求。

6.2　零部件技术要求

6.2.1　集热器

6.2.1.1　平板型太阳集热器在施工安装前应对集热器按 GB/T 6424-1997中7.3.1的内容进行产品质量检验，其检验结果应符合

GB/T 6424中相关条款规定的要求。

6.2.1.2 真空管型太阳集热器的技术要求应符合GB/T 17581–1998第5章规定的要求，在施工安装前对集热器进行检验，检验方法应符合GB/T 17581–1998中7.1.1规定的要求。

6.2.2 连接软管

连接软管应符合GB/T 15513中相关条款规定的要求。

6.2.3 控制系统

6.2.3.1 温控器

温控器应能实现自动控制，应符合GB 14536.1规定的要求。直流热水系统的温控器应有水满自锁功能。

6.2.3.2 温度传感器

集热器用传感器应能承受集热器的最高空晒温度，精度为±2℃；贮水箱用传感器应能承受100℃，精度为±2℃。

6.2.4 泵

在太阳热水系统中，在满足扬程和流量要求（系统流量一般为每平方米集热器0.01~0.02L/s）的条件下，应选择功率较小的泵。在强迫循环系统中，水温≥50℃时宜选用耐热泵。另外，泵与传热工质应有很好的相容性；必要时，宜选用低噪声泵。

6.2.5 电磁阀

电磁阀的工作条件应适合现场水压。

6.2.6 温控阀

温控阀的温度控制误差应不大于±2.5℃，同时要满足现场水压条件，还要求该阀防腐性能良好，寿命长。

6.2.7 辅助电加热器

太阳热水系统中使用的辅助电加热器应符合JB 4088规定的要求，工作寿命不小于3000h，使用电压为220（1±10%）V或380（1±10%）V。

7 系统施工安装技术要求

7.1 一般要求

在安装热水系统时，不应破坏建筑物的结构，和削弱建筑物在寿命期内承受任何荷载的能力，不应破坏屋面防水层和建筑物的附属设施。系统安装后应能抵抗下列自然灾害。

7.1.1 雷电

系统如不处于建筑物上避雷系统的保护中，应按照GB 50057规定的要求增设避雷措施。

7.1.2 风载

系统安装在室外的部分应能经受不低于10级风的负载；如果当地历史最大风力高于10级，则按当地历史最大风力设计。

7.2 系统基础

7.2.1 集热器基础

集热器基础可建在屋顶防水层上，也可建在屋顶结构层上。建在屋顶结构层上的基础，其预埋件应与结构层中的钢筋相连，并作好防水，防水的制作应符合GB 50207规定的要求。基础顶面应设有地脚螺丝或预埋铁，便于同支架紧固或焊接在一起。建在屋顶防水层上的基础，可不设地脚螺丝或预埋铁。基础的高度应考虑日后的屋面维修。

7.2.2 贮水箱基础

贮水箱基础应设在建筑物的承重梁或承重墙上。贮水箱水满时的荷载不应超过建筑设计的承载能力。基础的位置和高度应留有维修保养的空间。

7.3 支架

支架应根据设计要求选取材料，并符合GB/T 700和GB/T 714规定的要求。材料在使用前应进行矫正。支架的焊接应按设计要求进行，并符合GBJ 205规定的要求。支架应进行防腐处理。

支架应采用螺栓或焊接固定在基础上，并应确保强度可靠、稳定性好。为确保自然循环、泄水及防冻回流等需要，设计时有坡度要求的支架应按设计要求安装。热水系统如采用建在楼顶防水层上的基础时，支架可摆放在基础之上，然后把各排支架用角钢等材料联结在一起并与建筑物相连，提高抗风能力，以满足7.1.2的要求。

7.4 集热器安装

7.4.1 技术参数

7.4.1.1 集热器定向及安装倾角应符合5.8.1.3.1和5.8.1.3.2的要求。

7.4.1.2 最前排集热器与遮光物的距离以及多排集热器排与排之间的距离应符合 5.8.1.3.3的要求。

7.4.2 技术要求

7.4.2.1 集热器的相互连接应按集热器产品设计的连接方式连接。

7.4.2.2 安装真空管集热器时，真空管与联箱的密封应按集热器产品设计的密封方式进行安装，具体操作应按产品说明书进行。

7.4.2.3 安装集热器时，应有不透明的物体遮盖玻璃盖板或真空管，直至通水后方可除去遮盖物。

7.4.2.4 将集热器按设计要求可靠地固定在支架上。

7.4.2.5 集热器之间的连接管应进行保温，保温层厚度不小于20mm；在寒冷地区运行的，其保温层应适当加厚。对于真空管集热器，连接管的保温层厚度不应小于联箱的保温层厚度。上述所有保温层厚度均不应超过其临界厚度。

7.5 贮水箱安装

7.5.1 当安装现场不具备搬运及吊装条件时，贮水箱可现场制作。

7.5.2 贮水箱和支架间应有隔热垫，不宜直接刚性连接而增加热损。安放好的贮水箱应固定在支架上。

7.5.3 贮水箱应进行检漏并做防腐处理及保温。贮水箱保温的制作应符合GB/T 4272规定的要求。

7.6 电控系统安装

7.6.1 系统的电气控制箱安装应符合GB 50171规定的要求。

7.6.2 温控器应安放在电气控制箱内，其安装后的安全性应符合GB 8877规定的要求。

7.6.3 温度传感器的定位和安装应保证与被测温部位有良好的热接触，温度传感器四周应进行良好的保温。

7.6.3.1 集热器温度传感器应安装在集热器内部，可插入液体集管中，或与吸热体表面紧密接触。

7.6.3.2 管路温度传感器可安装在浸入传热工质的盲管中或紧贴在管路的外壁上。对于后一种情况，宜使用导热胶。

7.6.3.3 贮水箱温度传感器可安装在盲管中或直接浸入贮水箱中，也可紧贴在贮水箱外壁并与贮水箱壁有良好的热接触。

7.6.4 导线布置、安装应符合GB 50258规定的要求。

7.7 辅助电热器安装

辅助电加热器与箱体容器的连接处应设有良好的耐热密封垫，其外露的带电接线柱应有良好的绝缘保护装置，并设有保护罩。对于露天安装的辅助电加热器，保护罩上应设有防水板，防止水流入保护罩内。辅助电加热器安装后的安全性应符合GB 4706.12规定的要求，在做好永久接地保护的同时，并加装防漏电、防干烧等保护装置。其电源线的安装应符合GB 50258规定的要求。

7.8 管路系统安装

7.8.1 泵

7.8.1.1 泵应按制造厂家的要求安装，并做好接地保护。

7.8.1.2 较大的泵应用螺栓固定在支架上，并做减振处理。

7.8.1.3 当泵的流量比设计值大时，应加旁路管道及手动阀进行流量调节。

7.8.1.4 泵在室外安装时应采用全封闭型或设有保护罩，在室内安装时应注意防潮。

7.8.2 电磁阀

电磁阀应水平安装，在其进水口前应安装过滤器。电磁阀两端应安装旁路管道及手动阀，当其发生故障时用手动阀工作。

7.8.3 温控阀

7.8.3.1 用于控制热水温度的温控阀感温部分应安装在集热器集管（或联箱）热水出口处。

7.8.3.2 用于防冻排空的温控阀应安装在室外系统的管路最低处。

7.8.4 管路

7.8.4.1 管路和零部件应选用与传热工质相容的材料，内壁不能发生腐蚀；应能承受系统的最高空晒温度和6.1.3中规定的压力；在系统运行的管道中，有必要加入一段连接软管过渡时，应做好连接软管的防老化保护。

7.8.4.2 管路的坡向及坡度应按设计要求进行安装。

7.8.4.3 在系统管路通过混凝土板和墙壁时，要根据房屋结构合理安排管路，正确选择穿墙位置，并加装穿墙套管。

7.8.4.4 压力表、流量计等应安装在便于观察的地方，手动阀门应安装在容易操作的地方。

7.8.4.5 容易发生故障的设备及附件两端应采用法兰或活接头连接，以便维修更换。

7.8.4.6 在采用焊接方法连接铜集管时，应选用低温软钎焊工艺，施工时应操作迅速，以免集管长时间处于高温下。

7.8.4.7 管道支架应有足够的强度和刚度，起到支撑管道重量、防止管道下垂弯曲的作用，使管道保持系统需要的循环及排泄坡度。

7.8.4.8 管道系统中固定支点设置的最大安装距离应符合表3的要求。

表3 横管路支点设置的最大安装距离

公称内径/mm		15	20	25	32	40	50
最大距离/m	保温管路	1.5	2	1	2.5	3	3
	不保温管路	2.5	3	3.5	4	4.5	5

7.8.4.9 立管的支撑，在2.5m以内应有一个支点。

7.8.4.10 管道直线距离较长时，应安装膨胀节，以补偿因温度变化产生的伸缩。

7.8.4.11 管道在支架上的固定，应在保温前进行。

7.9　系统的水压试验

整个系统安装后应进行水压试验，试验压力应符合6.1.3的规定。

7.10　管路保温

管路保温应在系统检漏及试运行合格后进行。采用自控温电热带防冻的系统，应先将自控温电热带按制造厂家的要求安装后再作保温。管路如需要在保温后固定，应使用硬质保温材料。系统保温的制作应符合GB/T 4272规定的要求。

8　试运行、验收

8.1　试运行前

8.1.1　检查系统安装是否符合设计图纸及本标准要求。

8.1.2　将贮水箱、集热器及管路内部冲洗干净。

8.2　试运行

8.2.1　给系统充填传热工质。全玻璃真空管热水系统应在无阳光照射的条件下充填传热工质。

8.2.2　在系统处于工作条件下，对相关的部件进行凋节或调试，保证各部件在设计要求的状态下工作。

8.2.3　系统如果有管理员，应对其进行培训。

8.3　验收

8.3.1　一般检验

系统的一般检验包括：

a）检查系统的组装和安装；

b）检查系统部件的明显缺陷；

c）检查系统控制器和控制传感器；

d）检查系统防冻保护措施；

e）检查系统材料的过热保护。

如有需要或要求，这些检验应按附录B的规定进行。

注：附录B中描述的程序是可选择的。

8.3.2　水质检验

系统连续运行三日后，从系统取出的热水水质应符合6.1.1的要求。

8.3.3　热性能检验

在晴好天气条件下，系统连续运行三天，每天的水温、水量均应满足系统所处季节的验收指标。在每天进行检验前，应将系统内的热水排净，重新注水。

注：验收指标可根据设计指标及不同季节等影响因素确定。

9　移交用户的文件

对于每一个系统，应提供一套易懂的运行使用说明以及服务介绍。这套文件应包括对于运行、维护所必需的全部说明以及根据第8章进行验收的全部记录。

全套文件应包括下列资料：

a）系统的布置图；

b）系统的管路图和电路图，图中应有每一个部件的资料：型号、尺寸、电功率等；

c）系统各回路的最大工作压力；

d）工作极限（系统各回路允许的最高温度和压力，系统抵抗冰冻所能承受的最低温度等）；

e）系统运行前和运行中应注意的事项；

f）系统开启使用和关闭停用的说明；

g）如果系统中有安全部件，应说明安全部件的调整及正常运行情况；

注：1 各安全部件应包含在系统管路图中。

2 应给出在压力释放阀释放后，系统再运行前的检查指南。

h）系统出现故障或危险（特别是安全部件）时所应采取的措施；

i）如果有控制系统，应说明控制原理及系统组成，控制部件应标注在系统管路图中；

j）日常检查和维护所应注意的事项，以及正常维护期间需要更换部件的清单；

k）系统为了防止冻害所应采取的措施；

l）系统的验收情况。

附录A 系统集热面积的确定

A.1 直接系统集热器采光面积

集热器采光面积可根据用户的每日用水量和用水温度确定，按式（A.1）估算：

$$A_c=\frac{Q_W C_W（t_{end}-t_i）f}{J_T\eta_{cd}（1-\eta_L）} \quad （A.1）$$

式中：A_c——直接系统集热器采光面积，m^2；

Q_W——日均用水量，kg；

C_W——水的定压比热容，kJ/（kg·℃）；

t_{end}——贮水箱内水的终止温度，℃；

t_i——水的初始温度，℃；

J_T——当地春分或秋分所在月集热器受热面上月均日辐照量，kJ/m^2；

f——太阳能保证率，无量纲；根据系统使用期内的太阳辐照、系统经济性及用户要求等因素综合考虑后确定；

η_{cd}——集热器全日集热效率，无量纲；根据经验值取0.40～0.55；

η_L——管路及贮水箱热损失率，无量纲；根据经验值取0.2～0.25。

集热器采光面积的估算也可根据国际上通用的f-chart软件或类似的软件进行。

A.2 间接系统集热器采光面积

间接系统与直接系统相比，由于换热器内外存在传热温差，使得在获得相同温度热水的情况下，间接系统比直接系统的集热器运行温度高，造成集热器效率降低。“换热器因子”F_{hx}可用于衡量换热器对集热器效率的影响。当换热器的效率达到最大，“换热器因子”可用式（A.2）表示。

$$F_{hx}=\frac{1}{1+\dfrac{F_R U_L\cdot A_c}{(UA)_{hx}}} \quad （A.2）$$

式中：F_{hx}——换热器因子，无量纲；

F_R——集热器热转移因子，无量纲；

U_L——集热器总热损系数，W/（m^2·℃）；

$(UA)_{hx}$——换热器传热速率，W/℃。

间接系统的集热器采光面积A_{IN}可按式（A.3）计算：

$$A_{IN}=\frac{A_c}{F_{hx}} \tag{A.3}$$

附录B　检　验

B.1　概述

本检验程序是为确定太阳能热水系统是否正确安装和是否处于良好工作状况提供一个快速、低成本的检查方法。

本检验程序包括8.3.1中a）~e）的内容。

检验不需要特殊的气候条件，可在一天中的任何时候进行。检验程序不包括热性能或系统效率的评估。

B.2　必备条件

在B.2.1和 B.2.2中列出了进行检验所需要的全部资料和仪器（其中的某些资料或仪器对某个受检验系统可能是无关的）。

B.2.1　资料

——系统布置图；

——系统管路图和电气线路图；

——所有有关参数（例如贮水箱内的水温等）的数值；

——控制功能说明，包括控制类型及随温度而变化的开关状态图；

——温度传感器在不同温度下的输出信号（如电阻、电压）标定曲线；

——不同浓度下的防冻传热工质性质数据，包括密度、折射率、凝固点、沸点、蒸汽压力等。

B.2.2　仪器

——测温范围为-20℃～120℃的温度传感器，其精度为±1℃，响应时间不超过几秒，用于对温控器或温控间的开关温度进行测量；

——输入信号发生器，用于模拟温度范围为-20℃～120℃的传感器信号（根据传感器类型，需要在不同的范围内有不同精度的十进制电阻，或许需要直流电压校准器）；

——欧姆表和电压表或万用表，用以测量温度探头模拟器的特性；

——用以检测控制传感器的恒温水浴；

——夹待式电流表，用以测量通过辅助电加热器的电流；

——手提式压力表，用以检测膨胀箱内的空气压力；

——密度计、手提式折射计或其他测量防冻液浓度的适当仪器（用以测量冰点）；

——杜瓦瓶或冻结喷嘴，用于对防冻保护传感器的测试；

——水平仪，用以对回流或排空系统管路的坡度进行检查；

——水桶或类似容器和秒表，用于对排空系统从手动排空阀流出的水流量进行测量；

——如果集热器阵列不能承受闷晒或空晒，应有覆盖的方法。

B.3　检验

本条款中的一些检验项目适用于不同的系统，每一个检验项目是否适用，应在进行检验前根据安装系统的类型逐项加以确认。

假设系统没有通过某项检验，则应修正发生的故障或缺陷，并记录所有的缺陷和它们的修正情况以及日期和经办人。如果已不可能修正某项缺陷，必须确认它是否会对系统的运行造成明显影响。

B.3.1 组装和安装

下列检验是为了保证系统的正常组装和安装。本检验是将安装的实际情况与系统的布置简图、系统管路图和电气线路图进行对比。

B.3.1.1 贮水箱、集热器基础应符合设计要求。

B.3.1.2 支架安装应符合设计要求。

B.3.1.3 集热器和贮水箱的位置以及连接它们的管路应符合设计要求。

注：本条对自然循环系统特别重要。

B.3.1.4 每一个集热器的连接应使通过集热器的工质流量符合设计要求。

B.3.1.5 集热器温度传感器应按设计要求或厂家推荐方式安装，并应检查其线路的连接。

B.3.1.6 贮水箱温度传感器应按设计要求或厂家推荐方式安装。

B.3.1.7 管路温度传感器应按设计要求或厂家推荐方式安装。

B.3.1.8 排气阀应按设计要求安装。

注：至少应安装一个排气阀，宜安装在系统的最高点。

B.3.1.9 止回阀应按设计要求安装，阀体上的箭头方向应指向正确方向。

B.3.1.10 电磁间应按厂家推荐方式安装。

B.3.1.11 放空阀应按设计要求安装。

B.3.1.12 压力安全阀应按设计要求安装。

B.3.1.13 过滤网应按设计要求安装。

B.3.1.14 泵应按厂家要求安装，电源线的连接应使泵的转向正确，泵应良好接地。

B.3.1.15 膨胀箱应按设计要求安装。

B.3.1.16 贮水箱及管路保温应按设计要求制作（厚度、保护层等）。

B.3.1.17 换热器应按设计或厂家要求安装，通常换热器按逆流方式运行，换热器的进出管路应正确连接。

B.3.1.18 辅助电加热器应按设计要求安装，电加热器的电源线连接也应目视检查。

B.3.1.19 控制器和控制传感器的安装和连线应符合设计要求（位置、电源、与传感器的连接、接地等）。

B.3.2 部件完整性及运行条件

下列检验是为了保证系统部件不存在影响系统运行的明显缺陷。重要的是在工质回路中无泄露。

B.3.2.1 集热器

B.3.2.1.1 通过目视检查集热器部件，应无损伤。

B.3.2.1.2 通过目视检查，确保集热器通气孔不堵塞。

B.3.2.2 集热器阵列

B.3.2.2.1 通过目视检查集热器连接处是否泄漏。

B.3.2.2.2 通过目视检查与管线连接处是否泄漏，保温层不能有浸湿或破损。

B.3.2.2.3 通过目视检查放气阀是否泄漏；检查手动放气阀能否开启。

B.3.2.2.4 通过目视检查压力安全阀是否泄漏。通过压缩压力安全阀的弹簧，检查该阀能否自由打开和关闭，关闭时不应泄漏。检查可在通常的压力下进行。

B.3.2.2.5 如果集热器阵列由若干集热器组组成，应检查各集热器组的流量平衡情况。在晴朗的天气条件下，各集热器组的出口温度差不应超过3℃。

B.3.2.3 管路系统

B.3.2.3.1 通过目视检查管线各连接处是否泄漏，保温层不能有浸湿和破损。

B.3.2.3.2 检查电磁间在开关过程中的声音是否正常。

B.3.2.3.3 通过目视检查放空阀是否泄漏。

B.3.2.3.4 通过目视检查泵是否泄漏，运行是否正常。

B.3.2.3.5 如果在液体压力表和管路之间有手动阀门，打开阀门检查压力表的工作情况。

B.3.2.3.6 在防冻回流系统中，检查运行及非运行情况下回流水箱的水位，水位应符合设计要求。

B.3.2.3.7 如果有流量表，应检查流量，其值与设计流量相差不应超过20%。

B.3.2.3.8 对于有膨胀箱的闭式间接系统，应检查管路系统的压力是否符合设计要求。如果系统没有给定压力条件，系统压力宜至少高于静压（系统最高点离最底点的高度）0.05MPa。

B.3.2.3.9 在间接系统中，如果用的是有膜膨胀箱，应检查膜的位置及其完整性。如果膨胀箱中工质的压力（**B**.3.2.3.5中测得）比空气的压力大很多，表明膨胀箱不能提供更多的工质。

膜是否损坏可通过敲击工质及空气腔发出的声音加以确定。另外，当膨胀箱的空气阀打开时，如有工质泄漏也表明膜已损坏。

B.3.2.3.10 在间接系统中，如果用的是开式膨胀箱，应通过计算检查膨胀箱容积是否符合使用要求。

B.3.2.4 贮水箱

通过目视检查贮水箱是否泄漏，水箱壁是否有明显变形。保温层不应潮湿。

B.3.2.5 换热器

通过公式（B1）估算集热器回路中换热器所引起的系统集热效率降低值$\Delta\eta$；

$$\Delta\eta=\frac{\Delta\eta_0 A_c a_1}{(UA)_{hx}}\times 100\% \tag{B.1}$$

式中η_0和a_1分别是集热器零热损集热效率和用集热器热损系数确定的常数，它们可由集热器性能测试获得；A_c为系统集热器采光面积；$(UA)_{hx}$为换热器传热速率，大型系统外部换热器的$(UA)_{hx}$可从厂家提供的换热器性能数据中获得，设计的换热器的$(UA)_{hx}$可由换热器的性能实验获得。

估算的$\Delta\eta$应符合5.7.5的要求。

B.3.2.6 电加热器

在电加热元件的运行电压下，检查通过电加热元件的电流，从而检查电加热元件的功率是否符合要求。

B.3.3 控温装置

下列检验是为了确保所安装的控温装置能够正常运行。

系统的保护功能和控制功能可能是结合在一起的，B.3.4单独给出了对保护功能的检测。

控制系统的检验应在充分考虑防冻和过热保护的情况下进行。

——当环境空气温度低于4℃，如果水进入集热器，就可能发生冻结；

——如果系统不能承受高辐照度下的闷晒条件，当通过集热器的传热工质的流动被阻断时，必须用不透明的材料覆盖集热器；

——即使系统设计成能够承受高辐照度下的闷晒条件，在这种条件下当冷水再一次进入集热器时，仍可能产生危险的过压和热应力破坏，当以上情况可能发生时，检验应在早晨或晚上进行。

B.3.3.1 非电控温控阀

对于使用温控阀控制水温的直流系统，应将受检的温控阀放入恒温水浴中，用温度计测量水温。逐渐升高恒温水浴的温度，使温控阀正好开启。将测得的水温与温控阀标称的开启温度相比较，两者相差不能大于±25℃。

B.3.3.2 温控器和传感器

B.3.3.2.1 初始步骤

a）将总电源开关设到“关”的位置；

b）在温控器的输入部位标出传感器的导线；

c）用合适的温度模拟器代替温度传感器；

d）将总电源开关设到“开”位置。

B.3.3.2.2 温控器

许多产品都有内置测试灯，系统的工作状况可以通过指示灯观察到。

B.3.3.2.3 控制方式

温控器是基于温度或温差进行控制的，在系统整个运行温度范围内，温控器的控制误差应保持不变。控制误差的检验，至少需要对应整个运行温度范围内的低、中和高3组不同的温度。

B.3.3.2.3.1 定温控制

a）在温控器上设定关闭温度T_s和开启温度T_o（$T_o > T_s$），用温度模拟器模拟温控器的输入温度T_I。温度模拟器的初始值设置为T_I=T_s−10℃，逐渐增加温度T_I，当T_I=T_o时，执行装置应立即开启；逐渐降低温度T_I，当T_I=T_s时，执行装置应立即关闭。将给定的标称值与实测值相比较，其差值不应超过2℃。

b）根据所希望获得的热水温度T设定温控器，用温度模拟器模拟温控器输入温度T_{IO}温度模拟器的初始值设置为T_I=T−10℃，逐渐增加温度T_I，当执行装置开启时，记录T_{ION}的值；设置温度模拟器参数的初始值为T_I=T+10℃，逐渐降低温度T_I，当执行装置关闭时，记录T_{JOFF}的值。将T与测得的T_{ION}、T_{IOFF}相比较，其差值不应超过2℃。

B.3.3.2.3.2 温差控制

a）起动温差ΔT_{ON}

当$T_H - T_L = \Delta T_{ON}$时，温控器会发生一个从关闭到开启的变化。$T_H$和$T_L$分别是温控器的高温输入和低温输入，温度模拟器的初始值分别设置为：T_L和T_H=T_L−10℃。逐渐增加温度T_H。当$T_H - T_L = \Delta T_{ON}$，泵应立即开启。将给定的标称值与实测值相比较，其差值不应超过2℃。

b）关闭温差ΔT_{OFF}

当$T_H - T_L = \Delta T_{OFF}$时，温控器会发生一个从开启到关闭的变化。逐渐降低温度T_H，检查泵的关闭情况。将给定的标称值与实测值相比较，其差值不应超过2℃。

B.3.3.2.4 温控器的保护功能

温控器可以探测到系统的极端情况，并通过控制相应的执行装置实现防冻和直流系统的满水自锁功能。

a）将防冻保护传感器的模拟温度设置为高于防冻保护温

度。慢慢降低模拟温度，测量有关执行装置的开启温度，并将其与设计的标称值进行比较。

b）在直流定温系统中，当水箱水满条件时，调节温控器输入模拟温度达到B.3.3.2.3.1中执行装置的开启温度，检查执行机构是否开启。

B.3.3.2.5 传感器

a）集热器温度传感器的精度应在中温范围内检测。打开泵等待10min。用数字万用表测量集热器温度传感器的输出并转化成温度值。用与手提仪器相连的标准温度传感器测量集热器下游的工质温度作为集热器的实际温度。两者相差不应超过2℃；

b）贮水箱温度传感器的精度应在中温范围内检测。将传感器的输出温度与一个和贮水箱温度传感器相邻的标准温度传感器测得的实际温度相比较，相差不应超过2℃；

c）检验集热器防冻保护传感器接近防冻保护温度的精度是相当重要的。可以排出大量热水，以使系统在更接近防冻保护温度的状态下运行，并重复a）的步骤来进行。

B.3.4 防冻保护

下列检查能确保防冻保护装置正常工作。保护装置有多种形式，检验者应首先确定系统采用何种防冻方式。

当系统的防冻保护和控制功能结合在一起时，温控器也应根据B.3.3.2.4进行检验，而且防冻保护传感器的精度应根据B.3.3.2.5进行检验。

B.3.4.1 检查防冻液

处于低环境温度下的系统部件内的工质通常是乙二醇和水的混合物，应有足够低的冰点。

通过检测乙二醇的浓度（例如，用手提式折射仪）检查混合物的冰点。冰点是在设计时根据预期的当地最低环境温度及集热器的辐射散热情况加以确定的。

B.3.4.2 检查回流

如果环境温度低于给定的防冻保护温度（通常是4℃），系统部件内的工质应能回流到贮水箱或回流水箱中。

B.3.4.2.1 用水平仪检查水平管路的坡度，管路的坡度应符合设计要求。

B.3.4.2.2 系统的充水情况可以从压力表观察到。打开泵，观察压力表的读数。

B.3.4.2.3 回流可以从压力表读数的减少观察到。关闭泵，观察压力表。

B.3.4.2.4 如有可能，在系统充满水后关闭泵，检查水箱内的水位。然后再打开和关闭泵，标记水位作为未来的参考。

B.3.4.3 检查排空

如果环境温度低于给定的防冻保护温度（通常是4℃），系统部件内的工质应能自行排空。

B.3.4.3.1 检查进气阀能否正常打开和关闭。

B.3.4.3.2 如果有控制器控制的电磁阀，应模拟开启温度。将检测的开启温度和设计的标称值相比较。

B.3.4.3.3 如果有非电动温控阀，应使用冷冻喷嘴进行检测。在喷射前应将标准温度传感器和阀体固定在一起，检测时应喷射到温度传感元件。将测得的开启温度和设计的标称值相比较。重要的是应检查防冻保护阀的传感元件是否被正确安装。

B.3.4.3.4 用水平仪检查水平管路的坡度，管路的坡度应符合设计要求。

B.3.4.3.5 手动打开排空阀，用一个容器和秒表检测排空流量。

B.3.4.4 检查电加热带

对于采用电加热带进行管路保温的系统，在电加热带电路中串接一块电流表，使表面温度探头与保温层中的电加热带相接触，接通电源。检查电加热带是否能正常工作及额定温度是否与厂家标称的相符。

B.3.5 材料的过热保护

通过检查系统管路图及通过计算并考虑系统所有部件材料的最不利情况，确保可能发生的最高温度不超过有关材料的最高许用温度。

为了使防冻液在最高的集热器闷晒温度下不沸腾，应使用高浓度的防冻液。通过测量乙二醇的浓度，检查在集热器的运行压力下防冻液的沸点。

中华人民共和国国家标准

家用太阳热水系统热性能试验方法

Test methods for thermal performance of domestic solar water heating systems

GB/T 18708 – 2002

1 范　围

本标准规定了家用太阳热水系统在没有辅助加热时的热性能测试步骤。

本标准适用于储热水箱容积在0.6m³以下，仅用太阳能的家用热水系统。

本标准不适用于同时进行辅助加热的太阳热水系统的试验。

2 引用标准

下列标准所包含的条文，通过在本标准中引用而构成为本标准的条文。本标准出版时，所示版本均为有效。所有标准都会被修订，使用本标准的各方应探讨使用下列标准最新版本的可能性。

《平板型太阳集热器热性能试验方法》GB/T 4271 2000

《太阳能热利用术语第一部分》GB/T 12936.1-1991

《太阳能热利用术语第二部分》GB/T 12936.2-1991

《全玻璃真空太阳集热管》GB/T 17049-1997

《真空管太阳集热器》GB/T 17581-1998

ISO 9459-2：1995太阳加热—家用热水系统—第二部分：系统特性的室外检测方法和仅太阳系统年性能的预测

ISO 9488：1999太阳能-词汇

3 定　义

本标准除引用 GB/T 129361.1、GB/T 12936.2　和ISO 9488外，采用下列定义：

3.1　准确度　accuracy

仪器指示被测物理量真实值的能力。

3.2　精度　precision

同一个物理量重复测量趋于一致的量度范围。

3.3　太阳辐照度　solar irradiance

太阳辐射到一个表面的功率密度，即单位面积上接受的辐射功率。太阳辐照度单位为W/m²。

3.4　太阳辐照量　solar irradiation

单位面积上入射的太阳能量，是在指定的时间间隔内太阳辐照度的积分。太阳辐照量的单位为兆焦每平方米（MJ/m²）。同义词：曝辐量。

3.5　平板太阳热水系统　flat plate solar water heating system

平板集热器与贮热水箱组成的太阳热水系统。

3.6　全玻璃真空集热管太阳热水系统　all-glass evacuated tubular solar solar water heating system

全玻璃真空管集热器与贮热水箱组成的太阳热水系统。

3.7　玻璃一金属真空集热管太阳热水系统　glass-metal evacuated tubular water heating system

玻璃-金属真空管集热器与储热水箱组成的太阳热水系统。

3.8　联集管　manifold

传输集热器件所获热能的部件。

3.9　真空集热管的反射器　reflector for evacuated collector tube

为提高集热的性能，在真空集热管的背后设置的一定形状的漫反射器或镜反射器。

3.10　曲面反射器　curved specular reflector

折平面、圆柱面或复合抛物面等形状的镜反射器，聚光比不大于1.5h，属于非聚光型。

3.11 采光面积 aperture area

非聚光的太阳辐射进入集热器的最大投影面积。

3.12 集热器倾角 collector tilt angle

太阳集热器采光平面与水平面之间的夹角。

3.13 贮热水箱 storage tank

用于储存热能的容器。

3.14 箱体容量 tank capacity

箱体充满流体时测得的体积。

3.15 部件 components

太阳热水系统的组成部分，包括集热器、储热水箱、泵、换热器和控制器等。

3.16 换热器 heat exchanger

专门用来为两种物理上分开的流体间传热的部件。

3.17 温差控制器 differential temperature controller

能测量出小温差，并用此小温差来控制泵及其他的电气部件。

3.18 家用的 domestic

在住宅或小型商业建筑中使用的。

3.19 太阳热水系统 solar water heating system

由装配成的完整系统将太阳能转换为加热水的热能的系统；可以包括辅助热源。

3.20 紧凑式 close-coupled collector storage

贮热水箱邻近集热器，包括集热部件插入贮热水箱中的热水系统。

3.21 分离式 remote storage

储热水箱离开集热器较远的热水系统。

3.22 闷晒式 integral collector storage

贮热水箱与集热器是同一器具的热水系统。

3.23 周围空气的速率 surrounding air speed

在集热器或系统附近指定地点所测得的空气流动速率。

3.24 负荷 load

提供给用户的热能（例如以热水的形式）。

4 符 号

a_1，a_2，a_3——公式（4）中描述系统性能的系数；

C_{pw}——水的比热容，J/（kg·℃）；

H——集热器采光面的日太阳辐照量，MJ/m^2；

Q_c——太阳热水系统的集热量，MJ；

Q_s——储热水箱中水体积V_s内所含的系统得热量，MJ；

t_a——环境或周围空气的温度，℃；

t_{ad}——日平均环境或周围空气的温度，℃；

t_{as}——贮热箱附近的空气温度，℃；

t_b——集热试验开始时贮热水箱内的水温，℃；

t_e——集热试验结束时贮热水箱内的水温，℃；

t_d——排放的热水温度，℃；

t_i——热损试验中贮热水箱内的初始水温，℃；

t_f——热损试验中贮热水箱内的最终水温，℃；

u——周围空气的流动速率，m/s；

V_s——贮热水箱中的流体容积，m^3；

Δ_τ——时间间隔，s；

ρ_w——水的密度，kg/m^3；

U_s——水箱的热损系数，W/K。

下标

（av）——参数平均值。

5 系统分类

家用太阳热水系统按7种特征进行分类，每种特征又分成2～3种形式。各种特征的分类如表1所示。

表1 家用太阳热水系统分类

特征	类型		
	a	b	c
1	只有太阳能式	太阳能预热式	太阳能加辅助能源式
2	直接式	间接式	
3	敞开式	开口式	封闭式
4	充满式	回流式	排放式
5	自然循环式	强迫式	
6	循环式	直流式	
7	分离式	紧凑式	闷晒式

5.1 特征1

a）只有太阳能式——除了流体传输和控制目的所需能源外，不用辅助能源的系统。

b）太阳能预热式——不包括任何形式辅助能源，只为进入何一种其他类型的家用热水系统的冷水进行预热的系统。

c）太阳能加辅助能源式——利用太阳能和辅助能源相结合的系统，并可以独立提供热水的系统。

5.2 特征 2

a）直接式——耗用的热水流经集热器的系统。

b）间接式（热交换）——非耗用的传热流体工质流经集热器的系统。

5.3 特征 3

a）敞开式——传热流体与大气广泛接触的系统。

b）开口式——系统内的传热流体和大气间的接触限于补给和膨胀箱的自由表面或排气管的系统。

c）封闭式（密封的或不通大气的）——系统中的传热流体完全和大气分隔开的系统。

5.4 特征 4

a）充满式——系统内集热器始终充满传热流体的系统。

b）回流式——作为正常工作循环的一部分，传热流体从集热器中排入贮热水箱中便于以后再使用的系统。

c）排放式——传热流体可以从集热器内泄放的系统。

5.5 特征 5

a）自然循环式——仅利用传热流体的密度变化来得到集热器与贮热水箱内流体循环的系统。自然循环系统也称为热虹吸系统。

b）强迫式——通过机械方法或外部产生的压力强制传热流体通过集热器的系统。

5.6 特征 6

a）循环式——在运行过程中，传热流体在集热器和贮热水箱或热交换器内循环流动的系统。

b）直流式——将被加热的水由供水点直接流经集热器至贮

热水箱或用水点的系统。

5.7 特征7

a）分离式热水系统——集热器与贮热水箱分开放置的系统。

b）紧凑式热水系统——集热器与贮热水箱直接相连或相邻的系统。

c）闷晒式热水系统——集热器与贮热水箱是同一个器具的系统。

6 试验要求

6.1 系统要求

6.1.1 系统类型

对带辅助加热器的系统进行试验前，必须注意下列事项。

6.1.1.1 带分离的辅助加热器的系统

只有系统的太阳能部分应用此试验步骤。对带有与太阳能贮热水箱分离的辅助加热器的系统，其太阳能部分的性能将不受到辅助加热器的影响。然而，日负荷的大小将受到辅助加热器存在的影响。因此，如果进行试验的系统带有太阳能预热器和分离的辅助加热器，则需另行制定包括试验步骤的标准。

6.1.1.2 带有手动控制的辅助加热器的系统

系统带有与太阳能贮热水箱结合成一体的辅助加热器，且所提供的辅助加热器仅用于不规则的间歇性工作（手动或设定时间的操作开关），则系统试验时应将辅助加热器关闭。

6.1.1.3 带有整体辅助加热器的系统

此试验步骤不适用于连续的或与太阳能贮热水箱一体化的夜间使用的辅助加热器系统。这类系统应采用其他合适的标准中所规定的试验步骤来进行评价。

6.1.2 试验系统的安装

系统的各个部件应按制造商的说明书安装后才能进行试验。系统内的任何控制器均应按制造商的说明书来布置。在没有制造商的专门说明书的情况下，系统将如下安装。

系统的安装要考虑到玻璃可能破裂和热流体的泄漏，以确保人身安全。安装牢固，应能抵抗住阵风。

系统尽可能安装在制造商提供的安装支架上。如未提供支架，则除非特别指明（例如系统是屋顶整体布置的一部分），应使用敞开式的安装系统。系统的安装不能阻挡集热器的采光面，安装支架不应影响集热器或贮热水箱的保温。

除了有些情况（例如闷晒式热水系统和紧凑式热虹吸系统）贮热水箱以某种方法固定到集热器上的系统外，贮热水箱均应安装在制造商的安装说明书中所允许的最低位置。

对于分离式热水系统，集热器与贮热水箱间（泵循环系统）的连接管道的总长度应为15m。管道的直径和保温应与制造商的安装指南一致。

6.1.3 集热器的安装

集热器应安装在面向赤道倾角为纬度±10°内的固定位置。

集热器安装的地点应满足在试验期间没有阴影投射到集热器上。

集热器所在的位置应在试验期间从周围的建筑或物体表面没有明显的太阳光反射到集热器上，且在视野内没有明显的障碍物。

不允许诸如沿建筑物墙面上升的暖空气流过系统。在屋顶上进行试验的系统应放置在离开房顶边缘至少2m以外。

设计成与房顶构成一体的集热器，其背部可以防风，但此种情况应随同试验结果一并报告。

6.1.4　液体流动系统

应该采用图1所示的试验回路。在回路中使用的管道材料应适用于系统中使用的工质并能承受高达95℃的运行温度。管道应尽量短，特别是冷水入口（出口）处的温度传感器与贮热水箱进口处之间和混水泵与储热水箱之间的管道应减到最短，以减少环境对水温的影响。这段管道应加保温，并且包覆具有反射性能的材料。

泄水管应安装在水箱冷水入口前的管道上。

家用太阳热水系统的集热器应按特定的倾斜角度安装，试验时所用的倾角应和试验结果一并报告。在整个试验中该倾角应保持不变。

在试验期间系统中使用的传热工质应是制造商推荐的工质。当试验强迫循环系统时，集热器入口与水箱间安置循环泵，试验流量由制造商推荐。如果所设计的太阳集热器回路使用防冻液，则在本标准中所列的试验步骤必须根据制造商的要求使用那些液体。

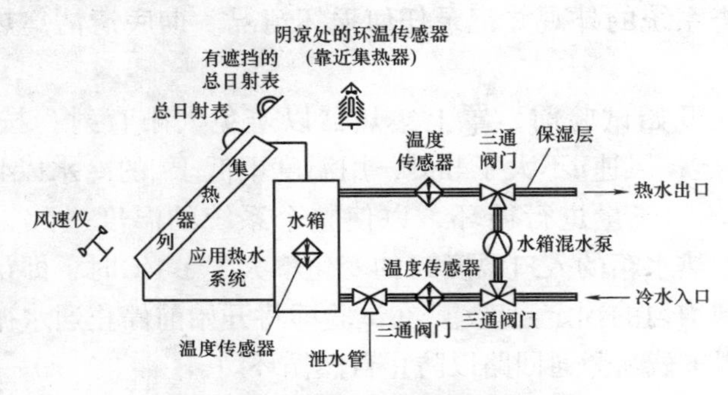

图1　系统日性能的试验装置示意

6.2　测量要求

6.2.1　太阳辐射

根据GB/T 4271的规定，使用一级总日射表测量太阳总辐射。应按国家规定进行校准。

6.2.2　温度

6.2.2.1　准确度、精度和响应时间

温度测量仪器以及与它们相关的读取仪表的精度和准确度应在表2给出的限度之内。响应时间须小于5s。

表2　温度测量仪器的准确度和精度

参　数	仪器准确度	仪器精度
环境空气温度	±0.5℃	±0.2℃
冷水入口温度	±0.2℃	±0.1℃
水箱内的温度	±0.2℃	±0.1℃
通过热水系统的温差（冷水入口到热水出口）	±0.1K	±0.1K

6.2.2.2　环境温度

使用遮阳而通风的采样器件在约高于地面1m处及离集热器和系统组件不近于1.5m但不超过10m处的百叶箱内测量环境空气温度。在系统附近的物体表面温度应尽量接近环温。例如，在系统附近不应有烟囱、冷却塔或热气排风扇等。

6.2.2.3　进水温度

如果在贮热水箱入口处串接一个温度控制器，则由于试验期间流量较高，要求其功率较大以便保持温度。作为替换的方法，也可以通过控制对热水池和冷水池的混水来调节温度，两个水池都保持恒定的温度。当流量为400L/h ~ 600L/h时，在试验开始至结束期间温度控制器或混水阀要能将入口流体的温度漂移

控制在 ±0.2K 以内。如果入口处流体温度的波动是由于温度控制器内的滞后所形成的，则其允许的波动值为 ±0.25K。

6.2.3 液体流量

液体流量的测量准确度应等于或好于测量值的±1.0%，该测量值的单位为kg/h或Lh。

当试验系统用泵循环时，流量计应安装在集热器回路中测量流量的准确度为±5%处。

6.2.4 质量

质量测量的准确度应为±1%。

6.2.5 计时

计时测量的准确度应为±0.2%。

6.2.6 周围空气速率

对每个试验期，使用风速测量仪及附带的读取仪表测量周围空气的速率，准确度应达±0.5m/s。

6.2.7 数据记录仪

使用的模拟或数字记录仪的准确度应等于或好于满量程的±0.5%。其时间常数应等于或短于1s。信号的峰值指示应在满量程的50%~100%之间。

使用的数字技术和电子积分器的准确度应等于或好于测量值的1.0%。

记录仪的输入阻抗应大于传感器阻抗的1000倍或10MΩ，二者取其高值。

在任何情况下，仪器或仪表系统的最小分度都不应超过现定精度的两倍。例如，如果现定的精度是±0.1℃，则最小分度不应超过0.2℃。

7 试验方法与结果

7.1 试验内容

本试验至少包括4整天对整个系统的全天室外试验，以及一次确定贮热水箱的热损系数的过夜热损试验。

试验过程由若干互相独立的全天试验组成。每一天系统的试验在室外运行。每天试验测得的输入（即照射到系统上的太阳辐射）和输出（取出的热水所含的能量）均标绘在输入/输出图上。这些试验天内应包括太阳辐照量和（$t_{ad}-t_b$）值的变化范围，以便建立系统性能与这些参数的关系。

7.2 试验条件的范围

至少应有4天试验结果具有相近的（$t_{ad}-t_b$）值且太阳辐照量平均分布在8MJ/m^2~25MJ/m^{2}范围内。

环温在8℃ ≤t_a≤39℃，环温的低温限按GB/T 17049的规定。

7.3 试验系统的预定条件

检查系统的外观并记录任何损坏情况。彻底清洁集热器的采光面。

每天开始试验前，罩上集热器以避免太阳直射，按GB/T 17581规定，风速u不大于4m/s，用温度不低于t_h的冷水以400L/h~600L/h的流量进行循环，以使整个系统的温度一致，至少5min内贮热水箱的入口温度T1的变化不大于±1℃时，即认为该系统达到均匀的预定温度t_b。在试验即将开始前停止通水循环，并用节门来截断旁通回路以防止自然循环。

当系统达到均匀温度时，停止通水循环；但就强迫循环系统而言，应让太阳集热器回路的泵继续运行。

7.4 周围空气的速率

当在距离盖板表面50mm处的集热器平面上测量时，空气流动的平均速率不大于4m/s，在整个集热器采光面上各点的空气速率偏离平均值不得超过±25%。

7.5 试验期间的测量

应从太阳正午时前4h到太阳正午时后4h的试验期间按小时平均值进行记录。

a）在集热器采光面上的太阳辐照量H;

b）临近集热器的环境空气温度t_a;

c）周围空气的速率u;

d）系统循环和控制装置（泵、控制器、电磁阀等）所消耗的电能。

7.6 系统日热性能的确定

7.6.1 混水法

系统工作8h，从太阳正午时前4h到太阳正午时后4h。集热器应在太阳正午时后4h时遮挡起来，启动混水泵，以400L/h～600L/h的流量，将贮热水箱底部的水抽到顶部进行循环来混合贮热水箱中的水，使贮热水箱内的水温均匀化，至少5min内贮热水箱入口温度T_1的变化不大于±0.2℃，记录水箱内三个测温点的温度，T_1或三个测温点的平均值即为集热试验结束时贮热水箱内的水温te。

贮热水箱内水体积V_s中所含的得热量Q_s，应用式（1）进行计算：

$$Q_s=\rho_w C_{pw} V_s (t_e-t_b) \quad (1)$$

集热器内贮存的热量不计入在内。

7.6.2 排水法

系统工作8h，从太阳正午时前4h到太阳正午时后4h。集热器应在太阳正午时后4h时遮挡起来，在热水从系统中排放前的一个短时间内（10min～20min），需通过泄水管将入口处的部分冷水放掉，以确保冷水入口处的温度控制器到贮热水箱入口之间的管道内的水温为t_b。从贮热水箱通过泄水管的流量应为零。以400L/h～600L/h的恒定流量将贮热水箱中的热水排出。补入冷水温度应为t_b，t_b即在系统预定条件时的温度。

至少每15s应测量一次正在排出的水温t_d，至少每放出贮热水箱容积的1/10时记录一个平均值。应利用所测得的温度作一个像图2所示的排水温度图。测量进入贮热水箱的水温和从贮热水箱排出的水温。

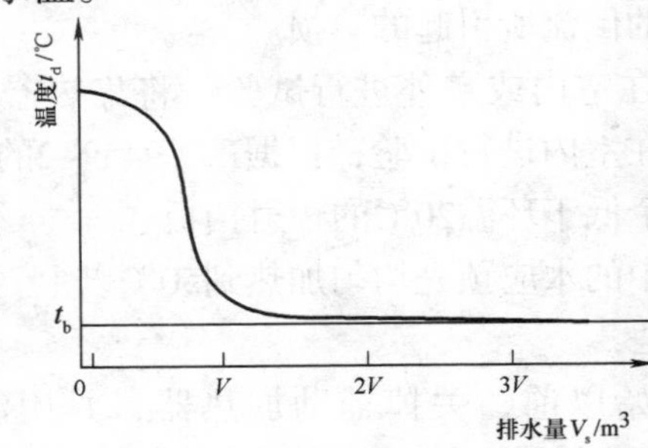

图2 排水曲线图

排出的水应为贮热水箱容积的三倍。如果排出三倍于贮热水箱的容积后，贮热水箱排出的水温与进入贮热水箱的温差仍大于±1K，则必须继续排水直到温差≤±1K为止。此时，太阳热水器中所采集和贮存的热量均已由排出的水带走。

在排水期间，进入贮热水箱的冷水温度的波动不超过±0.25K，漂移不超过0.2K。

从贮热水箱排放热水时的流量是非常重要的，它能显著地影响排水温度曲线。因此流量控制器必须将通过贮热水箱的流量保持在预定值（400L/h ~ 600L/h）的 ± 50L/h范围内。

太阳热水系统内所含的得热量Q_c与排出水温t_d曲线和进口水温t_b曲线之间的面积成正比，应用式（2）进行计算：

$$Q_c=\sum_{i-1}^{n} m_i C_{pw}\,(t_{di}-t_{di}) \qquad (2)$$

7.7 贮热水箱热损的确定

7.7.1 总述

除集热系统的热性能试验之外，还应进行本项试验。应按照第6节的规定装配和安装系统以便确定贮热水箱的热损系数。这样可以确定用于系统性能计算中适当的热损值，包括例如在集热器回路中的倒流所引起的热损。

系统安装在室内或室外进行试验，将集热器暴露在晴朗的天空下。如果在室内进行试验，根据ISO 9459–2的规定，应在集热器上面有一个低于环温20℃的辐射挡板。

贮热水箱中的水应预先均匀加热到50℃以上。

7.7.2 试验方法

在试验开始以前，关掉辅助加热器，并用混水泵将贮热水箱底部的水抽到顶部进行循环来混合贮热水箱中预先准备的水。当贮热水箱的入口水温T_1在5min内变化不大于 ± 1℃时，认为贮热水箱中的水温已达到均匀。贮热水箱内的平均水温就作为贮热水箱的初始温度，初始温度t_i不得低于50℃ ± 1℃。

然后停止循环，关掉装有混水泵的管道的阀门，让水箱降温8h。

在冷却期间，如果系统安装在室外，空气平均速率不大于4m/s。

在试验期间，在贮热水箱所在处的附近每小时测量一次环境温度，共9次，得出平均贮热水箱附近的空气温度$t_{as(av)}$。

试验至 460min 时，启动如图 3 所示的小泵，运行 5min，以下低于 50℃的水温使贮热水箱外管道内的水温达到 t_i，并使贮热水箱入口的水温 T_i 在 1min 内变化不大于 ± 1℃；试验至 465min 时，调整阀门，运用小泵，使贮热水箱中的水循环以使它温度均匀。当贮热水箱入口的水温 T_1 在 5min 内变化不大于 ± 1℃时，即认为温度均匀。在这 5min 期间的平均温度即为贮热水箱的最终温度 t_f。

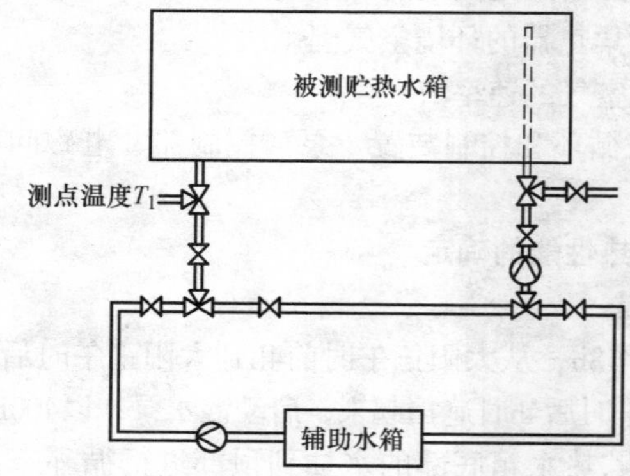

图3 热损系数测定示意图

7.7.3 水箱热损系数的计算

水箱的热损系数U_s的单位为W/K，应用式（3）进行计算：

$$U_s=\frac{\rho_w C_{pw} V_s}{\Delta\tau}\mathrm{1n_t}\left[\frac{t_1-t_{as(av)}}{t_f-t_{as(av)}}\right] \qquad (3)$$

其中Δτ为降温时间（以s为单位），是从水箱的水循环停止的时刻，即贮热水箱初始水温t_i到重新启动混水泵后达到储热水箱最终温度t_f之间的时间。

8 结果的分析和说明

8.1 说明

试验结果由在不同H值下的输入–输出图表示。家用单一太阳热水系统的性能可由式（4）表示：

$$Q_s=a_1H+a_2(t_{ad}-t_b)+a_3 \quad (4)$$

式中系统的系数a_1、a_2和a_3由试验结果用最小二乘法确定。Q_s就是贮热水箱在一天中所获得的净太阳能，即集热量。

8.2 输入–输出图

实验结果应以图4所示的图形给出。应将实验点和由式（4）预示的在（$t_{ad}-t_b$）=–10K、0K、10K、20K时的系统性能特性进行标绘。若这些（$t_{ad}-t_b$）值未能包括（$t_{ad}-t_b$）试验值的范围，则应标绘出附加的特征线。

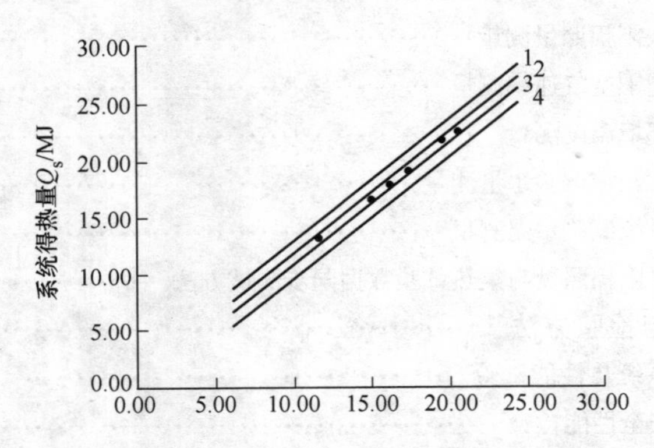

图4 系统得热量Q_s与太阳辐照量的关系

1–$t_{ab}-t_b$=20K; 2–$t_{ad}-t_b$=10K； 3–$t_{ad}-t_b$=0K； 4–$t_{ad}-t_{b=}$–10K

中华人民共和国国家标准

太阳热水系统性能评定规范

Assessment code for performance ofsolar water heating systems

GB/T 20095 – 2006

前言

本标准由中华人民共和国科学技术部和全国能源基础与管理标准化技术委员会提出。

本标准由全国能源基础与管理标准化技术委员会新能源和可再生能源分委员会归口。

本标准由中国农村能源行业协会太阳能热利用专业委员会、中国标准化研究院负责起草。中国资源综合利用协会可再生能源专业委员会、北京市太阳能研究所、北京北方赛尔太阳能工程技术有限公司、北京清华阳光能源开发有限责任公司、山东皇明太阳能集团有限公司、北京九阳实业公司、北京天普太阳能工业有限公司、北京永恒深远太阳能技术中心等单位参与起草。

本标准主要起草人：杨金良、罗振涛、何梓年、贾铁鹰、孟庆峰、李鹏、刘崇恩、赵大山、刘桂永。

目 次

1 范　围

本标准规定了太阳热水系统性能的检验和评定方法。

本标准适用于单个贮水箱有效容积大于或等于0.6m³的太阳热水系统。

本标准不适用于由多台家用太阳热水器组成的太阳热水系统。

2 规范性引用文件

下列文件中的条款通过本标准的引用而成为本标准的条款。凡是注日期的引用文件，其随后所有的修改单（不包括勘误的内容）或修订版均不适用于本标准，然而，鼓励根据本标准达成协议的各方研究是否可使用这些文件的最新版本。凡是不注日期的引用文件，其最新版本适用于本标准。

《平板型太阳集热器技术条件》GB/T 6424

《太阳能热利用术语　第一部分》GB/T 12936.1

《太阳能热利用术语　第二部分》GB/T 12936.2

《全玻璃真空太阳集热管》GB/T 17049

《真空管太阳集热器》GB/T 17581

《太阳热水系统设计、安装及工程验收技术规范》GB/T 18713

《家用太阳热水系统技术条件（GB/T 19141-2003，ISO 9806-2：1995，NEQ）》GB/T 19141

《建筑结构荷载规范》GB 50009

《采暖通风与空气调节设计规范》GB 50019

《建筑物防雷设计现范》GB 50057

《电气装置安装工程电缆线路施工及验收规范》GB 50168

《电气装置安装工程接地装置施工及验收规范》GB 50169

《电气装置安装工程盘、柜及二次回路结线施工及验收规范》GB 50171

《工业设备及管道绝热工程质量检验评定标准》GB 50185

《钢结构工程施工质量验收现范》GB 50205

《屋面工程质量验收规范》GB 50207

《建筑防腐蚀工程施工及验收规范》GB 50212

《建筑防腐蚀工程质量检验评定标准》GB 50224

《建筑给水排水及采暖工程施工质量验收规范》GB 50242

《建筑电气安装工程施工质量验收规范》GB 50303

太阳能词汇　ISO 9488：1999

3　术语和定义

GB/T 12936.1、GB 12936.2和ISO 9488：1999确立的及下列术语和定义适用于本标准。

3.1　当地标准温差　local standard temperature difference

当地室外环境空气平均温度与45℃差值的绝对值。

对于冬季使用且贮水箱放置在室外的太阳热水系统，当地标准温差取当地室外环境空气日平均温度小于或等于8℃期间内的平均温度与45℃差值的绝对值。

对于具有下列条件之一的太阳热水系统，当地标准温差取当地室外环境空气年平均温度与45℃差值的绝对值：

a）贮水箱放置在室内的；

b）贮水箱放置在室外，但冬季不使用的；

c）当地室外日平均温度小于或等于8℃期间内的天数为0的地区。

全国各地室外环境空气的年平均温度和室外环境空气日平均温度小于或等于8℃期间内的平均温度可根据GB 50019的规定查取。

3.2　单位轮廓采光面积日有用得热量　daily useful energy per contour aperture area

在一定的太阳辐照量下，太阳热水系统中太阳集热器单位轮廓采光面积贮水箱内水的日得热量。

4　符号和单位

A_c——太阳热水系统中太阳集热器的轮廓采光面积，单位为平方米（m^2）；

A_{ci}——太阳热水系统第i个采光平面中太阳集热器的轮廓采光面积，单位为平方米（m^2）；

C_{pw}——水的比热容，单位为千焦耳每千克摄氏度［kJ/（kg·℃）］；

H——太阳集热器采光口所在平面的日太阳辐照量，单位为兆焦耳每平方米（MJ/m^2）；

H_i——太阳热水系统第i个采光平面的日太阳辐照量，单位为兆焦耳每平方米（MJ/m^2）；

q——太阳热水系统单位轮廓采光面积的日有用得热量，单位为兆焦耳每平方米（MJ/m^2）；

q_{17}——日太阳辐照量为17MJ/m^2时，太阳热水系统单位轮廓采光面积的日有用得热量，单位为兆焦耳每平方米（MJ/m^2）；

t_a——太阳集热器周围的环境空气温度，单位为摄氏度（℃）；

$t_{as(av)}$——贮水箱保温性能试验期间贮水箱周围的环境空气平均温度，单位为摄氏度（℃）；

t_b——集热试验开始时贮水箱中水的平均温度，单位为摄氏度（℃）；

t_c——集热试验中冷水的温度，单位为摄氏度（℃）；

t_e——集热试验结束时贮水箱中水的平均温度，单位为摄氏度（℃）；

t_f——贮水箱保温性能试验结束时贮水箱中水的平均温度，单位为摄氏度（℃）；

t_r——贮水箱保温性能试验开始时贮水箱中水的平均温度，单位为摄氏度（℃）；

Δt_{be}——集热试验期间，被加热水的温升值，单位为摄氏度（℃）；

Δt_{fr}——贮水箱保温试验期间，贮水箱中水的温降值，单位为摄氏度（℃）；

Δt_s——太阳热水系统的当地标准温差，单位为摄氏度（℃）；

Δt_{sd}——在当地标准温差条件下，贮水箱中水的温降值，单位为摄氏度（℃）；

Δt_{17}——日太阳辐射量为$17MJ/m^2$时，贮水箱中水的温升值，单位为摄氏度（℃）；

V——贮水箱的有效容积，单位为立方米（m^3）；

V_s——贮水箱内的试验水量，单位为立方米（m^3）；

ρ_w——水的密度，单位为千克每立方米（kg/m^3）。

5　太阳热水系统分类与特征

根据本标准的需要，将太阳热水系统按4种特征进行分类，每种特征又分成2～3种类型。各种特征的分类如表1所示。

表1　太阳热水系统分类

序号	分类特征	系统类型		
		类型1	类型2	类型3
1	按贮水箱内水被加热的方式分类	直接系统	间接系统	—
2	按系统传热工质的流动方式分类	自然循环系统	强制循环系统	直流式系统
3	按系统传热工质与大气相通的状况分类	敞开系统	开口系统	封闭系统
4	按系统有无辅助热源分类	太阳能单独系统	太阳能带辅助热源系统	—

a）按贮水箱内水被加热的方式分类

类型1：直接系统

贮水箱内的水直接流经太阳集热器的太阳热水系统。

类型2：间接系统

贮水箱内的水通过换热器被太阳集热器内的传热工质加热的太阳热水系统。

b）按系统传热工质的流动方式分类

类型1：自然循环系统

仅利用传热工质的密度变化来实现传热工质循环的太阳热水系统。

类型2：强制循环系统

利用泵或其他外部动力迫使传热工质进行循环的太阳热水系统。

类型3：直流式系统

待加热的传热工质一次流过太阳集热器后进入蓄热装置或进入使用点的太阳热水系统。

对于间接系统，流经太阳集热器传热工质的流动方式与贮水箱内被加热的传热工质（通常情况下被加热的传热工质是水）的流动方式有可能不同，应按加热和被加热传热工质的流动方式分别进行分类。

c）按系统传热工质与大气相通状况分类

类型1：敞开系统

传热工质与大气有大面积接触的太阳热水系统。接触面主要在蓄热装置的敞开面。

类型2：开口系统

传热工质与大气的接触处仅限于补给箱和膨胀箱的自由表面或排气管开口的太阳热水系统。

类型3：封闭系统

传热工质与大气完全隔绝的太阳热水系统。

对于间接系统，流经太阳集热器的传热工质与大气相通的状况和贮水箱内水与大气相通的状况有可能不同，应按传热工质与大气相通的状况和贮水箱内水与大气相通的状况分别进行分类。

d）按系统有无辅助热源分类

类型1：太阳能单独系统

没有任何辅助热源的太阳热水系统。

类型2：太阳能带辅助热源系统

联合使用太阳能和辅助热源并可不依赖太阳能而提供所需热能的太阳热水系统。

6 性能要求

6.1 对于贮水箱内水被加热后的设计温度不高于60℃的系统，系统性能应符合表2的规定。

6.2 对于贮水箱内水被加热后的设计温度高于60℃的系统，系统热性能应符合设计要求，除热性能以外的其他性能指标应符合表2的要求。

表2 太阳热水系统技术要求

项　　目		技术要求	试验方法
热性能	日有用得热量	对于直接系统的$q_{17}\geqslant 7.0$ MJ/m^2;对于间接系统$q_{17}\geqslant 6.3$ MJ/m^2	8.1.3
	升温性能	系统的$\Delta t_{17}\geqslant 25$℃；	
	贮水箱保温性能	$V\leqslant 2$m^{3}时，$\Delta t_{sd}\leqslant 8$℃；2m$^3\leqslant V\leqslant 4$m^{3}时，$\Delta t_{sd}\leqslant 6.5$℃；$V>4$m^{3}时，$\Delta t_{sd}\leqslant 5$℃	8.1.4
安全性能	抗风雪	系统抗风雪措施应符合设计要求	8.2.1
	防雨	系统怕雨淋的室外部件应有防雨措施	8.2.2
	防冻	系统防冻设计和安装符合 GB/ T 18713的要求	8.2.3
	防雷击	系统处于避雷装置的保护范围内	8.2.4
	建筑防水	建筑不渗不漏	8.2.5
	防腐蚀	系统易腐蚀构件的防腐措施符合 GB 50212和 GB 50224的规定	8.2.6
	承重安全	系统承重基础应能安全承受该位置可能的最大荷载	8.2.7

续表

安全性能	接地保护	系统所有金属部件应与接地装置连接，并符合GB 50169的要求	8.2.8
	剩余电流保护	系统电气装置应有剩余电流保护措施，剩余电流保护的动作电流应符合设计要求	8.2.9
	防渗漏	系统应进行检漏试验，试验方法和试验结果应符合 GB 50242的要求	8.2.10
	超压保护	敞开和开口系统被加热液体应有膨胀空间，并与大气相通；封闭系统应有膨胀罐和超压泄压装置	8.2.11
	过热保护	敞开和开口系统能自动回到正常运行状态；封闭系统有过热保护装置	8.2.12
	水质	系统本身不使水质产生异味、铁锈或其他有碍人体健康的物质	8.2.13
运行状况		系统连续运行3d，应工作正常，各项功能达到设计要求	8.3
检修条件		系统应便于检修	8.4
外观质量		系统外观应整洁、美观，无明显瑕疵	8.5
关键部件	支架	钢支架焊接应符合GB 50205的要求，防腐措施应符合GB 50212和GB 50224的要求	8.6.1
	太阳集热器	平板型太阳集热器应符合GB／T 6424的规定； 真空管太阳集热器应符合GB／T 17581的规定； 全玻璃真空太阳集热管应符合GB／T 17049的规定	8.6.2
	贮水箱	贮水箱内胆材料应能承受系统的最高工作温度； 贮水箱内壁需要进行防腐处理的，防腐材料应能耐受贮水箱内壁的最高工作温度 贮水箱与承重基础之间应牢靠固定	8.6.3
	系统管路	系统管路和泵阀的安装应符合GB 50242的规定	8.6.4
	系统保温	管路与设备的保温应符合GB 50185的规定	8.6.5

续表

关键部件	电气装置	电缆线路安装应符合GB 50168的规定； 电气控制盘、柜的安装应符合GB 50171的规定； 其他电气设备的安装应符合GB 50303的规定； 电气接地措施应符合GB 50169的规定	8.6.6
	辅助热源	直接加热的电热管的安装应符合GB 50303的相关要求； 供热锅炉及辅助设备的安装应符合GB 50242的相关要求	8.6.7

7 参数测量

7.1 测量仪表

7.1.1 应使用一级总日射表测量太阳辐照量。总日射表应按国家规定进行校准。

7.1.2 测量环境温度的温度仪表的准确度应为±0.5℃，测量水温的温度仪表的准确度应为±0.2℃。

7.1.3 测量空气流速的风速仪的准确度应为±0.5m/s。

7.1.4 计时的钟表的准确度应为±0.2%。

7.1.5 测量冷水体积的仪表的准确度应为±1.0%。

7.1.6 测量长度的钢卷尺或钢板尺的准确度应为±1.0%。

7.1.7 测量压力的仪表的准确度应为±5.0%。

7.2 太阳集热器轮廓采光面积测量

根据GB/T 19141的定义和计算方法，测量计算太阳集热器的轮廓采光面积。

7.3 太阳辐照量测量

7.3.1 总日射表传感器应安装在太阳集热器高度的中间位置，并与太阳集热器采光平面平行，两平行面的平行度相差应小于±1°。

7.3.2 总日射表传感器的安装位置应避免太阳集热器的反射对其测量结果产生影响。

7.3.3 应防止总日射表的座体及其外露导线被太阳晒热。

7.3.4 在整个测试期间，总日射表不应遮挡太阳集热器采光，并不被其他物体遮挡。

7.3.5 对于太阳集热器处在不同采光平面上的太阳热水系统，应根据太阳集热器不同的采光平面分别设置总日射表。总日射表的放置位置和要求同7.3.1～7.3.4。

7.4 周围空气速率测量

应分别测量太阳集热器和贮水箱周围的空气流速。风速仪应分别放置在与太阳集热器中心点同一高度和贮水箱中心点同一高度的遮荫处，分别距离太阳集热器和贮水箱 1.5m～10.0m的范围内。

7.5 环境温度测量

应分别测量太阳集热器和贮水箱周围的环境温度。温度测量仪表应分别放置在与太阳集热器中心点相同高度和贮水箱中心点相同高度的遮阳通风处，分别距离太阳集热器和贮水箱1.5m～10.0m的范围内。

7.6 贮水箱试验水量测量

7.6.1 试验水量是指试验结束时贮水箱内的水在冷水进水状态下的水量。试验水量不包括管路和太阳集热器或换热器内的水。

7.6.2 对于贮水箱内的水是直流式加热的太阳热水系统，可将流量仪表安装在太阳热水系统的冷水进水管路上，通过测量计算试验结束和开始时流量仪表流量读数的差值，就可计算出贮水箱的试验水量。

7.6.3 对于贮水箱内的水是自然循环或强制循环加热的太阳热水系统，可在系统的冷水进水管路上安装一块流量仪表，测量进入系统的总水量；在贮水箱水循环加热系统的下循环管路与贮水箱连接口处安装另一块流量仪表，测量进入循环管路和太阳集热器或换热器的水量。两块流量仪表测量的水量读数差值的绝对值就是贮水箱的试验水量。注意在系统注水过程中应通过贮水箱的下循环管向系统循环管路（包括太阳集热器或换热器）注水。

7.7 系统试验水温测量

7.7.1 贮水箱混水方式

7.7.1.1 扰动混水法

对于设有人孔的贮水箱，可在贮水箱内底部的中间位置放置一台潜水泵，通过潜水泵使贮水箱内的水产生剧烈扰动，以达到混水的目的。潜水泵每小时的流量应不小于贮水箱容水量的30%，潜水泵耐受的最高工作温度应高于贮水箱内水的最高温度。

7.7.1.2 循环混水法

对于没有设置人孔或者虽设置了人孔但不便打开的贮水箱，可在贮水箱外部安装一台循环泵，通过循环泵将贮水箱底部的水泵入贮水箱顶部。贮水箱顶部的进水口位置和底部的出水口位置可根据贮水箱原有的接口位置选择确定。循环回路使用的材料应适用于系统被加热的工质，并能承受系统贮水箱的最高工作温度。管道应减少到最短，管道外进行保温处理，保温层外表面裹覆具有反光性能的材料。

循环泵耐受的最高工作温度应高于贮水箱内水的最高温度，水泵每小时的流量应不小于贮水箱容水量的30%。

7.7.2 贮水箱水温测量

根据贮水箱的接口位置，在贮水箱内水面的最上部和最下部位置的接口处分别设置一个测量贮水箱上下部水温的测温装置。

7.7.3 冷水温度测量

在冷水进水处安装温度测量仪表，测量冷水的进水温度t_c。

7.8 太阳辐照量与集热试验数据同步测试方法

7.8.1 对于贮水箱内的水是自然循环加热的太阳热水系统，可利用系统的自然流动解决试验数据的同步测量问题。

7.8.2 对于贮水箱内的水是强制循环加热的太阳热水系统，可利用系统本身配置的循环泵解决试验数据的同步测量问题。

7.8.3 对于贮水箱内的水是直流式加热的太阳热水系统，可通过适当调整试验开始和结束时间并同步记录太阳辐照量、冷水温度和产热水量等数据，解决试验数据的同步测量问题。

8 试验与检验方法

8.1 系统热性能试验

8.1.1 系统要求

系统应按原设计要求安装调试合格，并至少正常运行3d，才能进行热性能试验。

8.1.2 试验用冷水要求

试验用冷水应采用该系统投入正常使用时的实际用水，冷水水温8℃≤t_c≤25℃。

8.1.3 日有用得热量和升温性能试验

8.1.3.1 试验对气象条件和太阳辐照量的要求

系统进行试验时，气象条件和太阳辐照条件应符合以下要求：

a）环境温度8℃≤t_a≤39℃；

b）环境空气的平均流动速率不大于4m/s；

c）对于太阳集热器采光面正南放置和南偏东、南偏西放置且试验时间可以达到8h的太阳热水系统，$H\geqslant 17MJ/m^2$；对于太阳集热器采光面南偏东、南偏西、正东、正西放置但试验时间达不到8h的太阳热水系统，在当地太阳正午时前4h到太阳正午时后4h期间，正南方向与太阳集热器同一倾角斜面上的太阳辐照量应大于或等于17MJ/m^2。

8.1.3.2 其他要求

该试验只测试系统的太阳能加热部分。对于太阳能单独系统，可按照规定的步骤进行试验；对于太阳能带辅助热源系统，试验期间应关闭辅助热源，仅对太阳能加热部分进行试验。

8.1.3.3 试验起止时间

当太阳集热器采光面正南放置时，对于自然循环和强制循环系统，试验起止时间为当地太阳正午时前4h到太阳正午时后4h，共计8h；对于直流式系统，试验起止时间为当地太阳正午时前4h左右到太阳正午时后4h左右，共计8h±0.5h。

当太阳集热器采光面南偏东、南偏西、正东、正西放置时，试验起止时间应调整到太阳集热器能够最大限度地采集太阳光的时间区间，但试验时间最长不超过太阳集热器采光面正南放置时规定的试验时间，最短不少于4h。

8.1.3.4 贮水箱内的水是自然循环或强制循环的太阳热水系统的试验方法

a）打开系统冷水阀门向系统充水，充水过程中，应及时排除系统内的空气。系统充满水后，应测量计算出系统贮水箱的试验水量V_s。

b）在试验开始前30min，启动贮水箱的混水装置进行混水，使贮水箱上下部水温差别在1℃以内。对于强迫循环系统，还应同时手动启动太阳热水系统的循环泵。

c）试验开始时，应同时记录总日射表太阳辐照量读数，并将强制循环系统循环水泵置于正常运行控制状态，同时应关闭贮水箱的混水装置，记录贮水箱上下部水温。贮水箱上下部水温的平均值就是试验开始时贮水箱内的水温t_b。

d）试验结束时，应记录总日射表太阳辐照量读数，同时关闭系统上下循环管路与贮水箱之间的阀门，关闭强制循环系统的循环泵，启动贮水箱的混水装置。当贮水箱上下部水温差值降到1℃以内时，记录贮水箱上下部水温。贮水箱上下部水温的平均值就是试验结束时贮水箱内的水温t_e。

e）计算试验结束与试验开始时太阳辐照量读数的差值就是试验期间单位轮廓采光面积的太阳辐照量H。对于处在不同采光平面上的太阳热水系统，应分别计算试验期间不同采光平面单位轮廓采光面积的太阳辐照量。

8.1.3.5 贮水箱内的水是单一的直流式加热的太阳热水系统和刚开始加热时是直流式加热、待贮水箱内的水位达到设定高度后又转入强制循环的太阳热水系统的试验方法

a）手动打开系统进水管路上起定温作用的阀门或水泵，向系统充水。充水过程中，应及时排除系统内的空气。系统充满水后，将定温控制器置于正常工作状态。打开系统贮水箱的排污阀，排净贮水箱内的水，并使排污阀一直处于打开状态，以排除系统试验开始前产生的热水。

b）当地太阳正午前4h左右，当系统产生定温热水，起定温作用的阀门或水泵自动启动又自动停止后，试验开始。此时应记录试验开始时间、冷水进水管路上的流量仪表的流量读数和冷水温度t_c、总日射表太阳辐照量读数等数据。当贮水箱排出系统试验开始前产生的热水后，关闭贮水箱的排污阀，确保系统试验开始后所产生的热水全部贮存在贮水箱内。

c）试验开始后，起定温作用的阀门或水泵每次启动又停止后，应记录停止的时间、冷水进水管路上流量仪表的流量的读数和冷水温度t_c、总日射表太阳辐照量读数等数据，直至试验结束。

d）对于单一的直流式加热的太阳热水系统，如果试验期间系统产生的热水可能使贮水箱满水溢流时，以贮水箱可能溢流前系统起定温作用的阀门或水泵自动启动又自动停止后的时间作为试验结束时间；如果试验期间系统产生的热水不会使贮水箱满水溢流的，以当地太阳正午后4h，起定温作用的阀门或水泵自动启动又自动停止后的时间作为试验结束时间；如果过了当地太阳正午后4h，系统30min内未产生热水，则以系统前一次产生热水后的时间作为试验结束时间。

e）对于刚开始加热时是直流式加热、待到贮水箱内的水位达到设定高度后又转入强制循环的太阳热水系统，如果试验期间系统一直处于直流式加热状态的，应按单一的直流式加热的太阳热水系统来确定试验结束的时间；如果试验期间系统转入了强制循环的，以当地太阳正午后4h作为试验结束的时间。

f）系统试验结束时，对于单一的直流式加热的太阳热水系统，应立即关闭系统起定温作用的阀门或水泵前后的阀门；对于刚开始加热时是直流式加热、待到贮水箱内的水位达到设定

高度后又转入强制循环的太阳热水系统；还应关闭系统上下循环管路与贮水箱之间的阀门，关闭贮水箱的循环泵。同时应记录试验结束时间、冷水进水管路上流量仪表读数和冷水温度t_c、总日射表太阳辐照量读数、贮水箱上下部水温等数据，并同时启动贮水箱的混水装置，使贮水箱上下部水温差值降到1℃以内，记录贮水箱上下部水温。贮水箱上下部水温的平均值就是试验结束时贮水箱内的水温t_e。

g）计算试验结束与试验开始时冷水进水管路上流量仪表流量读数的差值，就是贮水箱的试验水量V_s；试验期间冷水水温t_c的平均值就是试验开始时贮水箱内的水温t_b；试验结束与试验开始时太阳辐照量读数的差值就是试验期间系统单位轮廓采光面积的太阳辐射量H。对于处在不同采光平面上的太阳热水系统，应分别计算试验期间不同采光平面单位采光面积的太阳辐照量。

8.1.3.6 日有用得热量和升温性能的计算

系统试验期间单位轮廓采光面积的日有用得热量q用式（1）计算：

$$q=\frac{\rho_w C_{pw} V_s\left(t_e-t_b\right)}{1000A_c} \tag{1}$$

换算成太阳辐照量为17MJ/（d·m^2）时的日有用得热量q17用式（2）进行计算：

$$q_{17}=17\frac{q}{h} \tag{2}$$

当系统的太阳集热器下在同一采光平面时，可根据不同的采光平面用式（3）计算系统的q_{17}，值：

$$q_{17}=\frac{17\rho_w C_{pw} V_s\left(t_e-t_b\right)}{1000\sum_{i=1}^{n} H_i A_{ci}} \tag{3}$$

太阳辐射量为17MJ/（d·m^2）时，贮水箱的温升Δt17，用式（4）计算：

$$\Delta t_{17}=\frac{17\left(t_e-t_b\right)}{H} \tag{4}$$

当系统的太阳集热器不在同一采光平面时，可根据不同的采光平面用式（5）计算系统的贮水箱的温升Δt_{17}值：

$$\Delta t_{17}=\frac{17\left(t_e-t_b\right)\sum_{i=1}^{n} A_{ci}}{\sum_{i=1}^{n} H_i A_{ci}} \tag{5}$$

8.1.4 贮水箱保温性能试验

8.1.4.1 试验气象条件要求

系统进行试验期间，环境空气流动平均速率不大于4m/s。

8.1.4.2 试验用水温水量要求

在保温性能试验开始前，应将贮水箱充满不低于50℃的热水。关闭贮水箱上所有的阀门，避免贮水箱保温试验受到管路、太阳集热器或换热器散热和使用热水等因素的影响。

8.1.4.3 其他要求

该试验只测试贮水箱的保温性能。对于太阳能单独系统，可按照规定的步骤进行试验；对于太阳能带辅助热源系统，试验期间应关闭辅助热源。

8.1.4.4 试验时间

贮水箱保温性能试验一般应在晚上8：00至第二天早晨6：00，试验时间共计10h。

8.1.4.5 试验方法

a）启动贮水箱的混水装置，直到贮水箱上下部水温差值在±1℃以内。

b）试验开始时，关闭贮水箱的混水装置，记录贮水箱上下部水温并计算其平均温度t_r，并同时记录时间、贮水箱周围的环境温度和风速等。以后每隔1h记录一次上述数据。

c）试验结束前15min，启动贮水箱的混水装置，使试验结束时贮水箱上下部水温差值在±1℃以内。当试验时间达到10h时，试验结束。记录贮水箱上下部水温并计算其平均温度t_f。

d）计算试验期间11次环境温度的平均值，得出贮水箱附近的平均环境温度$t_{as(av)}$。

8.1.4.6 贮水箱保温性能计算

贮水箱试验期间的温降Δt_{fr}用式（6）计算：

$$\Delta t_{fr}=t_r-t_f \quad (6)$$

贮水箱水温在当地标准温差下的温降Δt_{sd}用式（7）计算；

$$\Delta t_{sd}=\frac{(t_r-t_f)\ \Delta t_s}{(t_r+t_f)/2-t_{as(av)}} \quad (7)$$

8.2 安全性能检验

8.2.1 系统抗风雪措施

系统抗风雪措施应按设计要求进行检验。

8.2.2 系统防雨措施

系统怕雨淋的室外部件的防雨措施应按设计要求进行检验。

8.2.3 系统防冻

系统的防冻设计和安装应按GB/T 18713的要求进行检验。

8.2.4 系统防雷击

对于不处于建筑物避雷装置保护范围内的系统，应按GB 50057的规定检验系统的防雷击措施。

8.2.5 建筑防水

与建筑同步设计施工的系统，系统建筑部分的防水措施应符合GB 50207的要求。在既有建筑上后安装的系统，应不破坏建筑原有的防水层；如果破坏了建筑原有的防水层，被破坏部分应重做防水，并按GB 50207的要求进行检验。

8.2.6 防腐蚀

系统易腐蚀构件的防腐措施应按GB 50212和GB 50224的规定进行检验。

8.2.7 承重安全

贮水箱应设置在建筑物的承重位置上，贮水箱和太阳集热器充满水时的最大荷载应在建筑物能够安全承受的范围内。系统其他部件放置的位置应能安全承受该部件的最大荷载。

8.2.8 接地保护

系统所有金属部件应与接地装置连接，接地措施应按GB 50169的规定进行检验，系统所有金属部件的接地电阻值应符合设计要求。

8.2.9 剩余电流保护

检查电气系统是否有剩余电流保护措施，保护电流是否符合设计要求，检查剩余电流保护动作装置是否可靠，并记录上述检查结果。

8.2.10 防渗漏

各种承压管路系统和设备应做水压试验，非承压管路系统和设备应做灌水试验。水压试验和灌水试验应按GB 50242的规定进行，试验结果应符合GB 50242的要求。

8.2.11 超压保护

检查敞开和开口系统的被加热液体是否留有膨胀空间，并与大气相通。

检查封闭系统是否安装有安全泄压阀，安全泄压阀的规格型号应符合设计要求。

8.2.12 过热保护

检查封闭系统的贮水箱上是否安装有过热保护装置。

系统在强太阳辐射、且不使用或消耗系统所积存的能量的条件下集热，连续运行3d，检查系统工作情况，并记录检查结果。

8.2.13 水质检查

将系统注满符合卫生标准的水，在晴天条件下连续工作3d后排出热水检查，热水应无异味、铁锈或其他有碍人体健康的物质。

8.3 系统运行状况

系统调试合格后，按照实际工作状态连续运行3d，检验太阳热水系统运行是否正常，控制系统动作是否正确，各种仪表的显示是否正确等，并记录检验结果。

8.4 系统检修条件

检查系统是否留有日常维护维修所必须的空间和通道，是否安装有供调试、维修所必需使用的仪表、阀门，管路易损部件是否安装有活接头或法兰。

8.5 系统外观质量

用视觉对太阳热水系统的外观进行检查，看是否有明显瑕疵，外观是否整洁干净。

8.6 系统关键部件检验

8.6.1 系统支架

太阳热水系统的支架材料应有质检合格证明。系统支架的抗风措施应符合 GB 50009的要求。钢支架焊接应符合GB 50205的要求，防腐措施应符合 GB 50212和GB 50224的要求。

8.6.2 太阳集热器

系统安装的太阳集热器的质量应符合以下标准，并有质检合格证明。太阳集热器之间的连接方式应合理可靠，集热器与支架应固定牢靠。

平板型太阳集热器应符合 GB/T 6424的规定。

真空管太阳集热器应符合GB/T 17581的规定。

真空太阳集热管应符合 GB/T 17049的规定。

8.6.3 贮水箱

贮水箱与承重基础之间应牢靠固定。

工厂制作的成品贮水箱应质量合格，并有质检合格证明。

现场制作的贮水箱内胆材料应能承受系统的最高工作温度；贮水箱内壁需要做防腐处理的，防腐材料应至少能耐受贮水箱内壁的最高工作温度。

8.6.4 系统管路

系统管路和管路上的泵阀等关键配件应质量合格，并有质检合格证明。

管路及泵阀的安装应符合 GB 50242的规定。

8.6.5 系统保温

系统选用的保温材料应质量合格，并有质检合格证明。

系统保温应符合 GB 50185的规定。

8.6.6 电气装置

系统选用的电气配件与材料应质量合格，并有质检合格证明。

电缆线路施工应符合GB 50168的现定。

电气控制盘、柜的安装应符合 GB 50171的规定。

其他电气设备的安装应符合 GB 50303的规定。

电气接地应符合 GB 50169的现定。

8.6.7 辅助热源

系统选用的辅助热源设备应质量合格，并有质检合格证明。

直接加热的电热管的安装应符合GB 50303的相关要求。

供热锅炉及辅助设备的安装应符合 GB 50242的相关要求。

9 检验规则

9.1 检验类别

太阳热水系统性能检验分为验收检验和型式检验。

9.2 验收检验

9.2.1 所有太阳热水系统交接给用户前，应进行验收检验。

9.2.2 对于贮水箱内水被加热后的设计温度不高于60℃的系统，验收检验应按本标准 8.1.4、8.2、8.3、8.4、8.5、8.6的规定进行检验。

9.2.3 对于贮水箱内水被加热后的设计温度高于60℃的系统，贮水箱保温性能检验应按设计要求进行，其他性能应按本标准8.2、8.3、8.4、8.5、8.6的规定进行检验。

9.3 型式检验

9.3.1 有下列情况之一时，应进行型式检验：

a）国家质量监督检验机构提出进行型式检验要求的；

b）合同双方有争议，有一方要求对系统进行型式检验的；

c）由于其他原因需要对太阳热水系统进行型式检验的。

9.3.2 对于贮水箱内水被加热后的设计温度不高于60℃的系统，型式检验应按本标准 8.1、8.2、8.3、8.4、8.5、8.6规定的方法和要求进行检验。

9.3.3 对于贮水箱内水被加热后的设计温度高于60℃的系统；系统热性能应按设计要求进行检验，其他性能应按本标准8.2、8.3、8.4、8.5、8.6的规定进行检验。

9.4 判定规则

9.4.1 对于贮水箱内水被加热后的设计温度不高于60℃的系统，验收检验的结果应符合本标准表2的规定。按本标准8.14、8.2、8.3规定的方法检验的各项指标有一项指标不合格，则系统判定为不合格；其余各项指标有两项不合格的，则系统判定为不合格。

9.4.2 对于贮水箱内水被加热后的设计温度高于60℃的系统，验收检验的结果应符合设计要求和本标准表2的规定。贮水箱保温性能检验达不到设计要求或者按本标准8.2.8.3规定的方法检验的各项指标有一项指标不合格的，则系统判定为不合格；其余各项指标有两项不合格的，则系统判定为不合格。

9.4.3 对于贮水箱内水被加热后的设计温度不高于60℃的系统，型式检验的结果应符合本标准表2的规定。按本标准8.1、8.2、8.3规定的方法检验的各项指标有一项指标不合格，则系统判定为不合格；其余各项指标有两项不合格的，则系统判定为不合格。

9.4.4 对于贮水箱内水被加热后的设计温度高于60℃的系统，型式检验的结果应符合设计要求和本标准表2的规定。系统热性能检验的各项指标有一项指标达不到设计要求或者按本标准8.2.8.3规定的方法检验的各项指标有一项指标不合格的，则系统判定为不合格；其余各项指标有两项不合格的，则系统判定为不合格。

中华人民共和国国家标准

民用建筑太阳能热水系统应用技术规范

Technieal code for solar water heating system of civil buildings

GB 50364 - 2005

建设部关于发布国家标准《民用建筑太阳能热水系统应用技术规范》的公告

第394号

现批准《民用建筑太阳能热水系统应用技术规范》为国家标准，编号为GB 50364-2005，自2006年1月1日起实施。其中，第3.0.4、3.0.5、4.3.2、4.4.13、5.3.3、5.3.8、5.4.2、5.4.4、5.6.2、6.3.4为强制性条文，必须严格执行。

本规范由建设部标准定额研究所组织中国建筑工业出版社出版发行。

中华人民共和国建设部
2005年12月5日

前　言

根据建设部建标［2003］104号文和建标标函［2005］25号文的要求，规范编制组在深入调查研究，认真总结工程实践，参考有关国外先进标准，并广泛征求意见的基础上，编制了本规范。

本规范主要技术内容是：1总则；2术语；3基本规定；4太阳能热水系统设计；5规划和建筑设计；6太阳能热水系统安装；7太阳能热水系统验收。

本规范黑体字标志的条文为强制性条文，必须严格执行。

本规范由建设部负责管理和对强制性条文的解释，由中国建筑设计研究院负责具体技术内容的解释。

本规范在执行过程中如发现需要修改和补充之处，请将意见和有关资料寄送中国建筑设计研究院（北京市西外车公庄大街19号，邮政编码：100044；电话：88361155-112；传真：68302864；电子邮件：zhangsj@chinabuilding.com.cn），以供修订时参考。

本规范主编单位：中国建筑设计研究院

本规范参编单位：建设部科技发展促进中心
建设部住宅产业化促进中心
国家发展和改革委员会能源研究所
北京市太阳能研究所
北京清华阳光能源开发有限公司
山东力诺瑞特新能源有限公司
皇明太阳能集团有限公司
昆明新元阳光科技有限公司
昆明官房建筑设计有限公司
北京北方赛尔太阳能工程技术有限公司
北京九阳实业公司
扬州市赛恩斯科技发展有限公司
天津市津霸能源环保设备厂
（中美合资）北京恩派太阳能科技有限公司
江苏太阳雨太阳能有限公司
北京天普太阳能工业有限公司
江苏省华扬太阳能有限公司

本规范主要起草人：张树君　于晓明　何梓年　李竹光
袁　莹　杨西伟　辛　萍　童悦仲
娄乃琳　李俊峰　胡润青　朱培世
杨金良　陈和雄　王　辉　孙培军
王振杰　孟庆峰　黄永年　齐　心
戴震青　刘立新　焦青太　吴艳元
黄永伟　赵文智

目 录

1 总　　则

1.0.1　为使民用建筑太阳能热水系统安全可靠、性能稳定、与建筑和周围环境协调统一，规范太阳能热水系统的设计、安装和工程验收，保证工程质量，制定本规范。

1.0.2　本规范适用于城镇中使用太阳能热水系统的新建、扩建和改建的民用建筑，以及改造既有建筑上已安装的太阳能热水系统和在既有建筑上增设太阳能热水系统。

1.0.3　太阳能热水系统设计应纳入建筑工程设计，统一规划、同步设计、同步施工，与建筑工程同时投入使用。

1.0.4　改造既有建筑上安装的太阳能热水系统和在既有建筑上增设太阳能热水系统应由具有相应资质的建筑设计单位进行。

1.0.5　民用建筑应用太阳能热水系统除应符合本规范外，尚应符合国家现行有关标准的规定。

2 术　　语

2.0.1　建筑平台　terrace

供使用者或居住者进行室外活动的上人屋面或由建筑底层地面伸出室外的部分。

2.0.2　变形缝　deformation joint

为防止建筑物在外界因素作用下，结构内部产生附加变形和压力，导致建筑物开裂、碰撞甚至破坏而预留的构造缝，包括伸缩缝、沉降缝和抗震缝。

2.0.3　日照标准　insolation standards

根据建筑物所处的气候区，城市大小和建筑物的使用性质决定的，在规定的日照标准日（冬至日或大寒日）有效日照时间范围内，以底层窗台面为计算起点的建筑外窗获得的日照时间。

2.0.4　平屋面　plane roof

坡度小于10°的建筑屋面。

2.0.5　坡屋面　sloping roof

坡度大于等于10°且小于75°的建筑屋面。

2.0.6　管道井　pipe shaft

建筑物中用于布置竖向设备管线的竖向井道。

2.0.7　太阳能热水系统　solar water heating system

将太阳能转换成热能以加热水的装置。通常包括太阳能集热器、贮水箱、泵、连接管道、支架、控制系统和必要时配合使用的辅助能源。

2.0.8　太阳能集热器　solar collector

吸收太阳辐射并将产生的热能传递到传热工质的装置。

2.0.9　贮热水箱　heat storage tank

太阳能热水系统中储存热水的装置，简称贮水箱。

2.0.10　集中供热水系统　collective hot water supply system

采用集中的太阳能集热器和集中的贮水箱供给一幢或几幢建筑物所需热水的系统。

2.0.11　集中—分散供热水系统　collectic-individual hot water supply system

采用集中的太阳能集热器和分散的贮水箱供给一幢建筑物所需热水的系统。

2.0.12　分散供热水系统　individual hot water supply system

采用分散的太阳能集热器和分散的贮水箱供给各个用户所

需热水的小型系统。

2.0.13 太阳能直接系统 solar direct system

在太阳能集热器中直接加热水给用户的太阳能热水系统。

2.0.14 太阳能间接系统 solar indirect system

在太阳能集热器中加热某种传热工质，再使该传热工质通过换热器加热水给用户的太阳能热水系统。

2.0.15 真空管集热器 evacuated tube collector

采用透明管（通常为玻璃管）并在管壁与吸热体之间有真空空间的太阳能集热器。

2.0.16 平板型集热器 flat plate collector

吸热体表面基本为平板形状的非聚光型太阳能集热器。

2.0.17 集热器总面积 gross collector area

整个集热器的最大投影面积，不包括那些固定和连接传热工质管道的组成部分。

2.0.18 集热器倾角 tilt angle of collector

太阳能集热器与水平面的夹角。

2.0.19 自然循环系统 natural circulation system

仅利用传热工质内部的密度变化来实现集热器与贮水箱之间或集热器与换热器之间进行循环的太阳能热水系统。

2.0.20 强制循环系统 forced circulation system

利用泵迫使传热工质通过集热器（或换热器）进行循环的太阳能热水系统。

2.0.21 直流式系统 eries-connected system。

传热工质一次流过集热器加热后，进入贮水箱或用热水处的非循环太阳能热水系统。

2.0.22 太阳能保证率 solar fraction

系统中由太阳能部分提供的热量除以系统总负荷。

2.0.23 太阳辐照量 solar irradiation

接收到太阳辐射能的面密度。

3 基本规定

3.0.1 太阳能热水系统设计和建筑设计应适应使用者的生活规律，结合日照和管理要求，创造安全、卫生、方便、舒适的生活环境。

3.0.2 太阳能热水系统设计应充分考虑用户使用、施工安装和维护等要求。

3.0.3 太阳能热水系统类型的选择，应根据建筑物类型、使用要求、安装条件等因素综合确定。

3.0.4 在既有建筑上增设或改造已安装的太阳能热水系统，必须经建筑结构安全复核，并应满足建筑结构及其他相应的安全性要求。

3.0.5 建筑物上安装太阳能热水系统，不得降低相邻建筑的日照标准。

3.0.6 太阳能热水系统宜配置辅助能源加热设备。

3.0.7 安装在建筑物上的太阳能集热器应规则有序、排列整齐。太阳能热水系统配备的输水管和电器、电缆线应与建筑物其他管线统筹安排、同步设计、同步施工，安全、隐蔽、集中布置，便于安装维护。

3.0.8 太阳能热水系统应安装计量装置。

3.0.9 安装太阳能热水系统建筑的主体结构，应符合建筑施工质量验收标准的规定。

4　太阳能热水系统设计

4.1　一般规定

4.1.1　太阳能热水系统设计应纳入建筑给水排水设计，并应符合国家现行有关标准的要求。

4.1.2　太阳能热水系统应根据建筑物的使用功能、地理位置、气候条件和安装条件等综合因素，选择其类型、色泽和安装位置，并应与建筑物整体及周围环境相协调。

4.1.3　太阳能集热器的规格宜与建筑模数相协调。

4.1.4　安装在建筑屋面、阳台、墙面和其他部位的太阳能集热器、支架及连接管线应与建筑功能和建筑造型一并设计。

4.1.5　太阳能热水系统应满足安全、适用、经济、美观的要求，并应便于安装、清洁、维护和局部更换。

4.2　系统分类与选择

4.2.1　太阳能热水系统按供热水范围可分为下列三种系统：

1　集中供热水系统；

2　集中—分散供热水系统；

3　分散供热水系统。

4.2.2　太阳能热水系统按系统运行方式可分为下列三种系统：

1　自然循环系统；

2　强制循环系统；

3　直流式系统。

4.2.3　太阳能热水系统按生活热水与集热器内传热工质的关系可分为下列两种系统：

1　直接系统；

2　间接系统。

4.2.4　太阳能热水系统按辅助能源设备安装位置可分为下列两种系统：

1　内置加热系统；

2　外置加热系统。

4.2.5　太阳能热水系统按辅助能源启动方式可分为下列三种系统：

1　全日自动启动系统；

2　定时自动启动系统；

3　按需手动启动系统。

4.2.6　太阳能热水系统的类型应根据建筑物的类型及使用要求按表4.2.6进行选择。

表4.2.6　太阳能热水系统设计选用表

建筑物类型			居住建筑			公共建筑		
			低层	多层	高层	宾馆医院	游泳馆	公共浴室
太阳能热水系统类型	集热与供热水范围	集中供热水系统	●	●	●	●	●	●
		集中—分散供热水系统	●	●	—	—		—
		分散供热水系统	●		—		—	
	系统运行方式	自然循环系统	●	●	—	●	●	●
		强制循环系统	●	●	●	●	●	●
		直流式系统		●	●	●	●	●
	集热器内传热工质	直接系统	●	●	●	●		●
		间接系统	●	●	●	●	●	●
	辅助能源安装位置	内置加热系统	●	●	—		—	
		外置加热系统	—	●	●	●	●	●
	辅助能源启动方式	全日自动启动系统	●	●	●	●	—	—
		定时自动启动系统	●	●	●	—	●	●
		按需手动启动系统	●	—	—	—	●	●

注：表中“●”为可选用项目。

4.3 技术要求

4.3.1 太阳能热水系统的热性能应满足相关太阳能产品国家现行标准和设计的要求，系统中集热器、贮水箱、支架等主要部件的正常使用寿命不应少于10年。

4.3.2 太阳能热水系统应安全可靠，内置加热系统必须带有保证使用安全的装置，并根据不同地区应采取防冻、防结露、防过热、防雷、抗雹、抗风、抗震等技术措施。

4.3.3 辅助能源加热设备种类应根据建筑物使用特点、热水用量、能源供应、维护管理及卫生防菌等因素选择，并应符合现行国家标准《建筑给水排水设计规范》GB 50015的有关规定。

4.3.4 系统供水水温、水压和水质应符合现行国家标准《建筑给水排水设计规范》GB 50015的有关规定。

4.3.5 太阳能热水系统应符合下列要求：

1 集中供热水系统宜设置热水回水管道，热水供应系统应保证干管和立管中的热水循环；

2 集中—分散供热水系统应设置热水回水管道，热水供应系统应保证干管、立管和支管中的热水循环；

3 分散供热水系统可根据用户的具体要求设置热水回水管道。

4.4 系统设计

4.4.1 系统设计应遵循节水节能、经济实用、安全简便、便于计量的原则；根据建筑形式、辅助能源种类和热水需求等条件，宜按本规范表4.2.6选择太阳能热水系统。

4.4.2 系统集热器总面积计算宜符合下列规定；

1 直接系统集热器总面积可根据用户的每日用水量和用水温度确定，按下式计算：

$$A_c=\frac{Q_w C_w\left(t_{end}-t_i\right)f}{J_T\eta_{cd}\left(1-\eta_L\right)} \tag{4.4.2-1}$$

式中：A_c——直接系统集热器采光面积，m^2；

Q_w——日均用水量，kg；

C_w——水的定压比热容，kJ/（kg·℃）；

t_{end}——贮水箱内水的终止温度，℃；

t_1——水的初始温度，℃；

J_T——当地集热器采光面上的年平均日太阳辐照量，kJ/m^2；

f——太阳能保证率，%；根据系统使用期内的太阳辐照、系统经济性及用户要求等因素综合考虑后确定，宜为30%～80%；

η_{cd}——集热器的年平均集热效率；根据经验取值宜为0.25～0.50，具体取值应根据集热器产品的实际测试结果而定；

η_L——贮水箱和管路的热损失率；根据经验取值宜为0.20～0.30。

2 间接系统集热器总面积可按下式计算：

$$A_{IN}=A_c\cdot\left(1+\frac{F_R U_L\cdot A_c}{U_{hx}\cdot A_{hx}}\right) \tag{4.4.2-2}$$

式中 A_{IN}——间接系统集热器总面积，m^2；

$F_R U_L$——集热器总热损系数，W/（m^2·℃）；

对平板型集热器，$F_R U_L$宜取4～6W/（m^2·℃）；

对真空管集热器，$F_R U_L$宜取1～2W/（m^2·℃）；

具体数值应根据集热器产品的实际测试结果而定；

U_{hx}——换热器传热系数，W/（m^2·℃）；

A_{hx}——换热器换热面积，m^2。

4.4.3 集热器倾角应与当地纬度一致；如系统侧重在夏季使用，其倾角宜为当地纬度减10°；如系统侧重在冬季使用，其倾角宜为当地纬度加10°；全玻璃真空管东西向水平放置的集热器倾角可适当减少。主要城市纬度见本规范附录A。

4.4.4 集热器总面积有下列情况，可按补偿方式确定，但补偿面积不得超过本规范第4.4.2条计算结果的一倍：

1 集热器朝向受条件限制，南偏东、南偏西或向东、向西时；

2 集热器在坡屋面上受条件限制，倾角与本规范第4.4.3条规定偏差较大时。

4.4.5 当按本规范第4.4.2条计算得到系统集热器总面积，在建筑围护结构表面不够安装时，可按围护结构表面最大容许安装面积确定系统集热器总面积。

4.4.6 贮水箱容积的确定应符合下列要求：

1 集中供热水系统的贮水箱容积应根据日用热水小时变化曲线及太阳能集热系统的供热能力和运行规律，以及常规能源辅助加热装置的工作制度、加热特性和自动温度控制装置等因素按积分曲线计算确定；

2 间接系统太阳能集热器产生的热用作容积式水加热器或加热水箱时，贮水箱的贮热量应符合表4.4.6的要求。

表4.4.6 贮水箱的贮热量

加热设备	以蒸汽或95℃以上高温水为热媒		以≤95℃高温水为热媒	
	公共建筑	居住建筑	公共建筑	居住建筑
容积式水加热器或加热水箱	≥330minQ_h	≥45minQ_h	≥60minQ_h	≥90minQ_h

注：Q_h为设计小时耗热量（W）。

4.4.7 太阳能集热器设置在平屋面上，应符合下列要求：

1 对朝向为正南、南偏东或南偏西不大于30°的建筑，集热器可朝南设置，或与建筑同向设置。

2 对朝向南偏东或南偏西大于30°的建筑，集热器宜朝南设置或南偏东、南偏西小于30°设置。

3 对受条件限制，集热器不能朝南设置的建筑，集热器可朝南偏东、南偏西或朝东、朝西设置。

4 水平放置的集热器可不受朝向的限制。

5 集热器应便于拆装移动。

6 集热器与遮光物或集热器前后排间的最小距离可按下式计算：

$$D = H \times \cot \alpha_s \quad (4.4.7)$$

式中 D——集热器与遮光物或集热器前后排间的最小距离，m；

H——遮光物最高点与集热器最低点的垂直距离，m；

α_s——太阳高度角，度（°）；

对季节性使用的系统，宜取当地春秋分正午12时的太阳高度角；

对全年性使用的系统，宜取当地冬至日正午12时的太阳高度角。

7 集热器可通过并联、串联和串并联等方式连接成集热器组，并应符合下列要求：

1）对自然循环系统，集热器组中集热器的连接宜采用并联。平板型集热器的每排并联数目不宜超过16个。

2）全玻璃真空管东西向放置的集热器，在同一斜面上多层布置时，串联的集热器不宜超过3个（每个集热器联集箱长度不大于2m）。

3）对自然循环系统，每个系统全部集热器的数目下宜超过24个。大面积自然循环系统，可分成若干个子系统，每个子系统中并联集热器数目不宜超过24个。

8 集热器之间的连接应使每个集热器的传热介质流入路径与回流路径的长度相同。

9 在平屋面上宜设置集热器检修通道。

4.4.8 太阳能集热器设置在坡屋面上，应符合下列要求：

1 集热器可设置在南向、南偏东、南偏西或朝东、朝西建筑坡屋面上；

2 坡屋面上的集热器应采用顺坡嵌入设置或顺坡架空设置；

3 作为屋面板的集热器应安装在建筑承重结构上；

4 作为屋面板的集热器所构成的建筑坡屋面在刚度、强度、热工、锚固、防护功能上应按建筑围护结构设计。

4.4.9 太阳能集热器设置在阳台上，应符合下列要求：

1 对朝南、南偏东、南偏西或朝东、朝西的阳台，集热器可设置在阳台栏板上或构成阳台栏板；

2 低纬度地区设置在阳台栏板上的集热器和构成阳台栏板的集热器应有适当的倾角；

3 构成阳台栏板的集热器，在刚度、强度、高度、锚固和防护功能上应满足建筑设计要求。

4.4.10 太阳能集热器设置在墙面上，应符合下列要求；

1 在高纬度地区，集热器可设置在建筑的朝南、南偏东、南偏西或朝东、朝西的墙面上，或直接构成建筑墙面；

2 在低纬度地区，集热器可设置在建筑南偏东、南偏西或朝东、朝西墙面上，或直接构成建筑墙面；

3 构成建筑墙面的集热器，其刚度、强度、热工、锚固、防护功能应满足建筑围护结构设计要求。

4.4.11 嵌入建筑屋面、阳台、墙面或建筑其他部位的太阳能集热器，应满足建筑围护结构的承载、保温、隔热、隔声、防水、防护等功能。

4.4.12 架空在建筑屋面和附着在阳台或墙面上的太阳能集热器，应具有相应的承载能力、刚度、稳定性和相对于主体结构的位移能力。

4.4.13 安装在建筑上或直接构成建筑围护结构的太阳能集热器，应有防止热水渗漏的安全保障设施。

4.4.14 选择太阳能集热器的耐压要求应与系统的工作压力相匹配。

4.4.15 在使用平板型集热器的自然循环系统中，贮水箱的下循环管应比集热器的上循环管高0.3m以上。

4.4.16 系统的循环管路和取热水管路设计应符合下列要求：

1 集热器循环管路应有0.3%～0.5%的坡度；

2 在自然循环系统中，应使循环管路朝贮水箱方向有向上坡度，不得有反坡；

3 在有水回流的防冻系统中，管路的坡度应使系统中的水自动回流，不应积存；

4 在循环管路中，易发生气塞的位置应设有吸气阀；当采用防冻液作为传热工质时，宜使用手动排气阀。需要排空和防冻回流的系统应设有吸气阀；在系统各回路及系统需要防冻排空部分的管路的最低点及易积存的位置应设有排空阀；

5 在强迫循环系统的管路上，宜设有防止传热工质夜间倒流散热的单向阀；

6 间接系统的循环管路上应设膨胀箱。闭式间接系统的循环管路上同时还应设有压力安全阀和压力表，不应设有单向阀和其他可关闭的阀门；

7 当集热器阵列为多排或多层集热器组并联时，每排或每层集热器组的进出口管道，应设辅助阀门；

8 在自然循环和强迫循环系统中宜采用顶水法获取热水。浮球阀可直接安装在贮水箱中，也可安装在小补水箱中；

9 设在贮水箱中的浮球阀应采用金属或耐温高于100℃的其他材质浮球，浮球阀的通径应能满足取水流量的要求；

10 直流式系统应采用落水法取热水；

11 各种取热水管路系统应按1.0m/s的设计流速选取管径。

4.4.17 系统计量宜按照现行国家标准《建筑给水排水设计规范》GB 50015中有关规定执行，并应按具体工程设置冷、热水表。

4.4.18 系统控制应符合下列要求：

1 强制循环系统宜采用温差控制；

2 直流式系统宜采用定温控制；

3 直流式系统的温控器应有水满自锁功能；

4 集热器用传感器应能承受集热器的最高空晒温度，精度为±2℃；贮水箱用传感器应能承受100℃，精度为±2℃。

4.4.19 太阳能集热器支架的刚度、强度、防腐蚀性能应满足安全要求，并应与建筑牢固连接。

4.4.20 太阳能热水系统使用的金属管道、配件、贮水箱及其他过水设备材质，应与建筑给水管道材质相容。

4.4.21 太阳能热水系统采用的泵、阀应采取减振和隔声措施。

5 规划和建筑设计

5.1 一般规定

5.1.1 应用太阳能热水系统的民用建筑规划设计，应综合考虑场地条件、建筑功能、周围环境等因素；在确定建筑布局、朝向、间距、群体组合和空间环境时，应结合建设地点的地理、气候条件，满足太阳能热水系统设计和安装的技术要求。

5.1.2 应用太阳能热水系统的民用建筑，太阳能热水系统类型的选择，应根据建筑物的使用功能、热水供应方式、集热器安装位置和系统运行方式等因素，经综合技术经济比较确定。

5.1.3 太阳能集热器安装在建筑屋面、阳台、墙面或建筑其他部位，不得影响该部位的建筑功能，并应与建筑协调一致，保持建筑统一和谐的外观。

5.1.4 建筑设计应为太阳能热水系统的安装、使用、维护、保养等提供必要的条件。

5.1.5 太阳能热水系统的管线不得穿越其他用户的室内空间。

5.2 规划设计

5.2.1 安装太阳能热水系统的建筑单体或建筑群体，主要朝向宜为南向。

5.2.2 建筑体形和空间组合应与太阳能热水系统紧密结合，并为接收较多的太阳能创造条件。

5.2.3 建筑物周围的环境景观与绿化种植，应避免对投射到太阳能集热器上的阳光造成遮挡。

5.3 建筑设计

5.3.1 太阳能热水系统的建筑设计应合理确定太阳能热水系统各组成部分在建筑中的位置，并应满足所在部位的防水、排水和系统检修的要求。

5.3.2 建筑的体形和空间组合应避免安装太阳能集热器部位受建筑自身及周围设施和绿化树木的遮挡，并应满足太阳能集热器有不少于4h日照时数的要求。

5.3.3 在安装太阳能集热器的建筑部位，应设置防止太阳能集热器损坏后部件坠落伤人的安全防护设施。

5.3.4 直接以太阳能集热器构成围护结构时，太阳能集热器除与建筑整体有机结合，并与建筑周围环境相协调外，还应满足所在部位的结构安全和建筑防护功能要求。

5.3.5 太阳能集热器不应跨越建筑变形经设置。

5.3.6 设置太阳能集热器的平屋面应符合下列要求：

1 太阳能集热器支架应与屋面预埋件固定牢固，并应在地脚螺栓周围做密封处理；

2 在屋面防水层上放置集热器时，屋面防水层应包到基座上部，并在基座下部加设附加防水层；

3 集热器周围屋面、检修通道、屋面出入口和集热器之间的人行通道上部应铺设保护层；

4 太阳能集热器与贮水箱相连的管线需穿屋面时，应在屋面预埋防水套管，并对其与屋面相接处进行防水密封处理。防水套管应在屋面防水层施工前埋设完毕。

5.3.7 设置太阳能集热器的坡屋面应符合下列要求：

1 屋面的坡度宜结合太阳能集热器接收阳光的最佳倾角即当地纬度 ± 10° 来确定；

2 坡屋面上的集热器宜采用顺坡镶嵌设置或顺坡架空设置；

3 设置在坡屋面的太阳能集热器的支架应与埋设在屋面板上的预埋件牢固连接，并采取防水构造措施；

4 太阳能集热器与坡屋面结合处雨水的排放应通畅；

5 顺坡镶嵌在坡屋面上的太阳能集热器与周围屋面材料连接部位应做好防水构造处理；

6 太阳能集热器顺坡镶嵌在坡屋面上，不得降低屋面整体的保温、隔热、防水等功能；

7 顺坡架空在坡屋面上的太阳能集热器与屋面间空隙不宜大于 100mm；

8 坡屋面上太阳能集热器与贮水箱相连的管线需穿过坡屋面时，应预埋相应的防水套管，并在屋面防水层施工前埋设完毕。

5.3.8 设置太阳能集热器的阳台应符合下列要求：

1 设置在阳台栏板上的太阳能集热器支架应与阳台栏板上的预埋件牢固连接；

2 由太阳能集热器构成的阳台栏板，应满足其刚度、强度及防护功能要求。

5.3.9 设置太阳能集热器的墙面应符合下列要求：

1 低纬度地区设置在墙面上的太阳能集热器宜有适当的倾角；

2 设置太阳能集热器的外墙除应承受集热器荷载外，还应对安装部位可能造成的墙体变形、裂缝等不利因素采取必要的技术措施；

3 设置在墙面的集热器支架应与墙面上的预埋件连接牢固，必要时在预埋件处增设混凝土构造柱，并应满足防腐要求；

4 设置在墙面的集热器与贮水箱相连的管线需穿过墙面

时，应在墙面预埋防水套管。穿墙管线不宜设在结构柱处；

5 太阳能集热器镶嵌在墙面时，墙面装饰材料的色彩、分格宜与集热器协调一致。

5.3.10 贮水箱的设置应符合下列要求：

1 贮水箱宜布置在室内；

2 设置贮水箱的位置应具有相应的排水、防水措施；

3 贮水箱上方及周围应有安装、检修空间，净空不宜小于600mm。

5.4 结构设计

5.4.1 建筑的主体结构或结构构件，应能够承受太阳能热水系统传递的荷载和作用。

5.4.2 太阳能热水系统的结构设计应为太阳能热水系统安装埋设预埋件或其他连接件。连接件与主体结构的锚固承载力设计值应大于连接件本身的承载力设计值。

5.4.3 安装在屋面、阳台、墙面的太阳能集热器与建筑主体结构通过预埋件连接，预埋件应在主体结构施工时埋入，预埋件的位置应准确；当没有条件采用预埋件连接时，应采用其他可靠的连接措施，并通过试验确定其承载力。

5.4.4 轻质填充墙不应用为太阳能集热器的支承结构。

5.4.5 太阳能热水系统与主体结构采用后加锚栓连接时，应符合下列规定：

1 锚栓产品应有出厂合格证；

2 碳素钢锚栓应经过防腐处理；

3 应进行承载力现场试验，必要时应进行极限拉拔试验；

4 每个连接点不应少于2个锚栓；

5 锚栓直径应通过承载力计算确定，并不应小于10mm；

6 不宜在与化学锚栓接触的连接件上进行焊接操作；

7 锚栓承载力设计值不应大于其极限承载力的50%。

5.4.6 太阳能热水系统结构设计应计算下列作用效应：

1 非抗震设计时，应计算重力荷载和几荷载效应；

2 抗震设计时，应计算重力荷载、风荷载和地震作用效应。

5.5 给水排水设计

5.5.1 太阳能热水系统的给水排水设计应符合现行国家标准《建筑给水排水设计规范》GB 50015的规定。

5.5.2 太阳能集热器面积应根据热水用量、建筑允许的安装面积、当地的气象条件、供水水温等因素综合确定。

5.5.3 太阳能热水系统的给水应对超过有关标准的原水做水质软化处理。

5.5.4 当使用生活饮用水箱作为给集热器的一次水补水时，生活饮用水水箱的位置应满足集热器一次水补水所需水压的要求。

5.5.5 热水设计水温的选择，应充分考虑太阳能热水系统的特殊性，宜按现行国家标准《建筑给水排水设计规范》GB 50015中推荐温度中选用下限温度。

5.5.6 太阳能热水系统的设备、管道及附件的设置应按现行国家标准《建筑给水排水设计规范》GB 50015中有关规定执行。

5.5.7 太阳能热水系统的管线应有组织布置，做到安全、隐蔽、易于检修。新建工程竖向管线宜布置在竖向管道井中，在既有建筑上增设太阳能热水系统或改造太阳能热水系统应做到走向合理，不影响建筑使用功能及外观。

5.5.8 在太阳能集热器附近宜设置用于清洁集热器的给水点。

5.6 电气设计

5.6.1 太阳能热水系统的电气设计应满足太阳能热水系统用电负荷和运行安全要求。

5.6.2 太阳能热水系统中所使用的电器设备应有剩余电流保护、接地和断电等安全措施。

5.6.3 系统应设专用供电回路，内置加热系统回路应设置剩余电流动作保护装置，保护动作电流值不得超过30mA。

5.6.4 太阳能热水系统电器控制线路应穿管暗敷，或在管道共中敷设。

6 太阳能热水系统安装

6.1 一般规定

6.1.1 太阳能热水系统的安装应符合设计要求。

6.1.2 太阳能热水系统的安装应单独编制施工组织设计，并应包括与主体结构施工、设备安装、装饰装修的协调配合方案及安全措施等内容。

6.1.3 太阳能热水系统安装前应具备下列条件：

1 设计文件齐备，且已审查通过；

2 施工组织设计及施工方案已经批准；

3 施工场地符合施工组织设计要求；

4 现场水、电、场地、道路等条件能满足正常施工需要；

5 预留基座、孔洞、预埋件和设施符合设计图纸，并已验收合格；

6 既有建筑经结构复核或法定检测机构同意安装太阳能热水系统的鉴定文件。

6.1.4 进场安装的太阳能热水系统产品、配件、材料及其性能、色彩等应符合设计要求，且有产品合格证。

6.1.5 太阳能热水系统安装不应损坏建筑物的结构；不应影响建筑物在设计使用年限内承受各种荷载的能力；不应破坏屋面防水层和建筑物的附属设施。

6.1.6 安装太阳能热水系统时，应对已完成上建工程的部位采取保护措施。

6.1.7 太阳能热水系统在安装过程中，产品和物件的存放、搬运、吊装不应碰撞和损坏；半成品应妥善保护。

6.1.8 分散供热水系统的安装不得影响其他住户的使用功能要求。

6.1.9 太阳能热水系统安装应由专业队伍或经过培训并考核合格的人员完成。

6.2 基座

6.2.1 太阳能热水系统基座应与建筑主体结构连接牢固。

6.2.2 预埋件与基座之间的空隙，应采用细石混凝土填捣密实。

6.2.3 在屋面结构层上现场施工的基座完工后，应做防水处理，并应符合现行国家标准《屋面工程质量验收规范》GB 50207的要求。

6.2.4 采用预制的集热器支架基座应摆放平稳、整齐，并应与建筑连接牢固，且不得破坏屋面防水层。

6.2.5 钢基座及混凝土基座顶面的预埋件，在太阳能热水系统安装前应涂防腐涂料，并妥善保护。

6.3 支架

6.3.1 太阳能热水系统的支架及其材料应符合设计要求。钢结构支架的焊接应符合现行国家标准《钢结构工程施工质量验收规范》GB 50205的要求。

6.3.2 支架应按设计要求安装在主体结构上，位置准确，与主体结构固定牢靠。

6.3.3 根据现场条件，支架应采取抗风措施。

6.3.4 支承太阳能热水系统的钢结构支架应与建筑物接地系统可靠连接。

6.3.5 钢结构支架焊接完毕，应做防腐处理。防腐施工应符合现行国家标准《建筑防腐蚀工程施工及验收规范》GB 50212和《建筑防腐蚀工程质量检验评定标准》GB 50224的要求。

6.4 集热器

6.4.1 集热器安装倾角和定位应符合设计要求，安装倾角误差为±3°。集热器应与建筑主体结构或集热器支架牢靠固定，防止滑脱。

6.4.2 集热器与集热器之间的连接而按照设计规定的连接方式连接，且密封可靠，无泄漏，无扭曲变形。

6.4.3 集热器之间的连接件，应便于拆卸和更换。

6.4.4 集热器连接完毕，应进行检漏试验，检漏试验应符合设计要求与本规范第6.9节的规定。

6.4.5 集热器之间连接管的保温应在检漏试验合格后进行。保温材料及其厚度应符合现行国家标准《工业设备及管道绝热工程质量检验评定标准》GB 50185的要求。

6.5 贮水箱

6.5.1 贮水箱应与底座固定牢靠。

6.5.2 用于制作贮水箱的材质、现格应符合设计要求。

6.5.3 钢板焊接的贮水箱，水箱内外壁均应按设计要求做防腐处理。内壁防腐材料应卫生、无毒，且应能承受所贮存热水的最高温度。

6.5.4 贮水箱的内箱应做接地处理，接地应符合现行国家标准《电气装置安装工程接地装置施工及验收规范》GB 50169的要求。

6.5.5 贮水箱应进行检漏试验，试验方法应符合设计要求和本现范第6.9节的规定。

6.5.6 贮水箱保温应在检漏试验合格后进行。水箱保温应符合现行国家标准《工业设备及管道绝热工程质量检验评定标准》GB 50185的要求。

6.6 管路

6.6.1 太阳能热水系统的管路安装应符合现行国家标准《建筑给水排水及采暖工程施工质量验收规范》GB 50242的相关要求。

6.6.2 水泵应按照厂家规定的方式安装，并应符合现行国家标准《压缩机、风机、泵安装工程施工及验收规范》GB 50275的要求。水泵周围应留有检修空间，并应做好接地保护。

6.6.3 安装在室外的水泵，应采取妥当的防雨保护措施。严寒地区和寒冷地区必须采取防冻措施。

6.6.4 电磁间应水平安装，阀前应加装细网过滤器，阀后应加装调压作用明显的截止阀。

6.6.5 水泵、电磁阀、阀门的安装方向应上确，不得反装，并应便于更换。

6.6.6 承压管路和设备应做水压试验；非承压管路和设备应做灌水试验。试验方法应符合设计要求和本规范第6.9节的规定。

6.6.7 管路保温应在水压试验合格后进行，保温应符合现行国家标准《工业设备及管道绝热工程质量检验评定标准》GB 50185的要求。

6.7 辅助能源加热设备

6.7.1 直接加热的电热管的安装应符合现行国家标准《建筑电气安装工程施工质量验收规范》GB 50303的相关要求。

6.7.2 供热锅炉及辅助设备的安装应符合现行国家标准《建筑给水排水及采暖工程施工质量验收规范》GB 50242的相关要求。

6.8 电气与自动控制系统

6.8.1 电缆线路施工应符合现行国家标准《电气装置安装工程电缆线路施工及验收现范》GB 50168的规定。

6.8.2 其他电气设施的安装应符合现行国家标准《建筑电气工程施工质量验收规范》GB 50303的相关规定。

6.8.3 所有电气设备和与电气设备相连接的金属部件应做接地处理。电气接地装置的施工应符合现行国家标准《电气装置安装工程接地装置施工及验收规范》GB 50169的规定。

6.8.4 传感器的接线应牢固可靠，接触良好。接线盒与套管之间的传感器屏蔽线应做二次防护处理，两端应做防水处理。

6.9 水压试验与冲洗

6.9.1 太阳能热水系统安装完毕后，在设备和管道保温之前，应进行水压试验。

6.9.2 各种承压管路系统和设备应做水压试验，试验压力应符合设计要求。非承压管路系统和设备应做灌水试验。当设计未注明时，水压试验和灌水试验应按现行国家标准《建筑给水排水及采暖工程施工质量验收规范》GB 50242的相关要求进行。

6.9.3 当环境温度低于0℃进行水压试验时，应采取可靠的防冻措施。

6.9.4 系统水压试验合格后，应对系统进行冲洗直至排出的水不浑浊为止。

6.10 系统调试

6.10.1 系统安装完毕投入使用前，必须进行系统调试。具备使用条件时，系统调试应在竣工验收阶段进行；不具备使用条件时，经建设单位同意，可延期进行。

6.10.2 系统调试应包括设备单机或部件调试和系统联动调试。

6.10.3 设备单机或部件调试应包括水泵、阀门、电磁阀、电气及自动控制设备、监控显示设备、辅助能源加热设备等调试。调试应包括下列内容：

1 检查水泵安装方向。在设计负荷下连续运转2h，水泵应工作正常，无渗漏，无异常振动和声响，电机电流和功率下超过额定值，温度在正常范围内；

2 检查电磁阀安装方向。手动通断电试验时，电磁阀应开启正常，动作灵活，密封严密；

3 温度、温差、水位、光照控制、时钟控制等仪表应显示正常，动作准确；

4 电气控制系统应达到设计要求的功能，控制动作准确可靠；

5 剩余电流保护装置动作应准确可靠；

6 防冻系统装置、超压保护装置、过热保护装置等应工作正常；

7 各种阀门应开启灵活，密封严密；

8 辅助能源加热设备应达到设计要求，工作正常。

6.10.4 设备单机或部件调试完成后，应进行系统联动调试。系统联动调试应包括下列主要内容：

1 调整水泵控制阀门；

2 调整电磁阀控制阀门，电磁阀的阀前阀后压力应处在设计要求的压力范围内；

3 温度、温差、水位、光照、时间等控制仪的控制区间或控制点应符合设计要求；

4 调整各个分支回路的调节阀门，各回路流量应平衡；

5　调试辅助能源加热系统，应与太阳能加热系统相匹配。

6.10.5　系统联动调试完成后，系统应连续运行72h，设备及主要部件的联动必须协调，动作正确，无异常现象。

7　太阳能热水系统验收

7.1　一般规定

7.1.1　太阳能热水系统验收应根据其施工安装特点进行分项工程验收和竣工验收。

7.1.2　太阳能热水系统验收前，应在安装施工中完成下列隐蔽工程的现场验收：

1　预埋件或后置锚栓连接件；

2　基座、支架、集热器四周与主体结构的连接节点；

3　基座、支架、集热器四周与主体结构之间的封堵；

4　系统的防雷、接地连接节点。

7.1.3　太阳能热水系统验收前，应将工程现场清理干净。

7.1.4　分项工程验收应由监理工程师（或建设单位项目技术负责人）组织施工单位项目专业技术（质量）负责人等进行验收。

7.1.5　太阳能热水系统完工后，施工单位应自行组织有关人员进行检验评定，并向建设单位提交竣工验收申请报告。

7.1.6　建设单位收到工程竣工验收申请报告后，应由建设单位（项目）负责人组织设计、施工、监理等单位（项目）负责人联合进行竣工验收。

7.1.7　所有验收应做好记录，签署文件，立卷归档。

7.2　分项工程验收

7.2.1　分项工程验收宜根据工程施工特点分期进行。

7.2.2　对影响工程安全和系统性能的工序，必须在本工序验收合格后才能进入下一道工序的施工。这些工序包括以下部分：

1　在屋面太阳能热水系统施工前，进行屋面防水工程的验收；

2　在贮水箱就位前，进行贮水箱承重和固定基座的验收；

3　在太阳能集热器支架就位前，进行支架承重和固定基座的验收；

4　在建筑管道井封口前，进行预留管路的验收；

5　太阳能热水系统电气预留管线的验收；

6　在贮水箱进行保温前，进行贮水箱检漏的验收；

7　在系统管路保温前，进行管路水压试验；

8　在隐蔽工程隐蔽前，进行施工质量验收。

7.2.3　从太阳能热水系统取出的热水应符合国家现行标准《城市供水水质标准》CJ / T 206的规定。

7.2.4　系统调试合格后，应进行性能检验。

7.3　竣工验收

7.3.1　工程移交用户前，应进行竣工验收。竣工验收应在分项工程验收或检验合格后进行。

7.3.2　竣工验收应提交下列资料：

1　设计变更证明文件和竣工图；

2　主要材料、设备、成品、半成品、仪表的出厂合格证明或检验资料；

3　屋面防水检漏记录；

4　隐蔽工程验收记录和中间验收记录；

5　系统水压试验记录；

6　系统水质检验记录；

7　系统调试和试运行记录；

8　系统热性能检验记录；

9　工程使用维护说明书。

附录A　主要城市纬度表

表A　主要城市纬度表

城市	纬度	城市	纬度	城市	纬度
北京	39° 57′	丹东	40° 03′	常州	31° 46′
天津	39° 08′	锦州	41° 08′	无锡	31° 35′
石家庄	38° 02′	阜新	42° 02′	苏州	31° 21′
承德	40° 58′	营口	40° 40′	扬州	32° 15′
邢台	37° 04′	长春	43° 53′	杭州	30° 15′
保定	38° 51′	吉林	43° 52′	宁波	29° 54′
张家口	40° 47′	四平	43° 11′	温州	28° 01′
秦皇岛	39° 56′	通化	41° 41′	合肥	31° 53′
太原	37° 51′	哈尔滨	45° 45′	蚌埠	32° 56′
大同	40° 06′	齐齐哈尔	47° 20′	芜湖	31° 20′
阳泉	37° 51′	牡丹江	44° 35′	安庆	30° 32′
长治	36° 12′	大庆	46° 23′	福州	26° 05′
呼和浩特	40° 49′	佳木斯	46° 49′	厦门	24° 27′
包头	40° 36′	伊春	47° 43′	莆田	25° 26′
沈阳	41° 46′	上海	31° 12′	三明	26° 16′

续表

城市	纬度	城市	纬度	城市	纬度
大连	38° 54′	南京	32° 04′	南昌	28° 40′
鞍山	41° 07′	连云港	34° 36′	九江	29° 43′
本溪	41° 06′	徐州	34° 16′	景德镇	29° 18′
鹰潭	28° 18′	株洲	27° 52′	枝花	26° 30′
济南	36° 42′	衡阳	26° 53′	贵阳	26° 34′
青岛	36° 04′	岳阳	29° 23′	昆明	25° 02′
烟台	37° 32′	广州	23° 00′	东川	26° 06′
济宁	36° 26′	汕头	23° 21′	拉萨	29° 43′
淄博	36° 50′	湛江	21° 13′	口喀则	29° 20′
潍坊	36° 42′	茂名	21° 39′	阿里	32° 30′
郑州	34° 43′	深圳	22° 33′	西安	34° 15′
洛阳	34° 40′	珠海	22° 17′	宝鸡	34° 21′
开封	34° 50′	海口	20° 02′	兰州	36° 01′
焦作	35° 14′	南宁	22° 48′	天水	34° 35′
安阳	36° 00′	桂林	25° 20′	白银	36° 34′
平顶山	33° 43′	柳州	24° 20′	敦煌	40° 09′
武汉	30° 38′	梧州	23° 29′	西宁	36° 35′
黄石	30° 15′	北海	21° 29′	银川	38° 25′
宜昌	30° 42′	成都	30° 40′	乌鲁木齐	43° 47′
沙市	30° 52′	重庆	29° 36′	哈密	42° 49′
长沙	28° 11′	自贡	29° 24′	吐鲁番	42° 56′

本规范用词说明

1　为便于在执行本规范条文时区别对待，对要求严格程度不同的用词说明如下：

1）表示很严格，非这样做不可的；

正面词采用“必须”，反面词采用“严禁”；

2）表示严格，在正常情况下均应这样做的：

正面词采用“应”，反面词采用“不应”或“不得”；

3）表示允许稍有选择，在条件许可时首先应这样做的；

正面词采用"宜"，反面词采用“不宜”；

表示有选择，在一定条件下可以这样做的，采用“可”。

2　条文中指明应按其他有关标准执行的写法为；

“应符合……的规定”或“应按……执行”。

中华人民共和国国家标准

民用建筑太阳能热水系统应用技术规范

GB 50364－2005

条文说明

前　言

《民用建筑太阳能热水系统应用技术现范》GB 50364-2005经建设部2005年12月5日以建设部第394号公告批准、发布。

为便于广大设计、施工、科研、学校等单位有关人员在使用本标准时能正确理解和执行条文规定，《民用建筑五阳能热水系统应用技术规范》编制组按章、节、条顺序编制了本标准的条文说明，供使用者参考。在使用中如发现本条文说明有不妥之处，请将意见函寄中国建筑设计研究院（地址：北京市西外车公庄大街19号；邮政编码：100044）。

目　次

1 总 则

1.0.1 随着我国经济的发展，能源需求出现了一个持续增长的态势。以煤炭为主的能源结构产生大量的污染物，给我国整体环境造成了巨大的污染。一次性能源为主的能源开发利用模式与生态环境矛盾的日益激化，使人类社会的可持续发展受到严峻挑战，迫使人们转向极具开发前景的可再生能源。大力开发利用新能源和可再生能源，是优化能源结构、改善环境、促进经济社会可持续发展的战略措施之一。

太阳能作为清洁能源，世界各国无不对太阳能利用予以相当的重视，以减少对煤、石油、天然气等不可再生能源的依赖。我国有丰富的太阳能资源，有2/3以上地区的年太阳辐照量超过5000MJ/m^2，年日照时数在2200h以上。开发和利用丰富、广阔的太阳能，既是近期急需的能源补充，又是未来能源的基础。

近年来，太阳能热水器的推广和普及，取得了很好的节能效益。但是太阳能热水器的规格、尺寸、安装位置均属随意确定，在建筑上安装极为混乱，排列无序，管道无位置，承载防风、避雷等安全措施不健全，给城市景观、建筑的安全性带来不利影响。同时，太阳能热水系统绝大部分是季节使用，尚未真正成为稳定的建筑供热水设备，所有这些都限制了太阳能热水器在建筑上的使用。太阳能热水系统与建筑结合，促进产业进步和产品更新，以适应建筑对太阳能热水器的需求，已成为未来太阳能产业发展的关键。太阳能产业界已越来越认识到太阳能热水系统与建筑结合是构架中国太阳能热水器市场的重要举措。

太阳能热水系统与建筑结合，就是把太阳能热水系统产品作为建筑构件安装，使其与建筑有机结合。不仅是外观、形式上的结合，重要的是技术质量的结合。同时要有相关的设计、安装、施工与验收标准，从技术标准的高度解决太阳能热水系统与建筑结合问题，这是太阳能热水系统在建筑领域得到广泛应用、促进太阳能产业快速发展的关键。

随着太阳能热水系统与建筑结合技术的发展，人们需要的是下论是外观上还是整体上都能同建筑与周围环境协调、风格统一、安全可靠、性能稳定、布局合理的太阳能热水系统。

1.0.2 本条规定了本规范的适用范围。

民用建筑是供人们居住和进行公共活动的建筑总称。民用建筑按使用功能分为两大类：居住建筑和公共建筑，其分类和举例见表1。

表1 民用建筑分类

分类	建筑类别	建筑物举例
居住建筑	住宅建筑	住宅、公寓、老年公寓、别墅等
	宿舍建筑	职工宿舍、职工公寓、学生宿舍、学生公寓等
公共建筑	教育建筑	托儿所、幼儿园、中小学校、中等专业学校、高等院校、职业学校、特殊教育学校等
	办公建筑	行政办公楼、专业办公楼、商务办公楼等
	科学研究建筑	实验室、科研楼、天文台（站）等
	文化娱乐建筑	图书馆、博物馆、档案馆、文化馆、展览馆、剧院、电影院、音乐厅、海洋馆、游乐场、歌舞厅等
	商业服务建筑	商场、超级市场、菜市场、旅馆、餐馆、洗浴中心、美容中心、银行、邮政、电信、殡仪馆等
	体育建筑	体育场、体育馆、游泳馆、健身房等
	医疗建筑	综合医院、专科医院、社区医疗所、康复中心、急救中心、疗养院等
	交通建筑	汽车客运站、港口客运站、铁路旅客站、空港航站楼、城市轨道客运站、停车库等
	政法建筑	公安局、检察院、法院、派出所、监狱、看守所、海关、检查站等
	纪念建筑	纪念碑、纪念馆、纪念塔、故居等
	园林景观建筑	公园、动物园、植物园、旅游景点建筑、城市和居民区建筑小品等
	宗教建筑	教堂、清真寺、寺庙等

对于城镇中新建、扩建和改建的民用建筑要解决太阳能热水系统与建筑结合的问题。无论采用分散的太阳能集热器和分散的贮水箱向各个用户提供热水的分散供热水系统，或采用集中的太阳能集热器和集中的贮水箱向多个用户提供热水的集中供热水系统，还是采用集中的太阳能集热器和分散的贮水箱内部分建筑或单个用户提供热水的集中一分散供热水系统，部需要从建筑设计开始，考虑设计、安装太阳能热水系统，包括外观上的协调、结构集成、布局和管线系统等方面做到同时设计，同时施工安装。

我国人口众多，多层和高层建筑是住宅发展的主流，要使太阳能热水系统与建筑真正结合必须逐步改变现在为每家每户单独安装太阳能热水系统的做法，代之以在每栋建筑上安装大型、综合的太阳能热水系统，统一向各家各户供应热水，并实行计量收费。该综合系统包括太阳集热系统和热水供应系统。

从发展趋势看，新建建筑集成太阳能热水系统，太阳能集热器的成本也会降低，建筑结构也会更好，太阳能热水系统与建筑结合将成为安装太阳能热水系统的标准。

本规范正是从技术的角度解决太阳能热水系统产品符合与建筑结合的问题及建筑设计适合太阳能热水系统设备和部件在建筑上应用的问题。这些技术内容同样也适用于既有建筑中要增设太阳能热水系统及对既有建筑中已安装太阳能热水系统进行更换、改造。

1.0.3 虽然国家颁布了有关太阳能热水器产品的技术条件和试验方法以及太阳能热水系统的设计、安装、验收的国家标准和行业标准，但这些标准主要针对热水器本身的效率、性能进行评价，而缺少建筑对热水器设计、生产和安装的技术要求，致使当前太阳能热水器的设计、生产与建筑脱节，太阳能热水器产品往往自成系统，作为后置设备在建筑上安装和使用，即便是新建建筑物考虑了太阳能热水器，也是简单的叠加安装，必然对本来是完整的建筑形象和构件造成一定程度的损害，同时其设置位置和管线布置也难以与建筑平面功能及空间布局相协调，安全性也受到影响。

没有建筑师的积极参与，不能从建筑设计之初就考虑太阳能热水系统应用，并为设备安装提供方便，使得太阳能热水系统在建筑上不能得到有效的应用，为此必须将太阳能热水系统纳入民用建筑规划和建筑设计中，统一规划、同步设计、同步施工验收，与建筑工程同时投入使用。

太阳能热水系统与建筑结合应包括以下四个方面：

在外观上，实现太阳能热水系统与建筑完美结合，合理布置太阳能集热器。无论在屋顶、阳台或在墙面都要使太阳能集热器成为建筑的一部分，实现两者的协调和统一。

在结构上，妥善解决太阳能热水系统的安装问题，确保建筑物的承重、防水等功能不受影响，还应充分考虑太阳能集热器抵御强风、暴雪、冰雹等的能力。

在管路布置上，合理布置太阳能循环管路以及冷热水供应管路，尽量减少热水管路的长度，建筑上事先留出所有管路的接口、通道。

在系统运行上，要求系统可靠、稳定、安全，易于安装、检修、维护，合理解决太阳能与辅助能源加热设备的匹配，尽可能实现系统的智能化和自动控制。

以上四方面均需要将太阳能热水系统纳入到建筑设计中，统一规划、同步设计、合理布局。

1.0.4 改造既有建筑上安装的太阳能热水系统和在既有建筑上增设太阳能热水系统，首先房屋必须经结构复核或法定的房屋检测单位检测确定可以实施后，再由有资质的建筑设计单位进行太阳能热水系统设计。

在既有建筑上增设太阳能热水系统，可结合建筑的平屋面改坡屋面同时进行。

1.0.5 太阳能热水系统由集热器、贮水箱、连接管线、控制系统以及使用的辅助能源组成。太阳能集热器有真空管（全玻璃真空管和热管真空管）和平板型两种类型。在材料、技术要求以及设计、安装、验收方面，均有产品的国家标准，因此，太阳能热水系统产品应符合这些标准要求。

太阳能热水系统在民用建筑上应用是综合技术，其设计、安装、验收涉及到太阳能和建筑两个行业，与之密切相关的还有下列国家标准：《住宅设计规范》、《屋面工程质量验收规范》、《建筑给水排水设计规范》、《建筑物防雷设计规范》等，其相关的规定也应遵守，尤其是强制性条文。

2 术 语

本规范中的术语包括建筑工程和太阳能热利用两方面。主要引自《民用建筑设计通则》GB 50352-2005和《太阳能热利用术语》GB/T 12936-1991。虽然在上述标准中都出现过这类术语，考虑到太阳能热水系统在建筑上应用并与建筑结合是一项系统工程，需要建筑界与太阳能界密切配合，共同完成，这就需要建筑设计人员认识掌握太阳能热利用方面的知识，而太阳能热水系统研发、设计和生产人员也要了解建筑知识。为方便各方能更好地理解和使用本规范，规范编制组做了集中归纳和整理，编入规范中。

2.0.4、2.0.5 排水坡度一般小于10%的屋面为平屋面，大于等于10%的屋面为坡屋面。坡屋面的形式和坡度主要取决于建筑平面、结构形式、屋面材料、气候环境、风俗习惯和建筑造型等因素。一般坡屋面坡度小于等于45°，也有大于45°的陡坡屋面。常见的坡屋面形式有单坡屋面、双坡屋面、四坡屋面、曼莎屋面等。

2.0.17 集热器总面积是指整个集热器的最大投影面积。对平板型集热器而言，集热器总面积是集热器外壳的最大投影面积；对真空管集热器而言，集热器总面积是包括所有真空管、联集管、底托架、反射板等在内的最大投影面积。在计算集热器总面积时，不包括那些突出在集热器外壳或联集管之外的连接管道部分。

3 基本规定

3.0.1 我国的太阳能资源非常丰富，全年太阳能辐照量在3500MJ/m^{2}和日照时数在2200h以上的地区，占国土面积的76%。即使在资源缺乏地区，也有一部分日照时数在1200h以上，因此，基本上都适合使用太阳能热水系统，而不必使用大量的燃气、燃煤和电力来提供生活热水。在提倡环境保护和节约能源的今天，应充分利用太阳能，即便是仅利用一部分。

在进行太阳能热水系统和建筑设计时，应根据建筑类型和使用要求，结合当地的太阳能资源和管理等要求，为使用者提供高品质的生活条件。

3.0.2 本条提出了太阳能热水系统设计要满足用户的使用要求和系统的安装、维护和局部更换的要求。根据太阳能热水系统的安装地点纬度、月均日辐照量、日照时间、环境温度等环境条件及日均用水量、用水方式、用水位置等用水情况确定。

3.0.3 太阳能集热器的类型与系统选用应与当地的太阳能资源、气候条件相适应，在保证系统全年安全稳定运行的前提下，应使所选太阳能集热器的性能价格比最优。

太阳能集热器的构造、形式应利于在建筑围护结构上安装并便于拆卸、维护、维修。

现阶段我国太阳能热水系统中主要使用全玻璃真空管集热器、热管真空管集热器和平板型集热器几种类型。集热器是太阳能热水系统中最关键的部件。平板型太阳能集热器具有集热效率高、使用寿命长、承压能力好、耐候性好、水质清洁、平整美观等特点。若就集热性能来说，真空管集热器在冬季要优于平板型集热器，春秋两季大体相同，而夏季平板型集热器占优。在我国目前的真空管集热器性价比基本与平板型集热器不相上下，而随着太阳能热水系统与建筑结合技术的发展，人们需要一种不论是外观上还是整体上都能与建筑和周围环境协调的，易于与建筑形成一体的太阳能集热器。

3.0.4 此条的规定是确保建筑结构安全。既有建筑情况复杂，结构类型多样，使用年限和建筑本身承载能力以及维护情况各不相同，改造和增设太阳能热水系统前，一定要经过结构复核，确定是否可改造或增设太阳能热水系统。结构复核可以由原建筑设计单位（或根据原施工图、竣工图、计算书等由其他有资质的建筑设计单位）进行或经法定的检测机构检测，确认能实施后，才可进行。否则，不能改建或增设。改造和增设太阳能热水系统的前提是不影响建筑物的质量和安全，安装符合技术规范和产品标准的太阳能热水系统。

3.0.5 建筑间距分正面间距和侧面间距两个方面。凡泛称的建筑间距，系指正面间距。决定建筑间距的因素很多，根据我国所处地理位置与气候条件，绝大部分地区只要满足日照要求，其他要求基本都能达到。但少数地区如纬度低于北纬25°的地区，则将通风、视线干扰等问题作为主要因素，因此，本规范所说的建筑间距，仍以满足日照要求为基础，综合考虑采光、通风、消防、管线埋设和视觉卫生与空间环境等要求为原则，这符合我国大多数地区的情况，也考虑了局部地区的其他制约因素。

根据这一原则，居住建筑和公共建筑如托幼、学校、医院病房等建筑的正面间距均以日照标准的要求为基本依据。

相邻建筑的日照间距是以建筑高度计算的。见《城市居住区规划设计规范》GB 50180-93（2002年版）。平屋面是按室外地面至其屋面或女儿墙顶点的高度计算。坡屋面按室外地面至屋檐和屋脊的平均高度计算。下列突出物不计入建筑高度内：

1 局部突出屋面的楼梯间、电梯机房、水箱间等辅助用房占屋顶平面面积不超过1/4者；

2 突出屋面的通风道、烟囱、装饰构件、花架、通信设施等；

3 空调冷却塔等设备。

当在平屋面上安装较大面积的太阳能集热器时，要考虑影响相邻建筑的日照标准问题。

此条中的建筑物包括新建、扩建、改建的建筑物，即新建建筑和既有建筑。是指在新建建筑上安装太阳能热水系统和在既有建筑上增设或改造已安装的太阳能热水系统，不得降低相邻建筑的日照标准。

3.0.6 太阳能是间歇能源，受天气影响较大，到达某一地面的太阳辐射强度，因受地区、气候、季节和昼夜变化等因素影响，时强时弱，时有时无。因此，太阳能热水系统应配置辅助能源加热设备，在阴天时，用其将水加热补充太阳热水的不足，这样即使在太阳能资源不十分丰富的地区，系统一年四季都可提供热水。辅助能源加热设备应根据当地普遍使用的常现能源的价格、对环境的影响、使用的方便性以及节能等多项因素，做技术经济比较后确定，应优先考虑节能和环保因素。

辅助能源一般为电、燃气等常规能源。国外更多的用智能控制、带热交换和辅助加热系统，使之节省能源。对已设有集中供热、空调系统的建筑，辅助能源宜与供热、空调系统热源相同或匹配；宜重视废热、余热的利用。

3.0.7 本条是对太阳能热水系统管线的布置、安装提出要求，要做到安全、隐蔽、集中布置，便于安装维护。

3.0.8 在太阳能热水系统上安装计量装置是为了节约用水及运行管理计费和累计用水量的要求。对于集中热水供应系统，为计量系统热水总用量可将冷水表装在水加热设备的冷水进水管上，这是因为国内生产较大型的热水表的厂家较少，且品种不全，故用冷水表代替。但需在水加热器与冷水表之间装设止回阀。防止热水升温膨胀回流时损坏水表。

分户计量热水用量时，则可使用热水表。

对于电、燃气辅助能源的计量，则可使用原有的电表、燃气表，不必另设。

3.0.9 本条是为了控制每道工序的质量，进而保证整个工程质量。太阳能热水系统是在建筑上安装，建筑主体结构符合施工质量验收标准，太阳能热水系统安装、验收合格后，才能确保太阳能热水系统的质量。

4 太阳能热水系统设计

4.1 一般规定

4.1.1 太阳能热水系统是由建筑给水排水专业人员设计，并符合《建筑给水排水设计规范》GB 50015的要求。在热源选择上是太阳能集热器加辅助能源。集热器的位置、色泽及数量要与建筑师配合设计，在承载、控制等方面要与结构专业、电气专业配合设计，使太阳能热水系统真正纳入到建筑设计当中来。

4.1.2 本条从太阳能热水系统与建筑相结合的基本要求出发，规定了在选择太阳能热水系统类型、安装位置和色泽时应考虑的因素，其中强调要充分考虑建筑物的使用功能、地理位置、气候条件和安装条件等综合因素。

4.1.3 现有太阳能热水器产品的尺寸规格不一定满足建筑设计的要求，因而本条强调了太阳能集热器的规格要与建筑模数相协调。

4.1.4 对于安装在民用建筑的太阳能热水系统，本条规定系统的太阳能集热器、支架等部件无论安装在建筑物的哪个部位，都应与建筑功能和建筑造型一并设计。

4.1.5 本条强调了太阳能热水系统应满足的各项要求，其中包括：安全、实用、美观，便于安装、清洁、维护和局部更换。

4.2 系统分类与选择

4.2.1 安装在民用建筑的太阳能热水系统，若按供热水范围分类，可分为：集中供热水系统、集中–分散供热水系统和分散供热水系统等三大类。

集中供热水系统，是指采用集中的太阳能集热器和集中的贮水箱供给一幢或几幢建筑物所需热水的系统。

集中–分散供热水系统，是指采用集中的太阳能集热器和分散的贮水箱供给一幢建筑物所需热水的系统。

分散供热水系统，是指采用分散的太阳能集热器和分散的贮水箱供给各个用户所需热水的小型系统，也就是通常所说的家用太阳能热水器。

4.2.2 根据国家标准《太阳能热水系统设计、安装及工程验收技术规范》GB／T 18713中的规定，太阳能热水系统若按系统运行方式分类，可分为：自然循环系统、强制循环系统和直流式系统等三类。

自然循环系统是仅利用传热工质内部的温度梯度产生的密

度差进行循环的太阳能热水系统。在自然循环系统中，为了保证必要的热虹吸压头，贮水箱的下循环管应高于集热器的上循环管。这种系统结构简单，不需要附加动力。

强制循环系统是利用机械设备等外部动力迫使传热工质通过集热器（或换热器）进行循环的太阳能热水系统。强制循环系统通常采用温差控制、光电控制及定时器控制等方式。

直流式系统是传热工质一次流过集热器加热后，进入贮水箱或用热水处的非循环太阳能热水系统。直流式系统一般可采用非电控温控阀控制方式及温控器控制方式。直流式系统通常也可称为定温放水系统。

实际上，某些太阳能热水系统有时是一种复合系统，即是上述几种运行方式组合在一起的系统，例如由强制循环与定温放水组合而成的复合系统。

4.2.3 太阳能热水系统按生活热水与集热器内传热工质的关系可分为下列两种系统：

直接系统是指在太阳能集热器中直接加热水给用户的太阳能热水系统。直接系统又称为单回路系统，或单循环系统。

间接系统是指在太阳能集热器中加热某种传热工质，再使该传热工质通过换热器加热水给用户的太阳能热水系统。间接系统又称为双回路系统，或双循环系统。

4.2.4 为保证民用建筑的太阳能热水系统可以全天候运行，通常将太阳能热水系统与使用辅助能源的加热设备联合使用，共同构成带辅助能源的太阳能热水系统。

太阳能热水系统若按辅助能源加热设备的安装位置分类，可分为：内置加热系统和外置加热系统两大类。

内置加热系统，是指辅助能源加热设备安装在太阳能热水系统的贮水箱内。

外置加热系统，是指辅助能源加热设备不是安装在贮水箱内，而是安装在太阳能热水系统的贮水箱附近或安装在供热水管路（包括主管、干管和支管）上。所以，外置加热系统又可分为：贮水箱加热系统、主管加热系统、干管加热系统和支管加热系统等。

4.2.5 根据用户对热水供应的不同需求，辅助能源可以有不同的启动方式。

太阳能热水系统若按辅助能源启动方式分类，可分为：全日自动启动系统、定时自动启动系统和按需手动启动系统。

全日自动启动系统，是指始终自动启动辅助能源水加热设备，确保可以全天24h供应热水。

定时自动启动系统，是指定时自动启动辅助能源水加热设备，从而可以定时供应热水。

按需手动启动系统，是指根据用户需要，随时手动启动辅助能源水加热设备。

4.2.6 公共建筑包括多种建筑。表4.2.6中的公共建筑只给出了宾馆、医院、游泳馆和公共浴室等几种实例，因为这些公共建筑都是用热水量较大的建筑。

4.3 技术要求

4.3.1 本条规定了太阳能热水系统在热工性能和耐久性能方面的技术要求。

热工性能强调了应满足相关太阳能产品国家标准中规定的热性能要求。太阳能产品的现有国家标准包括：

《平板型太阳集热器技术条件》GB / T 6424；

《全玻璃真空太阳集热管》GB / T 17049；

《真空管太阳集热器》GB / T 17581；

《太阳热水系统设计、安装及工程验收技术规范》GB/T 18713；

《家用太阳热水系统技术条件》GB/T 19141。

耐久性能强调了系统中主要部件的正常使用寿命应不少于10年。这里，系统的主要部件包括集热器、贮水箱、支架等。在正常使用寿命期间，允许有主要部件的局部更换以及易损件的更换。

4.3.2 本条规定了太阳能热水系统在安全性能和可靠性能方面的技术要求。

安全性能是太阳能热水系统各项技术性能中最重要的一项，其中特别强调了内置加热系统必须带有保证使用安全的装置，并作为本规范的强制性条款。

可靠性能强调了太阳能热水系统应有抗击各种自然条件的能力，根据太阳能系统所处的不同地区，其中包括应有可靠的防冻、防结露、防过热、防雷、抗雹、抗风、抗震等技术措施。

4.3.3 辅助能源指太阳能热水系统中的非太阳能热源，一般为电、燃气等常规能源。对使用辅助能源加热设备的技术要求，在国家标准《建筑给水排水设计规范》 GB 50015中已有明确的规定，主要是应根据使用特点、热水量、能源供应、维护管理及卫生防菌等因素来选择辅助能源水加热设备。

4.3.5 对供热水系统的技术要求，除了应符合国家标准《建筑给水排水设计规范》 GB 50015中有关规定之外，还根据集中供热水系统、集中-分散供热水系统和分散供热水系统的特点，分别提出了相应的要求。

4.4 系统设计

4.4.1 太阳能热水系统类型的选择是系统设计的首要步骤。只有正确选择了太阳能热水系统的类型，才能使系统设计有可靠的基础。

表4.2.6“太阳能热水系统设计选用表”是在强调系统设计应本着节水节能、经济实用、安全简便、利于计量等原则的基础上，根据建筑类型、屋面形式和热水用途等条件，选择不同的太阳能热水系统类型。选择内容包括：供热水范围、集热器在建筑上安装位置、系统运行方式、辅助能源加热设备的安装位置及启动方式等。

在建筑类型中，本条就民用建筑包括的居住建筑和公共建筑两类民用建筑分别列出，其中，居住建筑包括；低层、多层和高层；公共建筑给出了几种实例，如：宾馆、医院、游泳馆和公共浴室等，就是为了便于正确地选择太阳能热水系统类型。

4.4.2 太阳能热水系统集热器面积的确定是一个十分重要的问题，而集热器面积的精确计算又是一个比较复杂的问题。

在欧美等发达国家，集热器面积的精确计算一般采用F-Chart软件、Trnsys软件或其他类似的软件来进行，它们是根据系统所选太阳能集热器的瞬时效率方程（通过试验测定）及安装位置（方位角和倾角），再输入太阳能热水系统，使用当地的地理纬度、平均太阳辐照量、平均环境温度、平均热水温度、平均热水用量、贮水箱和管路平均热损失率、太阳能保证率等数据，按一定的计算机程序计算出来的。

然而，我国目前还没有将这种计算软件列入国家标准内容。本条在国家标准《太阳能热水系统设计、安装及工程验收技术规范》 GB / T 18713的基础上，提出了确定集热器总面积的计算方法，其中分别规定了在直接系统和间接系统两种情况下集热器总面积的计算方法。

本规范之所以计算集热器总面积，而不计算集热器采光面积或集热器吸热体面积，是因为在民用建筑安装太阳能热水系统的情况下，建筑师关心的是在有限的建筑围护结构中太阳能集热器究竟占据多大的空间。

在确定直接系统的集热器总面积时，日太阳辐照量J_T取当地集热器采光面上的年平均日太阳辐照量；集热器的年平均集热效率η_{cd}宜取0.25 ~ 0.50，但强调具体取值要根据集热器产品的实际测试结果而定；贮水箱和管路的热损失率η_L宜取0.20 ~ 0.30，不同系统类型及不同保温状况的η_L值不同。以上所有这些数值都是根据我国长期使用太阳能热水系统所积累的经验而选取的，都能基本满足实际系统设计的要求。至于太阳能保证率f的取值，则是根据系统使用期内的太阳能辐照条件、系统的经济性及用户的具体要求等因素综合考虑后确定，本规范推荐在30% ~ 80%范围内。

在确定间接系统的集热器总面积时，由于间接系统的换热器内外存在传热温差，使得在获得相同温度的热水情况下，间接系统比直接系统的集热器运行温度稍高，造成集热器效率略为降低。本条用换热器传热系数U_{hx}、换热器换热面积A_{hx}和集热器总热损系数F_RU_L等来表示换热器对于集热器效率的影响。对平板型集热器，F_RU_L宜取4 ~ 6W /（m^2 · ℃）；对于真空管集热器，F_RU_L宜取1 ~ 2W /（m^2 · ℃）；但本规范强调FRUL的具体数值要根据集热器产品的实际测试结果而定。至于换热器传热系数U_{hx}和换热器换热面积A_{hx}的数值，则可以从选定的换热器产品说明书中查得。在实际计算过程中，当确定了直接系统的集热器总面积A_c之后，就可以根据上述这些数值，确定出间接系统的集热器总面积A_{IN}。

通常在采用第4.4.2条所述方法确定集热器总面积之前，也就是在方案设计阶段，可以根据建筑建设地区太阳能条件来估算集热器总面积。表2列出了每产生100L热水量所需系统集热器总面积的推荐值。

表2　每100L热水量的系统集热器总面积推荐选用值

等级	太阳能条件	年日照时数（h）	水平面上年太阳辐照量[MJ（m^2 · a）]	地区	集热面积（m^2）
一	资源丰富区	3200~3300	>6700	宁夏北、甘肃西、新疆东南、青海西、西藏西	1.2
二	资源较富区	3000 ~ 3200	5400 ~ 6700	冀西北、京、津、晋北、内蒙古及宁夏南、甘肃中东、青海东、西藏南、新疆南	1.4
三	资源一般区	2200~3000	5000~5400	鲁、豫、冀东南、晋南、新疆北、吉林、辽宁、云南、陕北、甘肃东南、粤南	1.6
		1400~2200	4200~5000	湘、桂、赣、江、浙、沪、皖、鄂、闽北、粤北、陕南、黑龙江	1.8
四	资源贫乏区	1000~1400	<4200	川、黔、渝	2.0

此处列出的“每100L热水量的系统集热器总面积推荐选用值”是将我国各地太阳能条件分为四个等级：资源丰富区、资源较丰富区、资源一般区和资源贫乏区，不同等级地区有不同的年日照时数和不同的年太阳辐照量，再按每产生100L热水量

分别估算出不同等级地区所需要的集热器总面积，其结果一般在1.2～2.0m²/100L之间。

4.4.3 根据国家标准《太阳能热水系统设计、安装及工程验收技术规范》GB/T 18713的要求，本条规定了集热器的最佳安装倾角，其数值等于当地纬度±10°。这条要求对于一般情况下的平板型集热器和真空管集热器都是适用的。

当然，对于东西向水平放置的全玻璃真空管集热器，安装倾角可适当减少；对于墙面上安装的各种太阳能集热器，更是一种特例了。

4.4.4 在有些情况下，由于集热器朝向或倾角受到条件限制，按4.4.2条所述方法计算出的集热器总面积是不够的，这时就需要按补偿方式适当增加面积，但本条规定补偿面积不得超过4.4.2条计算所得面积的一倍。

4.4.5 在有些情况下，当建筑围护结构表面不够安装按4.4.2条计算所得的集热器总面积时，也可以按围护结构表面最大容许安装面积来确定集热器总面积。

4.4.6 本条规定了贮水箱容积的确定原则，并提出了“贮水箱的贮热量”。表中，贮热量的最小值是分别按大于等于95℃高温水和小于等于95℃高温水这两种不同情况，分别对公共建筑和居住建筑提出了指标。

4.4.7 本条较为具体地规定了太阳能集热器设置在平屋面上的技术要求，有关集热器的间距、分组及相互连接等内容都是根据现行国家标准《太阳能热水系统设计、安装及工程验收技术规范》GB／T 18713的规定，其中有关集热器并联、串联和串并联等方式连接成集热器组时的具体数据也都是引自《太阳能热水系统设计、安装及工程验收技术规范》GB／T 18713。

本条规定全玻璃真空管东西向放置的集热器，在同一斜面上多层布置时，串联的集热器不宜超过3个。实际上，各种集热器都应尽量减少串联的集热器数目。

本条规定集热器之间的连接应使每个集热器的传热介质流入路径与回流路径的长度相同，这实质上是规定集热器应按“同程原则”并联，其目的是使各集热器内的流量分配均匀。

4.4.8 本条强调了作为屋面板的集热器应安装在建筑承重结构上，这实际上已构成建筑集热坡屋面。

4.4.11 本条强调了嵌入建筑屋面、阳台、墙面或建筑其他部位的太阳能集热器，应具有建筑围护结构的承载、保温、隔热、隔声、防水等防护功能。

4.4.12 本条强调了架空在建筑屋面和附着在阳台上或在墙面上的太阳能集热器，应具有足够的承载能力、刚度、稳定性和相对于主体结构的位移能力。

4.4.13 为了保障太阳能热水系统的使用安全，本条特别强调了安装在建筑上或直接构成建筑围护结构的太阳能集热器，应有防止热水渗漏的安全保障设施，防止因热水渗漏到屋内而危及人身安全，并作为本规范的强制性条款。

4.4.15 在使用平板型集热器的自然循环系统中，系统是仅利用传热工质内部的温度梯度产生的密度差进行循环的，因此为了保证系统有足够的热虹吸压头，规定贮水箱的下循环管比集热器的上循环管至少高0.3m是必要的。

4.4.17 对于系统计量的问题，本条要求按照国家标准《建筑给水排水设计规范》GB 50015中的有关规定，并推荐按具体工程设置冷、热水表。

4.4.18 对于系统控制，可以有各种不同的控制方式，但根据我国长期使用太阳能热水系统所积累的经验，本条推荐：强制循环系统宜采用温差控制方式；直流式系统宜采用定温控制方式。

4.4.19 本条强调了太阳能集热器支架的刚度、强度、防腐蚀性能等，均应满足安全要求，并与建筑牢固连接。当采用钢结构材料制作支架时，应符合现行国家标准《碳素结构钢》GB／T 700的要求。在不影响支架承载力的情况下，所有钢结构支架材料（如角钢、方管、槽钢等）应选择利于排水的方式组装。当由于结构或其他原因造成不易排水时，应采取合理的排水措施，确保排水通畅。

4.4.20 本条强调了太阳能热水系统使用的金属管道、配件、贮水箱及其他过水设备等的材质，均应与建筑给水管道材质相容，以避免在不相容材料之间产生电化学腐蚀。

4.4.21 本条强调了对太阳能热水系统所用泵、阀运行可能产生的振动和噪声，均应采取减振和隔声措施。

5 规划和建筑设计

5.1 一般规定

5.1.1 本条是民用建筑现划设计应遵循的基本原则。

规划设计是在一定的规划用地范围内进行，对其各种规划要素的考虑和确定要结合太阳能热水系统设计确定建筑物朝向、日照标准、房屋间距、密度、建筑布局、道路、绿化和空间环境及其组成有机整体。而这些均与建筑物所处建筑气候分区、规划用地范围内的现状条件及社会经济发展水平密切相关。在规划设计中应充分考虑、利用和强化已有特点和条件，为整体提高规划设计水平创造条件。

太阳能热水系统设计应由建筑设计单位和太阳能热水系统产品供应商相互配合共同完成。

首先，建筑师要根据建筑类型、使用要求确定太阳能热水系统类型、安装位置、色调、构图要求，向建筑给水排水工程师提出对热水的使用要求；给水排水工程师进行太阳能热水系统设计、布置管线、确定管线走向；结构工程师在建筑结构设计时，考虑太阳能集热器和贮水箱的荷载，以保证结构的安全性，并埋设预埋件，为太阳能集热器的锚固、安装提供安全牢靠的条件；电气工程师满足系统用电负荷和运行安全要求，进行防雷设计。

建筑设计要满足太阳能热水系统的承重、抗风、抗震、防水、防雷等安全要求及维护检修的要求。

太阳能热水系统产品供应商需向建筑设计单位提供太阳能集热器的规格、尺寸、荷载，预埋件的规格、尺寸、安装位置及安装要求；提供太阳能热水系统的热性能等技术指标及其检测报告；保证产品质量和使用性能。

5.1.2 太阳能热水系统的选型是建筑设计的重点内容，设计者不仅要创造新颖美观的建筑立面、设计集热器安装的位置，还要结合建筑功能及其对热水供应方式的需求、综合考虑环境、气候、太阳能资源、能耗、施工条件等诸因素，比较太阳能热水系统的性能、造价，进行经济技术分析。太阳能集热器的类型应与系统使用所在地的太阳能资源、气候条件相适应，在保证系统全年安全、稳定运行的前提下，应使所选太阳能集热器的性能价格比最优。另外，就热水供应方式可分为分户供热水系统和集中供热水系统，分户系统由住户自己管理，各户之间用热水量不平衡，使得分户系统不能充分利用太阳能集热设施而造成浪费，同时还有布置分散、零乱、造价较高的缺点。集中供热水系统相对于分户供热水系统，有节约投资，用户间用水量可以平衡，集热器布置较易整齐有序，但需有集中管理维护及分户计量的措施，因此，建筑设计应综合比较，酌情选定。

5.1.3 太阳能集热器是太阳能热水系统中重要的组成部分，一般设置在建筑屋面（平、坡屋面）、阳台栏板、外墙面上，或设置在建筑的其他部位，如女儿墙、建筑屋顶的披檐上，甚至设置在建筑的遮阳板、建筑物的飘顶等能充分接收阳光的位置。建筑设计需将所设置的太阳能集热器作为建筑的组成元素，与建筑整体有机结合，保持建筑统一和谐的外观，并与周围环境相协调，包括建筑风格、色彩。当太阳能集热器作为屋面板、墙板或阳台栏板时，应具有该部位的承载、保温、隔热、防水及防护功能。

5.1.4 安装在建筑上的太阳能集热器正常使用寿命一般不超过15年，而建筑的寿命是50年以上。太阳能集热器及系统其他部件在构造、形式上应利于在建筑围护结构上安装，便于维护、修理、局部更换。为此建筑设计不仅考虑地震、风荷载、雪荷载、冰雹等自然破坏因素，还应为太阳能热水系统的日常维护，尤其是太阳能集热器的安装、维护、日常保养、更换提供必要的安全便利条件。

建筑设计应为太阳能热水系统的安装、维护提供安全的操作条件。如平屋面设有屋面出口或人孔，便于安装、检修人员出入；坡屋面屋脊的适当位置可预留金属钢架或挂钩，方便固定安装检修人员系在身上的安全带，确保人员安全。

5.1.5 太阳能热水系统管线应布置于公共空间且不得穿越其他用户室内空间，以免管线渗漏影响其他用户使用，同时也便于管线维修。

5.2 规划设计

5.2.1、5.2.2 在规划设计时，建筑物的朝向宜为南北向或接近南北向，以及建筑的体形和空间组合考虑太阳能热水系统，均为使集热器接收更多的阳光。

5.2.3 本条提出在进行景观设计和绿化种植时，要避免对投射到太阳能集热器上的阳光造成遮挡，从而保证太阳能集热器的集热效率。

5.3 建筑设计

5.3.1 建筑设计应与太阳能热水系统设计同步进行，建筑设计根据选定的太阳能热水系统类型，确定集热器形式、安装面积、尺寸大小、安装位置与方式，明确贮水箱容积重量、体积尺寸、给水排水设施的要求；了解连接管线走向；考虑辅助能源及辅助设施条件；明确太阳能热水系统各部分的相对关系。然后，合理安排确定太阳能热水系统各组成部分在建筑中的空间位置，并满足其他所在部位防水、排水等技术要求。建筑设计应为系统各部分的安全检修提供便利条件。

5.3.2 太阳能集热器安装在建筑屋面、阳台、墙面或其他部位，不应有任何障碍物遮挡阳光。太阳能集热器总面积根据热水用量、建筑上可能允许的安装面积、当地的气候条件、供水水温等因素确定。无论安装在何位置，要满足全天有不少于4h日照时数的要求。

为争取更多的采光面积，建筑设计时平面往往凹凸不规则，容易造成建筑自身对阳光的遮挡，这点要特别注意。除此以外，对于体形为L形、 ㄩ 形的平面，也要避免自身的遮挡。

5.3.3 建筑设计时应考虑在安装太阳能集热器的墙面、阳台或挑檐等部位，为防止集热器损坏而掉下伤人，应采取必要的技术措施，如设置挑檐、入口处设雨篷或进行绿化种植等，使人不易靠近。

5.3.4 太阳能集热器可以直接作为屋面板、阳台栏板或墙板，除满足热水供应要求外，首先要满足屋面板、阳台栏板、墙板的保温、隔热、防水、安全防护等要求。

5.3.5 主体结构在伸缩缝、沉降缝、抗震缝的变形缝两侧会发生相对位移，太阳能集热器跨越变形缝时容易破坏，所以太阳能集热器不应跨越主体结构的变形缝，否则应采用与主体建筑的变形缝相适应的构造措施。

5.3.6 本条是对太阳能集热器安装在平屋面上的要求。太阳能集热器在平屋面上安装需通过支架和基座固定在屋面上。集热器可以选择适当的方位和倾角。除太阳能集热器的定向、安装倾角、设置间距等符合现行国家标准《太阳能热水系统设计、安装及工程验收技术规范》GB／T 18713的规定外，还应做好太阳能集热器支架基座的防水，该部位应做附加防水层。附加层宜空铺，空铺宽度不应小于200mm。为防止卷材防水层收头翘边，避免雨水从开口处渗入防水层下部，应按设计要求做好收头处理。卷材防水层应用压条钉压固定，或用密封材料封严。

对于需经常维修的集热器周围和检修通道，以及屋面出入口和人行通道之间做刚性保护层以保护防水层，一般可铺设水泥砖。

伸出屋面的管线，应在屋面结构层施工时预埋穿屋面套管，可采用钢管或PVC管材。套管四周的找平层应预留凹槽用密封材料封严，并增设附加层。上翻至管壁的防水层应用金属箍或镀锌钢丝紧固，再用密封材料封严。避免在已做好防水保温的屋面上凿孔打洞。

5.3.7 本条是对太阳能集热器安装在坡屋面时的要求。

太阳能集热器无论是嵌入屋面还是架空在屋面之上，为使与屋面统一，其坡度宜与屋面坡度一致。而屋面坡度又取决于太阳能集热器接收阳光的最佳倾角。集热器安装倾角等于当地纬度；如系统侧重在夏季使用，其安装倾角，应等于当地纬度减10°；如系统侧重在冬季使用，其安装倾角，应等于当地纬度加10°，故提出集热器安装倾角在当地纬度+10°~-10°的范围要求。

目前，太阳能热水系统多为全天候使用，太阳能集热器安装倾角在当地纬度+10°~-10°范围内也使建筑师通过调整集热器倾角来确定屋面的坡度，如有檩体系用彩色混凝土瓦屋面适用坡度为1：5~1：2（即20%~50%），沥青油毡瓦大于等于1：5（即大于等于20%），压型钢板瓦和夹心板为1：20~1：0.35（即5%~35%）；无檩体系屋面坡度宜为1：3（即18.5°）~1：0.58（即60°）。这样，据此调整建筑物各部分比例，也给建筑师带来很大的灵活性。

太阳能集热器在坡屋面上安装，要保证安装人员的安全。安装人员为专业人员，应严格遵守生产厂家的说明，太阳能热水器生产厂一般会提供所需的安装人员（或经过培训考核合格的施工人员）和安装工具。在建筑设计时，应为安装人员提供安全的工作环境。一般可在屋脊处设钢架或挂钩用以支撑连接系在安装人员腰部的安全带。钢架或挂钩应能承受两个安装人员、集热器和安装工具的重量。

还应在坡屋面安装太阳能集热器附近的适当位置设置出屋面人孔，作为检修出口。

架空设置的太阳能集热器宜与屋面同坡，且有一定架空高度，一般不大于100mm，以保证屋面排水。

嵌入屋面设置的太阳能集热器与四周屋面及伸出屋面管道都应做好防水，防止雨水进入屋面。集热器与屋面交接处要设置挡水盖板。

设置在坡屋面的太阳能集热器采用支架与预埋在屋面结构层的预埋件固定应牢固可靠，要能承受风荷载和雪荷载。

当太阳能集热器作为屋面板时，应满足屋面的承重、保温、隔热和防水等要求。

5.3.8 本条提出了对太阳能集热器放置在阳台栏板上的要求。

太阳能集热器可放置在阳台栏板上或直接构成阳台栏板。低纬度地区，由于太阳高度角较大，因此，低纬度地区放置在阳台栏板上或直接构成阳台栏板的太阳能集热器应有适当的倾角，以接收到较多的日照。

作为阳台栏板与墙面不同的是还有强度及高度的防护要求。阳台栏杆应随建筑高度而增高，如低层、多层住宅的阳台栏杆净高不应低于1.05m，中、高层，高层住宅的阳台栏杆不应低于1.10m，这是根据人体重心和心理因素而定的。安装太阳能集热器的阳台栏板宜采用实体栏板。

挂在阳台或附在外墙上的太阳能集热器，为防止其金属支架、金属锚固构件生锈对建筑墙面，特别是浅色的阳台和外墙造成污染，建筑设计应在该部位加强防锈的技术处理或采取有效的技术措施，防止金属锈水在墙面阳台上造成不易清理的污染。

5.3.9 本条提出了对太阳能集热器放置在墙面上的要求。

太阳能集热器可安装在墙面上，尤其是高层建筑，在低纬度地区集热器要有较大倾角。在太阳能资源丰富的地区，太阳能保证率高，太阳能集热器安装在墙面在某些国家越来越流行。

太阳能集热器通过墙面上的预埋件与主体结构连接。墙面在结构设计时，要考虑集热器的荷载且墙面要有一定宽度保证集热器能放置得下。

5.3.10 太阳能热水系统贮水箱参照现行国家标准《太阳能热水系统设计、安装及工程验收技术规范》GB / T 18713相关要求具体设计，确定其容积、尺寸、大小及重量。建筑设计应为贮水箱安排合理的位置，满足贮水箱所需要的空间（包括检修空间）。设置贮水箱的位置应具有相应的排水、防水设施。太阳能热水系统贮水箱及其有关部件宜靠近太阳能集热器设置，尽量减少由于管道过长而产生的热损耗。

贮水箱的容积要满足日用水量需要，符合太阳能热水系统安全、节能及稳定运行要求，并能承受水的重量及保证系统最高工作压力相匹配的结构强度要求。一个核心家庭，一般可用100 ~ 200L的贮水箱，当然，精确的容量应通过计算确定。贮水箱的防腐、保温等应符合现行国家标准《太阳能热水系统设计、安装及工程验收技术规范》GB / T 18713 的要求。

贮水箱可根据要求从制造厂商购置，或在现场制作，宜优先选择专业制造公司的定型产品。安装现场不具备搬运、吊装条件时，可进行现场制作。

贮水箱的放置位置宜选择室内，可放置在地下室、半地下室、储藏室、阁楼或技术夹层中的设备间，室外可放置在建筑平台或阳台上。放置在室外的贮水箱应有防雨雪、防雷击等保护措施，以延长其运行寿命。

贮水箱应尽量靠近太阳能集热器以缩短管线。贮水箱上方及周围要留有不小于600mm的空间，以满足安装、检修要求。

5.4 结构设计

5.4.1 太阳能热水系统中的太阳能集热器和贮水箱与主体结构的连接和锚固必须牢固可靠，主体结构的承载力必须经过计算或实物试验予以确认，并要留有余地，防上偶然因素产生突然破坏。真空管集热器的重量约15～20kg/ m^2，平板集热器的重量约20~25kg/ m^2。

安装太阳能热水器系统的主体结构必须具备承受太阳能集热器、贮水箱等传递的各种作用的能力（包括检修荷载），主体结构设计时应充分加以考虑。

主体结构为混凝土结构时，为了保证与主体结构的连接可靠性，连接部位主体结构混凝土强度等级不应低于C20。

5.4.2 连接件与主体结构的锚固承载力应大于连接本身的承载力，任何情况不允许发生锚固破坏。采用锚栓连接时，应有可靠的防松、防滑措施；采用挂接或插接时，应有可靠的防脱、防滑措施。

由于太阳能集热器安装在室外，以及各地区气候条件及工人技术水平的差异，为安全起见建议对结构件和连接件的最小截面予以限制，如型钢（钢管、槽钢、扁钢）的最小厚度宜大于等于3mm，圆钢直径宜大于等于10mm，焊接角钢不宜小于∟45×4或∟56×36×4，螺栓连接用角钢不宜小于∟50×5。对于沿海地区，由于空气中大量氯离子存在，会对金属结构造成比较严重的腐蚀，因此，对金属材料应采取防腐蚀措施。

太阳能集热器由玻璃真空管（或面板）和金属框架组成，其本身变形能力是较小的。在水平地震或风荷载作用下，集热器本身结构会产生侧移。由于太阳能集热器本身不能承受过大的位移，只能通过弹性连接件来避免主体结构过大侧移影响。

为防止主体结构水平位移使太阳能集热器或贮水箱损坏，连接件必须有一定的适应位移能力，使太阳能集热器和贮水箱与主体结构之间有活动的余地。

5.4.3 太阳能热水系统（主要是太阳能集热器和贮水箱）与建筑主体结构的连接，多数情况应通过预埋件实现，预埋件的锚固钢筋是锚固作用的主要来源，混凝土对锚固钢筋的粘结力是决定性的。固此预埋件必须在混凝土浇筑时埋入，施工时混凝土必须密实振捣。目前实际工程中，往往由于未采取有效措施来固定预埋件，混凝土浇筑时使预埋件偏离设计位置，影响与主体结构的准确连接，甚至无法使用。因此预埋件的设计和施工应引起足够的重视。

为了保证太阳能热水系统与主体结构连接牢固的可靠性，与主体结构连接的预埋件应在主体结构施工时按设计要求的位置和方法进行埋设。

5.4.4 轻质填充墙承载力和变形能力低，不应作为太阳能热水系统中主要是太阳能集热器和贮水箱的支承结构考虑。同样，砌体结构平面外承载能力低，难以直接进行连接，所以宜增设混凝土结构或钢结构连接构件。

5.4.5 当土建施工中未设预埋件、预埋件漏放、预埋件偏离设计位置太远、设计变更，或既有建筑增设太阳能热水系统时，往往要使用后锚固螺栓进行连接。采用后锚固螺栓（机械膨胀螺栓或化学锚栓）时，应采取多种措施，保证连接的可靠性及安全性。

5.4.6 太阳能热水系统结构设计应区分是否抗震。对非抗震设防的地区，只需考虑风荷载、重力荷载以及温度作用；对抗震设防的地区，还应考虑地震作用。

经验表明，对于安装在建筑屋面、阳台、墙面或其他部位的太阳能集热器主要受风荷载作用，抗风设计是主要考虑因素。但是地震是动力作用，对连接节点会产生较大影响，使连接处发生破坏甚至使太阳能集热器脱落，所以除计算地震作用外，还必须加强构造措施。

5.5 给水排水设计

5.5.1 太阳能热水系统与建筑结合是把太阳能热水系统纳入到建筑设计当中来统一设计，因此热水供水系统设计中无论是水量、水温、水质还是设备管路、管材、管件都应符合《建筑给水排水设计规范》GB 50015的要求。

5.5.2 集热器总面积是根据公式计算出来的（见本规范4.4.2条），但是在实际工程中由于建筑所能提供摆放集热器的面积有限，无法满足集热器计算面积的要求，因此最终太阳能集热器的面积要各专业相互配合来确定。

5.5.3 当日用水量（按60℃计）大于或等于10m^{3}且原水总硬度（以碳酸钙计）大于300mg／L时，宜进行水质软化或稳定处理。经软化处理后的水质硬度宜为75～150mg/L。

水质稳定处理应根据水的硬度、适用流速、温度、作用时间或有效长度及工作电压等选择合适的物理处理或化学稳定剂处理。

5.5.4 这一条主要是指用太阳能集热器里的水作为热媒水时，保证补水能够补进去。

5.5.5 由于一般情况下集热器摆放所需的面积，建筑都不容易满足，同时也考虑太阳能的不稳定性，尽可能地去利用太阳能，所以在选择设计水温时，尽量选用下限温度。

5.5.6、5.5.7 这二条是在新建建筑与既有建筑中，太阳能与建筑相结合时供热水系统中应注重考虑的问题。

5.5.8 集热器表面应定时清洗，否则会影响集热效率，这条主要是为清洗提供方便而作的规定。

5.6 电气设计

5.6.1～5.6.3 这是对太阳能热水系统中使用电器设备的安全要求。

如果系统中含有电器设备，其电器安全应符合现行国家标准《家用和类似用途电器的安全》（第一部分 通用要求）GB 4706.1和（贮水式电热水器的特殊要求）GB 4706.12的要求。

5.6.4 系统的电气管线应与建筑物的电气管线统一布置，集中隐蔽。

6 太阳能热水系统安装

6.1 一般规定

6.1.1 本条强调了太阳能热水系统的安装应按设计要求进行安装。

6.1.2 目前，太阳能热水系统一般作为一个独立的工程由专门的太阳能公司负责安装。本条对施工组织设计进行了强调。

6.1.3 本条是针对目前施工安装人员的技术水平差别较大而制定的。目的在于规范太阳能热水系统的施工安装。提倡先设计后施工，禁止无设计而盲目施工。

6.1.4 为保证太阳能热水器产品质量和规范市场，制定了一系列产品标准，包括国家标准和行业标准，涉及基础标准、测试方法标准、产品标准和系统设计安装标准四个方面。

产品的性能包括太阳能集热器的承压、防冻等安全性能，得热量、供热水温度、供热水量等指标。太阳能热水系统必须满足相关的设计标准、建筑构件标准、产品标准和安装、施工规范要求。

为保证太阳能热水系统尤其是太阳能集热器的耐久性，本条提出太阳能热水系统各部分应符合相应国家产品标准的有关规定。

6.1.5 鉴于目前太阳能热水系统安装比较混乱，部分太阳能热水系统安装破坏了建筑结构或放置位置不合理，存在安全隐患。本条对此问题加以规范。

6.1.6 鉴于太阳能热水系统的安装一般在土建工程完工后进行，而土建部位的施工多由其他施工单位完成，本条强调了对土建部位的保护。

6.1.7 本条强调了产品在搬运、存放、吊装等过程的质量保护。

6.1.8 本条强调了分散供热水系统的安装不得影响其他住户的使用功能要求。

6.1.9 本条对太阳能热水系统安装人员的素质进行强调和规范。

6.2 基座

6.2.1 基座是很关键的部位，关系到太阳能热水系统的稳定和安全，应与主体结构连接牢固。尤其是在既有建筑上增设的基座，由于不是同时施工，更要采取技术措施，与主体结构可靠地连接。本条对此加以强调。

6.2.2 当贮水箱注满水后，其自重将超过建筑楼板的承载能力，因此贮水箱基座必须设在建筑物承重墙（梁）上。因此应对贮水箱基座的放置位置和制作要求加以强调，以确保安全。

6.2.3 一般情况下，太阳能热水系统的承重基座都是在屋面结构层上现场砌（浇）筑。对于在既有建筑上安装的太阳能热水系统，需要刨开屋面面层做基座，因此将破坏原有的防水结构。基座完工后，被破坏的部位重做防水。本条对此加以强调。

6.2.4 不少太阳能热水系统采用预制集热器支架基座，放置在建筑屋面上。本条对此加以规范。

6.2.5 实际施工中，基座顶面预埋件的防腐多被忽视，本条对此加以强调。

6.3 支架

6.3.1 本条强调了太阳能热水系统的支架应按图纸要求制作，并应注意整体美观。支架制作应符合相关规范的要求。

6.3.2 支架在承重基础上的安装位置不正确将造成支架偏移，本条对此加以强调。

6.3.3 太阳能热水系统的防风主要是通过支架实现的，且由于现场条件不同，防风措施也不同。本条对太阳能热水系统防风加以强调。

6.3.4 为防止雷电伤人，本条强调钢结构支架应与建筑物接地系统可靠连接。

6.3.5 本条强调了钢结构支架的防腐质量。

6.4 集热器

6.4.1 本条强调了集热器摆放位置以及与支架的固定，以防止集热器滑脱。

6.4.2 不同厂家生产的集热器，集热器与集热器之间的连接方式可能不同。本条对此加以强调，以防止连接方式不正确出现漏水。

6.4.3 为便于日后集热器的维护和更换，本条对此加以强调。

6.4.4 为防止集热器漏水，本条对此加以强调。

6.4.5 本条强调应先检漏，后保温，且应保证保温质量。

6.5 贮水箱

6.5.1 为了确保安全，防止滑脱，本条强调贮水箱安装位置应正确，并与底座固定牢靠。

6.5.2 贮水箱贮存的是热水，因此对水箱的材质、规格作出要求，并规范了水箱的制作质量。

6.5.3 实际应用中，不少贮水箱采用钢板焊接。因此对内外壁尤其是内壁的防腐提出要求，以确保不危及人体健康和能承受热水温度。

6.5.4 为防止触电事故，本条对贮水箱内箱接地作特别强调。

6.5.5 为防止贮水箱漏水，本条对此加以强调。

6.5.6 本条强调应先检漏，后保温，且应保证保温质量。

6.6 管路

6.6.1 《建筑给水排水及采暖工程施工质量验收规范》GB 50242规范了各种管路施工要求。太阳能热水系统的管路施工与GB 50242相同。限于篇幅，这里引用GB 50242的规定，对太阳能热水系统管路的施工加以规范。

6.6.2 本条强调水泵安装的质量要求。

6.6.3 本条强调水泵的防雨和防冻。

6.6.4 本条强调了电磁阀安装的质量要求。

6.6.5 实际安装中，容易出现水泵、电磁阀、阀门的安装方向不正确的现象，本条对此加以强调。

6.6.6 为防止管路漏水，本条对此加以强调。

6.6.7 本条强调应先检漏，后保温，且应保证保温质量。

6.7 辅助能源加热设备

6.7.1 《建筑电气工程施工质量验收规范》GB 50303中规范了电加热器的安装。限于篇幅，这里引用以上标准。

6.7.2 《建筑给水排水及采暖工程施工质量验收规范》GB 50242规范了额定工作压力不大于1.25MPa、热水温度不超过130℃的整装蒸汽和热水锅炉及辅助设备的安装，规范了直接加热和热交换器及辅助设备的安装。本条引用上述标准。

6.8 电气与自动控制系统

6.8.1 《电气装置安装工程电缆线路施工及验收规范》GB 50168规范了各种电缆线路的施工，限于篇幅，这里引用该标准。

6.8.2 《建筑电气工程施工质量验收规范》GB 50303规范了各种电气工程的施工，限于篇幅，这里引用该标准的相关规定。

6.8.3 从安全角度考虑，本条强调所有电气设备和与电气设备相连接的金属部件应做接地处理。本条强调了电气接地装置施工的质量。

6.8.4 在实际应用中，太阳能热水系统常常会进行温度、温差、压力、水位、时间、流量等控制，本条强调了上述传感器安装的质量和注意事项。

6.9 水压试验与冲洗

6.9.1 为防止系统漏水，本条对此加以强调。

6.9.2 本条规定了管路和设备的检漏试验。对于各种管路和承压设备，试验压力应符合设计要求。当设计未注明时，应按现行国家标准《建筑给水排水及采暖工程施工质量验收规范》GB 50242的相关要求进行。非承压设备做满水灌水试验，满水灌水检验方法：满水试验静置24h，观察不漏不渗。

6.9.3 为防止系统结冰冻裂，本条特作强调。

6.9.4 本条强调了系统安装完毕应进行冲洗，并规定了冲洗方法。

6.10 系统调试

6.10.1 太阳能热水系统是一个比较专业的工程，需由专业人员才能完成系统调试。本条强调必须进行系统调试，以确保系统正常运行。

6.10.2 太阳能热水系统包含水泵、电磁阀、电气及控制系统等，应先作部件调试，后作系统调试。本条对此加以规范。

6.10.3 本条规定了设备单机调试应包括的部件，以防遗漏。

6.10.4 系统联动调试主要指按照实际运行工况进行系统调试。本条解释了系统联动调试内容，以防遗漏。

6.10.5 本条强调系统联动调试完成后，应进行3d试运转，以观察实际运行是否正常。

7 太阳能热水系统验收

7.1 一般规定

7.1.1 本条规定了太阳热水工程验收应分分项工程验收和竣工验收。

7.1.2 太阳能热水系统，必须在安装前完成隐蔽工程验收，并对其工程验收文件进行认真的审核与验收。本条对此加以强调。

7.1.3 本条强调了太阳能热水系统验收前应清理工程现场。

7.1.4 根据《建筑工程施工质量验收统一标准》GB 50300的要求，分项工程验收应由监理工程师（建设单位技术负责人）组织施工单位项目专业质量（技术）负责人等进行验收。

7.1.5 本条强调了施工单位应先进行自检，自检合格后再申请竣工验收。

7.1.6 根据《建筑工程施工质量验收统一标准》GB 50300的要求，应由建设单位（项目）负责人组织施工单位、设计、监理等单位（项目）负责人进行竣工验收。

7.1.7 本条强调了应对太阳能热水系统的资料立卷归档。

7.2 分项工程验收

7.2.1 由于太阳能热水系统的施工受多种条件的制约，因此本条强调了分项工程验收可根据工程施工特点分期进行。

7.2.2 太阳能热水系统一些工序的施工必须在前一道工序完成且质量合格后才能进行本道工序，否则将较难返工。本条对此加以强调。

7.2.3 本条强调了太阳能热水系统产生的热水不应有碍人体健康。

7.2.4 本条强调了太阳能热水系统性能应符合相关标准。在本标准制定的同时，有关部门正在制定《太阳能热水系统性能评定规范》的国家产品标准。

7.3 竣工验收

7.3.1 本条强调工程移交用户前，应进行竣工验收。

7.3.2 本条强调了竣工验收应提交的资料。实际应用中，部分施工单位对施工资料不够重视，本条对此加以强调。

广东省标准

公共和居住建筑太阳能热水系统一体化设计施工及验收规程

Technical specification for integrated design, installation and acceptance of solar water heating system of popular and residential building

DBJ 15－52－2007

建设部备案号：J 10998－2007
批准部门：广东省建设厅
实施日期：2007年4月15日

关于发布《公共和居住建筑太阳能热水系统一体化设计施工及验收规程》的公告

粤建公告［2007］4号

现批准《公共和居住建筑太阳能热水系统一体化设计施工及验收规程》为广东省地方标准，编号DBJ 15－52－2007，自2007年4月15日起实施。其中，第3.2.7、3.2.12、3.2.13－3、3.3.5、3.3.6、3.3.8、3.5.2、4.4.2、4.5.14－2、4.5.14－3、4.5.14－4、5.3.5条为强制性条文，必须严格执行。

广东省建设厅
二〇〇七年三月九日

前 言

根据广东省建设厅粤建科函［2006］49号文件的要求，由广东省建筑科学研究院、广东省建筑设计研究院主编，会同全省7家单位共同编制本规程。

本规程在国家标准《民用建筑太阳能热水系统应用技术规范》的基础上，结合广东地区的实际情况进行补充与细化，突出了太阳能热水系统与建筑工程一体化设计、施工、安装与验收的要求，并给出了《太阳能热水器集热器面积速查表》。

本规程中的黑体字为强制性条文，必须严格执行。

本规程由广东省建设厅负责管理和对强制性条文的解释，由广东省建筑科学研究院、广东省建筑设计研究院负责具体技术内容的解释。

本规程在实施的过程中，请各单位注意总结经验，随时将有关意见和建议反馈给广东省建筑科学研究院（广州市先烈东路121号，邮政编码510500），以供今后修订时参考。

本规程主编单位： 广东省建筑科学研究院
广东省建筑设计研究院

本规程参编单位： 深圳市建筑科学研究院
华南理工大学建筑学院
广州市墙材革新与建筑节能办公室
广东省建设工程质量安全监督检测总站
中科院广州能源研究所
深圳市嘉普通太阳能有限公司
广东红日太阳能有限公司

本规程主要起草人： 杨仕超　吴晓瑜　蔡晓宝　卜增文
庄平江　汤洞符　培　勇　何　伟
孟庆林　陈卓文　蒋　勇　杨树荣
钟柳文　刘德峰　叶鲲鹏

目　次

1 总 则

1.0.1 为促进可再生能源的利用，节约能源，使公共和居住建筑太阳能热水系统安全可靠、性能稳定，规范公共和居住建筑太阳能热水系统一体化的设计、施工和工程验收，保证工程质量，制定本规程。

1.0.2 本规程适用于使用太阳能热水系统的新建、扩建和改建的公共和居住建筑。在既有建筑上增设太阳能热水系统以及改造既有建筑上已安装的太阳能热水系统可参照本规程执行。

1.0.3 对热水供应有长期稳定需求的新建公共和居住建筑，在经济技术条件和环境条件允许的情况下，宜优先采用太阳能热水系统。

1.0.4 采用太阳能热水系统的公共和居住建筑，其太阳能热水系统的设计应纳入建筑工程设计，统一规划，同步设计，同步施工，与建筑物同时投入使用。

1.0.5 公共和居住建筑太阳能热水系统一体化设计、施工、产品选用及验收除应符合本规程外，尚应符合国家、地方现行的有关标准规范的规定。

2 术 语

2.0.1 建筑平台 terrace

供使用者或居住者进行室外活动的上人屋面或由建筑底层地面伸出室外的部分。

2.0.2 变形缝 deformation joint

为防止建筑物在外界因素作用下，结构内部产生附加变形和压力，导致建筑物开裂、碰撞甚至破坏而预留的构造缝，包括伸缩缝、沉降缝和抗震缝。

2.0.3 日照标准 insolation standards

根据建筑物所处的气候区，城市大小和建筑物的使用性质决定的，在规定的日照标准日（冬至日或大寒日）有效日照时间范围内，以底层窗台面为计算起点的建筑外窗获得的日照时间。

2.0.4 平屋面 plane roof

坡度小于10° 的建筑屋面。

2.0.5 坡屋面 sloping roof

坡度大于等于10° 且小于75° 的建筑屋面。

2.0.6 管道井 pipe shaft

建筑物中用于设置竖向设备管线的竖向井道。

2.0.7 太阳能热水系统 solar water heating system

将太阳能转换成热能用来加热水的装置。通常包括太阳能集热系统和热水供应系统。

2.0.8 太阳能集热系统 solar collector system

吸收太阳辐射，将产生的热能传递到传热工质并最终得到热水的装置。通常包括太阳能集热器、贮热水箱、泵、连接管道、支架、控制系统等。

2.0.9 热水供应系统 hot water supply system

将贮热水箱中的热水通过泵、配水管道、控制系统等输送到各个热水配水点的装置。通常还包括必要的辅助加热设备。

2.0.10 太阳能集热器 solar collector

吸收太阳辐射并将产生的热能传递到传热工质的装置。

2.0.11 平板型集热器 flat plate collector

吸热体表面基本为平板形状的非聚光型太阳能集热器。

2.0.12 真空管集热器 evacuated tube collector

由若干在透明管（一般为玻璃管）和吸热体之间有真空空间的部件组成的太阳能集热器。

2.0.13 U形管式真空管集热器 U-pipe evacuated tube collector

由若干以金属翼片与U形管焊接在一起组成，U形管与玻璃熔封或采用保温盖的方式相结合作为吸热体组成的真空管集热器。

2.0.14 热管式真空管集热器 heat pipe evacuated tube collector

由若干以铜-水重力热管作为吸热体组成的真空管集热器。

2.0.15 集热器总面积 gross collector area

集热器的最大投影面积，不包括那些固定和连接传热工质管道的组成部分。

2.0.16 集热器倾角 tilt angle of collector

太阳能集热器与水平面的夹角。

2.0.17 太阳能集热器年平均效率 solar collector annual average efficiency

一年内由传热工质从集热器中带走的能量与该一年内入射在该集热器总面积上的太阳能之比。

2.0.18 自然循环系统 natural circulation system

仅利用传热工质内部的密度变化来实现集热器与贮热水箱之间或集热器与换热器之间进行循环的太阳能热水系统。

2.0.19 强制循环系统 forced circulation system

利用泵迫使传热工质通过集热器（或换热器）进行循环的太阳能热水系统。

2.0.20 直流式系统 series-connected system

传热工质一次流过集热器加热后，进入贮水箱或用热水点的非循环太阳能热水系统。

2.0.21 太阳能保证率 solar fraction

太阳能热水系统中由太阳能部分提供的热量除以系统总热负荷。

2.0.22 太阳能辐照强度 solar irradiance

太阳辐射照射到一个表面的功率密度，即单位面积上接收的太阳辐射功率，单位：W/m^2。

3 太阳能热水系统与建筑一体化设计

3.1 一般规定

3.1.1 太阳能热水系统设计应与建筑设计一体化，使二者有机结合。太阳能热水系统与建筑应同步设计、同步施工、同步验收、同步使用。

3.1.2 在规划设计时应综合考虑所在地区的地理纬度、气候状况、场地条件及周围环境，在确定建筑布局、朝向、间距、群体组合和空间环境时，应结合建设地点的地理、气候条件，满足太阳能热水系统设计和安装的技术要求。

3.1.3 在建筑设计时应为太阳能热水系统的设计、设置提供必需的条件，应满足：施工安装方便、用户使用方便及管理维修方便。

3.1.4 在建筑设计时应结合建筑物周围的景观与树木绿化种植，避免对投射到太阳能集热器上的阳光造成遮挡；建筑的外部体型和空间组合应与太阳能热水系统结合，应为接收较多的太阳能创造条件。

3.1.5 太阳能热水系统的管线布置应安全、隐蔽且相对集中、合理有序地布置于专用管线空间内，不得穿越其他用户的室内空间。

3.1.6 太阳能热水系统应配置辅助能源加热设备。

3.1.7 公共和居住建筑（单栋独户的私家住宅及单栋独户的别墅除外）太阳能热水系统应根据管理及使用要求，安装与用户数量相匹配的计量装置。

3.1.8 太阳能热水系统产品选型宜选用标准化、系列化，且材料技术与外形规格尺寸与建筑协调的产品。

3.2 建筑设计

3.2.1 在建筑设计时应满足建筑物内部功能和外部造型的要求。应结合建筑物的类型、使用功能及安装条件，合理选择太阳能热水系统的类型、热水供应方式、集热器安装位置及系统运行方式等，并经技术经济比较确定。

3.2.2 在建筑设计时应合理确定太阳能热水系统各组成部分在建筑中的位置且不影响该部位的建筑功能，应满足所有相关部位的防水、排水、通风、隔热、防潮、防雷、抗风及抗震等要求。

3.2.3 根据工程具体情况及使用要求，可以将太阳能集热器设置在建筑物的屋面、阳台、外墙面、墙体内（嵌入式）以及建筑物的其他部位。设置于建筑物外围任何部位的太阳能集热器应规则有序、排列整齐并应与建筑的使用功能和外部造型相结合。

1 平屋顶建筑可采用隐蔽型的一体化形式，在不影响太阳能集热器的集热效率的情况下，在建筑上通过技术处理采取加高女儿墙，在特别部位增设装饰性遮挡构筑物和修建屋顶水箱间等办法，避免或减少太阳能热水系统对建筑形象的改变和破坏；

2 在平屋顶和坡屋顶建筑上采用太阳能热水系统时，应与建筑物形成一个整体的建筑视觉效果；

3 在平屋顶和坡屋顶建筑上可采取集热屋面、集热阳台、集热空调栏板、集热露台、集热平台、集热墙面、集热挑板等形式，与建筑以一种完整的、内外统一的形式共存。

3.2.4 设置于建筑物内部的太阳能热水系统输、配水管及配置的电器、电缆线应与建筑物其他管线综合设计、统筹安排，便于安装、检修、维护及管理。

3.2.5 在建筑物上设计安装太阳能热水系统时，不应影响建筑物的消防通道，并不应影响该建筑物及相邻建筑物的日照、通风及采光，并避免对相邻建筑物产生眩光污染。

3.2.6 安装太阳能集热器部位应避免受建筑物自身及周围设施和绿化树木的遮挡，并应满足太阳能集热器有不少于4h日照时数的要求。

3.2.7 在安装太阳能集热器的建筑部位，应设置防止太阳能集热器损坏后其部件坠落伤人的安全防护设施。

3.2.8 直接以太阳能集热器构成围护结构（如嵌入墙体部位）时，太阳能集热器除应与建筑整体有机结合，并与建筑周围环境相协调外，还应满足所在部位的结构安全和建筑防护及防火功能要求。

3.2.9 太阳能集热器应避免跨越建筑变形缝设置。当无法避免跨越建筑变形缝设置时，应采取与主体建筑的变形缝相适应的构造措施。

3.2.10 设置太阳能集热器的平屋面应符合下列要求：

1 太阳能集热器支架应与屋面预埋件连接牢固，并应在地脚螺栓周围做密封处理；

2 太阳能集热器基座与屋面连接处应有防水构造措施；

3 太阳能集热器周围屋面、检修通道、屋面出入口和集热器之间的人行通道部分应按上人屋面设计；

4　太阳能集热器与贮水箱相连的管线需穿过屋面时，应在屋面预埋防水套管。防水套管应在屋面防水层施工前埋设完毕，并应对其与屋面相接处做防水密封处理。

3.2.11　设置太阳能集热器的坡屋面应符合下列要求：

1　屋面的坡度设计宜结合太阳能集热器接收太阳光的最佳倾角，即以本地区纬度 ± 10° 来确定；

2　设置在坡屋面上的太阳能集热器宜采用顺坡镶嵌设置或顺坡架空设置；

3　设置在坡屋面上的太阳能集热器的支架应与埋设在屋面板上的预埋件连接牢固，并应采取防水构造措施；

4　太阳能集热器与坡屋面结合处雨水的排放应通畅；

5　太阳能集热器顺坡镶嵌在坡屋面上，其与周围屋面材料连接部位应做好防水构造处理；

6　太阳能集热器顺坡镶嵌在坡屋面上，不得影响屋面整体的保温、隔热、排水、防水、防雷、抗风及抗震等功能；

7　坡屋面上太阳能集热器与贮水箱相连的管线需穿过坡屋面时，应在屋面预埋防水套管。防水套管应在屋面防水层施工前埋设完毕，并应对其与屋面相接处做防水密封处理。

3.2.12　设置太阳能集热器的阳台应符合下列要求：

1　设置在阳台（露台）上的太阳能集热器，其支架应与阳台地面预埋件连接牢固，并应在地脚螺栓周围做密封处理；

2　挂在阳台栏板上的太阳能集热器，其支架应与阳台栏板上的预埋件连接牢固；

3　嵌入阳台栏板的太阳能集热器，本身构成阳台栏板或栏板的一部分，应满足其刚度、强度及防雷、抗风、抗震等围护和防护功能要求。

3.2.13　设置太阳能集热器的外墙面应符合下列要求：

1　设置在外墙面上的太阳能集热器宜有适当的倾角；

2　放置太阳能集热器的外墙除应承受太阳能集热器荷载外，还应对安装部位可能造成的墙体变形、裂缝等不利因素采取必要的技术防护措施；

3　设置在外墙面的太阳能集热器支架应与墙面上的预埋件连接牢固，必要时在安装位置增设混凝土构造柱，并应满足防水、防锈、防腐等要求；

4　设置在外墙面的太阳能集热器与贮水箱相连的管线需穿过墙面时，应在墙面预埋防水套管并应做防水密封处理；

5　太阳能集热器镶嵌在外墙面时，太阳能集热器的外观（颜色与尺度）宜与墙面装饰材料的色彩、风格协调一致；

6　由太阳能集热器构成的外墙，应满足其刚度、强度及防雷、抗风、抗震等围护和防护功能要求。

3.2.14　贮水箱的设置应符合下列要求：

1　贮水箱宜布置在室内或不影响建筑功能的屋顶；

2　设置贮水箱的位置应具有相应的排水、防水、通风、隔热、防潮等措施；

3　贮水箱上方及周边应有安装、检修、清洁及维护空间，要求其净空不宜小于 600mm，贮水箱应设有检修孔，其尺寸不应小于 600mm × 600mm。

3.3　结构设计

3.3.1　安装太阳能热水系统的建筑主体结构及结构构件如屋面、阳台、外墙体及悬臂梁（板）等，应符合相关的工程施工质量验收规范的要求；应能承受太阳能热水系统传递的荷载和作用，具有相应的承载力以确保安全。

3.3.2 在既有建筑物上增设或改造已安装的太阳能热水系统，必须经结构计算、复核，并应满足其他相关的使用及安全性要求。

3.3.3 太阳能热水系统的自重、荷载（按最不利荷载时考虑）均应在建筑结构及其构件的承载力设计允许值范围内。

3.3.4 承受太阳能热水系统的结构及其构件应能抵御强风、雷电、暴雨及地震等自然灾害的影响。

3.3.5 太阳能热水系统的结构设计应为太阳能热水系统的安装预先设计设置承载梁（板）构件或埋设预埋件或其他连接件。连接件与主体结构的锚固承载力设计值应大于连接件本身的承载力设计值。

3.3.6 当太阳能集热器设置在建筑物的外墙面时，应与建筑物连接牢固。宜采用与建筑结构一体的钢筋混凝土悬臂（梁）板承载太阳能集热器，不宜采用分体的挂墙式支架承载。

3.3.7 当安装在屋面、阳台、墙面的太阳能集热器与建筑主体结构通过预埋件连接，预埋件应在主体结构施工时埋入，预埋件的位置应准确；当没有条件采用预埋件连接时，应采用其他可靠的连接措施，并通过试验确定其承载力。

3.3.8 砌体结构、轻质填充墙不应作为太阳能集热器和贮水箱的支承结构。

3.3.9 当太阳能热水系统与主体结构采用后加锚栓连接时，应符合下列规定：

1 锚栓产品应有出厂合格证；

2 碳素钢锚栓应经过防腐处理；

3 应进行承载力现场试验，必要时应进行极限拉拔试验；

4 每个连接节点不应少于2个锚栓；

5 锚栓直径应通过承载力计算确定，并不应小于10mm；

6 不宜在与化学锚栓接触的连接件上进行焊接操作；

7 锚栓承载力设计值不应大于其极限承载力的50%。

3.3.10 太阳能热水系统结构设计应计算下列作用效应：

1 非抗震设计时，应计算重力荷载和风荷载效应；

2 抗震设计时，应计算重力荷载、风荷载和地震作用效应。

3.4 给水排水设计

3.4.1 给水排水设计应符合现行国家标准《建筑给水排水设计规范》的规定。

3.4.2 作为太阳能热水系统给水水源的水质应满足国家现行标准《城市供水水质标准》的规定。如超过有关硬度指标，应进行软化处理。

3.4.3 当使用生活用水水箱作为给太阳能集热器的一次水补水源时，生活饮用水水箱的容积和设置位置应能满足集热器一次补水所需的水量、水压要求。

3.4.4 热水设计水温的选择宜按现行国家标准中推荐温度中选用下限温度。

3.4.5 容纳太阳能热水机组的机房的消防设计应符合国家现行防火设计标准的规定。

3.4.6 太阳能热水系统的管线布置应组织有序，做到安全、隐蔽、易于检修，且应使管内液体流动具有较好的水力条件。新建工程竖向管线宜布置在竖向管道井中；在既有建筑上增设太阳能热水系统或改造太阳能热水系统时其管线布置应做到走向合理，不影响建筑使用功能及外观。

3.4.7 在太阳能集热器附近宜设置用于清洁集热器的给水点。

3.5 电气设计

3.5.1 太阳能热水系统的电气设计应满足太阳能热水系统用电负荷和运行安全要求。

3.5.2 太阳能热水系统中使用的电器设备应有剩余电流保护、接地和断电等安全措施。

3.5.3 系统应设专用供电回路，内置加热系统回路应设置剩余电流动作保护装置，保护动作电流值不得超过30mA。

3.5.4 设置在屋面的太阳能热水系统应采取防雷措施，其设计应符合国家现行标准《建筑物防雷设计规范》的规定。

3.5.5 太阳能热水系统电器控制线路应穿管暗敷或在管道井中敷设。

3.5.6 太阳能热水系统与建筑一体化的全天候系统自动控制分为太阳能热水系统控制，辅助加热系统控制和热水供应系统控制三部分，可采用标准工业控制仪表单元组合或单片机技术集成，或采用计算机通信远程集群控制。

4 太阳能热水系统设计

4.1 一般规定

4.1.1 太阳能热水系统设计作为建筑给排水设计的一部分，应符合国家现行有关标准的要求。

4.1.2 太阳能热水系统应根据建筑物的使用功能、地理环境、广东省的气候特点和当地的安装条件等综合因素，选择其面积、类型、色泽和安装位置。

4.1.3 太阳能集热器应与建筑围护结构一体化结合，并能与建筑物整体及周围环境相协调，其规格宜与建筑模数相协调。

4.1.4 安装在建筑屋面、阳台、墙面和其他部位的太阳能集热器、支架及连接管线应与建筑功能和建筑造型一并设计，不应影响建筑功能及外观。

4.1.5 太阳能热水系统的设计应遵循安全可靠、节水节能、经济实用、美观协调、便于计量的原则，应便于安装、清洁、维护和检修。

4.2 系统分类与选择

4.2.1 太阳能热水系统按供热水范围可分为下列三种系统：

1 集中供热水系统；

2 集中-分散供热水系统；

3 分散供热水系统。

4.2.2 太阳能热水系统按系统运行方式可分为下列三种系统：

1 自然循环系统；

2 强制循环系统；

3 直流式系统。

4.2.3 太阳能热水系统按生活热水与集热器内传热工质的关系可分为下列两种系统：

1 直接系统；

2 间接系统。

4.2.4 太阳能热水系统按辅助能源设备安装位置可分为下列两种系统：

1 内置加热系统；

2 外置加热系统。

4.2.5 太阳能热水系统按辅助能源启动方式可分为下列三种系统：

1 全日自动启动系统；

2 定时自动启动系统；

3 按需手动启动系统。

4.2.6 太阳能热水系统的类型应根据用户基本条件、使用需求及辅助能源种类等综合因素按表4.2.6选择。

表4.2.6 太阳能热水系统设计选用表

建筑物类型			居住建筑			公共建筑		
			低层	多层	高层	宾馆医院	游泳馆	公共浴室
太阳能热水系统类型	集热与供热水范围	集中供热水系统	●	●	●	●	●	●
		集中-分散供热水系统	●	●	—	—	—	—
		分散供热水系统	●	—	—	—	—	—
	系统运行方式	自然循环系统	●	●	—	●	●	●
		强制循环系统	●	●	●	●	●	●
		直流式系统	—	●	●	●	●	●
	集热器内传热工质	直接系统	●	●	●	●	—	●
		间接系统	●	●	●	●	●	●
	辅助能源安装位置	内置加热系统	●	●	—	—	—	—
		外置加热系统	—	●	●	●	●	●
	辅助能源启动方式	全日自动启动系统	●	●	●	●	—	—
		定时自动启动系统	●	●	●	—	●	●
		按需手动启动系统	●	—	—	—	●	●

注：1. 表中“●”为可选用项目；

2. 表中未列出的其他公共建筑根据具体情况选择太阳能热水系统。

4.3 集热器分类与选择

4.3.1 集热器类型

集热器分为平板型太阳能集热器和真空管型太阳能集热器两大类型，其中真空管型太阳能集热器又分为全玻璃真空管型集热器、U形管式真空管集热器和热管式真空管集热器。

4.3.2 集热器类型的选择

1 粤北地区，宜采用全玻璃真空管型集热器和U形管式真空管集热器，如采用平板型集热器应采取防冻措施；其他地区，宜采用平板型集热器、U形管式真空管集热器和全玻璃真空管型集热器；

2 对于必须保证热水供应的太阳能热水系统，应采用平板型集热器或U形管式真空管集热器；

3 所选择太阳能集热器的耐压要求应与系统的工作压力相匹配。

4.4 技术要求

4.4.1 太阳能热水系统的热性能应满足相关太阳能产品国家现行标准和设计的要求，系统中集热器、贮水箱、支架等主要部件的正常使用寿命不应少于15年。

4.4.2 太阳能热水系统应安全可靠，内置加热系统必须带有保证使用安全的装置，并应根据不同地区采取防冻、防过热、防雷、抗风、抗震、抗雹等技术措施。

4.4.3 系统供水水温、水压和水质应符合现行国家标准《建筑给水排水设计规范》的有关规定。

4.4.4 太阳能热水系统应符合下列要求：

1 集中供热水系统宜设置热水回水管道，热水供应系统应保证干管和立管中的热水循环；

2 集中–分散供热水系统应设置热水回水管道，热水供应系统应保证干管、立管和支管中的热水循环；

3 分散供热水系统可根据用户的具体要求设置热水回水管道。

4.5 系统设计

4.5.1 集热器总面积计算应符合下列规定

1 直接系统集热器总面积可根据用户的每日用水量和用水温度确定，按式（4.5.1–1）计算：

$$A_c=\frac{Q_w C_w (t_{end}-t_i) f}{J_T \eta_{cd} (1-\eta_L)} \qquad (4.5.2–1)$$

式中：A_c——直接系统集热器采光面积（m^2）；

Q_w——日均用水量（kg）；

C_w——水的定压比热容［kJ/（kg·℃］，取4.187kJ/(kg·℃)；

t_{end}——贮水箱内水的终止温度（℃），一般取50～60℃；

t_i——水的初始温度（℃），一般取15~20℃；

J_T——正南朝向，倾角为当地纬度的平面上年平均日太阳辐照量（kJ/m^2），广东主要城市年平均太阳幅照量可查本规程附录一中的表1；

f——太阳能保证率，根据系统使用期内的太阳辐照、系统经济性及用户要求等因素综合考虑后确定，宜为30%～80%；

η_{cd}——太阳能集热器的年平均集热效率；根据经验取值宜为0.25～0.50，具体取值应根据集热器产品的实际测试结果而定；

η_L——管路及贮水箱的热损失率；根据经验取值宜为0.20～0.30。

2 间接系统集热器总面积可按式（4.5.1–2）计算：

$$A_{IN}=A_c\cdot(1+\frac{F_R U_L\cdot A_c}{U_{hx}.A_{hx}}) \qquad (4.5.1–2)$$

式中 A_{IN}——间接系统集热器总面积（m^2）；

$F_R U_L$——集热器总热损系数［W/（m^2·℃）］；

对平板型集热器，宜取4～6W/（m^2·℃）；

对真空管集热器，宜取1～2W/（m^2·℃）；

具体数值应根据集热器产品的实际测试结果而定；

U_{hx}——换热器传热系数，W/（m^2·℃）；

A_{hx}——换热器换热面积，m^2。

4.5.2 集热器定位

1 集热器的朝向应符合下列要求：

（1）设置在平面屋顶时，集热器宜朝正南设置；对受条件限制，集热器不能朝南设置的建筑，集热器可朝南偏东、南偏西或朝东、朝西设置；

（2）设置在坡屋面时，集热器可设置在朝南、南偏东、南偏西或朝东、朝西的建筑坡屋面上；

（3）设置在墙立面上时，集热器可设置在朝南、南偏东、南偏西或朝东、朝西的墙立面上或直接构成建筑墙面；

（4）设置在阳台立面上时，集热器可设置在朝南、南偏东、南偏西或朝东、朝西的阳台栏板上或构成阳台栏板。

2 集热器倾角应符合下列要求：

（1）设置在平面和坡面屋顶时，如系统为全年性使用，集热器倾角应等于当地纬度；如系统侧重在夏季使用，其倾角应等于当地纬度减10°；如系统侧重在冬季使用，其倾角应等于当地纬度加10°；倾角误差为±3°。全玻璃真空管集热器和U形管式真空管集热器东西向水平放置时的集热器倾角可适当减小。热管式真空管集热器不可水平安装；

（2）设置在阳台立面上时，应有适当的倾角；

（3）设置在墙立面上时，宜有适当的倾角。

4.5.3 集热器面积修正

集热器面积有下列情况时，可参照附录一进行修正，但增加面积不得超过本规程第4.5.1条计算结果的一倍：

1 集热器朝向和倾角受条件限制或其他特殊要求，没有处于正南朝向和当地纬度倾角时；

2 当按规程第4.5.1条计算得到系统集热器总面积，在建筑围护结构表面不够安装时，可按围护结构表面最大容许安装面积确定系统集热器总面积。

4.5.4 太阳能集热器设置在平面屋顶时，集热器与遮光物之间或集热器前后排之间的最小距离可按式（4.5.4）计算：

$$D=H\times \mathrm{ctg}\,\alpha_s \qquad (4.5.4)$$

式中 D——集热器与遮光物或集热器前后排之间的最小距离（m）；

H——遮光物最高点与集热器最低点间的垂直距离（m）；

α_s——当地春秋分正午12时的太阳高度角（季节性使用），当地冬至日正午12时的太阳高度角（全年性使用）。

4.5.5 集热器的布置排列应符合下列要求：

1 集热器可通过并联、串联和串并联等方式连接；

2 集热器应便于拆装和移动；

3 集热器的连接宜并联，平板型集热器每排并联数目不宜超过16个；

4 串联的集热器数目应尽可能少，全玻璃真空管东西向放置的集热器，在同一斜面上多层布置时，串联的集热器不宜超过3个（每个集热器联箱长度不大于2m）；

5 自然循环系统中，每个系统集热器的数目不宜超过24个。大面积自然循环系统，可以分成若干个子系统，每个子系统中集热器数目不宜超过24个；

6 集热器之间的连接管道应设计为同程式；受场地条件限制，不能设计为同程式，应增设阀门，实现管道的阻力平衡；

7 平屋面上宜设置集热器检修通道；

8 坡屋面上的集热器应采用顺坡嵌入设置或顺坡架空设置；

9 作为屋面板的集热器应安装在建筑承重结构上。

4.5.6 贮水箱

1 贮水箱的容量应与日均用水量相适应，结合用户日用热水特点、太阳能集热系统的供热能力和运行规律，以及常规能源辅助加热装置的工作制度、加热特性和自动温度控制装置等因素按积分曲线计算确定；间接式系统太阳能集热器产生的热用作容积式水加热器或加热水箱的一次热媒时，供热水箱的贮热量应符合表4.5.6的要求；

2 在贮水箱的适当位置应设有通气管、溢流管、排污管和必要的人孔（大于3t的水箱），人孔、通气管、溢流管、排污管应有防止昆虫爬入水箱的措施；

3 贮水箱应满足卫生防腐要求；

4 贮水箱应设有保温层；

5 在使用平板型集热器的自然循环系统中，贮热水箱底部应比集热器顶部高0.3～0.5m。

表4.5.6 贮水箱的贮热量

加热设备	以蒸汽或95℃以上高温水为热煤以		≤95℃高温水为热媒	
	公共建筑	居住建筑	公共建筑	居住建筑
容积式水加热器或加热水箱	≥30minQ_h	≥45minQ_h	≥60minQ_h	≥90minQ_h

注：Q_h为设计小时耗热量（W）。

4.5.7 辅助能源应符合下列要求：

1 如果单靠太阳能热水系统不能满足水温及水量的要求，可采用电、燃气、油等辅助能源加以补充；

2 辅助能源加热设备种类应根据建筑物使用特点、热水用量、能源供应、维护管理和卫生防菌等因素进行选择，并应符合现行国家标准《建筑给水排水设计规范》的有关规定；

3 辅助加热系统的热源选择应作技术经济比较后确定，应考虑节能和环保因素，充分利用废热、余热。

4.5.8 系统管路设计应符合下列要求：

1 冷热水管网压力宜一致；

2 集热器循环管路应有0.3%～0.5%的坡度。在自然循环系统中，应使循环管路朝贮水箱方向有向上坡度，不允许反坡。在有水回流的防冻系统中，管路的坡度应使系统中的水自动回流，不应积存；

3 循环管路中，易发生气塞的位置应设有排气阀；当用防冻液作为传热工质时，宜使用手动排气阀。需要排空和防冻回流的系统应设有吸气阀。在系统各回路和系统要防冻排空部分的管路的最低点及易积存的位置应设有排空阀，以便于系统排空；

4 强制循环系统管路，必要时应设有防冻传热工质夜间倒流散热的单向阀；

5 强制循环系统管路宜设流量计和压力表；

6 间接系统的循环管路上应设膨胀水箱。闭式间接系统的循环管路上同时还应设有压力安全阀和压力表，从集热器到压力安全阀和膨胀箱之间的管路应畅通，不应设有单向阀和其他可关闭的阀门；

7 集热器阵列为多排或多层集热器组并联时，每排或每层集热器组的进出口管道，应设辅助阀门；

8 自然循环和强制循环系统中宜采用顶水法获取热水。通常使用浮球阀自动控制提供热水，浮球阀可直接安装在贮水箱中，也可安装在小补水箱中；

9 采用顶水法时，在使用热水期间，水压应保证符合设计要求；

10 设在贮水箱中的浮球阀应采用金属或耐温高于100℃的其他材质浮球，浮球阀的通径应能满足取水流量的要求；

11 热水管道和循环管道宜保温。

4.5.9 太阳能集热器支架的刚度、强度、防腐蚀性能应满足安全要求，并应与建筑牢固连接。

4.5.10 太阳能热水系统使用的金属管道、配件、贮水箱及其他过水设备材质，应与建筑给水管道材质匹配。

4.5.11 系统计量宜按照现行国家标准《建筑给水排水设计规范》中有关规定执行，并按具体工程设置冷、热水表。

4.5.12 太阳能热水系统采用的泵、阀应采取减振和隔声措施。

4.5.13 系统控制

1 太阳能热水系统应设控制系统，控制系统应做到使太阳能热水系统运行安全可靠并能达到最大节能效果；

2 强制循环系统宜采用温差控制；

3 直流式系统宜采用定温控制；

4 直流式系统的温控器应有水满自锁功能；

5 条件有限时控制系统可选用部分手控，温度控制、防过热控制应实行自动控制；

6 控制元件应质量可靠，有地方或国家质检部门出具的控制功能、控制精度和电气安全等性能参数的质量检测报告；

7 集热器用传感器应能承受集热器的最高空晒温度，精度为±2℃；贮水箱用传感器应能承受100℃，精度为±2℃；

8 太阳能热水系统中所用控制器的使用寿命应在15年以上，传感器的使用寿命应在3年以上。

4.5.14 系统布置

1 集热器可设置在平屋面、坡屋面、阳台、墙面上，安装时应考虑集热器朝向、倾角等；

2 嵌入或构成建筑屋面、阳台、墙面或建筑其他部位的太阳能集热器，应满足其作为建筑围护结构时的刚度、强度、热工、锚固、承载、防护、防水、隔热、隔声、保温等功能；

3 架空在建筑屋面和附着在阳台或墙面上的太阳能集热器，应具有相应的承载能力、刚度、稳定性和相对于主体结构的位移能力；

4 安装在建筑上或直接构成建筑围护结构的太阳能集热器，应有防止热水渗漏的安全保障措施；

5 贮水箱和集热器在满载情况下建筑结构设计须满足其荷载的承载要求；

6 贮热水箱和集热器的相对位置应使循环管路尽可能短。

4.6 辅助加热系统设计

4.6.1 辅助加热系统的热源选择应做技术经济比较后确定，应优先考虑节能和环保因素。

4.6.2 当热源为电能时，水箱温升加热时间和电加热功率应匹配设计，其水箱需电加热的能量为：

$$Q=TW\eta=(1.10\sim1.20)\,q_r m\,(t_r-t_1)\,C_w \qquad (4.6.2)$$

式中 Q——水箱需电加热的能量（kJ）；

1.10~1.20——热损失系数；

W——电加热装置的功率（W）；

T——电加热时间，取8h；

η——电加热装置的功率，取0.95；

q_r——热水用水定额［L/（人·天）］；

m——用水人数；

t_r，t_1——被加热水的初、终温度（℃）；

C_w——水的比热容，4.187kJ/（kg·℃）。

4.6.3 当热水贮水箱的水温低于40℃时，辅助加热系统应自动启动。

5 太阳能热水系统施工和安装

5.1 一般规定

5.1.1 太阳能热水系统的安装应符合设计要求。

5.1.2 太阳能热水系统产品应符合现行国家及行业相关产品标准的要求。

5.1.3 太阳能热水系统的安装应专门编制施工组织设计，并应包括与主体结构施工、设备安装、装饰装修的协调配合方案及安全措施等内容。

5.1.4 太阳能热水系统安装前应具备下列条件：

1 设计文件齐备；

2 施工组织设计及施工方案已经批准；

3 施工场地符合施工组织设计要求；

4 现场水、电、场地、道路等条件能满足正常施工需要；

5 预留基座、孔洞、预埋件和设施符合设计图纸，并已验收合格；

6 既有建筑经结构复核或法定检测机构同意安装太阳能热水系统的鉴定文件。

5.1.5 进场安装的太阳能热水系统产品、配件、材料及其性能、色彩等应符合设计要求，且有产品合格证。

5.1.6 太阳能热水系统安装不应损坏建筑物的结构，不应影响建筑物的使用功能，不应破坏屋面防水层和建筑物的附属设施，并应对已完成土建工程的部位采取保护措施。

5.1.7 太阳能热水系统在安装过程中，产品和部件的存放、搬运、吊装不应碰撞和损坏；半成品应妥善保护。

5.1.8 太阳能热水系统的施工和安装应由专业队伍或经过培训并考核合格的人员完成。

5.2 基座

5.2.1 在屋面结构层上现场施工的基座应与建筑主体结构连接牢固。

5.2.2 平面屋顶的基座的表面要平整，基础标高应在同一水平高度上，高度允许误差 ± 20mm，分角中心距误差 ± 2mm。

5.2.3 在屋面结构层上现场施工的基座完工后，基座节点应注意防水处理，做好附加防水层，并应符合现行国家标准《屋面工程质量验收规范》的要求。

5.2.4 预埋件应在主体结构施工时埋入，预埋件的位置应准确。

5.2.5 钢基座及混凝土基座顶面的预埋件在太阳能热水系统安装前应涂防腐涂料或采取防腐措施，并妥善保护。

5.2.6 基座完工，做好屋面的防水保温后，不应再在屋面上凿孔打洞。

5.3 支架

5.3.1 太阳能热水系统的支架及其材料应符合设计要求。钢结构支架的焊接应符合现行国家标准《钢结构工程施工质量验收规范》的要求。

5.3.2 支架应按设计要求安装在主体结构上，位置准确，与主体结构固定牢靠。

5.3.3 所有钢结构支架材料放置时，在不影响其承载力的情况下，应选择有利于排水的方式放置。当由于结构或其他原因造成不易排水时，应采取合理的排水防水措施，确保排水通畅。

5.3.4 根据现场条件，支架应采取抗风措施。

5.3.5 支承太阳能热水系统的钢结构支架和金属管路系统应与建筑物防雷接地系统可靠连接。

5.3.6 钢结构支架焊接完毕，应做防腐处理。防腐施工应符合现行国家标准《建筑防腐蚀工程施工及验收规范》和《建筑防腐蚀工程质量检验评定标准》的要求。

5.4 集热器

5.4.1 集热器安装倾角和定位应符合设计要求，安装倾角误差为 ± 3°。集热器应与建筑主体结构或集热器支架牢靠固定，防止滑脱。

5.4.2 集热器之间的连接应按照设计规定的连接方式连接，且密封可靠，无泄漏，无扭曲变形。

5.4.3 嵌入屋面设置的集热器与周边屋面交结处应做好防水措施。

5.4.4 集热器之间的连接件，应便于拆卸和更换。

5.4.5 集热器连接完毕，应进行检漏试验，检漏试验应符合设计要求与本规程第 5.9 节的规定。

5.4.6 集热器之间连接管的保温应在检漏试验合格后进行。保温材料及其厚度应符合现行国家标准《工业设备及管道绝热工程质量检验评定标准》的要求。

5.5 贮水箱

5.5.1 贮水箱应与底座固定牢靠。

5.5.2 制作贮水箱的材质应耐腐蚀、卫生、无毒，且应能承受所贮存热水的最高温度。材质和规格应符合设计要求。

5.5.3 贮水箱的内箱应做接地处理，接地应符合现行国家标准《电气装置安装工程接地装置施工及验收规范》的要求。

5.5.4 贮水箱应进行检漏试验，试验方法应符合设计要求和本规程第 5.9 节的规定。

5.5.5 贮水箱保温应在检漏试验合格后进行。水箱保温应符合现行国家标准《工业设备及管道绝热工程质量检验评定标准》的要求。

5.5.6 当安装现场不具备搬运及吊装条件时，贮水箱可现场制作。

5.5.7 贮水箱和底座间宜有隔热垫。

5.6 管路

5.6.1 太阳能热水系统的管路安装应符合现行国家标准《建筑给水排水及采暖工程施工质量验收规范》的相关要求。

5.6.2 水泵安装应符合现行国家标准《压缩机、风机、泵安装工程施工及验收规范》的要求。水泵周围应留有检修空间，并应做好接地保护。

5.6.3 安装在室外的水泵，应采取遮阳和防雨保护措施。

5.6.4 电磁阀应水平安装，阀前应设过滤装置，阀后应设检修阀门。

5.6.5 水泵、电磁阀、阀门的安装方向应正确，并应便于更换。

5.6.6 承压管路和设备应做水压试验；非承压管路和设备应做灌水试验。试验方法应符合设计要求和本规程第5.9节的规定。

5.6.7 管路保温应在水压试验合格后进行，保温应符合现行国家标准《工业设备及管道绝热工程质量检验评定标准》的要求。

5. 7 辅助能源加热设备

5.7.1 直接加热的电热管的安装应符合现行国家标准《建筑电气安装工程施工质量验收规范》的相关要求。

5.7.2 供热锅炉及辅助设备的安装应符合现行国家标准《建筑给水排水及采暖工程施工质量验收规范》的相关要求。

5.8 电气与自动控制系统

5.8.1 电缆线路施工应符合现行国家标准《电气装置安装工程电缆线路施工及验收规范》GB 50168的规定。

5.8.2 其他电气设施的安装应符合现行国家标准《建筑电气工程施工质量验收规范》GB 50303的相关规定。

5.8.3 所有电气设备和与电气设备相连接的金属部件应做接地处理。电气接地装置的施工应符合现行国家标准《电气装置安装工程接地装置施工及验收规范》GB 50169的规定。

5.8.4 传感器的接线应牢固可靠，接触良好。接线盒与套管之间的传感器屏蔽线应做二次防护处理，两端应做防水处理。

5.9 水压试验与冲洗

5.9.1 太阳能热水系统安装完毕后，在设备和管道保温之前，应进行水压试验。

5.9.2 各种承压管路系统和设备应做水压试验，试验压力应符合设计要求。非承压管路系统和设备应做灌水试验。当设计未注明时，水压试验和灌水试验应按现行国家标准《建筑给水排水及采暖工程施工质量验收规范》的相关要求进行。

5.9.3 系统水压试验合格后，应对系统进行冲洗，直至排出的水不浑浊为止。

5.10 系统调试

5.10.1 系统安装完毕投入使用前，必须进行系统调试。具备使用条件时，系统调试应在竣工验收阶段进行。

5.10.2 系统调试应包括设备单机或部件调试和系统联动调试。

5.10.3 设备单机或部件调试应包括水泵、阀门、电磁阀、电气及自动控制设备、监控显示设备、辅助能源加热设备等调试。调试应包括下列内容：

1 检查水泵安装方向。在设计负荷下连续运转2h，水泵应工作正常，无渗漏，无异常振动和声响，电机电流和功率不超过额定值，温度在正常范围内；

2 检查电磁阀安装方向。手动通断电试验时，电磁阀应开启正常，动作灵活，密封严密；

3 温度、温差、水位、光照控制、时钟控制等仪表应显示正常，动作准确；

4 电气控制系统应达到设计要求的功能，控制动作准确可靠；

5 剩余电流保护装置动作应准确可靠；

6 防冻系统装置、超压保护装置、过热保护装置等应工作正常；

7 各种阀门应开启灵活，密封严密；

8 辅助能源加热设备应达到设计要求，工作正常。

5.10.4 设备单机或部件调试完成后，应进行系统联动调试。系统联动调试应包括下列主要内容：

1 调整水泵控制阀门；

2 调整电磁阀控制阀门，电磁阀的阀前阀后压力应处在设计要求的压力范围内；

3 温度、温差、水位、光照、时间等控制仪的控制区间或控制点应符合设计要求；

4 调整各个分支回路的调节阀门，各回路流量应平衡；

5 调试辅助能源加热系统，应与太阳能加热系统相匹配。

5.10.5 系统联动调试完成后，系统应连续运行72h，设备及主要部件的联动必须协调，动作正确，无异常现象。

6 太阳能热水系统工程施工质量验收

6.1 一般规定

6.1.1 太阳能热水系统工程施工质量验收应根据其施工安装特点进行检验批、分项工程验收和竣工验收，并应符合现行国家标准《建筑工程施工质量验收统一标准》及相关专业质量验收规范的要求。

6.1.2 检验批及分项工程验收应由监理工程师（或建设单位项目技术负责人）组织施工单位项目专业质量（技术）负责人等进行验收。

6.1.3 太阳能热水系统工程完工后，施工单位应自行组织有关人员进行检验评定，并向建设单位提交竣工验收申请报告。

6.1.4 建设单位收到太阳能热水系统工程竣工验收申请报告后，应由建设单位（项目）负责人组织施工（含分包单位）、设计、监理等单位（项目）负责人进行工程竣工验收。

6.2 分项工程验收

6.2.1 太阳能热水系统分项工程质量验收合格应符合下列规定：

1 分项工程所含的检验批均应符合合格质量的规定；

2 分项工程所含的检验批的质量验收记录应完整。

6.2.2 太阳能热水系统工程，应进行以下隐蔽工程验收：

1 预埋件或后置锚栓连接件的验收；

2 基座、支架、集热器四周与主体结构的连接节点的验收；

3 基座、支架、集热器四周与主体结构之间封堵的验收；

4 系统的防雷、接地连接节点的验收。

6.2.3 太阳能热水系统工程，应进行以下中间验收：

1 在屋面太阳能热水系统施工前，进行屋面防水工程的验收；

2 在贮水箱就位前，进行贮水箱承重和固定基座的验收；

3 在太阳能集热器支架就位前，进行支架承重和固定基座的验收；

4 在建筑管道井封口前，进行预留管路的验收；

5 太阳能热水系统电气预留管线的验收；

6 在贮水箱进行保温前，进行贮水箱检漏的验收；

7 在系统管路保温前，进行管路水压试验。

6.2.4 太阳能热水系统在验收前必须冲洗和消毒，水质须经有关部门取样检验，符合现行国家标准《生活饮用水标准》的规定。

6.3 竣工验收

6.3.1 太阳能热水系统工程竣工验收合格应符合下列规定：

1 工程所含分项工程的质量均应验收合格；

2 质量控制资料应完整；

3 工程所含分项工程有关安全和功能的检验、检测资料应完整；

4 主要功能项目的抽查结果应符合相关专业质量验收规范的规定；

5 观感质量验收应符合要求。

6.3.2 太阳能热水系统工程的检验和检测应包括下列主要内容：

1 承压管道系统和设备及阀门水压试验；

2 非承压管道灌水及通水试验；

3 管道通水试验及冲洗、消毒检测；

4 集热器、贮水箱检漏试验；

5 电气线路绝缘强度测试；

6 防雷接地电阻测试；

7 系统热性能检验。

6.3.3 太阳能热水系统工程竣工验收应提交下列资料：

1 开工报告；

2 图纸会审记录、设计变更文件和竣工图；

3 主要材料、设备、成品、半成品、配件和仪表的出厂合格证明及进场检查记录；

4 重要材料进场抽检报告；

5 隐蔽工程验收记录和中间验收记录；

6 安全、卫生和使用功能检验和检测记录；

7 设备单机试运转记录；

8　系统调试和试运行记录；

9　检验批、分项工程质量验收记录；

10　观感质量综合检查记录；

11　工程使用维护说明书。

6.3.4　太阳能热水系统竣工验收后，建设单位应将有关设计、施工及验收的文件和技术资料立卷归档。

附录一　太阳能热水器集热器面积选型表

一、计算条件

1　进出水温度：20/60℃；

2　太阳能保证率：以广州地区为准，取40%，广东其他地区参照修正；

3　热损失率：0.3；

4　集热器年平均集热效率：对机械循环系统，取0.6；对自然循环系统，取0.5；

5　年平均太阳辐照量：以广州地区典型气象年为准，其他地区参照修正。部分地区的年平均太阳辐照量如附表1所示；

6　在间接系统中，总热损失系数：平板集热器取5W/（m^2·K），真空管集热器取1.5 W/（m^2·K）；

7　换热器的传热系数：容积式换热器取1200W/（m^2·K），半容积式换热器取800 W/（m^2·K）。

附表1　广东省部分地区年平均太阳辐照量（单位：kJ/m^2）

朝向	城　市				
	广州	汕头	韶关	河源	阳江
水平	11196	13543	10538	11345	11928
南	5899	7355	5163	6245	5867
东	5676	4661	5237	5649	5791
西	5519	8589	5154	5516	5808
北	3637	3559	3828	3761	4117

二、使用说明

1　太阳能热水器换热器面积选型表包括自然循环系统、机械循环系统以及建筑朝向修正三部分（附表2～附表4）。

2　太阳能热水器换热器面积$S=S' \times \eta$，其中S'为基准面积，按系统形式以及集热器的不同，由附表2、附表3查得；η为建筑朝向修正系数，按照实际安装位置及建筑朝向的不同，由附表4查得。

3　若系统水量无法在表中查得，可用插值方法计算。

三、太阳能热水器换热器面积选型表

附表2　自然循环系统集热器面积选型表

集热器形式	平板集热器					真空管				
水量	直接系统	间接系统				直接系统	间接系统			
		容积式换热器		半容积式换热器			容积式换热器		半容积式换热器	
L	m^2	换热器面积	平板集热器面积	换热器面积	平板集热器面积	真空管根数	换热器面积	真空管根数	换热器面积	真空管根数
100	1.7	3	1.7	3	1.7	13	3	13	3	13
200	3.4	3	3.4	3	3.4	27	3	28	3	27
300	5.1	6	5.1	6	5.2	40	6	41	6	41
400	6.8	6	6.9	6	6.9	53	6	55	6	54
500	8.5	10	8.6	10	8.6	67	10	69	10	68
1000	17.1	18	17.2	18	17.2	133	18	137	18	135
1500	25.6	25	25.8	25	25.8	200	25	207	25	203
2000	34.2	30	34.4	30	34.4	267	30	277	30	271
2500	42.7	35	43.0	35	43.1	333	35	347	35	339
3000	51.3	40	51.6	40	51.7	400	40	417	40	408
3500	59.8	45	60.2	45	60.3	467	45	487	45	476
4000	68.4	50	68.8	50	69.0	533	50	557	50	544
4500	76.9	55	77.4	55	77.6	600	55	627	55	612
5000	85.5	60	86.0	60	86.2	667	60	698	60	681
10000	171.0	65	172.8	65	173.8	1333	65	1447	65	1385
15000	256.4	70	260.4	70	262.3	2000	70	2238	70	2107
20000	341.9	75	348.4	75	351.7	2667	75	3062	75	2844

附表3 强制循环系统集热器面积选型表

集热器形式	平板集热器					真空管				
水量	直接系统	间接系统				直接系统	间接系统			
		容积式换热器		半容积式换热器			容积式换热器		半容积式换热器	
L	m^2	换热器面积	平板集热器面积	换热器面积	平板集热器面积	真空管根数	换热器面积	真空管根数	换热器面积	真空管根数
100	1.4	3	1.4	3	1.4	11	3	11	3	11
200	2.8	3	2.9	3	2.9	23	3	23	3	23
300	4.3	6	4.3	6	4.3	34	6	35	6	34
400	5.7	6	5.7	6	5.7	45	6	47	6	46
500	7.1	10	7.1	10	7.2	57	10	58	10	57
1000	14.2	18	14.3	18	14.3	113	18	116	18	115
1500	21.4	25	21.4	25	21.5	170	25	175	25	172
2000	28.5	30	28.6	30	28.7	227	30	234	30	230
2500	35.6	35	35.8	35	35.8	283	35	293	35	288
3000	42.7	40	42.9	40	43.0	340	40	352	40	345
3500	49.9	45	50.1	45	50.2	397	45	411	45	403
4000	57.0	50	57.3	50	57.4	453	50	470	50	461
4500	64.1	55	64.4	55	64.6	510	55	530	55	519
5000	71.2	60	71.6	60	71.8	567	60	589	60	577
10000	142.5	65	143.8	65	144.4	1133	65	1216	65	1170
15000	213.7	70	216.4	70	217.8	1700	70	1872	70	1777
20000	284.9	75	289.4	75	291.7	2267	75	2552	75	2395

附表4 建筑朝向修正系数η

部位	朝向	修正系数η	部位	朝向	修正系数η
垂直墙面/阳台	东	1.71	屋顶	水平	1.00
	南	1.64			
	西	1.76		倾角25°	0.87
	南偏东20°	1.65			
	南偏东40°	1.67		倾角30°	0.87
	南偏东60°	1.69			
	南偏东80°	1.71		倾角35°	0.87
	南偏西20°	1.66			
	南偏西40°	1.69		倾角40°	0.88
	南偏西60°	1.73			
	南偏西80°	1.75			

本规程用词说明

1　为便于在执行本规程条文时区别对待，对要求严格程度不同的用词说明如下：

（1）表示很严格，非这样做不可的：

正面词采用“必须”，反面词采用“严禁”；

（2）表示严格，在正常情况下均应这样做的：

正面词采用“应”，反面词采用“不应”或“不得”；

（3）表示允许稍有选择，在条件许可时首先应这样做的：

正面词采用“宜”，反面词采用“不宜”；

表示有选择，在一定条件下可以这样做的，采用“可”。

2　条文中指明应按其他有关标准执行的写法为：“应符合……的规定”或“应按……执行”。

广东省标准

公共和居住建筑太阳能热水系统一体化设计施工及验收规程

Technical specification for integrated design, installation and acceptance of solar water heating system of popular and residential buildin

BDJ 15－52－2007

条文说明

目 次

1 总　　则

1.0.1 规定了制订本规程的目的。

随着现代社会生产的不断发展，人类生活水平的不断提高，能源需求量逐步加大，常规能源的匮乏和居住环境污染成了人类面临的严重问题。

太阳能作为一种清洁优质且可再生的能源，世界各国无不对太阳能利用以相当的重视。我国有丰富的太阳能资源，开发和利用太阳能，既是近期急需的能源补充，又是未来能源的基础。

近年来，太阳能热水系统的推广和普及，取得了很好的节能效益，但是存在着设计无标准，施工安装随意无序，验收无依据的局面。本规程是在设计、施工、安装、验收四个环节上对太阳能热水系统与建筑结合的问题提出技术要求与依据。

1.0.2 规定了本规程的适用范围。

民用建筑是指供人们居住和进行公共活动的建筑总称，即本规程中所说公共和居住建筑也就是指民用建筑的范畴。本规程特别将民用建筑分开规定为公共和居住建筑，是由于对于太阳能热水系统来说，公共建筑和居住建筑各有其不同的特点和差别。本规程强调二者的区别。

1.0.3 规定宜采用一体化太阳能热水系统的建筑类型和条件。

环境条件包括现场条件和热水设计条件。

现场条件是指安装地点纬度，月均日辐照量，日照时间，环境温度；安装场地面积及形状、遮挡情况，建筑物承载能力。

热水设计条件包括热水用水温度，热水日用水量，热水用水时段，热水用水位置；冷水供水方式，冷水水压，冷水温度。

1.0.4 强调了太阳能热水系统与建筑一体化设计、施工、验收的理念。

1.0.5 规定本规程与国家现行的技术标准、规范的关系。

太阳能热水系统在民用建筑上的应用属于综合技术应用，其设计、安装、验收涉及到太阳能和建筑两个行业。故两个行业涉及的产品国家标准与相应的工程技术标准都应遵守。

2 术　　语

本规程中的术语包括建筑工程和太阳能热利用两方面。主要引自《民用建筑设计通则》GB 50352—2005和《太阳能热利用术语》GB/T 1236—1991。

3 太阳能热水系统与建筑一体化设计

3.1 一般规定

3.1.1 虽然之前颁布了有关太阳能热水器产品的技术条件、试验方法以及太阳能热水系统的设计、生产、安装、验收的国家标准和行业标准，但这些标准主要针对热水器本身的效率、性能进行评价，而缺少建筑对热水器设计、生产、安装、验收的技术要求，致使太阳能热水器的设计、生产、安装、验收与建筑脱节。太阳能热水器产品常常自成一体，作为后置设备在建筑上增设安装和无序安装使用。即使是新建建筑物考虑了太阳能热水系统，也仅是简单的叠加或附加式安装，这必然对原来完整的建筑外形和构件造成一些程度不同的破坏，同时未与建筑一体化设计的太阳能热水系统的设置位置和管线布置也难以与建筑平面、空间的布局及使用功能相协调，其安全性能也难以保证。

应用于建筑的太阳能热水系统设计，应由建筑设计单位和太阳能热水系统产品设计、研发、生产等单位相互配合，共同完成。太阳能热水系统产品生产、供应商需向建筑设计单位提供太阳能集热器的规格、尺寸、荷载；提供预埋件的规格、尺寸、安装位置及安装要求；提供太阳能热水系统的热性能等技术指标及其检测报告并保证产品质量和使用性能符合要求。

建筑太阳能热水系统一体化设计，是太阳能热水系统大规模应用的必经之路。太阳能热水系统的应用，必须有建筑师的参与，统一规划、同步设计、同步施工、同步验收，与建筑物同时投入使用。

太阳能热水系统设计与建筑结合应包括以下四方面：

1 在外观上，实现太阳能热水系统与建筑有机结合，应合理设置太阳能集热器。无论在屋面、阳台、外墙面、墙体内（嵌入式）以及建筑物的其他部位，都应使太阳能集热器成为建筑的一部分，实现两者的和谐统一；

2 在结构上，妥善解决太阳能热水系统的安装问题，应确保建筑物的承载、防水等功能不受影响，还应充分考虑太阳能集热器与建筑物共同抵御强风、暴雨、冰雹、雷电及地震等自然灾害的能力；

3 在管线布置上，应合理布置太阳能循环管路以及冷、热水供应管路。建筑设计时应预留所有管线的接口、通道或竖井，严防渗漏，尽可能减少热水管路的长度，减少热能耗；

4 在系统运行上，应确保系统安全、可靠、稳定，易于安装、检修、维护及管理。应使太阳能与辅助能源加热设备的匹配合理，宜逐步实现系统的智能化和自动控制。

3.1.2 广东省地理纬度较低，介于北纬20° 19′ 至25° 31′ 之间，北回归线横穿全省中部，属热带和亚热带海洋性季风气候，夏热冬暖，炎热潮湿，台风及雷电、暴雨等自然性灾害较多，故应注重防水、防潮、防雷、通风隔热、防风抗震。而粤中珠江三角洲地区、粤西南雷洲半岛地区、粤北地区，其气候状况各有所不同。采用太阳能热水系统的建筑，应充分利用太阳能，在考虑日照的同时还需争取良好的自然通风，应将建筑物朝向尽量布置成与夏季主导风向入射角小于45° 的方位，使室内有更多的穿堂风，创造安全舒适、节能环保、高品质的工作和/或生活环境。

3.1.3 随着太阳能热水系统与建筑一体化结合的工程技术与设计艺术的不断发展和逐步完善，太阳能热水系统将作为建筑的一部分构件与建筑有机结合。太阳能热水系统的设计、设置除应考虑系统的安装地点、月均日辐照量、日照时间、环境温度等条件，还应根据日均用水量、用水方式、用水位置等用水情况确定，充分满足用户的使用要求和系统的施工安装、更换配件、管理维护等要求。

3.1.4 设计时结合建筑物周围的景观与树木绿化种植，避免对投射到太阳能集热器上的阳光造成遮挡，为接收较多的太阳能创造条件。同时，建筑设计宜避免设置多余的、凹凸不平的装饰线条或挡板，外部体型和空间组合应与太阳能热水系统结合，以利于太阳能集热器充分接收太阳能，提高集热效率。

3.1.5 本条规定太阳能热水系统的管线应安全、隐蔽且相对集中、合理有序地布置于专用管线空间内，不得穿越其他用户的室内空间，以免管线渗漏影响其他用户使用，也便于管线的维护与管理。

3.1.6 因受不同地区（如粤中与粤北）、气候、季节及昼夜天气变化等因素影响，太阳辐射强度会时有时无、时强时弱，因此太阳能是不稳定的间歇能源。建筑内太阳能热水系统应配置另一辅助形式能源的加热设备，在阴雨天或夜晚用其补充或替代太阳能系统热水的不足。辅助能源加热设备应根据本地区普遍使用的常规能源的价格、能源供应状况、对环境的影响、使用的方便性、热水用量、维护管理及卫生防菌等多项因素，经技术经济比较后确定，应优先考虑安全、节能、环保。

辅助能源一般为电、燃气等常规能源。对于已设有中央空调（制冷）系统的建筑（广东省仅少数五星级酒店考虑供暖），辅助能源宜与空调系统热源相同或匹配，宜充分利用废热、余热。

3.1.7 在太阳能热水系统上安装计量装置是为了节能节水，也是运行管理计费和累计用水量的需要。对于集中热水供应系统，为计量系统热水总用量，可将冷水表装在水加热设备的冷水进水管上，但需在水加热器与冷水表之间装止回阀以防止热水升温膨胀回流时损坏水表。

分户计量热水用量时，则可使用热水表。

对于电、燃气等辅助能源的计量，可使用原有电表、燃气表等，不宜另设。

3.1.8 本条提出太阳能热水系统产品应逐渐实行标准化、系统化，宜成为建筑的一部分并与建筑谐调。这是因为目前我国太阳能热水系统生产厂家较多且各自为政，其产品类型多、规格不一，尚未很好地结合建筑设计并满足建筑设计的要求。

3.2 建筑设计

3.2.1 建筑太阳能热水系统一体化设计需首先考虑太阳能热水系统的选型。应综合考虑使用太阳能热水系统所在地区的太阳能资源、气候、环境、能耗、施工条件等因素，在保证系统安全稳定运行的前提下，分析其技术经济指标，应使所选太阳能集热器的性价比最优。

太阳能热水系统的热水供应方式有分户供热水系统和集中供热水系统。分户供热水系统由住户自行管理，各户之间用热水量不平衡，使得分户系统不能充分利用太阳能集热设施，同时还有布置分散、零乱、造价较高等不足。集中供热水系统与分户供热水系统比较，有节约投资，用户间用水量可以平衡，集热器布置较易整齐有序等特点，但需有集中管理维护及分户计量的措施。设计选用太阳能热水系统的热水供应方式时应经综合比较后确定。

3.2.2 设计时应根据选定的太阳能热水系统类型，确定集热器形式、尺寸大小、安装面积、安装位置与方式；了解贮水箱体积尺寸、容积重量、给水排水设施及其专业设计的要求；了解各连接管线的走向；了解辅助能源及辅助设施条件；了解太阳能热水系统各部分的相对关系。然后，合理确定太阳能热水系统各组成部分在建筑中的位置且不影响该处的建筑功能，并应适应本地区气候特点，满足所有相关部位的防水、排水、通风、隔热、防潮、防风、防雷及抗震等要求。

3.2.3 太阳能集热器是太阳能热水系统重要的组成部分，根据工程具体情况及使用要求，一般可以将太阳能集热器设置在建筑物的屋面（平、坡屋面）、阳台、外墙面、墙体内（嵌入式）以及建筑物的其他部位，如设置于建筑屋顶的披檐上或嵌入女儿墙内，甚至设置于遮阳板或飘台上等能充分接收太阳光的位置，按现行的行业标准NY/T 343—1998规定平均日效率（平均日效率系指在有太阳光辐照的一天内，太阳能集热器所获得的热量与照射到集热器采光面上的太阳辐射能量之比）应≥45%。无论将太阳能集热器设置在建筑物外围的任何部位，应将其设计成建筑的组成部分，并应规则有序、排列整齐，与建筑的使用功能和外部造型相结合。

3.2.4 本条规定设置于建筑物内部的太阳能热水系统输、配水管及配置的电器、电缆线应与建筑物其他管线一并考虑、综合设计、统筹安排，妥善处理各类管线之间的位置及间距，确保其安全性，同时便于安装、检修、维护及管理。

3.2.5 本条规定在新建建筑物上设计、安装太阳能热水系统，以及在既有建筑物上增设或改造已安装的太阳能热水系统，应保持相邻建筑物之间的间距合理性。建筑间距分正面间距和侧面（山墙）间距，凡泛称的建筑间距系指正面间距。建筑间距以满足日照要求为基础，综合考虑采光、通风、消防、疏散、管线埋设、视觉卫生及空间环境等要求。

3.2.6 太阳能集热器安装在建筑物的屋面、阳台、外墙面、墙体内（嵌入式）以及建筑物的其他部位，在接收太阳光时不应受建筑自身及周围设施和绿化树木的遮挡。太阳能集热器总面积根据热水用量、建筑上设计允许的安装面积、本地的气候条件、供水水温等因素确定。无论安装在何处，应满足太阳能集热器有不少于4h日照时数的要求。

3.2.7 建筑设计时应考虑在安装太阳能集热器的屋面飘出部位、墙面、阳台等建筑部位，应采取必要的技术措施，如设置挑檐、飘板入口处设雨篷，或采用使人们不易靠近的绿化种植隔离带等等，防止太阳能集热器损坏后其部件坠落伤人。

3.2.8 太阳能集热器嵌入阳台或墙体部位时，将直接作为建筑物的构件即阳台或墙体的一部分，除应与建筑整体有机结合，并与建筑周围环境相协调外，还应满足所在部位的结构安全和建筑隔热防水等防护功能要求。

3.2.9 建筑设计时应将太阳能集热器的设置避开建筑变形缝。因为建筑主体结构在伸缩缝、沉降缝、抗震缝等变形缝的两侧会发生相对位移，当太阳能集热器跨越建筑变形缝设置时容易受到损坏。若太阳能集热器不得不跨越建筑变形缝设置时，应采用与主体建筑的变形缝相适应的构造措施。

3.2.10 本条是对太阳能集热器安装在平屋面上的要求。

太阳能集热器在平屋面上安装需通过基座（其正下方宜为柱或梁支承）和支架固定在屋面板上。集热器可选择适当的方位和倾角，集热器支架基座应做附加防水层。对于需经常维修的太阳能集热器周围和检修通道、屋面出入口和人行通道之间做刚性保护层以保护防水层。

伸出屋面的管线，应在屋面结构层施工时预埋穿屋面套管，套管可采用钢管或PVC管材。套管四周的找平层应预留凹槽，用密封材料封实。上翻至管壁的防水层应用金属箍或镀锌钢丝紧固，再用密封材料封实。应避免在已做好防水层的屋面上凿孔打洞。

3.2.11 本条是对太阳能集热器安装在坡屋面上的要求。

太阳能集热器无论是嵌入屋面还是架空在屋面之上，其坡度宜与屋面坡度一致。一般情况下集热器安装倾角等于本地区纬度。如果系统侧重在夏季使用，其安装倾角应等于本地区纬度减10°；如系统侧重在冬季使用，其安装倾角应等于本地区纬度加10°；所以提出集热器安装倾角在本地区纬度±10°的范围。

目前所设计安装的太阳能热水系统多为全天候使用，太阳能集热器安装倾角在本地区纬度 ± 10° 的范围内，建筑师可据此调整建筑的比例，这给建筑设计带来较大的弹性空间。

在坡屋面上安装太阳能集热器，既要保证二者连接牢固，能足以承受风荷载外，更要保证安装人员的安全。太阳能集热器生产厂家宜提供经过培训考核合格的施工人员和安装工具，建筑设计应为安装人员提供安全的工作环境。为便于检修维护，应在坡屋面安装太阳能集热器附近的适当位置设置出屋面人孔。

嵌入坡屋面设置的太阳能集热器与四周屋面及穿屋面管道都应做好防水，防止雨水渗（流）入屋面。集热器与屋面交接处除用防水嵌缝膏填密实外，还宜设置挡水盖板。

当嵌入坡屋面设置的太阳能集热器作为屋面板的一部分时，应具备屋面板同样的功能，满足承载、隔热、抗风、抗震、防水等要求。

3.2.12 本条是对太阳能集热器安装在阳台或阳台栏板上的要求。

太阳能集热器可设置在凸阳台（露台）上，也可固定于阳台栏板上或嵌入其中构成阳台栏板。广东地区由于太阳高度角较大，设置于阳台或阳台栏板上的太阳能集热器应有适当的倾角以利接收到较多的日照。

阳台栏板（栏杆）的高度随建筑层数及高度的变化而改变。如低层多层建筑的阳台栏板或栏杆的高度（净高）不应低于 1.05m，高层建筑的阳台栏板或栏杆的高度（净高）不应低于 1.10m，这是根据人体重心和心理、安全等因素而定。

当太阳能集热器挂在或附设于阳台栏板上，阳台栏板应采用实体栏板。为防止金属支架及金属锚固构件生锈对阳台及建筑墙面造成污染，建筑设计应在该部位加强防锈的技术处理和采取有效的技术措施。

3.2.13 本条是对太阳能集热器安装在外墙面上的要求。

因广东地区纬度较低，设置在墙面上的太阳能集热器宜有适当的倾角。设置在外墙面上的太阳能集热器应符合并满足装饰、防护、使用等功能要求。

3.2.14 建筑设计应准确确定太阳能热水系统贮水箱的容积、尺寸、大小及重量，合理设置贮水箱的位置，如贮水箱宜靠近太阳能集热器设置，尽量减少因管线过长而产生的热损耗；贮水箱的周围应具有相应的排水、防水设施；贮水箱应有净空不宜小于600mm × 600mm的人孔，以满足检修、清洁及维护的要求。

贮水箱宜优先选择太阳能热水系统生产厂家的定型产品；贮水箱的容积应满足日常总用水量需要；贮水箱应卫生防腐、保温，符合太阳能热水系统安全、节能、环保及稳定运行等要求。

贮水箱的设计设置应符合现行国家标准《太阳能热水系统设计、安装及工程验收技术规范》GB/T 18713的要求。

3.3 结构设计

3.3.1 太阳能热水系统中的太阳能集热器和贮水箱与主体结构的连接和锚固必须稳固可靠，主体结构的承载力必须经过计算或实际试验予以确认并保证安全，防止偶然因素产生突然破坏。真空管集热器的重量约15 ~ 20kg/m^2，平板集热器的重量约20 ~ 25kg/m^2。

安装太阳能热水系统的建筑主体结构及结构构件必须具备承受太阳能集热器和贮水箱等传递的各种作用的能力（包括检修荷载），主体结构设计时对此应充分加以考虑。

当承载太阳能热水系统的主体结构及构件为钢筋混凝土结构时，其混凝土强度等级不应低于C20，并应符合相关的工程施工质量验收规范的要求。

3.3.2 既有建筑物结构类型多样，使用年限和建筑本身承载能力以及维护情况各不相同，增设新的或改造已安装的太阳能热水系统时，必须经结构计算、复核以确认原结构体系是否足以承载。结构计算、复核宜由原建筑设计单位（或根据原施工图、竣工图、计算书等选择其他有资质的建筑设计单位）进行，并经法定的检测机构检测，确认安全后才能实施。增设或改造的前提是不影响建筑物的质量和安全，安装符合技术规范和产品标准的太阳能热水系统。

3.3.3 本条规定太阳能热水系统的自重、荷载（按最不利荷载时考虑）均应在建筑结构及其构件的承载力设计允许值范围内，这是结构基本的安全保证。

3.3.4 本条考虑到广东地区多台风、雷电、暴雨等，因此规定承受太阳能热水系统的结构及其构件应能抵御强风、雷电、暴雨及地震等自然灾害的影响。

3.3.5 太阳能热水系统的结构设计应为太阳能热水系统的安装预先设计设置承载梁（板）构件或埋设预埋件或其他连接件，这种“先设式”比外加支架锚固的“后加式”更能体现太阳能热水系统与建筑物的一体性，同时也更具安全性，设计时宜优先考虑。

由于太阳能集热器安装在室外，加上广东各地区气候条件及各施工单位工人的安装技术水平的差异，宜对结构构件和连接件的最小截面予以限制，如型钢（钢管、槽钢、扁钢）的最小厚度宜≥3mm；圆钢直径宜≥10mm；焊接角钢宜≥∟45×4或∟56×36×4，螺栓连接用角钢宜≥∟50×5。对于除粤北以外的广东珠三角及沿海地区，由于空气中含有较多的氯离子，会对型钢、螺栓等金属铁件造成腐蚀，因此必须对金属材料做防锈、防腐蚀处理以确保安全。

连接件与主体结构的锚固承载力应大于连接本身的承载力，在任何情况下均不允许发生锚固破坏。采用锚栓连接时，应有可靠的防松动、防滑移的措施；采用挂接或插接时，应有可靠的防脱落、防滑移的措施。

太阳能集热器由真空管（或面板）和金属框架组成，其本身变形能力是较小的。在水平地震或风荷载作用下，集热器本身结构会产生侧移。由于集热器本身不能承受较大的位移，只能通过弹性连接以避免主体结构过大侧移的影响。

为防止主体结构水平位移使太阳能集热器和贮水箱损坏，连接件必须有一定的适应位移能力，使集热器和贮水箱与主体结构之间有伸缩活动的余地。

3.3.6 本条规定当太阳能集热器设置在建筑物的外墙面，应与建筑物连接牢固。如广东地区各类公共和居住建筑所安装的分体式空调，20世纪90年代以前大多数是在外墙采用挂墙式支架承载空调压缩机，因承载墙体不稳固、支架锈蚀损坏等原因而屡屡出现高空坠机伤人事件，后来基本上采用钢筋混凝土结构、与建筑结构一体的悬臂（梁）板式承载空调压缩机。所以提倡宜采用与建筑结构一体的钢筋混凝土悬臂（梁）板式承载太阳能集热器以确保安全。

3.3.7 当太阳能集热器和贮水箱与建筑主体结构通过预埋件连接时，预埋件的锚固钢筋是锚固作用的主要来源，混凝土对锚固钢筋的粘结力是决定性的。因此预埋件必须在混凝土浇筑时埋入，施工时混凝土必须振捣密实。在实际工程中，往往由于未采取有效措施固定预埋件，混凝土浇筑时导致预埋件偏离设计位置，影响与建筑主体结构的准确连接，甚至无法使用。故本条规定当在主体结构施工时埋入预埋件时应位置准确，做好防锈防腐蚀处理，应重视预埋件的设计和施工。

3.3.8 砌体结构、轻质填充墙承载力和变形能力偏低，不应作为太阳能集热器和贮水箱的支承结构。支承太阳能集热器和贮水箱的结构应为钢筋混凝土结构或钢结构连接构件。

3.3.9 当土建施工中未设预埋件、预埋件漏放、预埋件偏离设计位置过远、设计变更，或既有建筑物增设太阳能热水系统时，往往需使用后锚固螺栓进行连接。采用后锚固螺栓（机械膨胀螺栓或化学螺栓）时，应采取本条所列的规定措施，保证连接的安全性及可靠性。

3.3.10 太阳能热水系统结构设计应区分是否抗震。对于非抗震设防的地区，需考虑风荷载、重力荷载及温度作用；对于抗震设防的地区，除需考虑风荷载、重力荷载及温度作用外，还需考虑地震作用。广东省各类地区设计时基本上均须考虑抗震设防。

对于设置在建筑物的屋面、阳台、外墙面、墙体内（嵌入式）或建筑物其他部位的太阳能集热器，受外力作用主要是风荷载，因此抗风设计是主要考虑的因素。但是地震是动力作用，对连接节点会产生较大影响，使连接处发生破坏，甚至使太阳能集热器脱落，所以须计算地震作用，加强构造措施。

3.4 给水排水设计

3.4.1 太阳能热水系统与建筑结合是把太阳能热水系统纳入到建筑设计当中来统一设计，因此热水供水系统设计中无论是水量、水温、水质还是设备管路，管材、管件都应符合《建筑给水排水设计规范》的要求，这里所谓的给水排水设计是从常规的给水排水设计的角度出发，阐述如何与太阳能接收与转换装置配合的问题。

3.4.2 当日用水量（按60℃计）大于或等于10m^{3}且原水总硬度（以碳酸钙计）大于300mg/L时，宜进行水质软化或稳定处理。经软化处理后的水质硬度宜为75～150mg/L。

3.4.3 本条是指用太阳能集热器里的水作为热媒水时，补水水源应保证补水能够补进去，且水量也应满足要求。

3.4.4 本条主要考虑到一般情况下摆放集热器所需的面积、建筑都不容易满足，同时太阳能具有不稳定性，要尽可能去利用太阳能，故在选择设计水温时，尽管选用下限温度。

3.4.5 本条强调设置太阳能热水机组机房的消防设计应符合国家现行的消防设计规范。

3.4.6 本条规定了太阳能热水系统的管线布置原则。

3.5 电气设计

3.5.1～3.5.3 这是对太阳能热水系统中使用电器设备的安全要求。

如果系统中含有电器设备，其电器安全应符合现行国家标准《家用和类似用途电器的安全》（第一部分通用要求）GB 4706.1和（贮水式电热器的特殊要求）GB 4706.12的要求。

4 太阳能热水系统设计

4.1 一般规定

4.1.1 太阳能热水系统由建筑给水排水专业人员设计，并符合《建筑给水排水设计规范》GB 50015的要求。在热源选择上是太阳能集热器加辅助能源。集热器的位置、色泽及数量要与建筑师配合设计，在承载、控制等方面要与结构专业、电气专业配合设计，使太阳能热水系统真正纳入到建筑设计当中来。

4.1.2 本条从太阳能热水系统与建筑相结合的基本要求出发，强调要针对广东省的气候特点，尤其是太阳辐射资源的全年变化以及粤南、粤北的全年气温变化的特点，充分考虑建筑物的使用功能（公共建筑或居住建筑使用功能不同，所需热水量是不一样的）、地理环境（建筑物所在地是在北回归线以南还是以北，附近有无山坡遮挡等）和当地的安装条件（建筑物的哪些位置不便于安装施工）等综合因素，选择太阳能热水系统面积、类型、色泽和安装位置等。

4.1.3 现有太阳能热水器产品的尺寸规格不一定满足建筑设计的要求，因而本条从有利于建筑围护结构一体化结合的原则出发，强调了太阳能集热器的规格要与建筑模数相协调。

4.1.4 对于安装在民用建筑的太阳能热水系统，本条规定系统的太阳能集热器、支架等部件无论安装在建筑物的哪个部位，都应与建筑功能和建筑造型一并设计。

4.1.5 本条强调了太阳能热水系统应满足的各项要求，其中包括：安全、实用、美观，便于安装、清洁、维护和局部更换。

4.2 系统分类与选择

4.2.1 安装在民用建筑的太阳能热水系统，若按供热水范围分类，可分为：集中供热水系统、集中–分散供热水系统和分散供热水系统等三大类。

集中供热水系统，是指采用集中的太阳能集热器和集中的贮水箱供给一幢或几幢建筑物所需热水的系统。

集中–分散供热水系统，是指采用集中的太阳能集热器和分散的贮水箱供给一幢建筑物所需热水的系统。

分散供热水系统，是指采用分散的太阳能集热器和分散的贮水箱供给各个用户所需热水的小型系统，也就是通常所说的家用太阳能热水器。

4.2.2 根据国家标准《太阳能热水系统设计、安装及工程验收技术规范》GB/T 18713中的规定，太阳能热水系统若按系统运行方式分类，可分为：自然循环系统、强制循环系统和直流式系统等三类。

自然循环系统是仅利用传热工质内部的温度梯度产生的密度差进行循环的太阳能热水系统。在自然循环系统中，为了保证必要的热虹吸压头，贮水箱的下循环管应高于集热器的上循环管。这种系统结构简单，不需要附加动力。

强制循环系统是利用机械设备等外部动力迫使传热工质通过集热器（或换热器）进行循环的太阳能热水系统。强制循环系统通常采用温差控制、光电控制及定时器控制等方式。

直流式系统是传热工质一次流过集热器被加热后，进入贮水箱或用热水处的非循环太阳能热水系统。直流式系统一般可采用非电控温控阀控制方式或温控器控制方式。

4.2.3 太阳能热水系统按生活热水与集热器内传热工质的关系分为：直接系统和间接系统两大类。

直接系统是指在太阳能集热器中直接加热水给用户的太阳能热水系统。直接系统又称为单回路系统，或单循环系统。

间接系统是指在太阳能集热器中加热某种传热工质（可以是水），再使该传热工质通过换热器加热水给用户的太阳能热水系统。由于传热工质与用户所用热水是分开的，用户所用热水的水质可以得到进一步保证。间接系统又称为双回路系统，或双循环系统。

4.2.4 为保证民用建筑的太阳能热水系统可以全天候运行，通常将太阳能热水系统与使用辅助能源的加热设备联合使用，共同构成带辅助能源的太阳能热水系统。按辅助能源加热设备的安装位置分类，可分为：内置加热系统和外置加热系统两大类。

内置加热系统，是指辅助能源加热设备安装在太阳能热水系统的贮水箱内。

外置加热系统，是指辅助能源加热设备不是安装在贮水箱内，而是安装在太阳能热水系统的贮水箱附近或安装在供热水管路（包括主管、干管和支管）上。

4.2.5 根据用户对热水供应的不同需求，辅助能源可以有不同的启动方式。按辅助能源的启动方式分类，太阳能热水系统可分为：全自动启动系统、定时自动启动系统和按需手动启动系统三大类。

全日自动启动系统，是指始终自动启动辅助能源水加热设备，确保可以全天24h供应热水。

定时自动启动系统，是指定时自动启动辅助能源水加热设备，从而可以定时供应热水。

按需手动启动系统，是指根据用户需要，随时手动启动辅助能源水加热设备。

4.2.6 本条对目前居住建筑和用热水量大的几种比较典型的公共建筑的太阳能热水系统的选择做了比较。

4.3 集热器分类与选择

4.3.1 我国目前使用的太阳能集热器可大体分为两类：平板型太阳能集热器和真空管型太阳能集热器。平板型集热器一般由吸热板、盖板、保温层和外壳四部分组成。全玻璃真空管型太阳能集热器由多根全玻璃真空太阳集热管插入联箱而组成。U形管式真空管太阳能集热器是将金属翼片与U形管（一般为铜管）焊接后置于真空玻璃管内，再将多根真空玻璃管插入联箱而组成，传热工质只在U形管内流动，不进入玻璃管内。热管式真空管集热器是由多根热管式真空集热管（由热管、吸热板、真空玻璃管组成）插入联箱组成，传热工质只在各个热管内独立循环流动。

4.3.2 由于粤北地区的气候特点，太阳能热水系统运行期间环境温度是有可能低于0℃的，此时平板型太阳能集热器存在冻结而破坏系统结构的风险，一般采取排空的措施进行防冻。在粤南地区，环境温度基本保持在0℃以上，各种类型的集热器都可以采用，但由于热管式真空管集热器的价格比较昂贵，如非特殊要求不宜采用。

全玻璃真空太阳能集热管的材质为玻璃，放置在室外被破坏的概率较大，在运行过程中，若有一根损坏，整个系统都要停止工作，并且已获得的热量也有可能全部泄漏，因此在需要保证稳定供热水的场合，应采用平板型集热器或U形管式真空管集热器。

一般而言，全玻璃真空太阳能集热器由于全玻璃真空太阳能集热管与联箱的连接是采用硅胶垫圈密封，耐压性较差。各种集热器的耐压具体数值根据实际测试结果而定。

4.4 技术要求

4.4.1 本条规定了太阳能热水系统在热工性能和耐久性能方面的技术要求。

热工性能强调了应满足相关太阳能产品国家标准中规定的热工性能要求。太阳能产品的现有国家标准包括：

《平板型太阳集热器技术条件》GB/T 6424

《全玻璃真空太阳集热管》GB/T 17049

《真空管太阳集热器》GB/T 17581

《太阳能热水系统设计、安装及工程验收技术规范》GB/T 18713

《家用太阳热水系统技术条件》GB/T 19141

耐久性能强调了系统中主要部件的正常使用寿命应不少于15年。在正常使用寿命期间，允许有主要部件的局部更换以及易损件的更换。

4.4.2 本条规定了太阳能热水系统在安全性能和可靠性能方面的技术要求。

安全性能是太阳能热水系统各项技术性能中最重要的一项，其中特别强调了内置加热系统必须带有保证使用安全的装置，并作为本规范的强制性条款。

可靠性强调了太阳能热水系统应有抗击各种自然条件的能力。一般都要采取可靠的防过热、防雷、抗风、抗震、抗雹等技术措施，在粤北地区，还应采取必要的防冻措施。

4.4.3 对太阳能热水系统的热水供应系统的技术要求，除了应符合现行国家标准《建筑给水排水设计规范》中有关规定之外，还根据集中供热水系统、集中-分散供热水系统和分散供热水系统的特点，分别提出了要求。

4.5 系统设计

4.5.1 太阳能热水系统集热器面积的确定是一个十分重要的问题，而集热器面积的精确计算又是一个比较复杂的问题。本条在国家标准《太阳能热水系统设计、安装及工程验收技术规范》GB/T 18713的基础上，使用当地的平均太阳辐照量、平均环境温度、平均热水温度、平均热水用量、太阳能集热器效率、系统的热损失率、太阳能保证率等数据，提出了确定集热器总面积的计算方法，其中分别规定了在直接系统和间接系统两种情况下集热器总面积的计算方法。

本条之所以计算集热器总面积，而不计算集热器采光面积或集热器吸热体面积，是因为在民用建筑安装太阳能热水系统的情况下，建筑师关心的是在有限的建筑围护结构中太阳能集热器究竟占据多大的空间。

采用间接系统，可以进一步保证贮水箱内热水水质，但由于系统的换热器内外存在传热温差，使得在获得相同温度的热水情况下，间接系统比直接系统的集热器运行温度稍高，造成集热器效率略微降低。本条用换热器传热系数U_{hx}、换热器换热面积A_{hx}和集热器总热损系数$F_R U_L$等来表示换热器对于集热效率的影响。

在方案设计阶段，也可以按照每产生100L热水量所需系统集热器总面积进行估算，其推荐值一般为1.6 ~ 1.8m²/100L。

4.5.2 本条对集热器的朝向和倾角进行了规定和推荐，目的是为了尽可能获得最多的太阳辐照量。在广东地区，朝南向并且倾斜角等于当地纬度时的斜面上年平均太阳辐照量最大，但立面上的年平均太阳辐照量差别不明显，在北回归线以南的地区，南偏西和南偏东的立面上的夏季太阳辐照量比南向大，年平均太阳辐照量也比南向略大，再从减少建筑夕晒方面考虑，本条推荐在立面上安装太阳能集热器时尽量放置在南偏西的墙面或阳台立面上。

因为太阳高度角在夏季比较高，在冬季比较低，因此如果太阳能热水系统主要在夏季运行时，集热器的倾角可以比当地纬度减少10°；主要在冬季运行时，集热器的倾角可以比当地纬度增加10°。全玻璃真空管集热器和U形管式真空管集热器东西向放置时，由于可以实现太阳高度角季节性跟踪，其安装倾角可以适当减少。由于热管式真空管集热器的工作倾角不能小于10°，因此不能水平安装。

在阳台立面上安装时，相比于在墙立面上安装，集热器倾角可以在一定程度上进行调节，因此为获得较大的太阳辐照量，应有适当的安装倾角。

4.5.3 当地气象台提供的太阳辐照量一般是水平面上的总值，由于各个朝向和倾角所接收到的太阳辐照量是不一样的，朝南向并倾斜角等于当地纬度时的斜面上年平均太阳辐照量最大，以此为标准，附录给出了各个朝向和倾角的修正系数。参照修正系数可以获得各个朝向或倾角的集热器修正总面积，但本条规定修正增加的面积不得超过以朝南向并倾斜角等于当地纬度时的斜面上年平均太阳辐照量计算获得的集热器总面积的一倍。

在有些情况下，当建筑围护结构表面不够安装最终计算所得的集热器修正面积时，可以按围护结构表面最大容许安装面积来确定集热器总面积。

4.5.4 本条集热器的间距是根据现行国家标准《太阳能热水系统设计、安装及工程验收技术规范》GB/T 18713的规定而进行强调。

4.5.5 有关集热器并联、串联和串并联等方式连接成集热器组时的内容和具体数据是引自现行国家标准《太阳能热水系统设计、安装及工程验收技术规范》GB/T 18713。

本条规定全玻璃真空管东西向放置时的集热器在同一斜面上多层布置时，串联的集热器不宜超过3个，否则将极大地增加全玻璃真空管爆裂的风险。实际上，从减少沿程阻力的方面考虑，各种集热器都应尽量减少串联的集热器数目。

本条规定集热器之间的连接实质上就是规定集热器应按同程同阻力原则并联，其目的就是使各集热器内的流量分配均匀，使各集热器的效率相同。

4.5.6 本条规定了贮水箱容积的确定原则。

在使用平板型集热器的自然循环系统中，系统是仅利用传热工质内部的温度梯度产生的密度差进行循环的，因此为了保证系统有足够的热虹吸压头，规定贮水箱的下循环管比集热器的上循环管至少高0.3m是必要的，但并非贮水箱位置越高系统效率就越高。

4.5.7 太阳能到达地面的太阳辐照量受天气影响很大，如果需要保证系统全年都可提供热水，就要配置辅助能源加热设备。

辅助能源加热设备的选择在技术上应该根据负荷等要求，按照现行国家标准《建筑给水排水设计规范》的有关规定的要求进行选择，在经济上应该根据当地各种常规能源的价格、运行费用的高低、使用的方便性进行选择，优先考虑节能和环保因素。

4.5.9 本条强调了太阳能集热器的刚度、强度、防腐蚀性能等，均应满足安全要求，并与建筑牢固连接。当采用钢结构材料制作支架时，应符合现行国家标准《碳素结构钢》GB/T 700的要求。

4.5.10 本条强调了太阳能热水系统使用的金属管道、配件、贮水箱及其他过水设备的材质，均应与建筑给水管道材质相容，以避免在不相容材料之间产生电化学腐蚀。

4.5.13 太阳能热水系统一般推荐采用智能控制系统，针对不同的用水特点和要求、不同的环境等可以有不同的控制方式，只有这样才有可能实现安全可靠和最大节能效果的要求。强制循环系统宜采用温差控制方式，直流式宜采用定温控制方式，并且其温控器具有贮水箱满时自动关闭放水阀门的功能。

为了使用安全，本条强调了温度控制、防过热控制应实行自动控制。

同样为了使用安全，本条强调了控制系统中使用的控制元件应质量可靠、使用寿命长，应有地方或国家质检部门出具的控制功能、控制精度和电气安全等性能参数的质量检测报告，并具体提出了传感器的技术要求和控制器的使用寿命。

4.5.14 本条强调了太阳能热水系统的布置，与建筑相结合时，太阳能热水系统的集热器嵌入式安装或作为建筑围护结构时和架空安装时提出了不同的要求。

由于太阳能热水系统的集热器安装于墙面和阳台上时必须考虑地面行人安全问题，因此本条作为强制性条款，特别强调了无论是嵌入或构成建筑围护结构时，太阳能集热器必须有安全保障措施。

作为强制性条款，本条还特别强调了安装在建筑上或直接构成建筑围护结构的太阳能集热器，应有防止热水渗漏的安全保障设施，防止因为热水渗漏到屋内而影响建筑围护结构的性能，危及建筑安全和人身安全。

为了使太阳能热水系统的管路热损失尽可能少，贮水箱和集热器的相对位置应使循环管路尽可能短。

4.6 辅助加热系统设计

4.6.1 规定了辅助热源选择的基本原则。

4.6.2 规定了电加热能量的计算公式。

在常规的辅助加热方式中，电辅助加热是最常用的一种方式，故本条给出了电加热功率的计算公式。

4.6.3 规定的太阳能加热系统与辅助加热系统应能自动切换。

5 太阳能热水系统施工和安装

5.1 一般规定

5.1.2 为保证太阳能热水器产品质量和规范市场，制定了一系列产品标准，包括国家标准和行业标准，涉及基础标准、测试方法标准、产品标准和系统设计安装标准四个方面。

产品的性能包括太阳能集热器的承压等安全性能，得热量、供热水温度、供热水量等指标。太阳能热水系统必须满足有关的设计标准、建筑构件标准、产品标准和安装、施工规范要求。

为保证太阳能热水系统尤其是太阳能集热器的耐久性，本条提出太阳能热水系统各部分应符合相应国家产品标准的有关规定。

5.1.3 目前，太阳能热水系统施工和安装一般作为一个独立的工程由专门的太阳能公司负责安装。本条对施工组织设计进行了强调。

5.1.4 本条是针对目前施工安装人员的技术水平差别较大而制定的，目的在于规范太阳能热水系统的施工安装，提倡先设计后施工，禁止无设计而盲目施工。

5.1.6 目前太阳能热水系统安装市场比较混乱，部分太阳能热水系统安装破坏了建筑结构或放置位置不合理，存在安全隐患，影响建筑本体。太阳能热水系统的安装一般在土建工程完工后进行，而土建部位的施工多由其他施工单位完成，本条强调了对土建部位的保护。

5.2 基座

5.2.1 太阳能热水系统的基座关系到热水系统的稳定和安全，

特别是我省大部分地区沿海，台风频繁，而太阳能热水器大多布置在屋面，受台风的影响很大，一旦集热器被台风吹倒，后果不堪设想，因此，要求基座与建筑主体结构连接牢固。尤其是在既有建筑上增设的基座，由于不是同时施工，更要采取技术措施，与主体结构可靠地连接。

5.2.2 基座标高一致可方便太阳能热水系统支架的安装。

5.2.3 一般情况下，太阳能热水系统的承重基座都是在屋面结构层上现场砌（浇）筑。对于在既有建筑上安装的太阳能热水系统，需要刨开屋面面层做基座，因此将破坏原有的防水结构。基座施工完成后，被破坏的部位需要重做防水。

5.2.4 与主体结构连接的预埋件只有在主体结构施工时按设计要求的位置和方法进行埋设，太阳能热水系统的支架安装时才不会发生变形，才能保证太阳能热水系统与主体结构连接牢固的可靠性。

5.2.5 实际施工中，基座顶面预埋件的防腐容易被忽视。珠江三角洲的酸雨发生频率较多，酸雨的腐蚀性极大，而基座顶面的预埋件最容易受到腐蚀，一旦腐蚀又难以察觉，容易造成安全事故。

5.2.6 本条强调屋面防水的重要性。

5.3 支架

5.3.1 太阳能热水系统的支架应按图纸或者地方标准图要求制作，并应注意整体美观。

5.3.2 本条强调支架在主体结构上的安装位置应与设计要求的位置相一致，并同预埋件的安装位置也应一致，任何不正确将有可能造成支架偏移，影响太阳能热水系统的安全性。

5.3.3 本条强调了太阳能热水系统的支架保证设计要求的情况下，尽可能按有利于屋面排水的位置安装，减少屋面渗水的风险。

5.3.4 我省是台风多发地区，太阳能热水系统的防风主要是通过支架实现的，由于现场条件不同，防风措施也应不同，需要进行专门设计。

5.3.5 为防止雷电通过热水管道系统伤及用户，保护太阳能系统不被雷电损坏，钢结构支架和金属管路系统应与建筑物接地系统可靠连接是必要措施之一。

5.3.6 与基座预埋件一样，本条强调了钢结构支架的防腐质量。

5.4 集热器

5.4.1 本条强调了集热器摆放位置以及与支架的固定，以防止集热器滑脱。

5.4.2 不同厂家生产的集热器之间的连接方式可能不同。本条对此加以强调，以防止连接方式不正确出现漏水。

5.4.3 嵌入屋面设置的集热器的安装比较特殊，本条强调了屋面防水措施的必须性。

5.4.4 集热器长期处于太阳暴晒下，容易老化和损坏，需要经常维护和更换。

5.4.5 为防止集热器漏水，本条对此加以强调。

5.4.6 本条强调先检漏，后保温，且应保证保温质量。

5.5 贮水箱

5.5.1 为了确保安全，防止滑脱，本条强调贮水箱安装位置应正确，并与底座固定牢靠。

5.5.2 贮水箱内的热水，通常用于洗浴，也有用于餐具清洗甚至用于炊事和饮用，因此为保证水质，对水箱的材质、规格做出要求，并规范了水箱的制作质量。

5.5.3 贮水箱内的热水通常直接提供给用户洗浴，而贮水箱的内箱与热水直接接触，为防止触电事故，贮水箱的内箱必须采取接地措施。

5.5.4 为防止贮水箱漏水，本条对此加以强调。

5.5.5 本条强调先检漏，后保温，且应保证保温质量。

5.5.6 现场制作的贮水箱也应满足本规程 5.5 的要求。

5.5.7 为减少贮水箱的热损，可以考虑贮水箱和底座间增加隔热垫。

5.6 管路

5.6.1 《建筑给水排水及采暖工程施工质量验收规范》规范了各种管路施工要求。太阳能热水系统的管路施工应符合上述规范的要求。

5.6.3 水泵是电气设备，如果不采取防雨措施，电气线路容易短路，损坏设备，危及人身安全。另外，在强烈的阳光日暴晒下，设备寿命会缩短。

5.6.4 太阳能热水系统是开式系统，其中会有杂质，特别是在管路维修或者使用初期。电磁阀是比较精密的仪器，水中杂质极易造成电磁阀损坏。同时如果实际运行压力较大时，也有可能造成电磁阀损坏。

5.6.5 实际安装中，容易出现水泵、电磁阀、阀门的安装方向不正确的现象。

5.6.6 为防止管路漏水，本条对此加以强调。

5.6.7 本文强调先检漏，后保温，且应保证保温质量。

5.7 辅助能源加热设备

5.7.1 《建筑电气工程施工质量验收规范》中规范了电加热器的安装。

5.7.2 《建筑给水排水及采暖工程施工质量验收规范》规范了额定工作压力不大于1.25MPa、热水温度不超过130℃的整装蒸汽和热水锅炉及辅助设备的安装，规范了直接加热和热交换器及辅助设备的安装。

5.8 电气与自动控制系统

5.8.3 从安全角度考虑，本条强调所有电气设备和与电气设备相连接的金属部件应做接地处理。

5.8.4 在实际应用中，太阳能热水系统常常会进行温度、温差、压力、水位、时间、流量等控制，本条强调了上述传感器安装的质量和注意事项。

5.9 水压试验与冲洗

5.9.1 为防止系统漏水，本条对此加以强调。

5.9.2 本条规定了管路和设备的检漏试验。对于各种管路和承压设备，试验压力应符合设计要求。当设计未注明时，应按现行国家标准《建筑给水排水及采暖工程施工质量验收规范》GB 50242的相关要求进行。非承压设备做满水灌水试验，满水灌水检验方法：满水试验静置24h，观察不漏不渗。

5.9.3 本条强调了系统安装完毕后应进行冲洗，并规定了冲洗合格的标准。

5.10 系统调试

5.10.1 太阳能热水系统是一个比较专业的工程，需由专业人员才能完成系统调试，以确保系统正常运行。

5.10.2 太阳能热水系统包含水泵、电磁阀、电气及控制系统等，应先做部件调试，后作系统调试。

5.10.3 本条规定了设备单机调试应包括的部件，以防遗漏。

5.10.4 系统联动调试主要指按照实际运行工况进行系统调试。

5.10.5 本条强调系统联动调试完成后，应进行3d试运转，以观察实际运行是否正常。

6 太阳能热水系统工程施工质量验收

6.1 一般规定

6.1.1 本条依据《建筑工程施工质量验收统一标准》的要求，对太阳能热水系统工程质量验收进行了规定。

6.1.2 本条依据《建筑工程施工质量验收统一标准》的要求，对太阳能热水系统工程检验批及分项工程验收程序进行了规定。

6.1.3 本条依据《建筑工程施工质量验收统一标准》的规定，要求施工单位在太阳能热水系统工程完工后，应进行检验评定，并提交工程竣工验收申请报告。

6.1.4 本条依据《建筑工程施工质量验收统一标准》的要求，对太阳能热水系统工程竣工验收程序进行了规定。

6. 2 分项工程验收

6.2.1 本条依据《建筑工程施工质量验收统一标准》的规定，确定了分项工程验收须符合的要求。

6.2.2 本条根据太阳能热水系统工程的特点，确定了须进行隐蔽工程验收的部位，隐蔽工程验收应由监理工程师（或建设单位项目技术负责人）组织施工单位项目专业质量（技术）负责人等进行验收，并填写隐蔽工程验收记录。

6.2.3 本条根据太阳能热水系统工程的特点，确定了须进行中间验收的工序，对影响工程安全和系统性能的工序，必须在本工序中间验收合格后才能进入下一道工序的施工。中间验收应由监理工程师（或建设单位项目技术负责人）组织施工单位项目专业质量（技术）负责人等进行验收，并填写中间验收交接记录。

6.2.4 本条依据《建筑给水排水及采暖工程施工质量验收规范》的规定，对供水水质提出了要求。

6.3 竣工验收

6.3.1 本条依据《建筑工程施工质量验收统一标准》的规定，确定了竣工验收须符合的要求。

6.3.2 本条规定了太阳能热水系统工程涉及安全、卫生和使用功能的主要检验和检测内容，其中水质检测须提供卫生防疫部门的检测报告。

6.3.3 本条规定了太阳能热水系统工程竣工验收应提交的资料内容。资料格式及分卷整理应符合《广东省建筑工程竣工验收技术资料统一用表》建筑设备安装工程部分的规定。

6.3.4 太阳能热水系统工程竣工验收后，建设单位应按本规程第 6.3.3 条规定的文件和资料进行整理，分类、立卷、归档。这对工程投入使用后维修管理、扩建、改建等工作起重要作用。

附录B　参编企业简介

1　深圳市鹏桑普太阳能股份有限公司

深圳市鹏桑普太阳能股份有限公司于1993年成立，2009年公司整体变更为股份制法人企业，注册资金为人民币7180万元，总资产2.5亿元，是华南地区研发能力最强的太阳能公司之一。公司是以太阳能资源开发利用为主，集产品技术研发、生产制造、太阳能热水系统工程设计、施工安装及维护保养五大方面为一体的高新技术企业。

公司自成立以来一直专注从事太阳能资源开发利用，始终围绕平板太阳能光热产业，开展平板太阳能选择性吸收涂层、板芯工艺和装备、集热器封装等技术研发与生产，太阳能工程设计安装以及大型太阳能热水系统投资和营运等一系列业务。经过17年的发展，公司已成为中国最大的平板太阳能板芯研发、制造企业，产品性能国内领先，并通过欧盟Solar Keymark认证，成为国内太阳能热利用行业具有自主知识产权和国际竞争力的大型骨干平板太阳能企业。

公司已实现从单纯的太阳能制造企业向能源提供商的转变。2004年公司即开始投资经营高校大型太阳能热水系统，成为国内具有原创性的太阳能能源提供商。

公司历来坚持走专业化、品牌化和规模化的道路，已经担负起我国太阳能热利用行业参与国际竞争、赶超世界先进水平的重任，成为中国平板太阳能行业的领军企业。

地址：深圳市南山区龙珠大道梅州大厦10、11楼
邮编：518055
网址：www.szpsp.com
邮箱：sales@szpsp.com
电话：0755-86094880
传真：0755-86094493

2　深圳市嘉力达实业有限公司

深圳市嘉力达实业有限公司位于深圳市南山区科发路8号金融服务技术创新基地2栋11CD，成立于1997年，是一家专业从事建筑节能服务的高新技术企业，于2007年荣获了中国“十佳”节能企业、“中国节能服务产业知名品牌”等称号。

嘉力达公司专注于为用户提供建筑节能整体方案。在新建建筑领域，为用户提供中央空调、采暖系统、热水系统的节能服务（节能方案、系统集成、项目实施、维护服务、节能运营一条龙服务）；在既有建筑领域，为用户建立能源管理系统以及提供合同能源管理服务。

嘉力达公司于2007年成功研发出国内第一套具有独立知识产权的“建筑节能监管平台”及“能源审计平台”软件，与政府紧密合作，在建筑上推广使用此软件，协助政府及各主管部门建立了能源监管系统，成功实现了政府对城市楼宇进行批量、整体能源审计的构想，使合同能源管理模式成为楼宇批量节能的重要机制。

嘉力达节能服务广泛应用于商业建筑、政府建筑、校园建筑、医院建筑、酒店商场、大型主题公园等领域，已经为800多栋建筑提供了服务。累计为社会节约用电9000多万度，节约标准煤3万多吨，减少二氧化碳排放量9万多吨，相当于39000亩成熟阔叶林10年的吸收量。

总部地址：深圳市南山区科发路 8 号金融服务技术创新基地 2 栋 11CD

网址：http：//www.coolead.com

企业邮箱：office@coolead.com

市场部邮箱：sales@coolead.com

电话：（86）755-83364333

传真：（86）755-83320220

分公司地址：北京市海淀区三里河路13号中建大厦C座10层1001

电话：（86）10-63601799

传真：（86）10-88083223

3 深圳市华旭机电设备有限公司

深圳市华旭机电设备有限公司位于中国广东省深圳市福田区皇岗北路神彩苑C座3D，是一家专业从事太阳能、空气能、水源热泵、与中央空调制冷、制热相结合的综合型节能工程公司，兼营太阳能光电产品的销售及维护、大型太阳能系统、中央空调销售及维护。

公司自有产品包括：华旭新能源的太阳能热水器、中央空调带热回收系统、空气能热水机组、太阳能电池板及太阳能灯等相关产品。代理的产品包括：拓日新型太阳能平板、美的、大金、恒星、麦克维尔等系列商用及家用空调，约克、开利大型冷冻机及空调机，各品牌太阳能热水器、空气源热泵热水器、太阳能光电产品等。

公司技术力量雄厚，拥有相当数量的专业技术人员和一定规模的施工队伍，能够高质、高效地完成客户的各项设计施工要求。公司设计、施工及改造的太阳能、空气能、中央空调的综合制冷、制热水系统以极低的能耗而傲视同行。

公司的宗旨是：顾客第一、信誉至上、以高质量、高效率的最佳服务，赢得顾客的满意率和市场占有率。

地址：中国广东省深圳市福田区皇岗北路神彩苑C座3D

邮编：518000

网址：www.huaxusz.com

邮箱：huaxusz@126.com

电话：0755-83073330

4 深圳市嘉普通太阳能有限公司

深圳市嘉普通太阳能有限公司位于广东省深圳市坪山新区坪山沙湖社区锦龙大道南2-10号，是中国太阳能热利用行业大型骨干企业和中国最大的太阳能热利用设备和部品、部件专业制造商之一。嘉普通是国家级高新技术企业，拥有3万余平方米的研发制造基地，行业领先的太阳能热利用产品与系统测试仪器，具有31项专利技术，与国内外20多家大专院校、科研单位和关联企业建立了紧密合作关系，是12项国家标准和行业标准的主编单位。

嘉普通公司已形成了规范的质量管理体系，通过了ISO9001：2008国际质量体系认证、中国环境标志产品认证以及CE、Solar Keymark、TUV、FCC等国际认证，通过ISO14001：2004环境管理体系认证及GB/T 28001—2001职业健康安全管理体系认证，并先后荣膺“中国太阳能热利用行业著名品牌”、“深圳市知名品牌”、“深圳市高新技术企业”、“广东省推广应用－广东之最”、“国家高新技术企业”等殊荣。随着研发、测试技术与制造能力的不断升级，公司先后被评定为深圳市太阳能（光热）产业示范基地，住房城乡建设部可再生能源规模化应用示范基地、国家新能源工程中心华南热利用研发与测试中心。

嘉普通公司产品以平板太阳能集热器、太阳能空气集热器、储（换）热容器等太阳能热利用设备与部品部件的研发制造及太阳能光伏发电系统为主。嘉普通公司在太阳能工程应用与集成水平均走在国内前列，在厦门绿苑住宅小区、三峡大学沁苑学生公寓、深圳梅沙中学、深圳体育新城、深圳梅山苑住宅小区、南昌大学、南京虹桥饭店等多个太阳能热水系统项目中很好地实践了太阳能与建筑一体化，同时还成功完成了住房城乡建设部国家级太阳能建筑规模化应用示范项目：深圳市龙岗区体育新城安置小区太阳能热水项目、深圳市泉顺通工业园太阳能热利用示范项目、深圳市粪渣无害化处理厂光伏光热利用项目等。

公司将继续致力于太阳能热利用产品与供热采暖系统的开发、设计、应用，提升人们生活品质和能源消费体验。以实现客户最大价值为己任，提供有竞争力的产品、解决方案和技术服务。

地址：广东省深圳市坪山新区坪山沙湖社区锦龙大道南2-10号

邮编：518118

网址：www.jiaputong.com

邮箱：xiaoshou@jiaputong.com

电话：4007160086　0755-89663198　0755-89663198-8588

传真：0755-83432298

5　深圳市拓日新能源科技股份有限公司

深圳市拓日新能源科技股份有限公司（股票代码：002218），主要生产单晶硅、多晶硅、非晶硅太阳能电池芯片、太阳能电池窗和光伏电池幕墙、太阳能电池组件和供电系统、太阳能热水器等产品，是集研发、制造与销售于一体的国际化高科技企业。

“拓日新能”是深圳市高新技术企业、深圳知名品牌、深圳市循环经济十佳先进企业，深圳市民营领军骨干企业，国家级高技术产业化示范工程和深圳市高技术产业化示范工程，是建设部和深圳市“太阳能电池产业化基地”。

“拓日新能”拥有太阳能行业最全面的技术，拥有一大批勤勉尽职的研发人员，是目前国内唯一一家能同时生产非晶硅、单晶硅、多晶硅太阳能电池芯片及整板平板集热器的企业。公司目前正承担着国家发改委、科技部、商务部、教育部、财政部、住房城乡建设部等六部委的科研项目，产品列入了2006年度国家级重点新产品，是深圳市自主创新龙头企业，多次获得广东省和深圳市“自主创新奖”。

“拓日新能”以环保、节能、将会循环经济为宗旨，拓日新能拥有了陕西、乐山、深圳三大产业基础。此外，美国子公司、德国子公司、非洲乌干达子公司的成立与发展也为拓日新能的飞跃式前进奠定了更坚定的基础。

为积极响应国家节能减排号召，落实科学发展观，"拓日新能"将继续以"推动可再生能源产业发展，促进人与自然和谐"为使命，加大投入，加快产出，为全球客户提供更优更好的产品和服务。向着成为世界有一定影响力的可再生能源产品供应商和工程承包商的方向迈进。

地址：深圳市南山区侨香路6060号香年广场A座8楼
深圳市光明新区高新园西片区同观路2号拓日工业园
网址：www.topraysolar.cn
www.topraysolar.com
邮箱：stevewu@topraysolar.com 、
topsolar@public.szptt.net.cn
电话：0755-86612625　0755-27554090（工业园）
传真：0755-29680300　0755-27173025（工业园）

6　深圳市晴尔太阳能科技有限公司

深圳市晴尔太阳能科技有限公司，成立于1998 年，注册资本为650万元，是一家专业从事大型太阳能中央热水系统的生产、设计、工程安装以及运营服务的公司，是太阳能工程领域最具技术实力的高新技术企业。

公司现有 6000 多平方米的现代化厂房，生产太阳能集热器、热泵、热水炉以及控制器等，员工总数 800 多人。在华南、华东地区设立了广州、佛山、东莞、珠海、福建、上海等 60 多个分公司和办事处。

2003 年，公司以良好的业绩和前景，吸引了加拿大的巨额风险投资，同时引进了以色列的国际尖端太阳能技术，为公司的长远发展奠定了雄厚的资金和技术基础。

公司高度重视优秀人才的积累和管理体系的创新、完善，连续 9 年，公司业绩增长速度为 100%，是一家极具发展前途的优秀企业。

地址：深圳市宝安区民治街道工业西路大为工业园A栋
邮编：518000
网址：www.solarqueen.cn　www.qinger.cn
邮箱：solarqueen@163.com
电话：800-8306098　0755-28119940　0755-28119950

7 深圳市昱百年机电设备有限公司

深圳市昱百年机电设备有限公司位于深圳市南山区，注山资金1000万人民币。公司自成立以来，以国家节能减排为导向，大力促进空调、太阳能、空气能等节能产品在建筑领域的运用，根据客户的需求及项目的自身特性量身定做、为客户提供建筑一体化的太阳能光热、光伏及空调节能方案，包括项目方案设计、施工图设计、工程施工及使用阶段的维保等全过程服务。

人才是第一生产力，是公司发展的基石，也是公司立足于市场的根基。公司始终如一尊重人才，高度重视人才的培养及企业文化的传承，如今公司拥有了从设计、施工到维保等各方面经验丰富、技术过硬的团队，凭借“专业、专注、超越”的服务宗旨，赢得了中海、金地、招商、华侨城、保利、莱蒙等深圳知名地产商的信任与支持！设计施工的可再生能源项目主要有海半山溪谷、中海大山地、中海西岸华府、招商海月花园五期、金地梅陇镇、东部华侨城天麓六区别墅、鼎太风华七期等。

深圳市昱百年机电设备有限公司本着“诚信经营、共同发展”的理念，不断丰富和超越自己，创造建筑节能的新篇章！

地址：深圳市南山区南海大道3003号阳光华艺大厦1栋7D
网址：www.ybnsolar.com
电话：0755-82985911
传真：0755-82989799

8 深圳市振恒太阳能工程有限公司

深圳市振恒太阳能工程有限公司是专业从事太阳能工程安装及技术开发一体化的高新技术企业，注册资金3000万。公司聚集了我国太阳能光热利用、太阳能与建筑一体化、生态环境工程等领域的知名专家，是国内太阳能工程领域规模较大、技术力量雄厚的综合性企业。

振恒太阳能业务主要包括：太阳能光热、光电、空气源、直饮水工程、污水处理、冷暖节能环保设备工程核心技术的研发、销售及安装，广泛应用于工厂宿舍、学校宿舍、酒店、宾馆、医院等集体单位和家庭。

公司主要客户群有富士康集团、旭日国际集团、深圳大学、深职院、日本理光公司、飞利浦公司、深圳大运会等等。

公司设施齐全，工艺先进，现已形成产品的科研开发、设计制造、安装施工等核心优势。拥有一批一流的工程管理技术人员和专业训练有素的工程安装队伍，具多年从事太阳能系统的设计和安装经验。持有环境工程和机电安装等多项国家设计、施工资质，与国内外20多家大专院校、科研单位和关联企业具有紧密合作关系。在太阳能行业是深圳首家通过了IS0体系认证的企业。先后荣膺“中国太阳能热利用行业著名品牌”、“中国太阳能热利用行业优秀单位”、“深圳市高新技术企业”、“重合同守信用企业”、“最具影响力深圳知名品牌”等殊荣。工程质量、技术水平和售后服务均走在同行业前列，深受用户的广泛赞誉，为环境保护、能源节约作出了有益贡献。

公司地址：深圳市南山区玉泉路毅哲大厦首层C/邮编518052
工厂地址：深圳市宝安区福永镇白石厦西区C5栋/邮编518103
网址：www.zhenhengsolar.com
邮箱：lulu66@vip.sina.com
电话：0755–2652658　227333166
传真：0755–27382022
售后服务专线：400 6580 900

9　深圳市雄日太阳能有限公司

深圳市雄日太阳能有限公司成立于1998年，是一家专业研究、开发、生产和安装太阳能热水系统、空气源热泵及常压燃油（气）热水锅炉系列产品的高科技企业，拥有员工320多人，拥有规范生产厂房5000余地平方米、生产和检测设备300余台（套），具备年生产安装太阳能热水器15万平方米的实力，有16项技术专利，主要产品为平板型太阳能集热器和空气源热泵。

公司按现代企业制度运营，严格执行ISO9001：2000的质量标准，先后安装了2000多个太阳能热水系统工程，项目涉及工厂宿舍、学校宿舍、酒店、医院、部队和居民住宅等。

公司获“中国深圳行业十强企业”、“深圳市300家最具成长性企业”、“重合同守信用企业”、“中国太阳能热利用产业联盟”等荣誉，已发展成中国知名太阳能企业。

地址：广东省深圳市宝安区西乡盐田华丰科技园5栋2楼
邮编：518102
网址：www.xiongri.com
邮箱：sun@xiongri.com
电话：0755–27691118

10　深圳市华业筑日科技有限公司

深圳市华业筑日科技有限公司位于深圳市福田区深南大道财富广场A座23楼，是一家集专业设计、销售、工程项目安装、售后服务为一体的新能源高科技公司。公司注册资金1008万元，从事技术服务及工程项目的人员近100人。

公司致力于对新能源产品的系统集成，先后与山东皇明太阳能股份有限公司以及广东五星太阳能股份有限公司签订深圳区域的总代理协议。公司成立至今，始终严格保持着"质量为根服务为本"的信念运营，支持新老客户完成各类项目安装及施工，积累了丰富的工程施工及工程服务经验，在与用户和同行中有着良好的口碑和知名度。 公司注重质量与服务得到了客户的一致认同，以最优性价比及服务承诺服务于广大客户。

公司主营节能设备销售与安装，承接太阳能、热泵、风光互补工程，水源热泵热水工程，大型太阳能热水系统工程，风光互补独立发电工程，智能家居工程等。

公司的项目涉及别墅、住宅、工厂、学校、医院及市政项目，其中较有影响力的项目包括深圳市振业城、招商地产、深圳万科、深圳信息职业技术学院迁址新建项目（大运村）东校区等。

公司秉承“诚信为本，专业创新”的立业原则，坚持“诚信、合作、责任、共赢”的方针，追求建立在技术及服务的优势上，提供优质节能的产品，确保系统应用稳定，提供满意的服务，为社会、客户和员工创造无尽价值。

地址：深圳市福田区深南大道财富广场A座23HIJ
电话：0755-83021168
传真：0755-83022082
E-mail：huayezhuri@163.com

11 深圳市恩派能源有限公司

深圳市恩派能源有限公司位于广东省深圳市深圳福田区滨河路嘉洲豪园首层01东，是北京恩派太阳能科技有限公司在华南地区的分公司。

公司主要产品为“牛”牌真空管太阳热水器及空气源热泵热水机组，专业从事大面积太阳能及热泵等热水工程设计和施工。

北京恩派太阳能科技有限公司（中美合资）由北京东方巨阳太阳能科技有限公司与美国F.D第一投资有限公司合资组建，研发生产基地位于北京市顺义区牛栏山开发区，是以太阳能热利用产品研发、制造、销售、服务为主营业务的高科技企业，是目前国内唯一一家中美合资外资控股的大型骨干太阳能热水器生产企业。公司通过了ISO9001：2000版质量管理体系认证、电工类产品国家强制性3C认证和"金太阳"认证，并于2007年通过"中国环境标志"认证。公司是《民用建筑太阳热水系统应用技术规范》、《太阳热水器安装及选用图集》和《环境标志产品技术要求家用太阳能热水系统》等十项国家和行业标准的参编单位之一。

公司产品结构科学合理、选材优质精良、工艺精益求精、性能卓越领先、智能控制可靠，具有高的热性能和优良稳定的品质，具有较高的性能价格比。

公司力求务实之风，励精图治，创新求变，致力于成为全国最优秀的太阳热水器、太阳能系统设备的制造商和服务商。面向21世纪，为我国生态、环保、节能建设和太阳能事业的发展，开拓奋进，共创新的辉煌。

地址：广东省深圳市深圳福田区滨河路嘉洲豪园首层01东
网址：www.sznpsolar.com
电话：0755-83581538
传真：0755-83581425

12　众望达太阳能技术开发有限公司

众望达太阳能技术开发有限公司是专业从事太阳能热水工程的系统生产集成供应商，依托国内多所高等院校、科研院所，在太阳能建筑一体化方面开展产学研合作，参与了多个省、市太阳能建筑一体化有关标准规范的起草或制订，已经发展成为行业颇具经验和技术实力的热水工程专家。

公司在全国各省市承建了众多大型太阳能光热建筑一体化、地源热泵技术应用工程，其中有多个“国家可再生能源建筑应用示范项目”和数十个“可再生能源建筑应用城市示范项目”，积累了丰富的大型可再生能源建筑应用太阳能热水、地源热泵工程的设计和安装经验，其中福州香格里拉大酒店、福州大学阳光学院等太阳能应用项目被品牌中国太阳能专业委员会评选为“中国太阳能品牌工程”。

作为国内太阳能集热工程领域最具影响力的公司之一，公司秉承“诚信、超越、持续成长”的核心价值观及“为客户创造有价值的服务”的经营观，将凭借优秀的方案设计，实践优质的项目建设管理和优异的项目运行管理服务，坚持为社会的可持续发展贡献一企之力。

地址：福建省福州市六一中路115号北楼5层
网址：www.zwdtyn.com
邮箱：zwdsolar@163.com
电话：0591-83308608
传真：0591-83378605